# 从零开始学ARM

彭丹　周海涛◎编著

人民邮电出版社
北京

图书在版编目（CIP）数据

从零开始学ARM / 彭丹，周海涛编著. -- 北京 : 人民邮电出版社，2023.5（2024.5重印）
ISBN 978-7-115-60688-4

Ⅰ. ①从… Ⅱ. ①彭… ②周… Ⅲ. ①微型计算机—系统开发 Ⅳ. ①TP360.21

中国版本图书馆CIP数据核字(2022)第235726号

## 内 容 提 要

本书主要介绍 ARM 开发的相关知识，详细讲解常用的 ARM 指令及如何基于 ARM 架构的外设编写驱动程序，并分析了开源软件 U-Boot 的启动程序和网络协议栈。

本书第 1～4 章为基础篇，主要介绍 CPU 与 ARM、搭建环境、ARM 编程、异常等；第 5～13 章为编程篇，主要介绍基于 Exynos 4412 的常用外设的工作原理及驱动程序等；第 14～17 章为应用篇，主要介绍开源软件 U-Boot 的使用及启动程序、网卡 DM9000AE 的驱动和网络协议栈，以及关于汇编的两点补充。

本书适合从事嵌入式开发的工程师和有一定计算机基础和 C 语言编程经验的初学者学习参考。

◆ 编　　著　彭　丹　周海涛
责任编辑　李　强
责任印制　马振武

◆ 人民邮电出版社出版发行　　北京市丰台区成寿寺路 11 号
邮编　100164　　电子邮件　315@ptpress.com.cn
网址　https://www.ptpress.com.cn
北京九州迅驰传媒文化有限公司印刷

◆ 开本：787×1092　1/16
印张：21.25　　2023 年 5 月第 1 版
字数：503 千字　　2024 年 5 月北京第 6 次印刷

定价：99.80 元

**读者服务热线：(010)53913866　印装质量热线：(010)81055316**
**反盗版热线：(010)81055315**
**广告经营许可证：京东市监广登字 20170147 号**

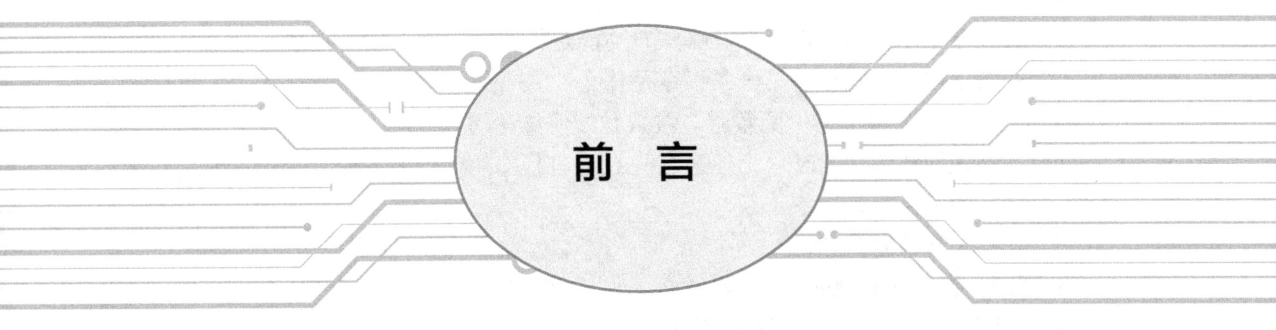

# 前　言

ARM 公司目前已成为全球最重要的科技公司之一，究其原因，一方面，它低功耗的技术路线与移动互联时代的需求高度契合，另一方面源于其主导的庞大生态圈。在这个商业生态系统里，ARM 公司并不直接从事芯片的设计和制造，不出售任何处理器。ARM 公司有超过 1000 家授权合作伙伴，涉及领域从移动端到 PC 端、服务器端，再到汽车端、IoT 端。基于 ARM 架构的设备在智能手机、车联网、物联网等领域的市场份额超过 90%，同时凭借其低功耗、高性价比的优势，在计算机与服务器领域增长势头强劲。预计到 2035 年，将有超过 1 万亿台智能电子设备实现互联，从各种传感器、手机、家电、汽车，到通信基站、云服务器，可以说，基于 ARM 架构的芯片无处不在。

基于 ARM 架构开发产品的相关工作非常热门，但是与这个领域相关的学习内容跨度很大，涉及软件、硬件、算法和操作系统等。对初学者来说，入门嵌入式开发很难，往往不知道从何入手，很容易就迷失了方向，甚至半途而废，主要原因是很多初学者不清楚学习该领域知识的方法及路径。本书为初学者提供了具体方法和实践指导，希望对有志从事嵌入式开发的人员有所帮助。

本书具有以下特点。

一是循序渐进，由浅入深。本书针对零基础的初学者，以 FS4412 开发板（基于 ARM Cortex-A9 架构）为例，首先从开发环境的安装和配置及 ARM 基本指令等相关基础知识开始讲解，然后详细说明常见硬件的功能原理，进而结合硬件原理图、用户手册逐个分析这些硬件的驱动编程方法，最后介绍开源项目 U-Boot 的使用及启动程序，使读者将 ARM 相关知识点融会贯通。

二是实例丰富，内容翔实。本书中包含大量汇编实例，且所有汇编指令都在 KEIL 软件中测试过；硬件裸机驱动源程序均在开发板上调试过，并有详细的分析注解；U-Boot 的启动源程序和 U-Boot 中的网络协议栈也有详细的程序注解，使读者能够复现实例，学以致用。

三是提供配套电子资源。本书的配套资源包含安装工具、源程序、PPT 课件等，读者可到公众号“一口 Linux”后台回复关键字“ARM”获取。

在学习本书之前，读者需要熟悉 C 语言编程并会使用一些常用的 Linux 命令。在学习本书的过程中，建议读者带着以下问题来阅读本书。读者在带着问题学习本书时，能更加深入理解相关内容，灵活进行项目开发。

（1） ARM 有哪些工作模式？

（2）各设备驱动使用的寄存器有哪些？功能是什么？

（3）系统上电后，执行的第一条指令是什么？

（4）在 C 语言环境下调用函数时，参数是如何传递的？

（5）当实现同样的功能时，为什么有些 C 语言程序的执行效率比汇编语言的高？

（6）异常源有哪些？

（7）什么是异常向量表？

（8）如何使能关闭中断？

（9）中断发生后 CPU 是如何处理的？

（10）CPU 如何操作 LED、按键、蜂鸣器、滑动变阻器、RTC、看门狗、MPU6050 等常见外设并使它们有条不紊地工作？

（11）U-Boot 的启动流程是什么？如何实现程序自搬移？

（12）U-Boot 是如何实现一个简单的网络协议栈的？

本书能够顺利出版首先要感谢公众号“裸机思维”的创始人——王卓然，他提供了部分章节的技术支持，还要感谢华清远见的硬件平台提供了高质量的技术资料。由于编者编写时间紧迫，加之水平所限，书中不妥之处在所难免，恳请读者批评指正。对于本书提出批评和建议，可以在公众号“一口 Linux”下留言，欢迎交流。

彭丹、周海涛于南京

2022 年 11 月

# 目 录

## 基础篇

## 编程篇

## 第17章 关于汇编的两点补充 … 321

# 基础篇

# 第1章 CPU与ARM

本章首先介绍 CPU 的基本概念及其架构和组成，然后讲解 ARM 的发展史及与 ARM 相关的一些基本概念，包括 ARM 架构、ARM 处理器（ARM 内核）、ARM 工作模式、ARM 寄存器、指令集等，最后介绍 SoC 等内容。

## 1.1 CPU

### 1.1.1 CPU 概述

计算机的诞生并不是一蹴而就的，从 1642 年帕斯卡设计了第一台机械计算机，到现在已经有三百多年，在这三百多年中，无数颗“最强大脑”用他们智慧的火花，凝聚成了这个璀璨的星河，让人类的文明有了跨时代的腾飞。

作为计算机最重要的组成部件，CPU（中央处理器）是由 VLSI（超大规模集成电路）组成，这些电路又由一个个晶体管组合而成。1971 年，Intel（英特尔）推出了世界上第一款微处理器 4004，它是一个包含了 2300 个晶体管的 4 位 CPU，但功能相当有限，且速度很慢。经过这么多年的发展，CPU 从 8088、80286、80386、80486、奔腾系列、酷睿系列，到今天的 i5、i7、i9 系列；位数从 4 位、8 位、16 位、32 位，发展到今天的 64 位；主频从几兆赫兹到今天的 4 吉赫兹以上；其集成的晶体管数从 2 万个到现在的几十亿个以上。

在介绍 CPU 之前，首先介绍对计算机的发明做出重要贡献的几位科学家。

**1．查尔斯·巴贝奇**

查尔斯·巴贝奇被称为机械计算机之父，如图 1-1 所示，他造出了第一台差分机，且其运算精度达到了 6 位小数，如图 1-2 所示，后来他又设计了 20 位精度的差分机。

1985—1991 年，伦敦科学博物馆为了纪念查尔斯·巴贝奇 200 周年诞辰，根据其 1849 年的设计，用 19 世纪的技术成功造出了差分机 2 号。第一位被大家公认的程序员 Ada 正是和查尔斯·巴贝奇一起工作时提出了程序循环分支等大众已习以为常的程序化思想。

图 1-1　查尔斯·巴贝奇

图 1-2　差分机

### 2. 图灵

图 1-3　图灵

图灵被称为计算机科学之父，人工智能之父，如图 1-3 所示。

1931 年图灵进入剑桥大学国王学院，毕业后到美国普林斯顿大学攻读博士学位，图灵对人工智能的发展有诸多贡献，提出了一种用于判定机器是否具有智能的试验方法，即图灵试验。

图灵服务的机构于 1943 年成功研制了 CO-LOSSUS（巨人）机，这台机器的设计采用了图灵提出的某些概念。它使用了超过 1500 个电子管，采用了电子管双稳态线路，利用穿孔纸带输入方式和光电管阅读器，执行计数、二进制算术及布尔代数逻辑运算。

### 3. 冯·诺依曼

冯·诺依曼是 20 世纪最重要的数学家之一，在现代计算机、博弈论等诸多领域有杰出建树，如图 1-4 所示。他提出了冯·诺依曼体系结构，这是一种将指令存储器和数据存储器合并在一起的存储器结构，大大增加了计算机的运算效率。

图 1-4　冯·诺依曼

### 1.1.2 计算机结构

计算机的核心是CPU，CPU结构主要有两种：哈佛结构、冯・诺依曼体系结构。现代计算机绝大多数基于冯・诺依曼体系结构。

**1. 冯・诺依曼体系结构**

冯・诺依曼体系结构也被称为普林斯顿结构，是一种将程序指令存储器和数据存储器合并在一起的存储器结构。程序指令存储地址和数据存储地址指向同一个存储器的不同物理位置，因此程序指令和数据的宽度相同。如Intel公司的8086中央处理器的程序指令和数据都是16位宽。

冯・诺依曼体系结构主要包括以下几部分。

（1）包含算术逻辑部件（ALU）和处理器寄存器的运算器单元，用来完成各种算术和逻辑运算。

（2）包含指令寄存器和程序计数器（PC）的控制器单元，通常用来控制在不同条件下程序的分支和跳转，在现代计算机里，控制器单元和运算器单元共同组成了CPU。

（3）内存单元，用于存储数据和指令。

（4）各种输入设备和输出设备。

现代计算机也都是基于这个体系结构来设计开发的，冯・诺依曼体系结构模型如图1-5所示。

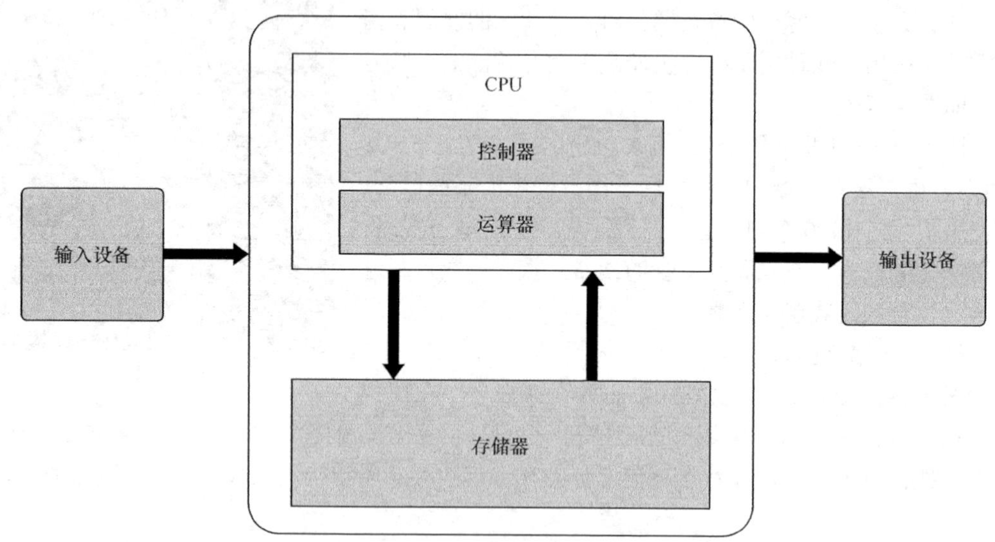


**图1-5　冯・诺依曼体系结构模型**

计算机程序最主要的思想就是存储程序并顺序执行，对其有以下规定。

（1）把需要的程序和数据送至计算机中。

（2）必须具有长期记忆程序、数据、中间结果和最终运算结果的能力。

（3）能够完成各种算术、逻辑运算和数据传送等数据加工处理的能力。

（4）能够根据需要控制程序走向，并能根据指令控制机器的各部件使其协调操作。

（5）能够按照要求将处理结果输出给用户。

其实所有的计算机程序，其功能都可以抽象为从输入设备读取输入信息，通过运算器和控制器来执行存储在存储器里的程序，最终把结果输出到输出设备中。而无论是高级语言还是低级语言的程序，也都是基于这样一个抽象体系结构来进行运作的。

**2．哈佛结构**

冯・诺依曼体系结构和哈佛结构是有区别的。在冯・诺依曼体系结构中，程序指令存储器和数据存储器都可以放到内存中，被统一编码，而在哈佛结构中它们被分开编码。

哪些处理器是哈佛结构？哪些处理器是冯・诺依曼体系结构？

MCU（单片机）绝大多数采用哈佛结构，例如广泛使用的 51 单片机、典型的 STM32 单片机（核心是 ARM Cortex-M 系列的）。

PC 和服务器芯片（如 Intel AMD），ARM Cortex-A 系列嵌入式芯片（如三星 Exynos 4412，华为的麒麟 970 等手机芯片）采用冯・诺依曼体系结构。因为这些系统都需要大量内存，且其为 DRAM（动态随机存储器），所以它们更适合使用冯・诺依曼体系结构。

实际上，现代的 CPU 准确地说叫作 SoC（单片系统），绝大多数不是纯粹的哈佛结构或冯・诺依曼体系结构，而是混合结构。

例如基于 Exynos 4412 的开发板上配备了 1GB 的 DDR SDRAM（双倍数据速率同步动态随机存储器）和 8GB 的 eMMC（闪存）。正常工作时所有的程序和数据都从 eMMC 加载到 DDR SDRAM 中，也就是说不管是程序还是数据都存储在 eMMC 中，运行在 DDR SDRAM 中，再通过高速缓存寄存器将它们送给 CPU 加工处理。这就是典型的冯・诺依曼体系结构。但是，Exynos 4412 内部仍然有一定容量的 64KB IROM 和 64KB IRAM，这些 IROM 和 IRAM 用于引导和启动 SoC，上电后芯片首先会执行内部 IROM 中固化的程序，此时 Exynos 4412 就好像一个 MCU（微控制器），这又是典型的哈佛结构。因此，Exynos 4412 就是混合式结构设计。

### 1.1.3　CPU 的组成

计算机系统包括硬件系统和软件系统，硬件是计算机系统的物质基础，软件是计算机系统的灵魂，如图 1-6 所示。硬件和软件是相辅相成的，不可分割。

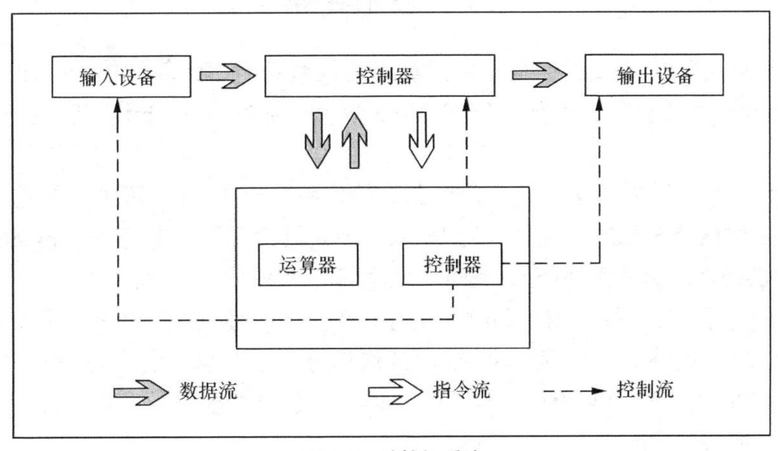


图 1-6　计算机系统

（1）输入设备

输入设备的任务是把人编写的程序和原始数据送到计算机中，并且将它们转换为计算机内部所能识别和接收的信息方式。例如，鼠标、键盘、显示器，以及我们用的智能手机触摸屏既是输入设备又是输出设备；而在各种云上的服务器，则是通过网络来进行输入和输出的。

（2）输出设备

输出设备的任务是将计算机的处理结果以人或其他设备所能接受的形式送出计算机。常用的输出设备有显示器、打印机、绘图仪等。

（3）计算机的总线结构

将计算机的各大基本部件按某种方式连接起来就构成了计算机的硬件系统。系统总线包含 3 种不同功能的总线，即数据总线（DB）、地址总线（AB）和控制总线（CB），计算机总线结构如图 1-7 所示。

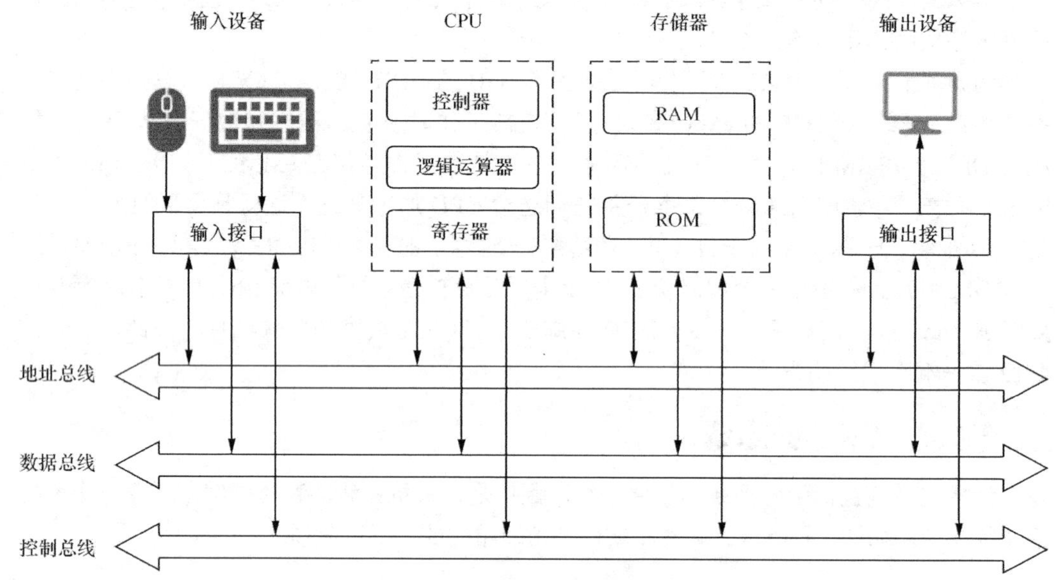


**图 1-7　计算机总线结构**

数据总线：用于传送数据信息。数据总线的位数是微型计算机的一个重要指标，通常与微处理器的字长一致。例如，Intel 8086 微处理器字长 16 bit，其数据总线宽度也是 16 位。

地址总线：专门用来传送地址。地址总线的位数决定了 CPU 可直接寻址的内存空间大小，比如 8 位微处理器的地址总线为 16 bit，则其最大可寻址空间为 $2^{16}$byte，为 64KB，16 位微处理器的地址总线为 20 bit，其可寻址空间为 $2^{20}$byte，为 1MB。

控制总线：用来传送控制信号和时序信号。在控制信号中，有些信号是微处理器送往存储器和 I/O 接口电路的，如读 / 写信号、片选信号、中断响应信号等；有些信号是其他部件反馈给 CPU 的，如中断申请信号、复位信号、总线请求信号、就绪信号等。控制总线的具体情况取决于 CPU。

（4）CPU

CPU 作为计算机系统的运算和控制核心，是信息处理、程序运行的最终执行单元。CPU 内部主要包括运算器和控制器，CPU 运算器结构如图 1-8 所示。

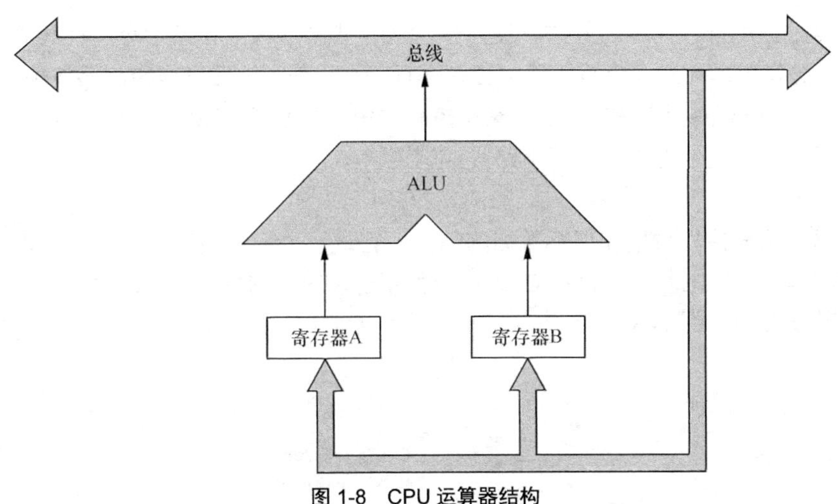


图 1-8　CPU 运算器结构

运算器的核心是算术逻辑部件和若干个寄存器。CPU 用寄存器存储计算时所需的数据，寄存器一般有如下 3 种。

通用寄存器：用来存放需要进行运算的数据，如需进行加法运算的两个数据。

程序计数器：用来存储 CPU 要执行下一条指令所在的内存地址。

指令寄存器：用来存放程序计数器指向的指令。

ALU 可以执行算术运算（包括加、减、乘、除等基本运算及其附加运算）和逻辑运算（包括移位、逻辑测试等运算）。相对控制器而言，运算器接受控制器的命令而进行动作，即运算单元所进行的全部操作都是由控制器发出的控制信号来决定的，所以控制器是执行部件。

控制器是整个 CPU 的指挥控制中心，由程序计数器（PC）、指令寄存器（IR）、指令译码器（ID）和操作控制器（OC）等组成，对协调整个计算机有序工作极为重要，CPU 控制器结构如图 1-9 所示。

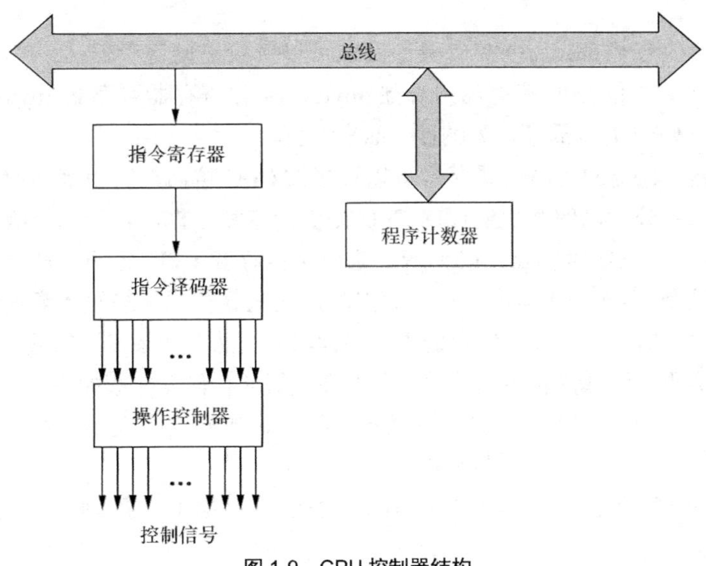


图 1-9　CPU 控制器结构

控制器根据用户预先编写好的程序，依次从存储器中取出各条指令，将其放在指令寄存器中，通过指令译码器（分析）确定应该进行什么操作，然后操作控制器按确定的时序，向相应的部件发出微操作控制信号。操作控制器中主要包括节拍脉冲发生器、控制矩阵、时钟脉冲发生器、复位电路和启停电路等控制逻辑单元。

（5）存储器

存储器是用来接收数据和保存数据的部件，它是一个记忆装置，也是计算机能够实现程序存储和程序控制的基础，包括 Cache（一种高速缓冲存储器）、主存储器、辅助存储器，存储器的基本分类如图 1-10 所示。

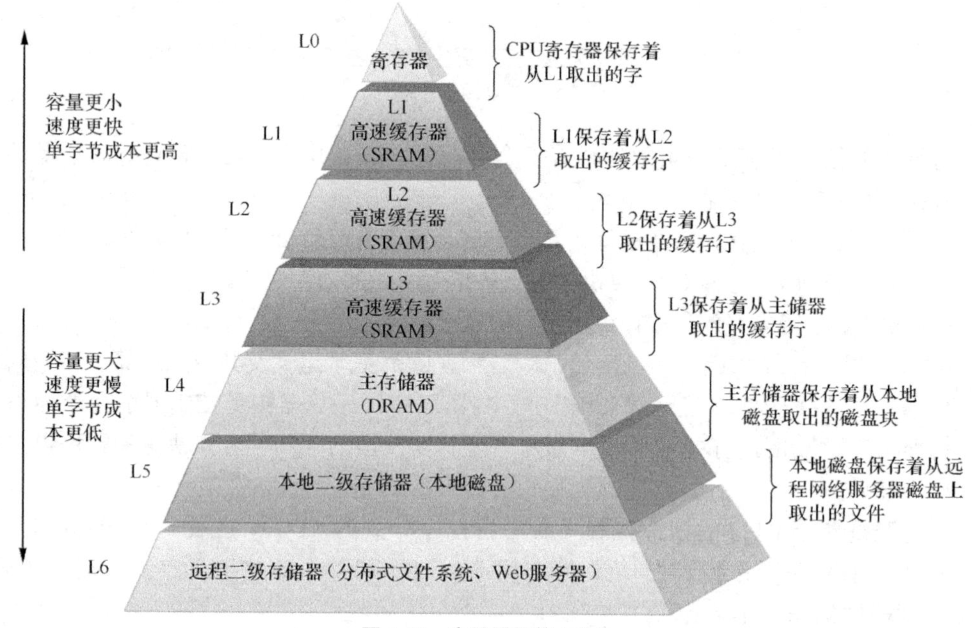


**图 1-10　存储器的基本分类**

寄存器：在 CPU 内部或 I/O 接口中，CPU 可以直接访问寄存器；寄存器一般是 8 位，或 8 的整数倍位，32 位 CPU 寄存器可存储 4byte，64 位寄存器可存储 8byte。寄存器访问速度一般是半个 CPU 时钟周期，为纳秒（ns）级别。

高速缓存器（Cache）：高速缓存器可以直接被 CPU 访问，它用来存放当前正在执行的程序中的活跃部分，以便其快速地向 CPU 提供指令和数据，其分为一级缓存器（L1）、二级缓存器（L2）、三级缓存器（L3）等，它位于内存和 CPU 之间，是一个读写速度比内存更快的存储器。当 CPU 向内存写入数据时，这些数据也会被写入高速缓存器中。当 CPU 需要读取数据时，会从高速缓存器中直接读取，当然，如果需要的数据在高速缓存器中没有，CPU 会再去读取内存中的数据，各级高速缓冲存储器介绍如下。

① L1：存在于每个 CPU，用来缓存数据根指令，访问空间大小一般为 32 ～ 256KB，访问速度一般是 2 ～ 4 个 CPU 时钟周期。

② L2：存在于每个 CPU，访问空间大小为 128KB ～ 2MB，访问速度一般为 10 ～ 20 个 CPU 时钟周期。

③ L3：多个 CPU 共用，访问空间大小为 2 ～ 64MB，访问速度一般为 20 ～ 60 个

CPU 时钟周期。

主存储器：可由 CPU 直接访问，可多个 CPU 共用，用来存放当前正在执行的程序和数据，访问空间大小一般在 4 ～ 512GB，访问速度一般为 200 ～ 300 个 CPU 时钟周期。

辅助存储器：设置在主机外部，CPU 不能直接访问，用来存放暂时不参与运行的程序和数据，需要时再将其传送到主存储器中。

### 1.1.4　指令的运行

CPU 的控制器在时序脉冲的作用下，将指令计数器里所指向的指令地址（这个地址是在内存里的）送到地址总线去，然后 CPU 将这个地址里的指令读到指令寄存器中进行译码。

对于执行指令过程中所需要用到的数据，CPU 会将数据地址送到地址总线，然后把数据读到 CPU 的内部存储单元（就是内部寄存器）暂存起来，最后运算器对数据进行处理加工，周而复始，一直执行下去，CPU 执行指令过程如图 1-11 所示。

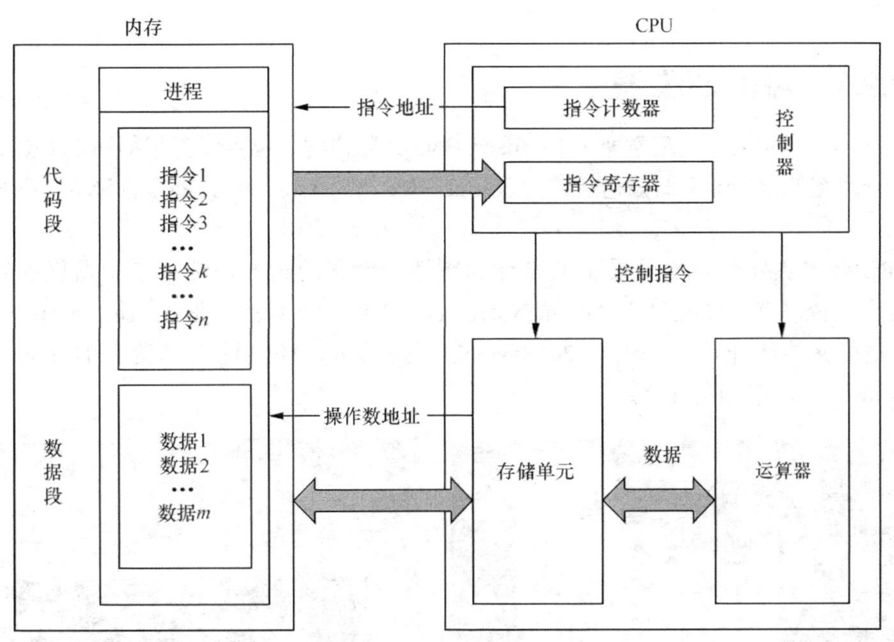


图 1-11　CPU 执行指令过程

一条指令的执行通常包括以下 4 个步骤，如图 1-12 所示。

（1）取指令：CPU 的控制器从内存读取一条指令并放入指令寄存器中。

（2）指令译码：指令寄存器中的指令经过译码，决定该指令应进行何种操作（由指令里的操作码决定）及操作数的地址。

（3）执行指令：分为两个阶段，即“取操作数”和“进行运算”。

（4）修改指令计数器：决定下一条指令的地址。

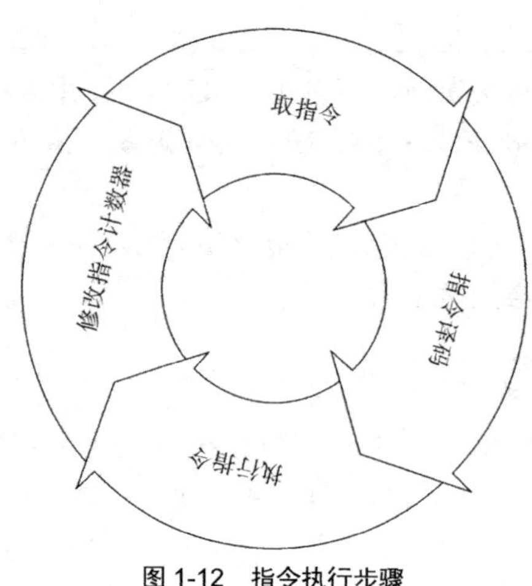


图 1-12　指令执行步骤

# 1.2　ARM

## 1.2.1　ARM 的发展史

1978 年，奥地利籍物理学博士 Hermann Hauser 和他的一位英国工程师朋友 Chris Curry 成立了一家名叫“CPU”的公司。CPU（Cambridge Processor Unit）的全称译为“剑桥处理器单元”。

CPU 公司主要从事电子设备的设计和制造，接到的第一份订单是制造微控制器系统，这个微控制器系统被称为 Acorn System 1，如图 1-13 所示。在 Acorn System 1 之后，Acorn 公司又陆续开发了 System 2、System3、System4，还有面向消费者的盒式计算机 Acorn Atom，如图 1-14 所示。

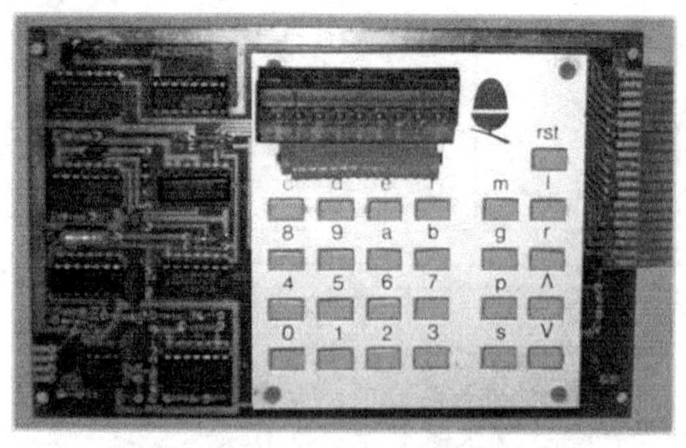

图 1-13　Acorn System 1 微处理器系统

图 1-14　盒式计算机——Acorn Atom

1981 年，Acorn 公司迎来了一个难得的机遇，英国广播公司 BBC 计划播放一档可以普及计算机及提高国民计算机水平的节目，并且希望他们能生产一款与之配套的计算机。但是 Acorn 公司发现他们自己设计的产品硬件并不能满足需求。当时中央处理器的发展潮流正在从 8 位变成 16 位，Acorn 公司并没有合适的芯片可以用，于是他们打算去找当时如日中天的 Intel 公司，希望对方提供一些 80286 处理器的设计资料和样品。然而，Intel 公司无情地拒绝了他们。备受打击的 Acorn 公司，一气之下决定自己研发芯片。

于是 Acorn 公司的研发人员找到了一个关于新型处理器的简化指令集，恰好可以利用它来满足设计要求。在此基础上，经过多年的艰苦奋斗，来自剑桥大学的计算机科学家 Sophie Wilson 和 Steve Furber 最终完成了微处理器的设计。前者负责指令集开发，后者负责芯片设计。对于这块芯片，Acorn 公司给它命名为“Acorn RISC Machine”，如图 1-15 所示。这就是“ARM”3 个字母的由来。

图 1-15 “Acorn RISC Machine” 芯片示意

## 1.2.2 ARM 架构

架构指的是一系列的功能规范。ARM 架构指的就是基于 ARM 处理器的功能规范，又称为 ARM CPU 架构。架构指定了处理器的行为方式，例如，架构中包含什么指令以及指定指令做什么。基于一种架构可以有多种处理器，每种处理器的性能不同，其应用也不同，但每种处理器的实现都要遵循这一体系架构。ARM 架构保证系统的高性能、低功耗和高效率。

从 1985 年 ARMv1 架构诞生起，到 2011 年，ARM 推出 ARMv8 架构，10 年之后的 2021 年 3 月 31 日，ARM 才正式推出了 ARMv9 架构，ARMv9 架构兼容 ARMv8 架构，并在其基础上，提升了处理器的性能和安全性，增强了矢量计算、机器学习及数字信号处理功能，ARM 架构各版本及特点如图 1-16 所示。

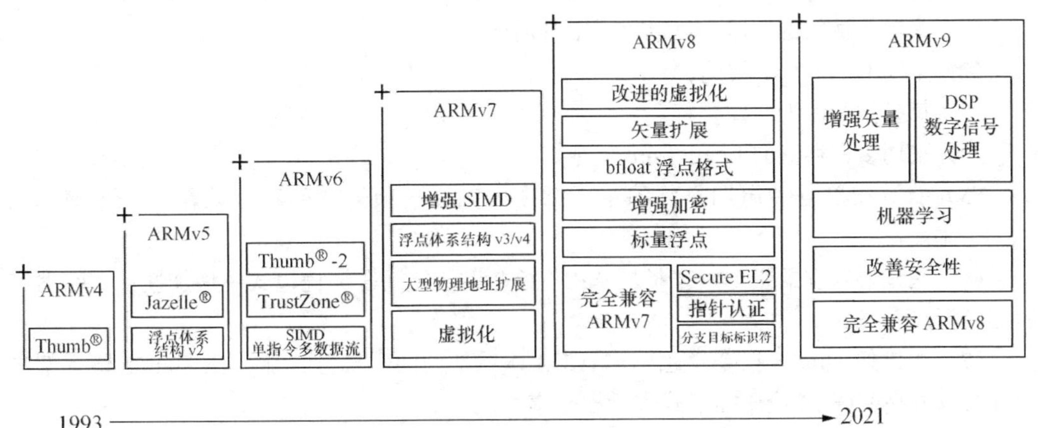

图 1-16 ARM 架构各版本及特点

Thumb：ARM 16 bit 指令集。

Jazelle：ARM 在硬件上提供了对 Java 字节码的支持，大大提高了系统的性能。

TrustZone：ARM TrustZone 技术为可信软件提供了系统硬件隔离。

Cortex-A32/35/53/57/72/73/77/78 采用的都是 ARMv8 架构，这是 ARM 公司的首款支

持 64 位指令集处理器的架构，各处理器对应的架构关系如表 1-1 所示。

表 1-1　各处理器对应的架构关系

| 处理器 | 架构 |
| --- | --- |
| ARM1 | ARMv1 |
| ARM2、ARM3 | ARMv2 |
| ARM6、ARM7 | ARMv3 |
| StrongARM、ARM7TDMI、ARM9TDMI | ARMv4 |
| ARM7EJ、ARM9E、ARM10E、XScale | ARMv5 |
| ARM11、ARM Cortex-M0 | ARMv6 |
| ARM Cortex-A9、ARM Cortex-M3、ARM Cortex-R | ARMv7 |
| Cortex-A35、Cortex-A50系列、Cortex-A72、Cortex-A73 | ARMv8 |
| Cortex-X2、Cortex-A510、Cortex-A710 | ARMv9 |

ARM 架构可以看作硬件和软件之间的协议，描述了软件通过依赖硬件可以提供的功能，ARM 架构的核心内容如表 1-2 所示。

表 1-2　ARM 架构的核心内容

| 组件 | 说明 |
| --- | --- |
| 指令集 | 包含各种功能指令的集合及说明指令在内存中的表示方式（即编码格式） |
| 寄存器组 | 说明寄存器的数量、大小、功能及初始状态 |
| 异常模型 | 描述权限级别、异常的类型、异常产生后硬件的操作、从异常返回时硬件需要的操作 |
| 内存模型 | 约定内存访问的排序、缓存运作的规律、软件执行显式维护的条件 |
| 调试、跟踪和分析 | 设置和触发断点；跟踪工具可以捕获的信息及其格式 |

ARM 架构的主要特征如下。

（1）采用大量的寄存器，可以用于多种用途。

（2）采用 Load/Store 架构。

（3）每条指令都为条件执行。

（4）采用多寄存器的 Load/Store 指令。

（5）能够在单时钟周期执行的单条指令内完成一项普通的移位操作和一项普通的 ALU 操作。

（6）通过协处理器指令集来扩展 ARM 指令集，包括在编程模式中增加新的寄存器和数据类型。

（7）如果把 Thumb 指令集也当作 ARM 体系架构的一部分，那么在 Thumb 体系架构中还可以以高密度 16 位压缩形式表示指令集。

例如，ARMv8 架构是以 32 位 ARM 架构为基础进行开发的，被首先用于对扩展虚拟地址和 64 位数据处理技术有更高要求的产品领域，如企业应用、高档消费类电子产品。

ARMv8-A 架构的主要特点如下。

① 新增的一套 64bit 指令集，称作 A64。

② 由于 ARMv8-A 架构需要向下兼容 ARMv7 架构，所以它们同时支持 32bit 指令集，称作 A32 和 T32（即我们熟悉的 ARM 和 Thumb 指令集）。

③ 可定义 AArch64 和 AArch32 两套运行环境，分别执行 64bit 和 32bit 指令集。也可以在需要的时候，切换运行环境。

④ 在 AArch64 运行环境中，重新解释了处理器模式、优先级等概念。

⑤ 在 ARMv7 安全扩展的基础上，新增安全模式，支持与安全相关的应用需求。

⑥ 在 ARMv7 虚拟化扩展的基础上，提供完整的虚拟化框架，并在硬件上支持虚拟化。

### 1.2.3　ARM 处理器

任何一款 ARM 处理器都由两大部分组成：ARM 内核、外设。

ARM 内核包括寄存器组、指令集、总线、存储器映射规则、中断逻辑和调试组件等。ARM 内核是由 ARM 公司设计并以销售方式授权给各个芯片厂商使用。例如，为高速度设计的 Cortex A8、A9，它们是 ARMv7a 架构；Cortex M3、M4 是 ARMv7m 架构；前者是 ARM 内核，后者是指令集的架构（亦简称架构）。

外设部分包括计时器、ADC、存储器、$I^2C$、UART、SPI、RAM 等，它们完全由各芯片厂商自己设计，使外设与 ARM 内核衔接配套。不同的芯片厂商有不同的外设，因此构成了数量和规格庞大的 ARM 芯片产业。

#### 1. ARM 处理器分类

ARM7、ARM9、ARM11 统称为经典的 ARM 处理器，ARM11 处理器之后，也就是从 ARMv7 架构开始，ARM 的命名方式有所改变。新的处理器家族以 Cortex 命名，并分为 3 个系列，分别是 Cortex-A、Cortex-R、Cortex-M。很巧合，又是 A、R、M 这 3 个字母，ARM 处理器分类如图 1-17 所示。

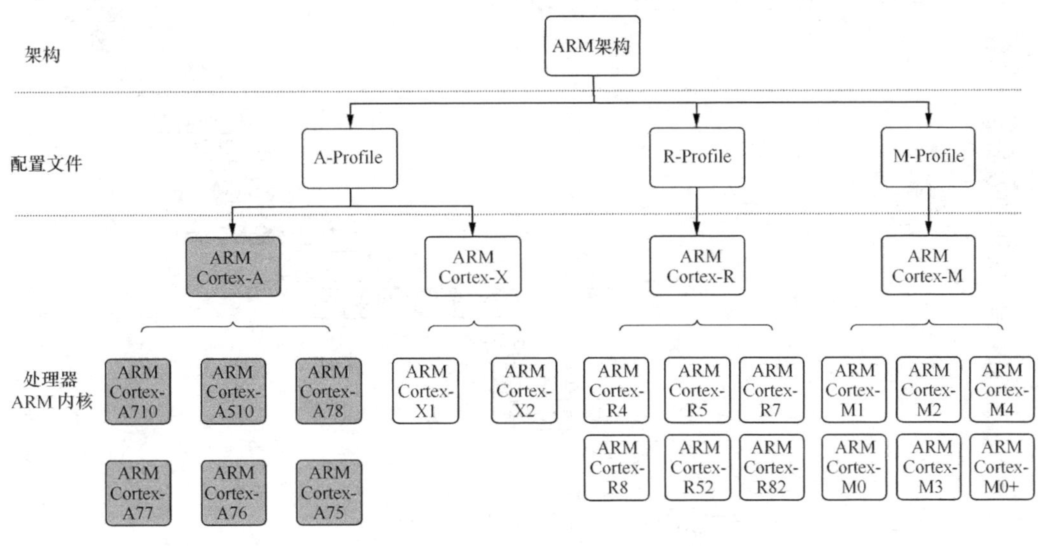


图 1-17　ARM 处理器分类

（1）Cortex-A 系列

应用处理器：面向移动计算、智能手机、服务器等市场的高端处理器。这类处理器主要针对日益增长的消费娱乐和无线产品设计，运行的时钟频率很高（超过 1GHz），支持如 Linux、Android、Windows 等操作系统需要的内存管理单元。用于具有高计算要求、运行丰富应用程序的操作系统及提供交互媒体和图形体验的应用领域，如智能手机、平板计算机、汽车娱乐系统、数字电视、电子阅读器、家用网络、家用网关和其他各种产品。

（2）Cortex-R 系列

实时处理器：面向实时应用的高性能处理器系列，针对需要运行实时操作的系统及应用，如汽车制动系统、动力传动解决方案、大容量存储控制器等深层嵌入式实时应用。多数实时处理器不支持 MMU（存储管理部件），不过其通常具有 MPU（微处理器和内存保护单元）、Cache 和其他针对工业应用设计的存储器功能。实时处理器运行在比较高的时钟频率（大于 200MHz），响应延迟非常低。虽然实时处理器不能运行完整版本的 Linux 和 Windows 操作系统，但是支持大量的实时操作系统（RTOS）。

（3）Cortex-M 系列

微控制器处理器：微控制器处理器通常面积很小、能效比很高。通常这些处理器的流水线很短，最高时钟频率很低（市场上有此类的处理器也可以运行在 200MHz 之上）。新的 Cortex-M 系列处理器非常容易使用。该系列面向微控制器领域，主要针对成本和功耗敏感的应用，如智能测量、人机接口设备、汽车和工业控制系统、家用电器、消费性产品和医疗器械等。

（4）Cortex-SC 系列

除了上述 3 大系列处理器，还有一个主打高安全性的 Cortex-SC 系列处理器，主要用于政府安全芯片。其处理器性能和功能如图 1-18 所示。

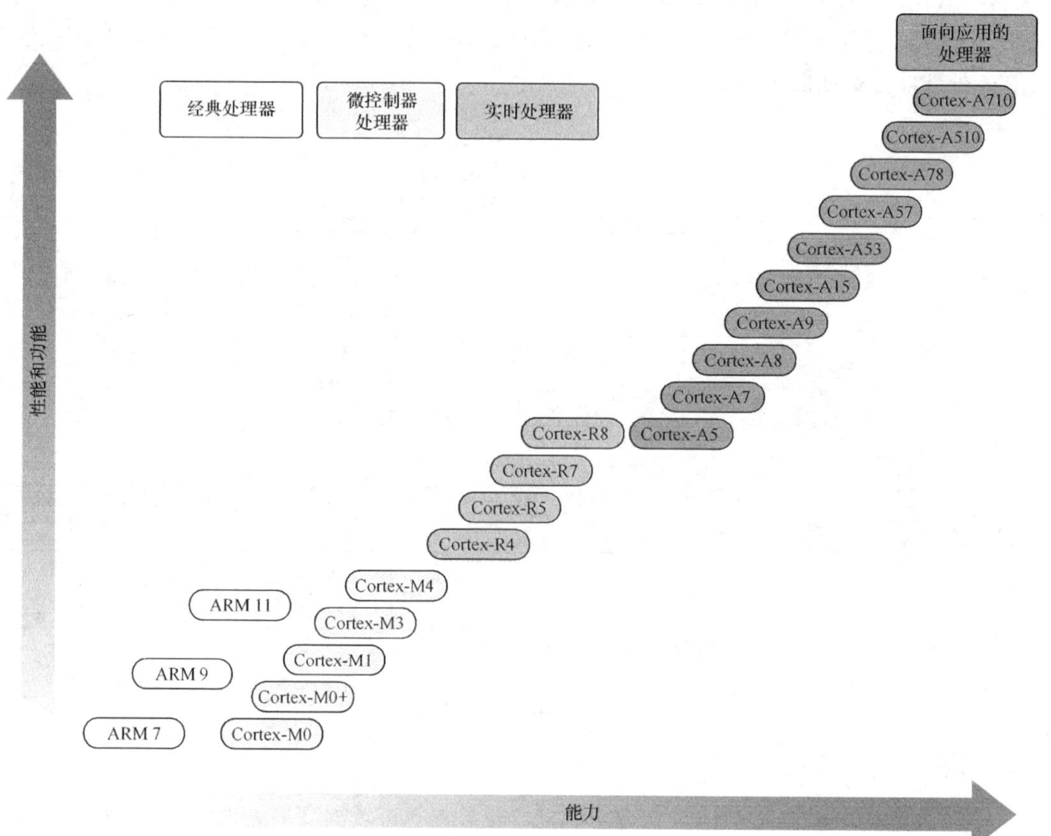


图 1-18　ARM 处理器性能和功能

ARM11 系列包括了 ARM11 MPCore 处理器、ARM1176 处理器、ARM1156 处理器和 ARM1136 处理器，它们是基于 ARMv6 架构的。

ARM Cortex-A5 处理器、Cortex-A7 处理器、Cortex-A8 处理器、Cortex-A9 处理器和 Cortex-A15 处理器属于 Cortex-A 系列，基于 ARMv7-A 架构。

Cortex-A53 处理器、Cortex-A57 处理器属于 Cortex-A50 系列，首次采用 64 位 ARMv8 架构。

2020 年 ARM 发布了一款全新的 CPU 架构 Cortex-A78，它基于 ARMv8.2 架构的指令集。

2021 年 ARM 发布了基于 ARMv9 的架构：Cortex-X2、Cortex-A710 和 Cortex-A510。

### 2．ARM 技术特征

ARM 的成功，一方面得益于它独特的公司运作模式，另一方面，当然来自 ARM 处理器自身的优良性能。作为一种先进的 RISC（精简指令集计算机）处理器，ARM 处理器有如下特点。

（1）体积小、低功耗、低成本、高性能。

（2）支持 Thumb（16 位）/ARM（32 位）双指令集，能很好地兼容 8 位或 16 位器件。

（3）大量使用寄存器，指令执行速度更快。

（4）大多数数据操作在寄存器中完成。

（5）寻址方式灵活简单，执行效率高。

（6）指令长度固定。

ARMv7 采用的是 32 位架构，ARM 的基本数据类型有以下 3 种。

（1）byte：字节，8 bit。

（2）halfword：半字，16 bit（半字必须与 2 字节边界对齐）。

（3）word：字，32 bit（字必须与 4 字节边界对齐）。存储器可以看作序号为 0 ～ $2^{32}-1$ 的线性字节阵列。

### 3．ARM 工作模式

ARM7 处理器、ARM9 处理器、ARM11 处理器的工作模式一共有 7 种。Cortex 系列的 ARM 处理器工作模式有 8 种，多了 1 个“Monitor”（监控）模式，如表 1-3 所示。

表 1-3　ARM 处理器工作模式

<table>
<tr><th colspan="2">模式分类</th><th>处理器工作模式</th><th>说明</th></tr>
<tr><td colspan="2">非特权模式</td><td>用户模式</td><td>用户程序运行模式</td></tr>
<tr><td rowspan="8">特权模式</td><td>—</td><td>系统模式</td><td>运行特权级的操作系统任务</td></tr>
<tr><td rowspan="7">异常模式</td><td>一般中断（IRQ）模式</td><td>普通中断模式</td></tr>
<tr><td>快速中断（FIQ）模式</td><td>快速中断模式</td></tr>
<tr><td>管理模式</td><td>提供操作系统使用的一种保护模式</td></tr>
<tr><td>中止模式</td><td>用于虚拟内存管理和内存数据访问保护</td></tr>
<tr><td>未定义模式</td><td>支持通过软件仿真硬件的协处理</td></tr>
<tr><td>Monitor模式</td><td>用于执行安全监控程序的模式</td></tr>
</table>

（1）用户模式：用户模式是用户程序的工作模式，它运行在操作系统的用户态，在该模式下，系统没有权限去操作其他硬件资源，只能处理它自己的数据，也不能切换其他模式，要想访问硬件资源或切换其他模式，只能通过软中断或异常操作。

（2）系统模式：系统模式是特权模式的一种，不受用户模式的限制。用户模式和系统模式共用一套寄存器，操作系统在该模式下可以方便地访问用户模式的寄存器，而且操作系统的一些特权任务可以使用这个模式访问一些受控的资源。

（3）一般中断模式：一般中断模式也叫普通中断模式，用于处理一般的中断请求，通常在硬件产生中断信号之后处理器自动进入该模式，该模式为特权模式一种，可以自由访问系统硬件资源。

（4）快速中断模式：快速中断模式是相对一般中断模式而言的，它用来处理时间要求比较紧急的中断请求，主要用于高速数据传输及通道处理。

（5）管理模式：管理模式是 CPU 上电后的默认模式，因此该模式主要用于系统的初始化，软中断处理也在该模式下运行，当用户模式下的用户程序请求使用硬件资源时可通过软中断进入该模式。

（6）中止模式：中止模式用于支持虚拟内存或存储器保护，当用户程序访问非法地址，或者没有权限读取的内存地址时，会进入该模式，在 Linux 下编程时经常出现的段错误通常都是在该模式下发出并返回的。

（7）未定义模式：未定义模式用于支持硬件协处理器的软件仿真，CPU 在指令的译码阶段不能识别该指令操作时，会进入未定义模式。

（8）Monitor 模式：为了安全而扩展出的用于执行安全监控程序的模式，也是一种特权模式。

除用户模式以外，其余的 7 种模式被称为特权模式或非用户模式；其中除去用户模式和系统模式以外的 6 种又被称为异常模式，常用于处理中断或异常，以及用于需要访问受保护的系统资源等情况。

ARM 之所以设计出这么多种模式，就是为了应对 CPU 运行时出现的各种突发事件，在应用程序的运行时，任何一个时间点可能发生很多异常事件，如关机、接收到网卡信息、访问非法内存、系统解析到了非法指令等，因此 CPU 不仅要能处理这些异常，还要能够从异常中再返回原来的应用程序并继续执行。

#### 4．ARM 寄存器

Cortex A 系列的 ARM 处理器共有 40 个 32 位寄存器，其中 33 个为通用寄存器，7 个为状态寄存器。用户模式和系统模式共用同一组寄存器，如图 1-19 所示。

通用寄存器包括 R0 ～ R15，可以分为以下 3 类。

- 未分组寄存器：R0 ～ R7。
- 分组寄存器：R8 ～ R14、R13（SP）、R14（LR），R8_fiq ～ R12_fiq 在快速中断模式下单独使用。
- 程序计数器：R15。

（1）未分组寄存器（R0 ～ R7）

在所有运行模式下，未分组寄存器都指向同一个物理寄存器，它们未被系统用作特殊的用途。在异常处理运行模式转换时，不同运行模式的处理器均使用相同的物理寄存器，可能造成寄存器中数据的覆盖。

ARM通用寄存器和程序计数器

| 系统和用户 | FIQ | 管理 | 中止 | IRQ | 未定义 | Monitor |
|---|---|---|---|---|---|---|
| R0 | R0 | R0 | R0 | R0 | R0 | R0 |
| R1 | R1 | R1 | R1 | R1 | R1 | R1 |
| R2 | R2 | R2 | R2 | R2 | R2 | R2 |
| R3 | R3 | R3 | R3 | R3 | R3 | R3 |
| R4 | R4 | R4 | R4 | R4 | R4 | R4 |
| R5 | R5 | R5 | R5 | R5 | R5 | R5 |
| R6 | R6 | R6 | R6 | R6 | R6 | R6 |
| R7 | R7 | R7 | R7 | R7 | R7 | R7 |
| R8 | R8_fiq | R8 | R8 | R8 | R8 | R8 |
| R9 | R9_fiq | R9 | R9 | R9 | R9 | R9 |
| R10 | R10_fiq | R10 | R10 | R10 | R10 | R10 |
| R11 | R11_fiq | R11 | R11 | R11 | R11 | R11 |
| R12 | R12_fiq | R12 | R12 | R12 | R12 | R12 |
| R13 | R13_fiq | R13_svc | R13_abt | R13_irq | R13_und | R13_mon |
| R14 | R14_fiq | R14_svc | R14_abt | R14_irq | R14_und | R14_mon |
| R15 | R15 (PC) | R15 (PC) | R15 (PC) | R15 (PC) | R15 (PC) | R15 (PC) |

ARM程序状态寄存器

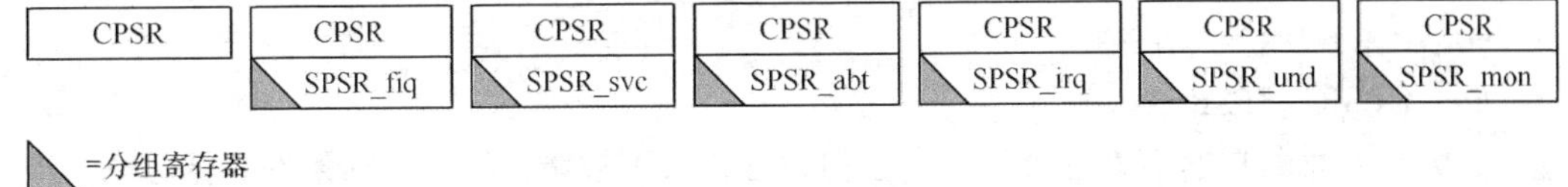


图 1-19 ARM 寄存器

（2）分组寄存器（R8 ~ R14）

分组寄存器每一次访问的物理寄存器都与当前处理器的运行模式有关。对 R8 ~ R12 来说，每个寄存器对应 2 个不同的物理寄存器，当使用快速中断模式时，分组寄存器访问寄存器 R8_fiq ~ R12_fiq；当使用除快速中断模式以外的其他模式时，分组寄存器访问寄存器 R8_usr ~ R12_usr。

对 R13、R14 来说，每个寄存器对应 7 个不同的物理寄存器，其中一个为用户模式和系统模式共用，另外 6 个物理寄存器对应其他 6 种不同的运行模式，并采用以下记号来区分不同的物理寄存器。

```
R13_mode  R14_mode
```

其中 *mode* 可为 usr、fiq、irq、svc、abt、und、mon。

① 寄存器 R13（SP）

寄存器 R13 在 ARM 指令集中常被用作堆栈指针，用户也可使用其他的寄存器作为堆栈指针，而在 Thumb 指令集中，某些指令强制要求使用寄存器 R13 作为堆栈指针。

处理器的每种运行模式均有自己独立的物理寄存器 R13，在用户应用程序初始化时，要初始化每种运行模式下的寄存器 R13，使其指向该运行模式的栈空间。这样，当程序的运行进入异常模式时，可以将需要保护的寄存器中的数据保存至 R13 所指向的堆栈，而当程序从异常模式返回时，再从该堆栈中恢复数据，采用这种方式可以保证异常发生后程序也能正常执行。

② 寄存器 R14（LR）

当执行子程序调用指令（BL）时，R14 可得到 R15（程序计数器）的备份。

在每一种运行模式下，都可用 R14 保存子程序的返回地址，当用指令 BL 或 BLX 调用子程序时，将程序计数器的当前值复制给 R14，执行完子程序后，又将 R14 的值复制回程序计数器，即可完成子程序的调用返回。以上的描述可用指令完成，如下。

从子程序返回。

方法 1：MOV PC, LR 或 BX LR

方法 2：在子程序入口处使用以下指令将 R14 存入堆栈。

```
STMFD SP！ ,{,LR}
```

对应地，使用以下指令可以完成子程序返回。

```
LDMFD SP！ ,{,PC}
```

（3）程序计数器 R15（PC）

寄存器 R15 用作程序计数器，在 ARM 状态下，bit[1:0] 为 0，bit[31:2] 用于保存 PC 值，在 Thumb 状态下，bit[0] 为 0，bit[31:1] 用于保存 PC 值。

例如，在 ARM 状态下，如果 PC 的值是 0x40008001，那么在寻址时，查找的地址为 0x40008000，低 2 位会自动被忽略掉。

由于 ARM 架构采用了多级流水线技术，对 ARM 指令集而言，PC 总是指向当前指令后两条指令的地址，即 PC 的值为当前指令的地址值加 8byte，公式如下。

```
PC 值 = 当前程序执行位置 +8
```

（4）CPSR、SPSR

CPSR（当前程序状态寄存器）可在任何运行模式下被访问，它包括条件码标志位、控制位、当前处理器模式标志位，以及其他相关的控制和状态位。每一种运行模式下又都有一个专用的物理状态寄存器，被称为 SPSR（备份的程序状态寄存器），当异常发生时，SPSR 用于保存 CPSR 的当前值，从异常模式退出时则可由 SPSR 来恢复 CPSR。

CPSR 格式如图 1-20 所示。

| 31 | 30 | 29 | 28 | 27 | 26 25 | 24 | 23　　20 | 19　　16 | 15　　10 | 9 | 8 | 7 | 6 | 5 | 4　　0 |
|---|---|---|---|---|---|---|---|---|---|---|---|---|---|---|---|
| N | Z | C | V | Q | | J | DNM | GE[3:0] | IT[7:2] | E | A | I | F | T | M[4:0] |

图 1-20　CPSR 格式

① 条件码标志位

N、Z、C、V 均为条件码标志位，它们的内容可被算术或逻辑运算的结果改变，并且可以决定某条指令是否被执行。在 ARM 状态下，绝大多数的指令是有条件执行的，在 Thumb 状态下，仅分支指令是有条件执行的，各条件码标志位说明如下。

- N：当用两个补码表示的带符号数进行运算时，$N$=1 表示运行结果为负，$N$=0 表示运行结果为正或零。
- Z：$Z$=1 表示运算结果为零，$Z$=0 表示运行结果非零。
- C：可以用以下 4 种方法设置 C 的值。

加法运算：当运算结果产生了进位，$C$=1，否则 $C$=0。

减法运算：当运算结果产生了借位，$C$=0，否则 $C$=1。

对于包含移位操作的非加 / 减运算指令，*C* 为移出值的最后一位。

对于其他的非加 / 减运算指令，*C* 的值通常不改变。

- V：对于加 / 减运算指令，当操作数和运算结果为二进制补码表示的带符号位溢出时，*V*=1 表示符号位溢出；对于其他的非加 / 减运算指令 *V* 的值通常不改变。
- Q：在 ARMv5 及以上架构的 E 系列处理器中，Q 标志位用来表示增强的 DSP（数字信号处理）运算指令是否发生了溢出。在其他版本的处理器中，Q 标志位无定义。
- J：仅 ARMv5TE-J 架构支持，*T*=0、*J*=1 时，处理器处于 Jazelle 状态，该位也可以和其他位组合。
- E：大小端控制位。
- A：*A*=1 禁止不精确的数据异常。

② 控制位

CPSR 的低 8 位（包括 I、F、T 和 M[4:0]）称为控制位，当发生异常时这些位可以被改变，如果处理器运行在特权模式下，这些位也可以由程序修改。

- I、F：中断禁止位。*I* =1，禁止 IRQ 中断；*F*=1，禁止 FIQ 中断。要想在程序中实现禁止中断，那么就需要将 CPSR[7] 置 1。
- T：*T* = 0、*J*=0，处理器处于 ARM 状态；*T*=1、*J*=0，处理器处于 Thumb 状态；*T* = 1、*J*=1 处理器处于 ThumbEE 状态。
- M[4:0]：运行模式位。决定处理器的运行模式如表 1-4 所示。

表 1-4　CPSR 控制位

| 位状态 | 模式 | ARM模式下可访问的寄存器 |
|---|---|---|
| 0b10000 | 用户模式 | PC、CPSR、R0～R14 |
| 0b10001 | FIQ模式 | PC、CPSR、SPSR_fiq、R14_fiq～R8_fiq、R0～R7 |
| 0b10010 | IRQ模式 | PC、CPSR、SPSR_irq、R14_irq～R13_irq、R0～R12 |
| 0b10011 | 管理模式 | PC、CPSR、SPSR_svc、R14_svc～R13_svc、R0～R12 |
| 0b10111 | 中止模式 | PC、CPSR、SPSR_abt、R14_abt～R13_abt、R0～R12 |
| 0b11011 | 未定义模式 | PC、CPSR、SPSR_und、R14_und～R13_und、R0～R12 |
| 0b11111 | 系统模式 | PC、CPSR、R0～R14 |

要想理解 U-Boot、Linux 的启动及异常处理的流程，必须熟练掌握寄存器的操作。

## 5. 指令集

指令集是处理器结构中最重要的一个部分，用 ARM 的术语亦称为 ISA（指令集体系结构）。指令集可以说是 CPU 的灵魂，要想使用 CPU，我们只能通过指令集中的指令来进行操作。

对于 32 位的 CPU，它的指令就是一个 32 位的二进制序列，不同的值代表不同的指令，CPU 的硬件能完美地解析并执行这些指令，如寻址、运算、异常处理指令等。例如，当我们使用手机玩游戏的时候，我们发出的每一个招式，其实最终都是被转化成了一系列的机器指令。

（1）CISC 和 RISC

CISC（复杂指令集计算机）和 RISC（精简指令集计算机）是两大类主流类型的 CPU 指

令集计算机。

CISC 以 Intel、AMD 的 x86、CPU 为代表，而 RISC 以 ARM、IBM Power 为代表。设计 RISC 的初衷是由于 CISC CPU 的复杂度高，所以想要设计一款计算机使其能选择在单个 CPU 周期完成的指令，以降低 CPU 的复杂度，并将复杂操作交给编译器。

ARM 指令集是 RISC 架构，RISC 把着眼点放在如何使计算机的结构更加简单和如何使计算机的处理速度更加快速上。RISC 选取了使用频率最高的简单指令，抛弃复杂指令，固定指令长度，减少指令格式和寻址方式，不用或少用微码控制。这些特点使得 RISC 架构非常适合嵌入式处理器。

在功耗方面，一个 4 核的 Intel i7 的 CPU 功率为 130W。而一块 ARM A8 单个核心的 CPU，设计功率只有 2W。对于移动设备，功耗是一个远比性能更重要的指标。

在价格方面，ARM 公司并没有垄断 CPU 的生产和制造，只是进行 CPU 设计，然后把对应的知识产权授权出去，让其他厂商来生产 ARM 架构的 CPU。它甚至还允许这些厂商基于 ARM 的架构和指令集设计属于自己的 CPU，如高通、苹果、三星、华为，它们都拿到了基于 ARM 体系架构设计和制造 CPU 的授权。ARM 公司只收取对应的专利授权费用。多个厂商之间的竞争，使得市场上 ARM 芯片的价格很便宜。

在指令数量方面，早期的 RISC，其指令数比 CISC 少，但后来，很多 RISC 指令集中的指令数反超了 CISC，因此，需要根据引用指令的复杂度而非数量来区分两种指令集。

RISC 可以实现以相对少的晶体管设计极快的微处理器。通过研究发现，它只有大约 20% 的指令是常用的，并将处理器能执行的指令数目减到最少，优化执行过程，提高处理器的工作速度。一般来说，RISC 的处理器比同等的 CISC 的处理器的工作速度快 50% ～ 75%，也更容易设计和纠错。

当然，CISC 也是通过操作内存、寄存器、运算器来完成复杂指令的。它处理复杂指令时，先将复杂指令转换为一个微程序，微程序在制造 CPU 时就已存储于微存储器中。一个微程序包含若干条微指令（亦称微码）。CISC 微程序的执行不可被打断，而 RISC 微程序的执行可以被打断，这也是 RISC 和 CISC 的差别，所以理论上 RISC 可更快响应中断。

（2）ARM 指令格式

ARM 指令格式如图 1-21 所示。

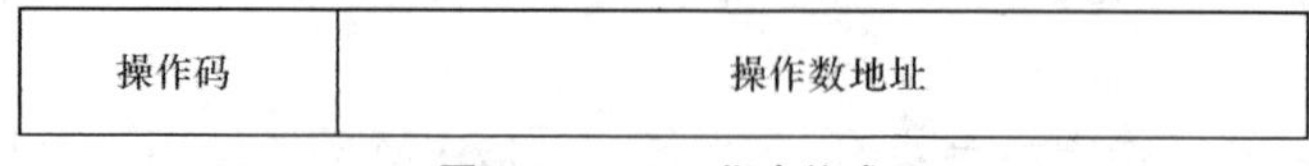


图 1-21　ARM 指令格式

操作码：操作码就是汇编语言里的 mov、add、bl 等符号码。

操作数地址：用于说明该指令需要的操作数所在地址是在内存里还是在 CPU 的内部寄存器里。

实际上，机器指令格式远比图 1-21 所示的复杂，图 1-22 所示是常用的 ARM 指令机器码。

<table>
<tr><td>31</td><td>30</td><td>29</td><td>28</td><td>27</td><td>26</td><td>25</td><td>24</td><td>23</td><td>22</td><td>21</td><td>20</td><td>19</td><td>18</td><td>17</td><td>16</td><td>15</td><td>14</td><td>13</td><td>12</td><td>11</td><td>10</td><td>9</td><td>8</td><td>7</td><td>6</td><td>5</td><td>4</td><td>3</td><td>2</td><td>1</td><td>0</td><td></td></tr>
<tr><td colspan="4">Cond</td><td>0</td><td>0</td><td>I</td><td colspan="4">Opcode</td><td>S</td><td colspan="4">Rn</td><td colspan="4">Rd</td><td colspan="12">Operand2</td><td>数据处理/PSR传送</td></tr>
<tr><td colspan="4">Cond</td><td>0</td><td>0</td><td>0</td><td>0</td><td>0</td><td>0</td><td>A</td><td>S</td><td colspan="4">Rd</td><td colspan="4">Rn</td><td colspan="4">Rs</td><td>1</td><td>0</td><td>0</td><td>1</td><td colspan="4">Rm</td><td>乘法</td></tr>
<tr><td colspan="4">Cond</td><td>0</td><td>0</td><td>0</td><td>0</td><td>1</td><td>U</td><td>A</td><td>S</td><td colspan="4">RdHi</td><td colspan="4">RdLo</td><td colspan="4">Rn</td><td>1</td><td>0</td><td>0</td><td>1</td><td colspan="4">Rm</td><td>长乘法</td></tr>
<tr><td colspan="4">Cond</td><td>0</td><td>0</td><td>0</td><td>1</td><td>0</td><td>B</td><td>0</td><td>0</td><td colspan="4">Rn</td><td colspan="4">Rd</td><td>0</td><td>0</td><td>0</td><td>0</td><td>1</td><td>0</td><td>0</td><td>1</td><td colspan="4">Rm</td><td>单数据交换</td></tr>
<tr><td colspan="4">Cond</td><td>0</td><td>0</td><td>0</td><td>1</td><td>0</td><td>0</td><td>1</td><td>0</td><td>1</td><td>1</td><td>1</td><td>1</td><td>1</td><td>1</td><td>1</td><td>1</td><td>1</td><td>1</td><td>1</td><td>1</td><td>0</td><td>0</td><td>0</td><td>1</td><td colspan="4">Rm</td><td>分支和状态切换跳转</td></tr>
<tr><td colspan="4">Cond</td><td>0</td><td>0</td><td>0</td><td>P</td><td>U</td><td>0</td><td>W</td><td>L</td><td colspan="4">Rn</td><td colspan="4">Rd</td><td>0</td><td>0</td><td>0</td><td>0</td><td>1</td><td>S</td><td>H</td><td>1</td><td colspan="4">Rm</td><td>半字数据传送：寄存器偏移</td></tr>
<tr><td colspan="4">Cond</td><td>0</td><td>0</td><td>0</td><td>P</td><td>U</td><td>1</td><td>W</td><td>L</td><td colspan="4">Rn</td><td colspan="4">Rd</td><td colspan="4">Offset</td><td>1</td><td>S</td><td>H</td><td>1</td><td colspan="4">Offset</td><td>半字数据传送：立即数偏移</td></tr>
<tr><td colspan="4">Cond</td><td>0</td><td>1</td><td>0</td><td>P</td><td>U</td><td>B</td><td>W</td><td>L</td><td colspan="4">Rn</td><td colspan="4">Rd</td><td colspan="12">Offset</td><td>单数据传送</td></tr>
<tr><td colspan="4">Cond</td><td>0</td><td>1</td><td>I</td><td colspan="20"></td><td>1</td><td colspan="4"></td><td>未定义</td></tr>
<tr><td colspan="4">Cond</td><td>1</td><td>0</td><td>I</td><td>P</td><td>U</td><td>B</td><td>W</td><td>L</td><td colspan="4">Rn</td><td colspan="16">寄存器列表</td><td>块数据传送</td></tr>
<tr><td colspan="4">Cond</td><td>1</td><td>0</td><td>1</td><td>L</td><td colspan="24">Offset</td><td>分支跳转</td></tr>
<tr><td colspan="4">Cond</td><td>1</td><td>1</td><td>0</td><td>P</td><td>U</td><td>B</td><td>W</td><td>L</td><td colspan="4">Rn</td><td colspan="4">CRd</td><td colspan="4">CP#</td><td colspan="8">Offset</td><td>协处理器数据传送</td></tr>
<tr><td colspan="4">Cond</td><td>1</td><td>1</td><td>1</td><td>0</td><td colspan="4">CP Opc</td><td colspan="4">CRn</td><td colspan="4">CRd</td><td colspan="4">CP#</td><td colspan="3">CP</td><td>0</td><td colspan="4">CRm</td><td>协处理器数据操作</td></tr>
<tr><td colspan="4">Cond</td><td>1</td><td>1</td><td>1</td><td>0</td><td colspan="3">CP Opc</td><td>L</td><td colspan="4">CRn</td><td colspan="4">Rd</td><td colspan="4">CP#</td><td colspan="3">CP</td><td>1</td><td colspan="4">CRm</td><td>协处理器寄存器传送</td></tr>
<tr><td colspan="4">Cond</td><td>1</td><td>1</td><td>1</td><td>1</td><td colspan="24">处理器忽略</td><td>软件中断</td></tr>
<tr><td>31</td><td>30</td><td>29</td><td>28</td><td>27</td><td>26</td><td>25</td><td>24</td><td>23</td><td>22</td><td>21</td><td>20</td><td>19</td><td>18</td><td>17</td><td>16</td><td>15</td><td>14</td><td>13</td><td>12</td><td>11</td><td>10</td><td>9</td><td>8</td><td>7</td><td>6</td><td>5</td><td>4</td><td>3</td><td>2</td><td>1</td><td>0</td><td></td></tr>
</table>

注：Cond为条件码，Operand2为操作数，Offset为偏移量，L为分支跳转指令。

图 1-22　ARM 指令机器码

关于这些机器指令格式，后面我们会挑选其中几个进行分析，对于大部分初学者，没有必要花费太多精力去研究这些机器指令，只需要大概了解即可。

（3）指令流水线

流水线技术通过多个功能部件并行工作来缩短程序执行时间，提高处理器核的效率和吞吐率，从而成为微处理器设计中最重要的技术之一。

① 3 级流水线

截止到 ARM7 系列，ARM 处理器使用简单的 3 级流水线，如图 1-23 所示，它包括下列流水线级。

取指令：从寄存器装载一条指令。

译码：识别被执行的指令并为下一个周期准备数据通路的控制信号。在这一级，指令占有译码逻辑，不占用数据通路。

执行：处理指令并将结果写回寄存器。

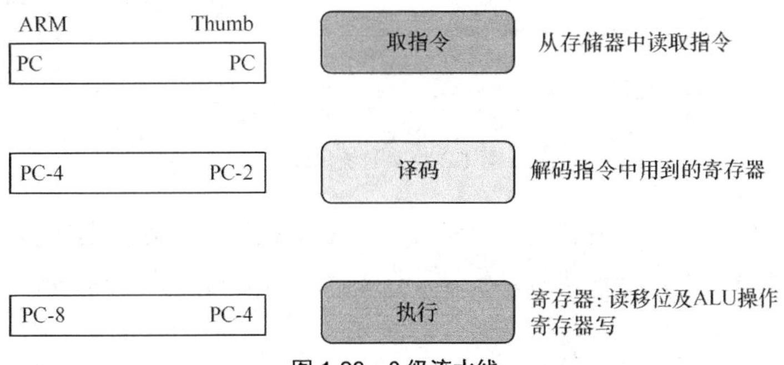


图 1-23　3 级流水线

当处理器执行简单的数据处理指令时，流水线使平均每个时钟周期内，处理器能完成1条指令，但单独执行1条指令需要3个时钟周期，吞吐率为每个周期1条指令。

对于3级流水线，PC寄存器里的值并不是正在执行的指令的地址，而是预取指令的地址，这个知识点很重要，后面我们会详细举例来证明。

处理器要满足高性能的要求，因此需要优化处理器的组织结构。提高性能的方法主要有如下两种方法。

- 提高时钟频率。提高时钟频率必然会缩短指令执行周期，所以要简化流水线每一级的逻辑运算，增加流水线的级数。
- 减少每条指令的平均指令周期数（CPI）。优化多于1条完整流水线周期的指令实现方法，以使其占有较少的周期，或者减少因指令造成的流水线停顿，也可以将两者结合起来。

较高性能的ARM核使用了5级流水线，而且具有单独的指令和数据存储器。在Cortex-A8中有一条13级的流水线，但是ARM公司没有公开技术相关的细节。

从经典ARM系列到现在的Cortex系列，ARM处理器的结构越来越复杂，但没改变的是CPU的取指令和地址关系，不管处理器采用几级流水线，都可以按照最初的3级流水线的操作特性来判断其当前的PC位置。

② 指令对流水线影响

为方便理解，下面我们以3级流水线为例，讲解不同指令对流水线的影响，最佳流水线如图1-24所示。

- 最佳流水线

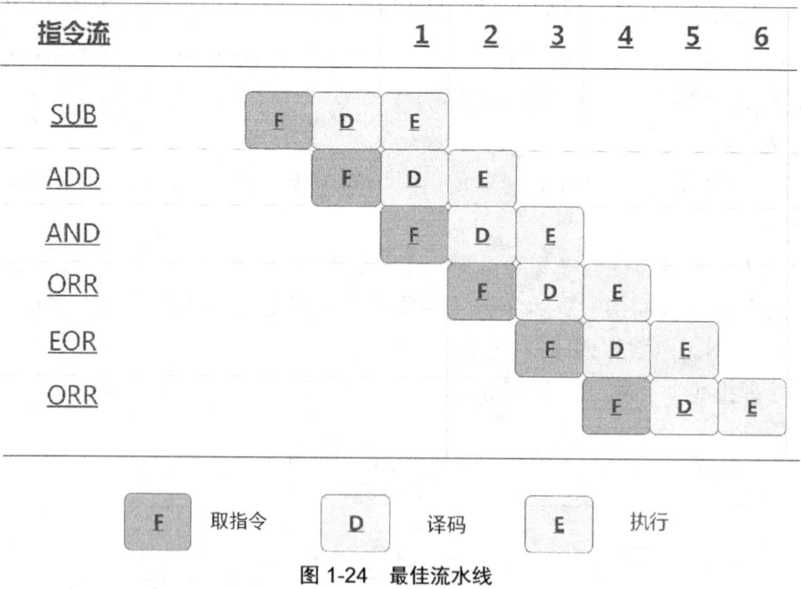


图 1-24　最佳流水线

这是一个理想的实例，所有的指令都在寄存器中执行，且处理器完全不用离开芯片。在每一个周期都有一条指令被执行，流水线的容量得到了充分的利用，指令周期数（CPI）为1。

- LDR流水线如图1-25所示。

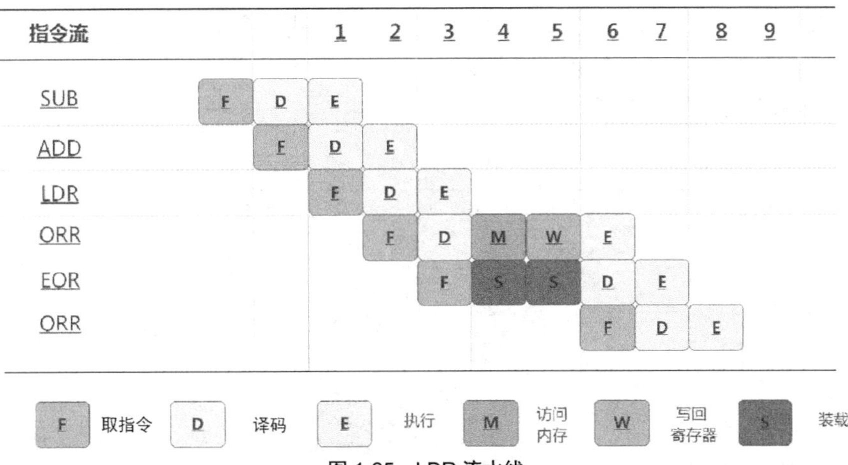


图 1-25　LDR 流水线

该实例中，在 6 个时钟周期内共执行了 4 条指令，指令周期数（CPI）为 1.5。与最佳流水线不同，装载（LDR）操作将数据移进 SoC，导致数据总线被占用，随后紧接写周期将数据写回寄存器。

1）数据总线在周期 1、2、3 中被使用，周期 6 用于取指令，周期 4 用于装载数据，而周期 5 是一个内部周期，用来将载入的数据写回寄存器。

2）周期 3 为执行周期，用于产生地址。

3）周期 4 为数据周期，用于从存储器中取数据。

4）周期 5 为写回周期，通过数据总线和 ALU 将数据写回。

5）周期 6 的执行被推迟了，直到周期 5 数据写回完成（使用 ALU）。同样，内部周期是不需要等待的，但读写存储器时可能需要。

- 分支流水线如图 1-26 所示。

分支指令用于实现指令流的跳转，并存储返回地址到寄存器 R14。

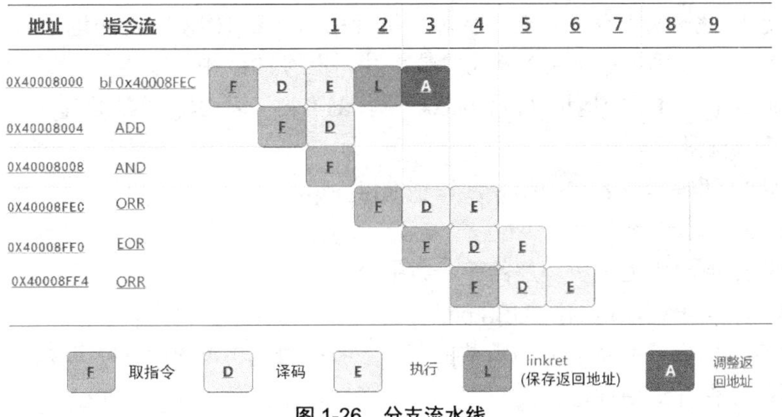


图 1-26　分支流水线

1）周期 1 用于计算分支指令的目的地址，同时完成一次指令预取，流水线被阻断。在任何情况下都要完成预取指令，因为若判决地址已产生，此时已来不及停止预取指令。

2）周期 2 在分支指令的目的地址（0x40008FEC）完成取指令，如果 L 位已设置返回地址，则将指令存于寄存器 R14。

3）周期 3 完成目的地址（0x4008FF0）的取指令，并重新填满流水线。

4）指令 BL 的执行需要 3 个时钟周期。

- 中断流水线如图 1-27 所示。

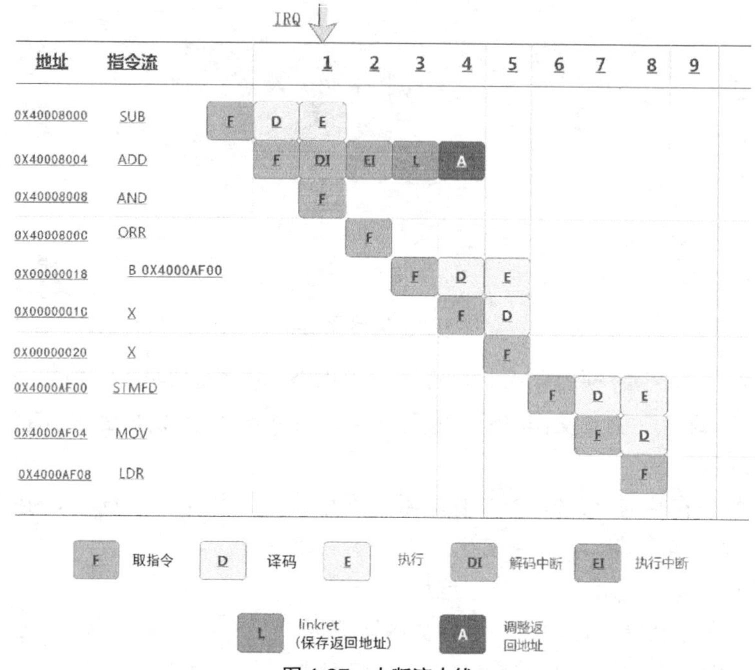


图 1-27　中断流水线

中断的反应时间至少有 7 个时钟周期。

1）周期 1：内核被告知中断在现行指令执行完之前不会被响应（对于 MUL 和 LDM/STM 指令响应时间会有长的延迟）；在解码阶段，中断被解码（中断已使能，并设置了相应标志位）。如果中断已使能，则正常的指令将不会被解码。

2）周期 2：此时总是进入 ARM 状态。执行中断（获取 IR 向量的地址），保存 CPSR 于 SPSR，改变 CPSR 模式为 IRQ 模式并禁止进一步的 IRQ 中断输入。

3）周期 3：保存 PC 的地址（0x400800C）于 R14_irq，从 IRQ 异常处理向量表中的地址（0x00000018）处取指令。

4）周期 4：解码向量表中的指令，调整 R14_irq。

5）周期 5：执行跳转指令。

6）周期 6：取异常处理子程序的第一条指令。

7）周期 7：从子程序返回：SUBS pc,lr,#4。

这将恢复工作模式并从响应中断前的下一条指令处（0x40008008）取指令，如果有多个中断，需堆栈保存返回地址。

### 6．协处理器

ARM 体系结构允许通过增加协处理器来扩展指令集。例如，控制 Cache 和存储管理单元的 CP15 协处理器、设置异常向量表地址的 MRC 指令。

ARM 支持 16 个协处理器，在程序执行过程中，每个协处理器忽略属于 ARM 处理器和其他协处理器的指令，当一个协处理器不能执行属于它的协处理器指令时，就会产生一个未定义的异常中断，在异常中断处理程序中，可以通过软件模拟该硬件的操作，例如，如果系统不包含向量浮点运算器，则可以选择浮点运算软件模拟包来支持向量浮点运算。

ARM 协处理器指令包括以下 3 类。

（1）用于 ARM 处理器初始化 ARM 协处理器的数据操作。

（2）用于 ARM 处理器的寄存器和 ARM 协处理器的寄存器间的数据传送操作。

（3）用于在 ARM 协处理器的寄存器和内存单元之间传送数据。

这些指令包括如下 5 条。

（1）CDP：协处理器数据操作指令。

（2）LDC：协处理器数据读入指令。

（3）STC：协处理器数据写入指令。

（4）MCR：ARM 寄存器到协处理器寄存器的数据传送指令。

（5）MRC：协处理器寄存器到 ARM 寄存器的数据传送指令。

关于协处理器指令，我们只需要知道以上几个常用指令即可。

### 7．Jazelle

Jazelle 读作杰则来，是 Java 字节码状态，是为了运行 Java 虚拟机而添加的一种状态。ARM 的 Jazelle 技术在硬件上提供了对 Java 字节码的支持，大大提高了系统的性能，Jazelle 技术处理流程如图 1-28 所示。

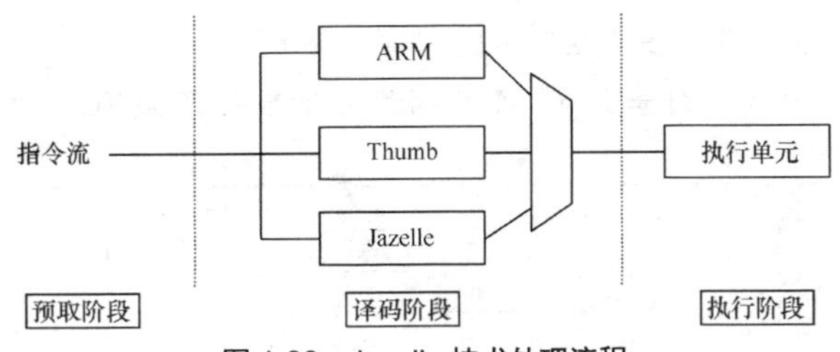


图 1-28　Jazelle 技术处理流程

### 8．ARM 授权

ARM 主要有 3 种授权等级：使用层级授权、内核层级授权和架构层级授权，其中架构层级授权等级最高，企业可以对 ARM 指令集进行改造从而自行设计处理器。例如苹果、三星、高通、华为等企业，它们都必须向 ARM 公司购买各架构下的不同层级授权，根据企业的使用需求购买相应的层级授权。

（1）架构层级授权

架构层级授权是指有了该授权，用户可以对 ARM 架构进行大幅度改造，甚至可以对 ARM 指令集进行扩展或缩减，苹果公司就是一个很好的例子，在使用 ARMv7-A 架构基础上，扩展出了自己的苹果 Swift 架构。

（2）内核层级授权

内核层级授权是指有了该授权，用户可以在该内核基础上加上外设，如 USART、GPIO、SPI、ADC 等，最后形成了企业独有的 MCU。

（3）使用层级授权

用户要想使用一款处理器，得到使用层级授权是最基本的，这就意味着用户只能使用已定义好的 IP 核嵌入其设计中，不能更改已定义的 IP 核，也不能借助该 IP 核创造基于该 IP 核的封装产品。因此，如果某企业分别拿到架构层级授权和使用层级授权，那么意味着某企业可以在 ARM 指令集基础上根据需要创建内核架构，并可添加各种 SoC 外设，比如通信接口、显示器控制接口、GPIO 等，从而生产出自己的处理器芯片。

举个例子，我写了一篇文章，我告诉张三，你可以将文章修改后使用，这种授权便是架构层级授权，我告诉李四，你可以在你的文章中引用我的文章，这种授权便是内核级授权，我告诉王五，你只能对我的文章进行转发，但不能做任何更改，这种授权便是使用层级授权。

## 1.3 SoC

SoC（片上系统）是指将计算机或其他电子系统集成到单一芯片的集成电路。SoC 的集成规模很大，一般达到几百万门到几千万门，相对比较灵活，它可以将 ARM 架构的处理器与一些专用的外围芯片集成到一起，组成一个系统。

从狭义角度讲，SoC 是信息系统核心的芯片集成，是将系统的关键部件集成在一块芯片上；从广义角度讲，SoC 是一个微小型系统，如果说中央处理器（CPU）是大脑，那么 SoC 就是包括大脑、心脏、眼睛和手等的系统。

SoC 集成了很多设备最关键的部件，如 CPU、GPU、内存，也就是说，它由很多部件封装组成。例如，通常我们所说的高通骁龙 888、麒麟 950、三星的 Exynos 4412 等都是系统部件封装后的总称，然而各企业封装的内容不尽相同。

图 1-29 所示是一个典型的基于 ARM 架构的经典 SoC 的架构。

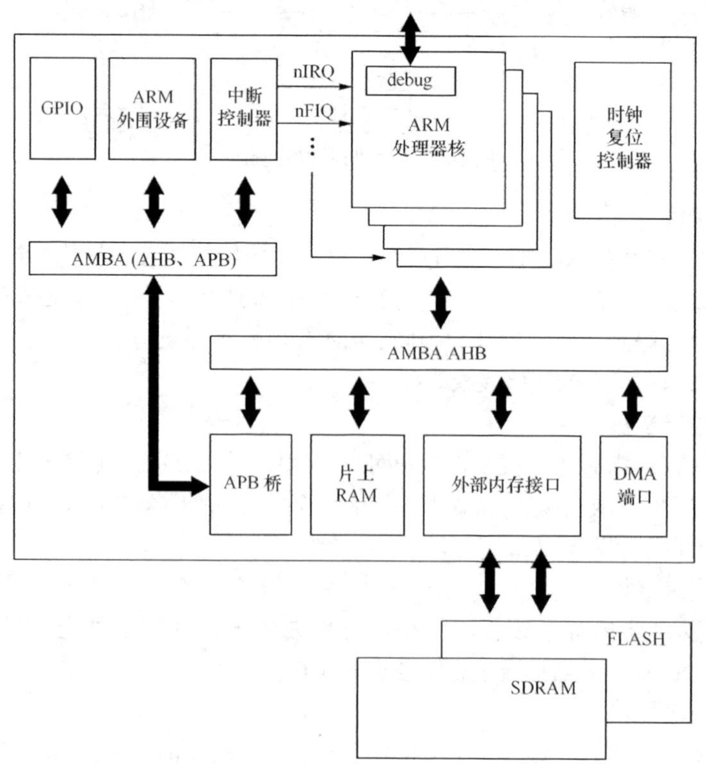


图 1-29　基于 ARM 架构的经典 SoC 的架构

一个基于 ARM 架构的经典 SoC 架构通常包含以下主要部件。

（1）ARM 处理器核。

（2）时钟和复位控制器。

（3）中断控制器。

（4）ARM 外围设备。

（5）GPIO：通用输入输出。

（6）DMA Port：直接存储器访问端口。

（7）外部内存接口。

（8）片上 RAM。

（9）AHB、APB 总线。

ARM 处理器核只有两种中断输入，分别为 nIRQ、nFIQ，基于中断的外设数以百计，由中断控制器来管理这些中断。在外设内部，各组件通过芯片上的互联总线相互连接，对于大多数基于 ARM 架构的设备，这就是标准的 AMBA 互联。

AMBA（高级微控制器总线体系结构）指定了两个总线，分别为 AHB（高级高性能总线）和 APB（高级外设总线）。APB 通常用于连接所有外设，AHB 则用于连接存储器和其他并发高速设备。

现有的 ARM 处理器，如 Hisi-3507、Exynos 4412 等都是 SoC，尤其是应用处理器，它集成了许多外设，为执行复杂的任务提供了强大的支持。

SoC 无法单独运行操作系统，还需要借助大量的外设最终才能形成一个完整的系统。图 1-30 所示为三星公司生产的 Exynos 4412 处理器，大部分复杂的硬件模块已经集成到了这个 SoC 中，它利用 32nm HKMG（高 K 金属栅极技术）制程，支持双通道 LPDDR，主频由 266MHz 提升至 400MHz，整体性能比同时期的双核处理器提升了 60%，图像处理能力提升了 50%。

图 1-30　Exynos 4412 处理器

和三星公司相同，其他和ARM公司合作的企业通常会把CPU和各类外设的IP核集成到一起，然后按照图纸去流片（像流水线一样，通过一系列工艺制造芯片），生产出来的芯片不仅包含CPU，还包含其他控制器，形成了一个完整的SoC。

各大厂商得到ARM公司的授权，获得ARM处理器的源程序，然后购买或设计一些外设，它们组成一个SoC，最后去流片。不同的SoC架构不同（即CPU如何和IP核联系起来，有的以总线为核心，有的以DDR为核心）。可是，无论任何企业如何改进自己的SoC，都不会更改CPU，ARM处理器就好好地待在那里。

学习ARM就必须深刻了解SoC架构，当我们得到一个新的SoC的数据，首先要查看SoC的RAM、时钟频率、外设的控制器、各个外设控制器的操作原理、各个外设对GPIO引脚的复用情况、各个控制器的地址、中断控制器如何管理众多中断源等信息。官方提供的用户手册是我们学习ARM、编写驱动程序的基石，该手册内容比较多，我们并不需要每一章都掌握，用到哪个部分，我们就去学习即可。

2012年初，三星公司正式推出了自家的首款四核移动处理器——Exynos 4412。下面我们以该处理器为例，来讲解这几个概念。

（1）三星公司的Exynos 4412是一款基于Cortex-A9处理器的SoC。

（2）Exynos 4412包含了4个Cortex-A9的处理器（核）。

（3）Cortex-A9是基于ARMv7-A架构（指令集）的。

基于Exynos 4412的FS4412开发板硬件结构如图1-31所示，其包含如下部分。

（1）4个Cortex-A9处理器。

（2）1MB的L2 Cache。

（3）GIC：通用中断控制器。

（4）中断控制器。

（5）NEON：ARM处理器的扩展结构，用于加速音/视频的编/解码，优化用户界面。

（6）RAM控制器、DRAM控制器、NAND Flash控制器、SROM控制器等各种存储设备的控制器。

（7）USB、$I^2C$、SPI等总线接口。

（8）RTC：实时时钟。

（9）看门狗。

（10）声音子系统。

（11）IIS：集成语音接口。

（12）电源管理部件。

（13）一些外设元器件（LED、按键、传感器、内存条、网卡等）。

（14）外接显示器、鼠标、键盘、摄像头、音响等。

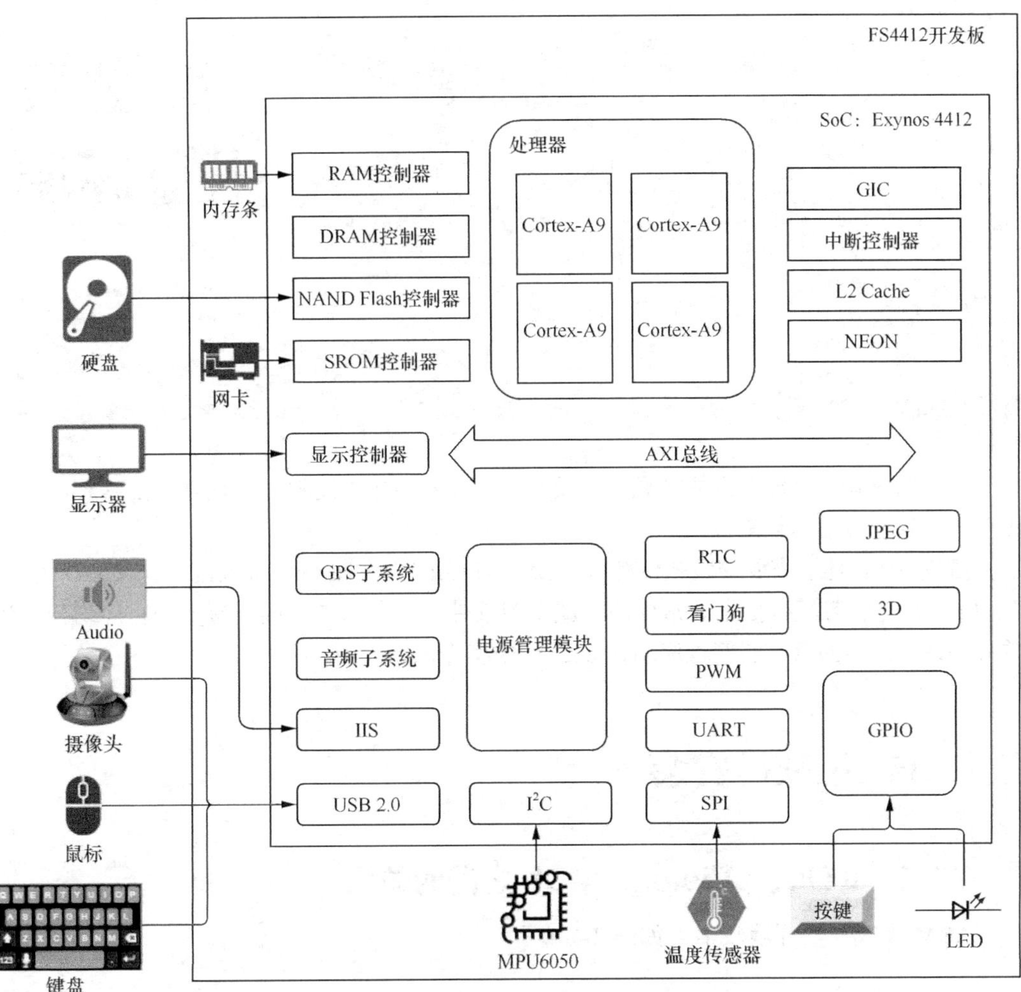


图 1-31　FS4412 开发板硬件结构

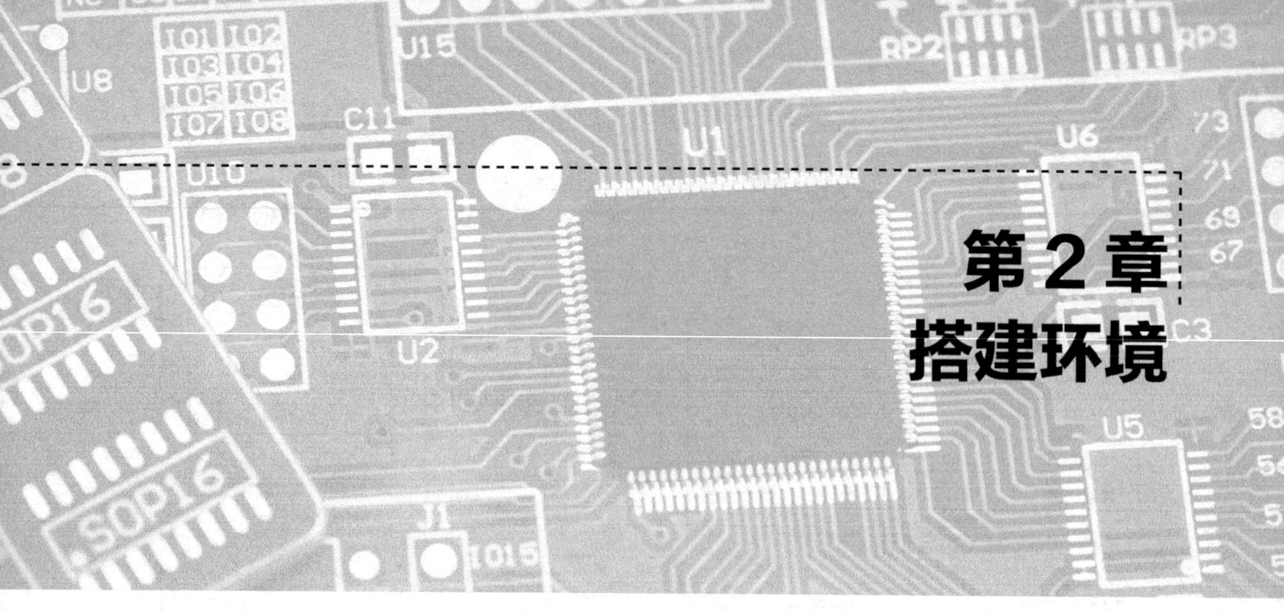

# 第 2 章 搭建环境

第 1 章讨论了 ARM 的基本概念，要想真正掌握 ARM 技术，必须学会汇编程序，首先要把开发环境搭建起来。

搭建 ARM 环境需要安装软件有 KEIL、VMware Workstation、ubuntu、交叉编译工具。其中 KEIL 是学习汇编指令非常好的一款入门软件，本书前 7 章的所有实例程序均使用该软件编译，之后的章节实例程序均在 ubuntu 中编译。

## 2.1 KEIL软件安装

### 2.1.1 KEIL、μVision、MDK 之间的关系

ARM 集成开发环境较多，如图 2-1 所示。

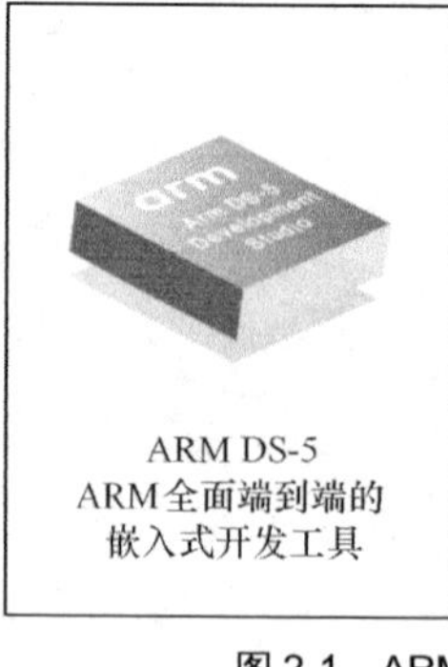

KEIL MDK-ARM
专为微控制器而设计
的嵌入式开发工具

KEIL C51
支持8051微控制器
的KEIL 开发工具


图 2-1 ARM 集成开发环境

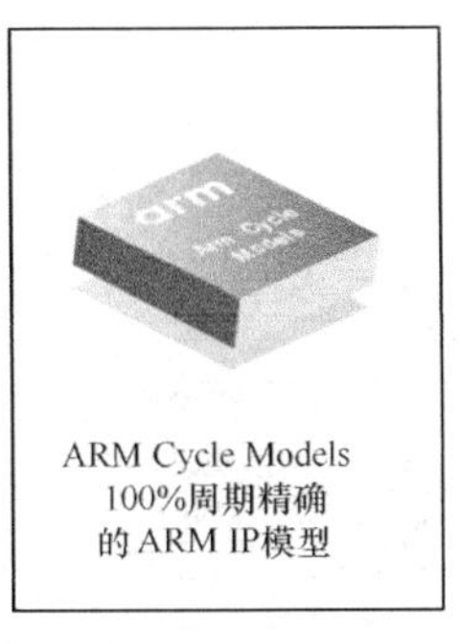
ARM Cycle Models
100%周期精确
的 ARM IP模型

ARM Fast Models
ARM IP的精确、
灵活的程序员
视图模型

ARM Compiler
适用于裸金属软件、
硬件和实时操作系统

ARM RVDS 4.1
ARM 全面端到端的
嵌入式开发工具

KEIL C166
支持C16x系列微控制器
的KEIL 开发工具

KEIL C251
支持基于251微控制器

DS-MDK
针对多系统架构
的开发解决方案

ARM Socrates
缩短选择、配置、
构建ARM IP的时间

图 2-1　ARM 集成开发环境（续）

这些开发环境各有优缺点，本书在指令学习阶段采用的开发环境是 KEIL MDK-ARM。那么 KELL、μVision、MDK 之间到底是什么关系呢？

（1）KEIL

KEIL 是 KEIL 公司所有的一款开发工具，2005 年被 ARM 公司收购。KEIL 公司目前有 4 款独立的嵌入式软件开发工具，即 MDK、KEIL C51、KEIL C166、KEIL C251，它们都是 KEIL 公司的产品，都基于 μVision 集成开发环境，其中 MDK 是 RealView 系列中的一员。

（2）μVision

μVision 是 KEIL 公司开发的集成开发环境（IDE），共有 4 个版本：μVision2、μVision3、μVision4、μVision5。

（3）MDK-ARM

MDK-ARM 也称 KEIL MDK-ARM、KEIL ARM、KEIL MDK、Realview MDK、I-MDK、μVision5（老版本为 μVision4 和 μVision3）等。MDK-ARM 为基于 Cortex-M、Cortex-R4、ARM7、ARM9 等处理器提供了一个完整的开发环境。

MDK-ARM 有 4 个可用版本，分别是 MDK-Lite、MDK-Basic、MDK-Standard、MDK-Professional。所有版本均能提供一个完善的 C / C++ 开发环境，其中 MDK-Professional 还包含大量的中间库。

### 2.1.2　安装 KEIL

我们采用的安装包为 KEIL MDK-ARM 4.14 版本，它包括 ARM 的编译器和 μVision 4 集成开发环境。该开发环境能良好地模拟 ARM 指令运行，非常适合大家学习 ARM 指令。

（1）选择软件安装程序路径“work / 安装环境”，双击安装程序“mdk414.exe”或使用鼠标右键单击“mdk414.exe”，选择“以管理员身份运行”选项，界面显示如图 2-2 所示。单击“Next”选项，并勾选“I agree to all the terms of preceding License Agreement”复选框，如图 2-3 所示。

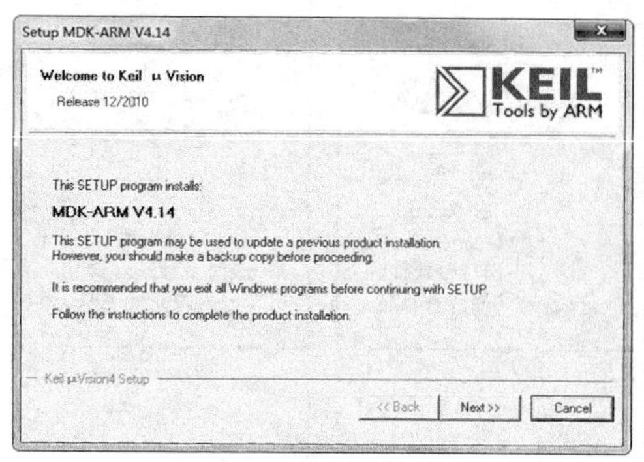


图 2-2　KEIL 安装页面 1

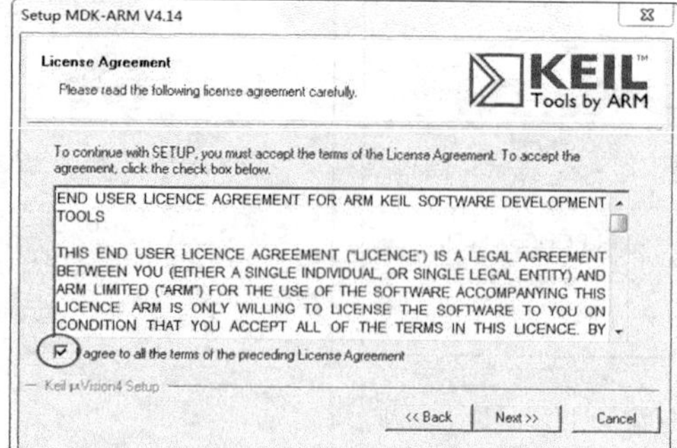


图 2-3　KEIL 安装页面 2

（2）选择软件安装目录，注意尽量不要使用中文名目录，如图 2-4 所示。输入用户名名称（Name）、电子邮件（E-mail）等用户的基本信息，单击“Next”选项，如图 2-5 所示。

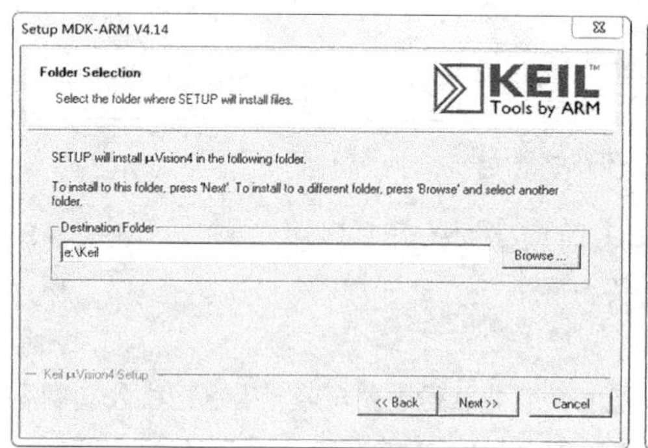


图 2-4　KEIL 安装页面 3

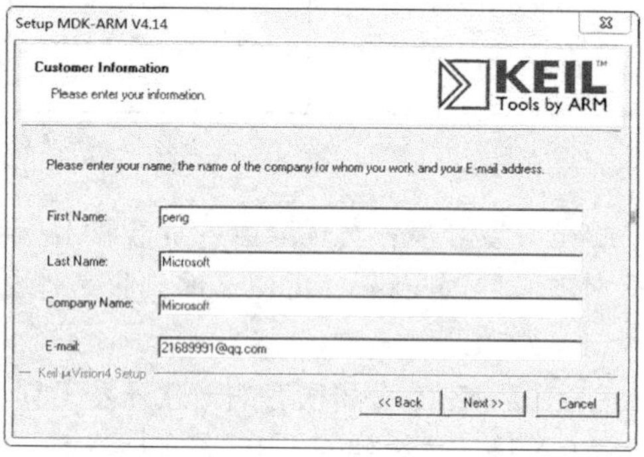

图 2-5　KEIL 安装页面 4

（3）继续单击“Next”选项，系统开始安装软件，对应的进度条如图 2-6 所示。单击“Finish”选项完成安装，如图 2-7 所示。

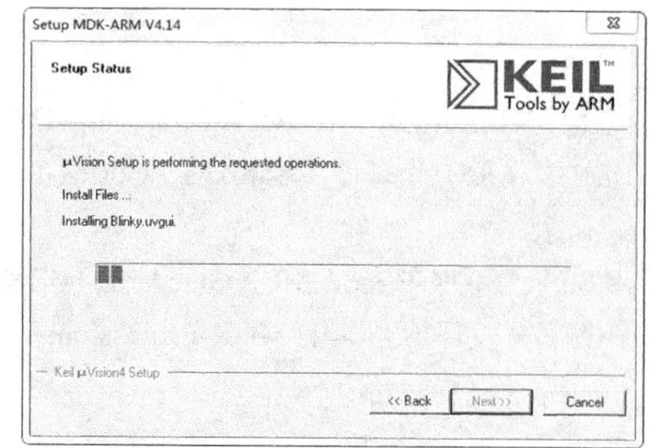

图 2-6　KEIL 安装页面 5

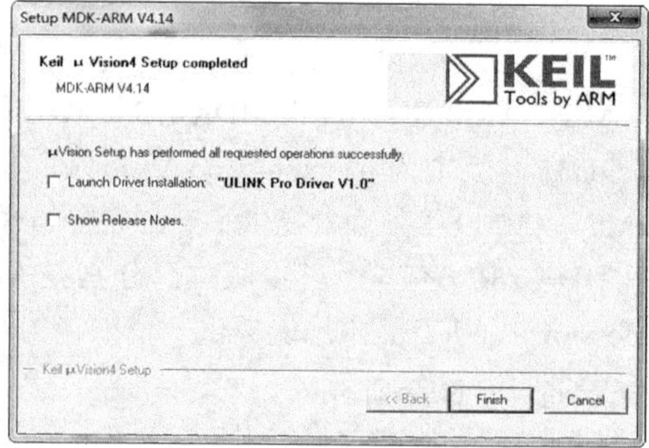


图 2-7　KEIL 安装页面 6

（4）最终，桌面自动创建图标，表示安装成功。

### 2.1.3　创建工程

创建工程，步骤如下。

（1）使用鼠标双击桌面图标，然后单击“Project”菜单栏中的“New µVision Project…”

选项，如图 2-8 所示。

（2）选择工程存放的路径，单击“保存”如图 2-9 所示。

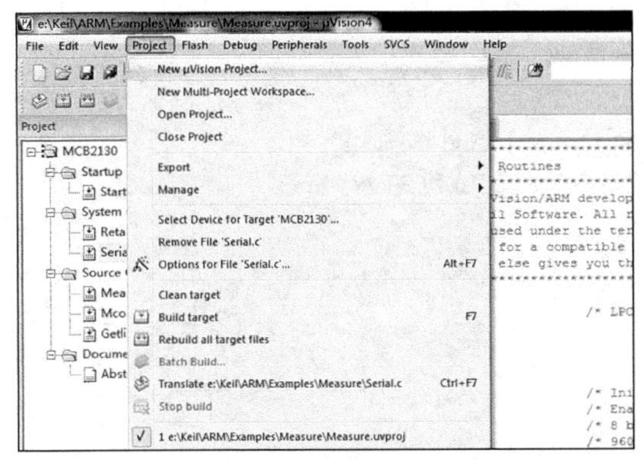


图 2-8　创建新工程

图 2-9　创建工程文件名

（3）在各 CPU 中，ARM 指令集的常用指令并没有太多差别，本书通过 SoC S3C2440A 来介绍 ARM 指令，选择“CPU”选项菜单“Samsung”子菜单下的“S3C2440A”选项，如图 2-10 所示。单击“OK”选项，选择“是”，弹出“µVision”对话框，如图 2-11 所示。

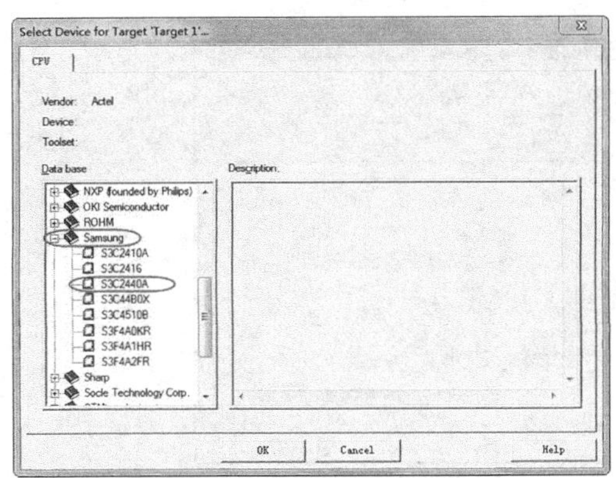


图 2-10　选择 S3C2440A 处理器

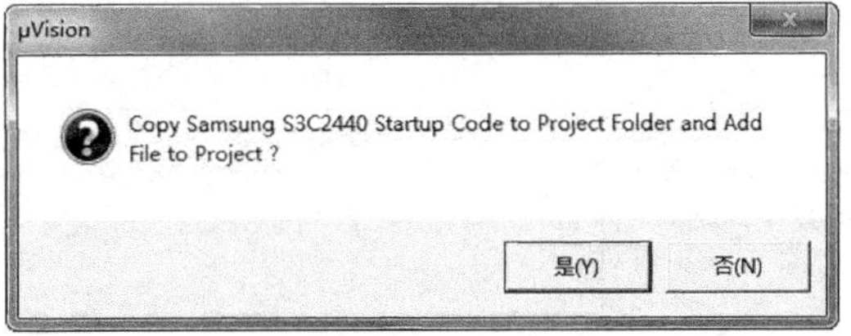


图 2-11　“µVision”　对话框

（4）此时，主程序界面如图 2-12 所示。

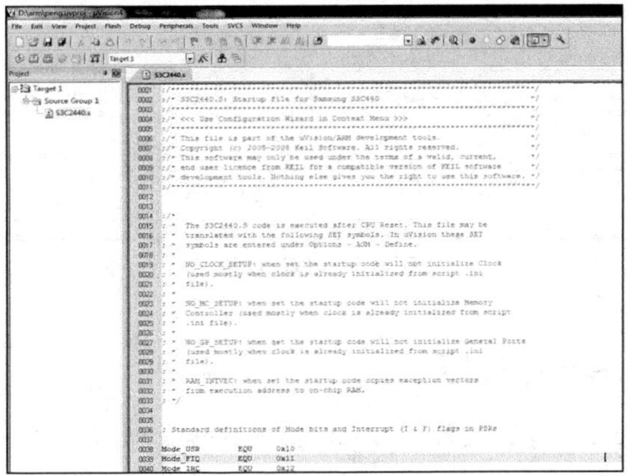

图 2-12　主程序界面

（5）文件“S3C2440.s”中的程序是KEIL提供的基于处理器S3C2440A的初始化程序，我们暂时先不关心这些程序，直接删除该文件的所有程序，输入如下程序（注意缩进）。

```
        area example, code, readonly    ；声明程序段 Example
        entry；程序入口
start                   ；程序中的标号，本质上是内存单元（地址）的别名
        mov r0,#0       ；设置实参，将传递给子程序的实参存放在 R0 和 R1 内
        mov r1,#10
        bl add_sum      ；调用子程序 ADD_SUM
        b over          ；跳转到 OVER 标号处，程序结束
add_sum
        add r0, r0, r1  ；实现两数相加
        mov pc, lr      ；返回子程序，R0 内为返回的结果
over
        end
```

## 2.1.4 编译程序

（1）单击图2-13所示的两个按钮中的任意一个都可以实现程序编译。

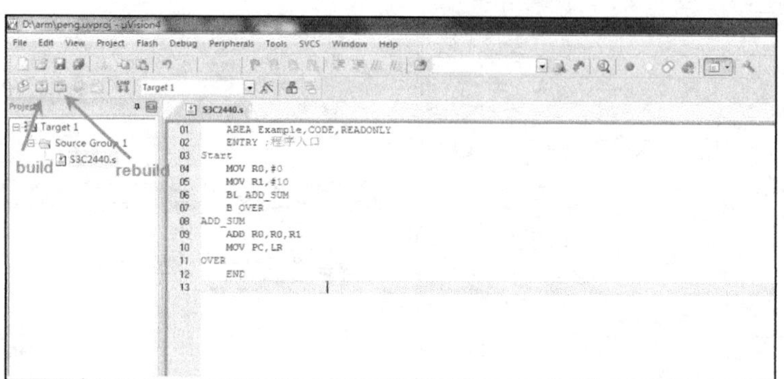


图2-13 选择程序

（2）显示界面下方出现“0 Error(s)”字样，即表示编译成功，如图2-14所示。

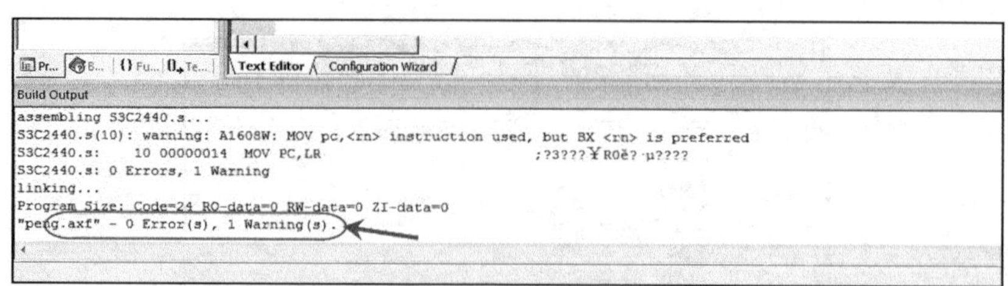

图2-14 编译结果

## 2.1.5 如何debug程序

（1）为方便讲解程序，在调试程序过程时进入debug界面，单击图2-15所示debug图标或按下组合键<Ctrl+F5>，弹出图2-16所示debug提示对话框。

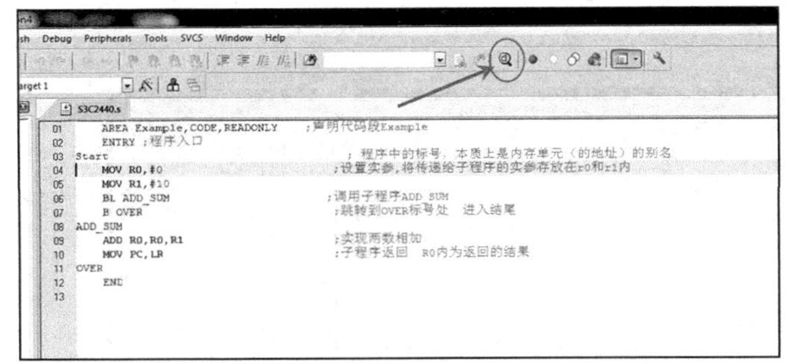


图 2-15　debug 图标

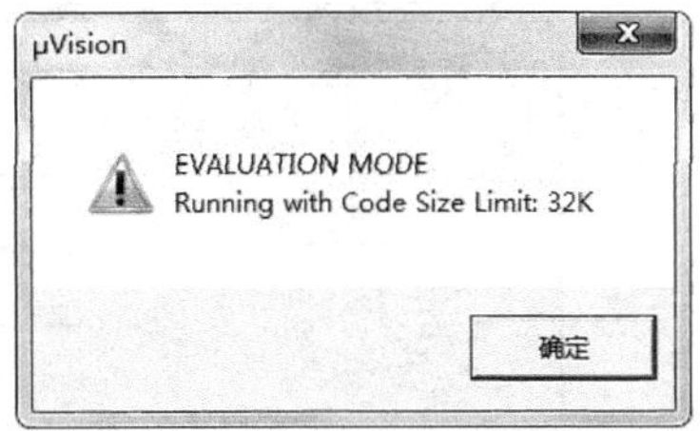


图 2-16　debug 提示

（2）单击“确定”按钮，进入图 2-17 所示的 debug 界面。

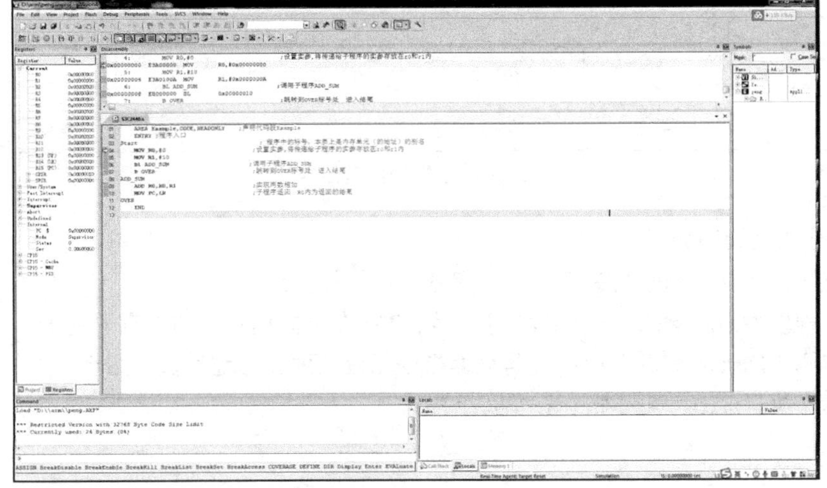

图 2-17　debug 界面

（3）调整界面布局。单击每个标签页面的标题栏，对其拖曳，将鼠标指针放置到显示边框上的三角形位置，鼠标指针即可吸附上去，如图 2-18 所示。

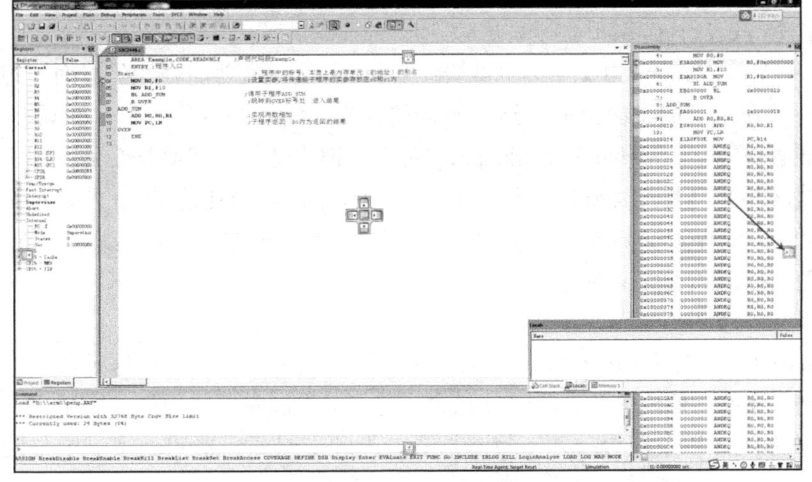

图 2-18　调整界面布局

调整的主程序界面如 2-19 所示。

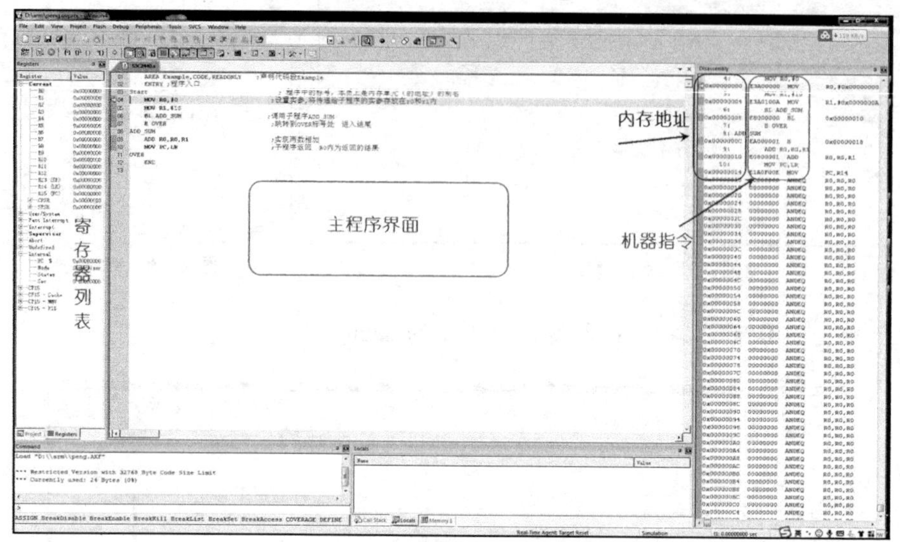


图 2-19　调整后的主程序界面

主程序界面说明如下。

① 程序第 4 行左侧的箭头表示程序指令执行的位置。

② 主程序界面左侧的 R0 ～ R15 等，是 ARM 在不同模式下的寄存器列表。

③ 右侧“Disassembly”标签页是汇编指令对应的内存地址和机器指令。

④ 单步执行 F10，进入某个函数执行 F11。

## 2.2　编译环境搭建

本书中与硬件驱动相关的程序都会在 Linux 环境下编译，Linux 编译环境的搭建需要安装以下几个软件：VMware Workstation、ubuntu 16.04、交叉编译器。

（1）VMware Workstation

VMware Workstation（中文名为“威睿工作站”）是一款功能强大的桌面虚拟计算机软件，使用户可在单一的桌面上同时运行不同的操作系统，是进行开发、测试 、部署新的应用程序的解决方案。VMware Workstation 可在一部实体机器或易携带的虚拟机器上模拟完整的网络环境，其具有良好的灵活性和先进的技术。对企业的 IT 开发人员和系统管理员而言，VMware Workstation 在虚拟网络、实时快照、拖曳共享文件夹、支持 PXE 等方面的优点使它成为必不可少的工具。

（2）ubuntu 16.04

ubuntu 16.04 是基于 Debian Linux 的操作系统，适用于计算机和服务器，特别是能为桌面用户提供良好的使用体验。ubuntu 包含了绝大多数的常用应用软件。用户下载、使用、分享 ubuntu 系统，以及获得技术支持与服务，无须支付任何费用。本书中与硬件相关的程序编译都在 ubuntu 16.04 中进行。

（3）交叉编译器

程序要想在开发板上运行，需要安装编译器。编译器可以生成在与编译器本身所在的计算机和操作系统（平台）相同的环境下运行的目标程序，这种编译器又被叫作“本地编译器”，能编译出在另外一种环境下运行的程序的编译器为交叉编译器。编写的程序若想要在某个平台（如 ARM，MIPS，x86）上运行则必须通过交叉编译工具链编译。

## 2.2.1　安装 VMware Workstation

（1）选择软件安装程序路径“work / 安装环境 / 虚拟机 15.5/VMware-workstation-full.exe”。双击安装程序“VMware-workstation-full.exe”，然后单击“下一步”，如图 2-20 所示。

（2）勾选“我接受许可协议中的条款”，单击“下一步”，如图 2-21 所示。

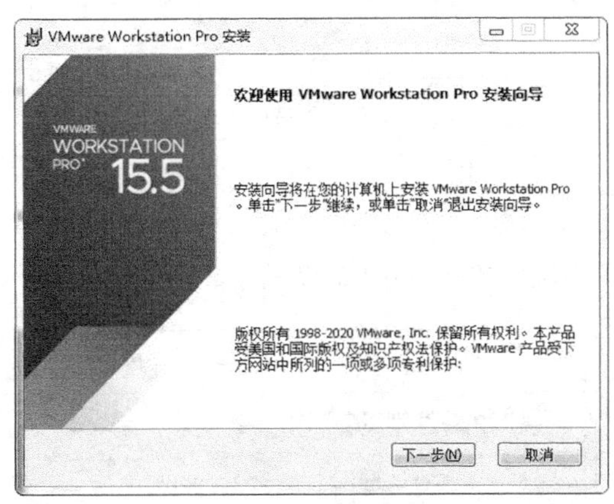


图 2-20　安装页面 1

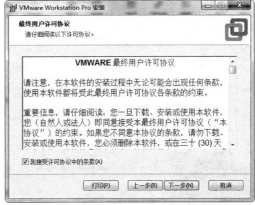

图 2-21　安装页面 2

（3）单击“更改”按钮可更改软件的安装位置，继续单击“下一步”，或者不更改位置直接单击“下一步”，如图 2-22 所示。

（4）若不想自动检查更新软件，则不勾选任何按钮直接单击“下一步”，如图 2-23 所示。

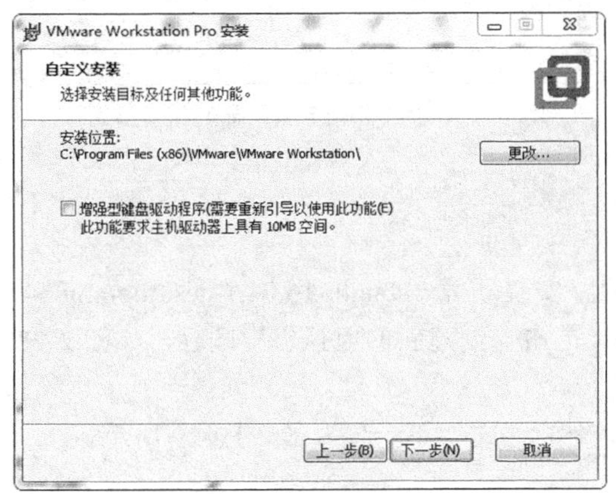


图 2-22　安装页面 3

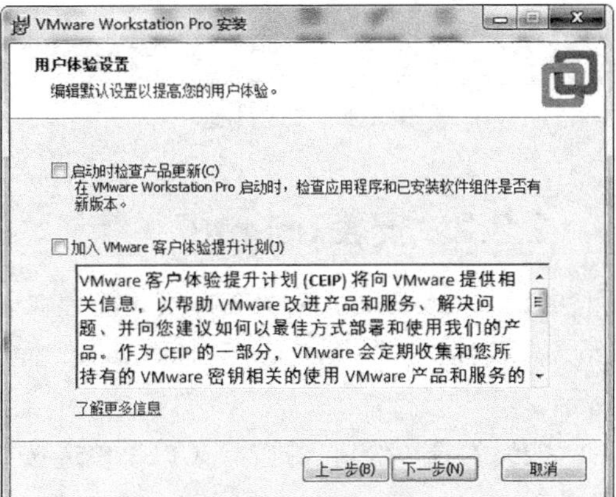


图 2-23　安装页面 4

（5）在桌面和菜单栏中创建软件图标，单击“下一步”，如图 2-24 所示。

（6）继续单击“下一步”，安装软件，如图 2-25 所示。

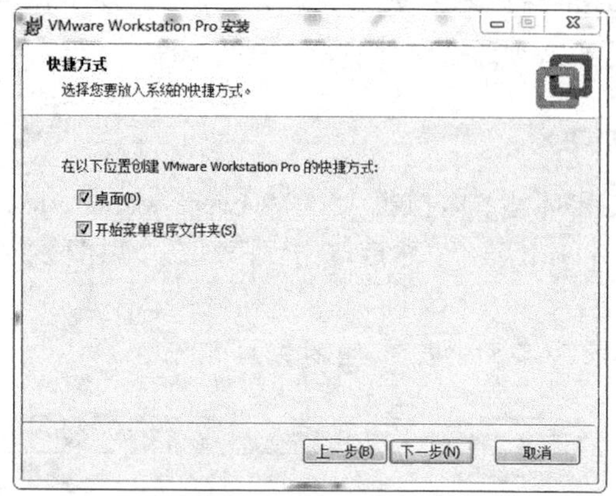


图 2-24　安装页面 5

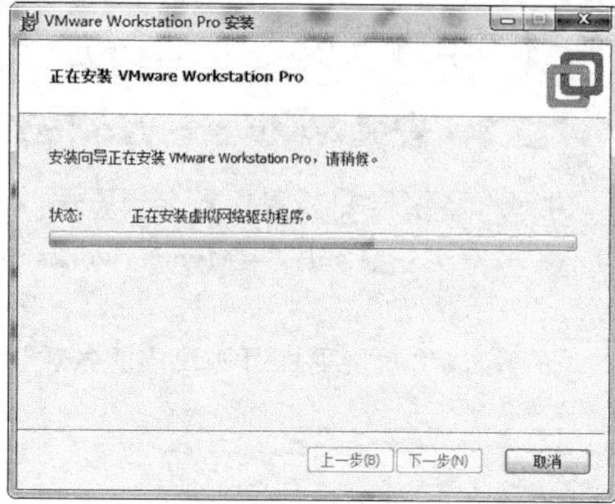


图 2-25　安装页面 6

（7）单击“完成”按钮，完成软件安装，如图 2-26 所示。

（8）然后双击启动图标“VMware Workstation”，如图 2-26 所示。

单击勾选“我希望试用…”单选按钮，即可试用软件，如图 2-27 所示。

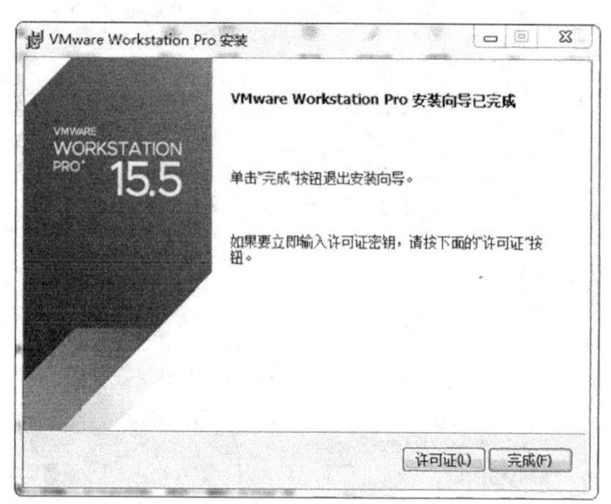


图 2-26　安装页面 7

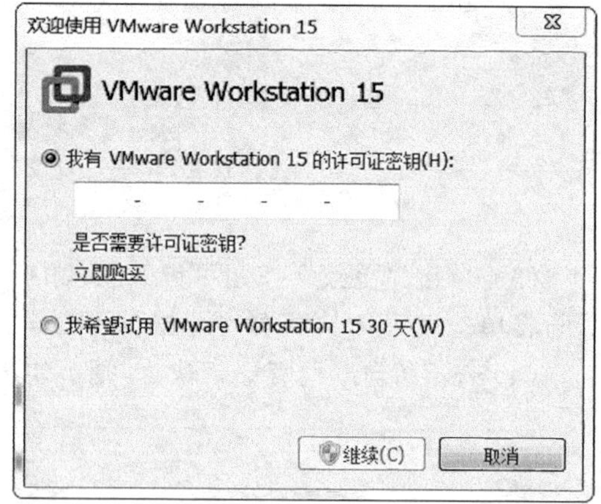


图 2-27　安装页面 8

## 2.2.2　安装 ubuntu

（1）选择 ubuntu 镜像文件安装路径“work / 安装环境 / ubuntu-16.04.7-desktop-amd64.iso”，双击启动“VMware Workstation”程序，单击“创建新的虚拟机”图标，如图 2-28 所示。

（2）勾选“经典（推荐）（T）”单选按钮，然后单击“下一步”，如图 2-29 所示。

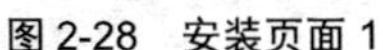

图 2-28　安装页面 1

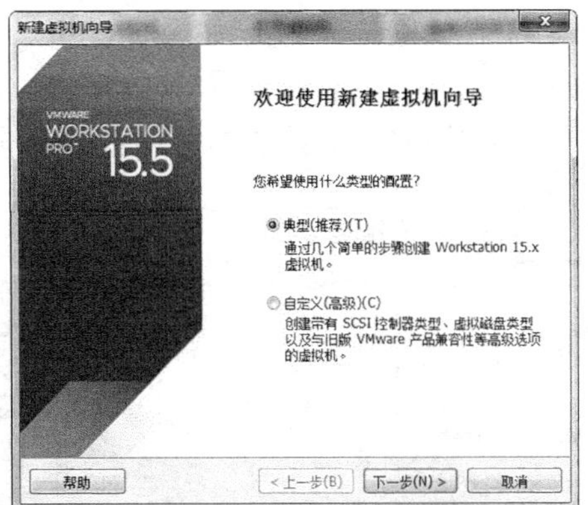


图 2-29　安装页面 2

（3）单击“浏览（R）...”，选择 ubuntu 安装镜像文件“ubuntu-16.04.7-desktop-amd64.iso”，如图 2-30 所示。

（4）输入用户名及密码，单击“下一步”，如图 2-31 所示。

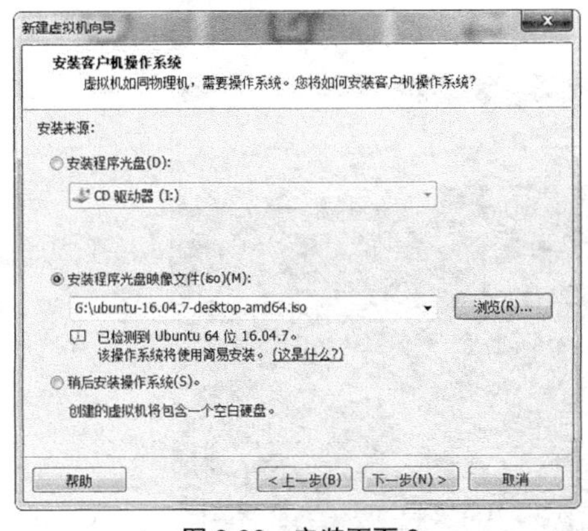


图 2-30　安装页面 3

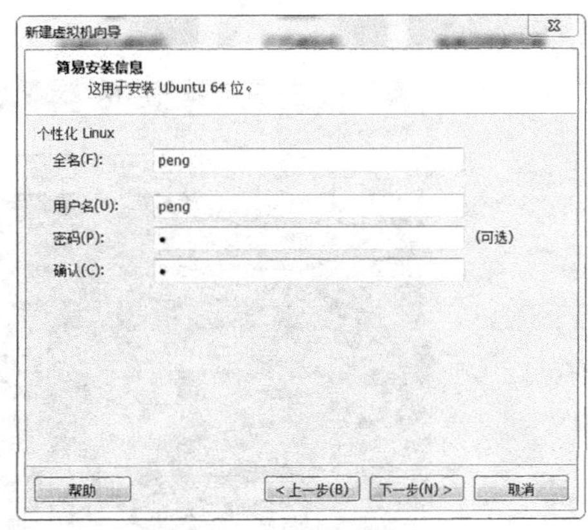


图 2-31　安装页面 4

（5）输入虚拟机名称，选择虚拟机安装位置，如图 2-32 所示。

（6）选择磁盘大小，建议可以设置得大一些，方便后续安装其他软件，单击“下一步”，如图 2-33 所示。

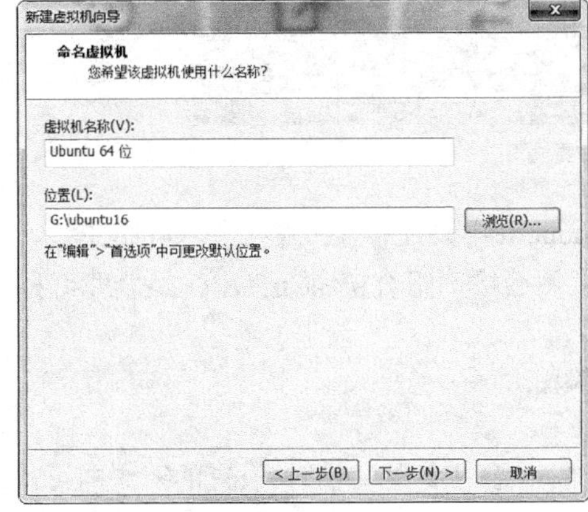


图 2-32　安装页面 5

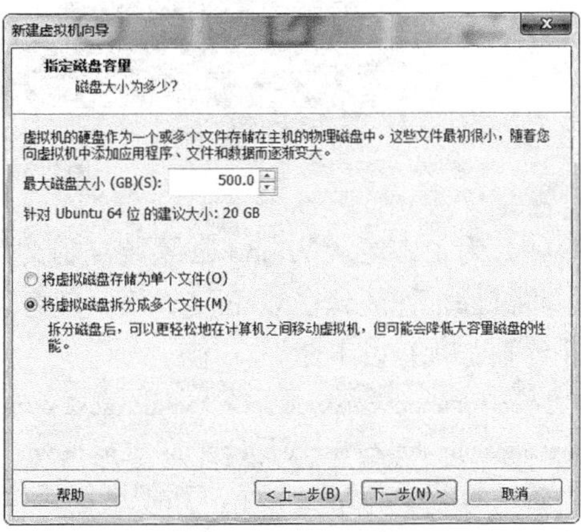


图 2-33　安装页面 6

（7）单击“完成”按钮，如图 2-34 所示，进入安装流程，此时建议断开网络，如图 2-35 所示。

（8）安装完成后，进入图 2-36 所示界面，输入在步骤（4）中设置的密码，如图 2-36 所示。

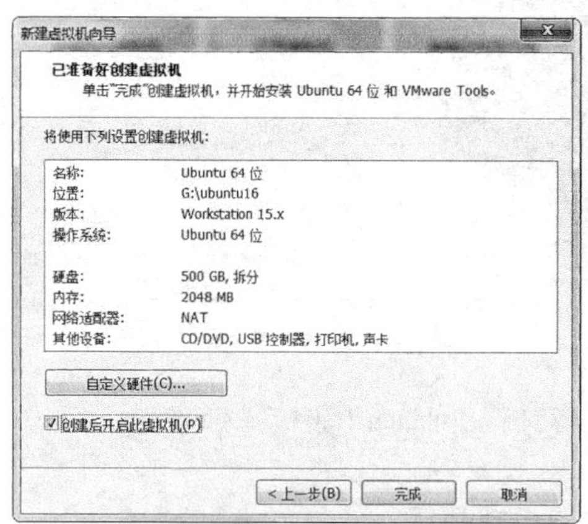


图 2-34　安装页面 7

图 2-35　安装页面 8

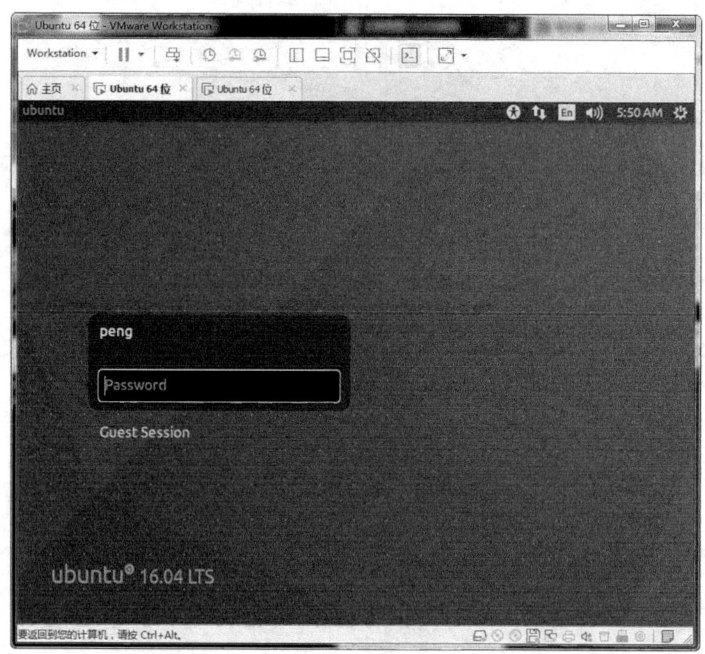


图 2-36　安装页面 9

（9）为了方便从 Windows 系统复制文件到 ubuntu 中，还需要安装工具 vm-tools。

将鼠标指针放置在 ubuntu 界面中任意位置，然后按下组合键 <Ctrl+Alt+T>，即可打开命令终端，执行以下命令。

```
peng@ubuntu: ~ $sudo apt-get autoremove open-vm-tools
peng@ubuntu: ~ $sudo apt-get install open-vm-tools-desktop
```

首次执行“sudo”命令，系统会提示输入密码，输入步骤（4）中设置的密码即可。

# 2.3　交叉编译工具安装

交叉编译工具链压缩包路径为“工具软件 \gcc-4.6.4.tar.xz”。将鼠标指针放置在 ubuntu 界面的任意位置，然后按下组合键 <Ctrl+Alt+T>，即可打开命令终端，执行以下操作后界面如图 2-37 所示。

```
peng@ubuntu: ~ $mkdir toolchain
peng@ubuntu: ~ $sudo chmod 777 toolchain
```

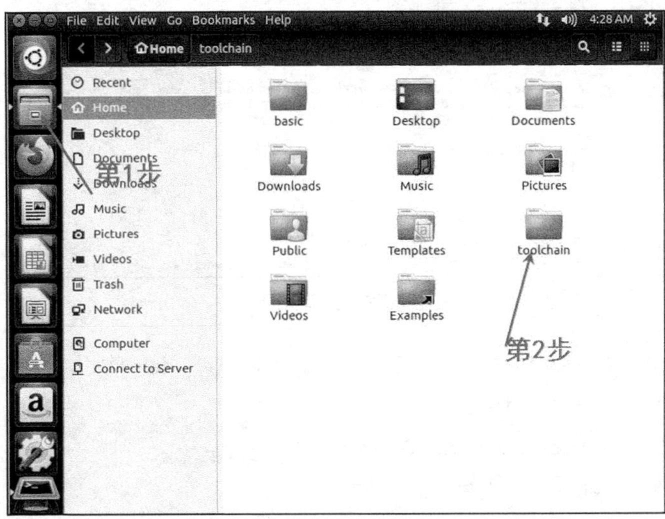


图 2-37　安装页面 1

将交叉编译工具链压缩包“gcc-4.6.4.tar.xz”复制到“toolchain”目录下，如图 2-38 所示。

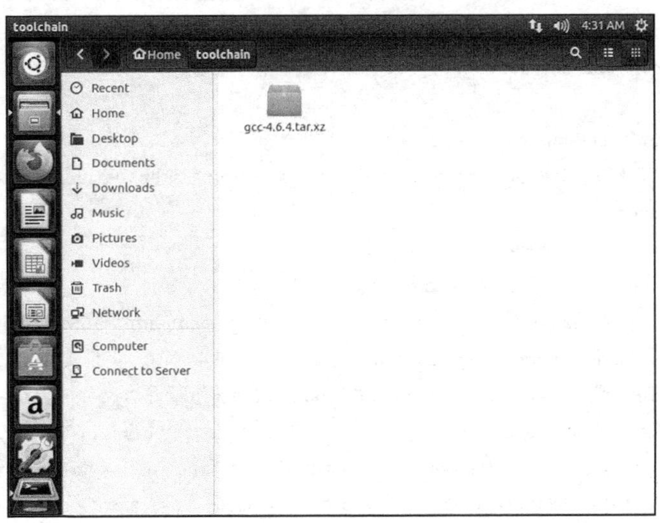


图 2-38　安装页面 2

打开命令终端，执行以下操作，解压该压缩包。

```
peng @ubuntu: ~ $  cd toolchain/
peng@ubuntu: ~ /toolchain$ tar xvf gcc-4.6.4.tar.xz
```

修改文件 /etc/bash.bashrc，添加如下内容。

```
peng@ubuntu：～ /toolchain$ sudo gedit /etc/bash.bashrc
export PATH=$PATH：/home/peng/toolchain/gcc-4.6.4/bin
```

单击界面右上角的“Save”按钮，保存修改的文件，如图 2-39 所示。

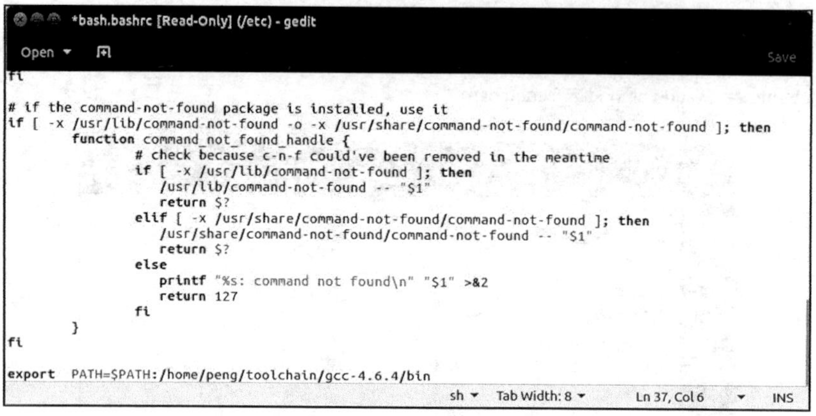

```
*bash.bashrc [Read-Only] (/etc) - gedit
Open ▾                                                        Save
fi

# if the command-not-found package is installed, use it
if [ -x /usr/lib/command-not-found -o -x /usr/share/command-not-found/command-not-found ]; then
        function command_not_found_handle {
                # check because c-n-f could've been removed in the meantime
                if [ -x /usr/lib/command-not-found ]; then
                   /usr/lib/command-not-found -- "$1"
                   return $?
                elif [ -x /usr/share/command-not-found/command-not-found ]; then
                   /usr/share/command-not-found/command-not-found -- "$1"
                   return $?
                else
                   printf "%s: command not found\n" "$1" >&2
                   return 127
                fi
        }
fi

export  PATH=$PATH:/home/peng/toolchain/gcc-4.6.4/bin
                                sh ▾   Tab Width: 8 ▾      Ln 37, Col 6   ▾   INS
```

图 2-39　安装页面 3

如果在其他路径解压安装包，则此处修改为对应的路径即可。

重启配置文件，执行以下操作。

```
peng@ubuntu：～ /toolchain$ source  /etc/bash.bashrc
```

安装第三方库，执行以下操作。

```
peng@ubuntu：～ /toolchain$ apt-get install lsb-core
```

测试工具链，执行以下操作。

```
peng@ubuntu：～ /toolchain$ arm-none-linux-gnueabi-gcc  －v
```

得到以下结果，说明安装成功。

```
peng@ubuntu: ～ /toolchain$ arm-none-linux-gnueabi-gcc -v
Using built-in specs.
COLLECT_GCC=arm-none-linux-gnueabi-gcc
COLLECT_LTO_WRAPPER=/home/peng/toolchain/gcc-4.6.4/bin/../libexec/gcc/arm-arm1176jzfssf-linux-gnueabi/4.6.4/lto-wrapper
Target: arm-arm1176jzfssf-linux-gnueabi
Configured with: /work/builddir/src/gcc-4.6.4/configure --build=i686-build_pc-linux-gnu --host=i686-build_pc-linux-gnu --target=arm-arm1176jzfssf-linux-gnueabi --prefix=/opt/TuxamitoSoftToolchains/arm-arm1176jzfssf-linux-gnueabi/gcc-4.6.4
--with-sysroot=/opt/TuxamitoSoftToolchains/arm-arm1176jzfssf-linux-gnueabi/gcc-4.6.4/arm-arm1176jzfssf-linux-gnueabi/sysroot --enable-languages=c,c++ --with-arch=armv6zk --with-cpu=arm1176jzf-s
--with-tune=arm1176jzf-s --with-fpu=vfp --with-float=softfp --with-pkgversion=’ crosstool-NG hg+default-2685dfa9de14 - tc0002’ --disable-sjlj-exceptions --enable-__cxa_atexit --disable-libmudflap --disable-libgomp --disable-libssp --disable-libquadmath --disable-libquadmath-support --with-gmp=/work/builddir/arm-arm1176jzfssf-linux-gnueabi/buildtools
--with-mpfr=/work/builddir/arm-arm1176jzfssf-linux-gnueabi/buildtools
--with-mpc=/work/builddir/arm-arm1176jzfssf-linux-gnueabi/buildtools
--with-ppl=/work/builddir/arm-arm1176jzfssf-linux-gnueabi/buildtools
```

```
--with-cloog=/work/builddir/arm-arm1176jzfssf-linux-gnueabi/buildtools
--with-libelf=/work/builddir/arm-arm1176jzfssf-linux-gnueabi/buildtools    --with-host-libstdcxx='-static-libgcc
-Wl,-Bstatic,-lstdc++,-Bdynamic -lm' --enable-threads=posix --enable-target-optspace --without-long-double-128--
disable-nls                                                                                    --disable-multilib
--with-local-prefix=/opt/TuxamitoSoftToolchains/arm-arm1176jzfssf-linux-gnueabi/gcc-4.6.4/arm-arm1176jzfssf-
linux-gnueabi/sysroot --enable-c99 --enable-long-long
Thread model: posix
gcc version 4.6.4 (crosstool-NG hg+default-2685dfa9de14 -tc0002)
```

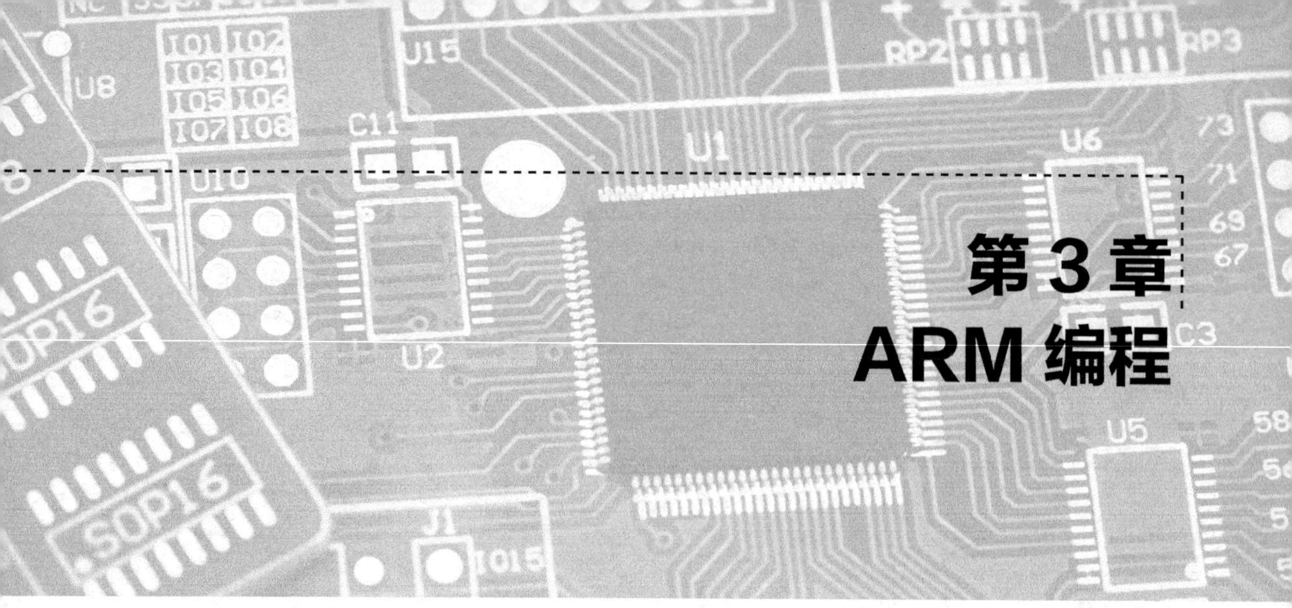

# 第3章 ARM编程

ARM 指令是开发人员与 CPU 交互的工具，是我们打开 CPU 这个“潘多拉魔盒”的钥匙。ARM 指令非常多，但是大部分指令的使用频率并不高，初学者并不需要掌握全部指令，只需要掌握一些使用频率较高且非常重要的指令即可，最重要的是要掌握学习指令的方法。

## 3.1 ARM指令格式

ARM 指令助记符表示如下。

```
<opcode> {<cond>} {S} <Rd>, <Rn>, <shift_op2>
```

每个域的含义如下。

（1）<opcode>：操作码域。作为指令编码的助记符。

（2）{<cond>}：条件码域，指令允许执行的条件编码，大括号表示此项可缺省。

ARM 指令的一个重要特点是其可以条件执行，每条 ARM 指令的条件码域包含 4 位条件码，共 16 种。绝大多数指令根据 CPSR 中条件码的状态和条件码域的设置条件执行。当执行条件满足时，指令被执行，否则被忽略。ARM 指令条件码如表 3-1 所示。

表 3-1　ARM 指令条件码

| 条件码 | 助记符后缀 | 标志位 | 含义 |
| --- | --- | --- | --- |
| 0000 | eq | Z置位 | 相等 |
| 0001 | ne | Z清零 | 不相等 |
| 0010 | cs | C置位 | 无符号数大于或等于 |
| 0011 | cc | C清零 | 无符号数小于 |
| 0100 | mi | N置位 | 负数 |
| 0101 | pl | N清零 | 正数或0 |
| 0110 | vs | V置位 | 溢出 |

续表

| 条件码 | 助记符后缀 | 标志位 | 含义 |
|---|---|---|---|
| 0111 | vc | V清零 | 未溢出 |
| 1000 | hi | C置位、Z清零 | 无符号数大于 |
| 1001 | ls | C清零、Z置位 | 无符号数小于或等于 |
| 1010 | ge | N等于V | 带符号数大于或等于 |
| 1011 | lt | N不等于V | 带符号数小于 |
| 1100 | gt | N清零（N等于V） | 带符号数大于 |
| 1101 | le | Z置位（N不等于V） | 带符号数小于或等于 |
| 1110 | al | 忽略 | 无条件执行 |

每种条件码可用两个字符表示，这两个字符可以作为助记符后缀添加在指令的后面和指令同时使用。

例如，跳转指令“b”可以加上后缀“eq”变为“beq”，表示“相等则跳转”，即当CPSR 中的 Z 标志位置位时发生跳转。

（3）{S}：条件码设置域。这是一个可选项，当设置该域时，指令执行的结果将会影响程序状态寄存器 CPSR 中相应的状态标志。示例如下。

```
add r0,r1,r2; 将 R1 与 R2 的和存放到 R0 中，不影响程序状态寄存器。
adds r0,r1,r2; 执行加法，影响程序状态寄存器。
```

指令中比较特殊的是指令 CMP，它不需要加“s”后缀就默认根据计算结果更改CPRS。

（4）<Rd>：目的操作数。ARM 指令中的目的操作数总是一个寄存器。即使 <Rd> 与第一操作数寄存器 <Rn> 相同，此处也必须要指明，不能缺省。

（5）<Rn>：第一操作数。ARM 指令中的第一操作数也必须是个寄存器。

（6）<shift_op2>：第二操作数。第二操作数可以是寄存器、内存存储单元或立即数。

# 3.2 数据处理指令

## 3.2.1 mov 指令

（1）mov 指令

mov 指令表示如下。

```
mov{ 条件 }{S} 目的寄存器，源操作数
```

mov 指令用于将一个立即数从一个寄存器或能被移位的寄存器加载到目的寄存器中。其中 S 项决定指令的操作是否影响 CPSR 中条件标志位的值，当没有 S 项时，不更新CPSR 中条件标志位的值。

指令示例如下。

```
mov r0, #0x1           ；将立即数 0x1 传送到寄存器 R0 中
mov r1,r0              ；将寄存器 R0 的值传送到寄存器 R1 中
mov pc,r14             ；将寄存器 R14 的值传送到 PC 中，常用于子程序返回
mov r1,r0，LSL #3      ；将寄存器 R0 的值左移 3 位后传送到寄存器 R1 中
```

**注意：**

指令不区分大小写，程序句尾“；”“//”“@”之后的内容为注释，在“/*”和“*/”之间的内容为注释。

（2）什么是立即数

在回答这个问题之前，我们先看下面这条指令。

```
mov r0,#0xfff
```

将其编译后会有以下报错。

```
Build target‘Target 1’
assembling S3C2440.s...
S3C2440.s(5): error: A1510E: Immediate 0x00000FFF cannot be represented by 0-255 and a rotation
S3C2440.s:     5 00000000  MOV R0,#0xfff
S3C2440.s: 1 Error, 0 Warnings
Target not created
```

要想解决这个问题，我们需要了解什么是立即数。立即数是由数据（0 ～ 255）循环右移偶数位生成的，判断规则归纳如下。

① 把数据转换成二进制形式，并从低位到高位将其分成 4 位 1 组，最高位一组不够 4 位的，在最高位前补 0。

② 数其中 1 的个数，如果 1 大于 8 个，则该数据肯定不是立即数，如果 1 小于等于 8 个则进行下面步骤。

③ 如果数据中有连续的、大于等于 24 个的 0，循环左移 2 的倍数位，使高位全为 0。

④ 找到此时数据中 1 的最高位，去掉前面最大偶数个 0。

⑤ 找到最低位的 1，去掉其后面最大偶数个 0。

⑥ 数剩下的位数，如果小于等于 8 位，那么这个数就是立即数，反之就不是立即数。

上述示例中的数据是 0xfff，先将其转换为二进制形式。

```
0000 0000 0000 0000 0000 1111 1111 1111
```

按照上述规则，最终操作结果如下。

```
1111 1111 1111
```

可以看到剩余的位数大于 8 个，所以该数不是立即数。

（3）mov 机器码

为什么立即数会有如上限定？我们需要从 mov 指令的机器码来说起。首先让我们执行如下程序。

```
area Example,code,readonly；声明程序段 Example
entry；程序入口
```

```
start
    ；此处为测试程序，添加在以下位置即可，之后不再介绍完整程序
    mov r1,#0x80000001
over
    end
```

使用鼠标指针单击操作界面的 debug 按钮，查看对应的机器码，如图 3-1 所示。

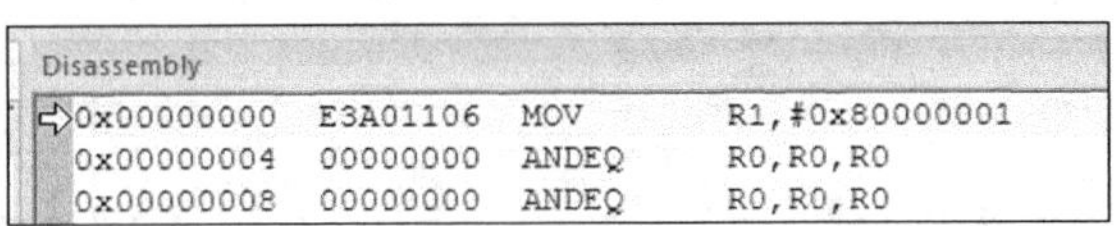


图 3-1　机器码

得到指令“mov r1，#0x80000001”的机器码是 E3A01106（十六进制）。mov 指令机器码格式如图 3-2 所示。

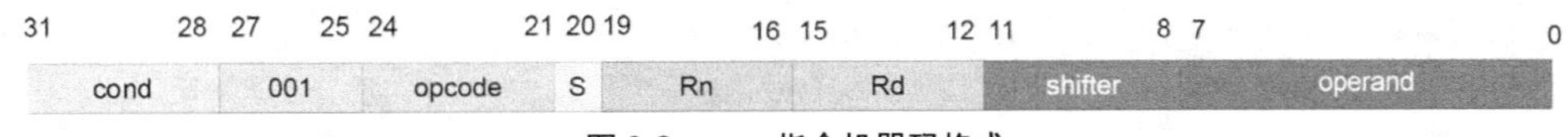


图 3-2　mov 指令机器码格式

根据 mov 指令格式，我们分析各个位域的含义，如表 3-2 所示。

表 3-2　mov 指令机器码各个位域含义

| 位 | 位域 | 含义 |
| --- | --- | --- |
| 1110 | cond | 忽略 |
| 001 | — | — |
| 1101 | opcode | 操作码 |
| 0 | S | 命令不含S |
| 0000 | Rn | 没有源寄存器为0 |
| 0001 | Rd | 目的寄存器R0 |
| 0001 | shifter | 移位 |
| 0000 0110 | operand | 操作数 |

立即数 0x80000001 的二进制数如下。

```
1000 0000 0000 0000 0000 0000 0000 0001
```

将数据循环左移 2 位后得到以下结果。

```
00 0000 0000 0000 0000 0000 0000 0001 10
```

因此，偏移的值为 1（2/2），操作数的值为 0000 0110。读者可以随机找一些整数，判断其是否是立即数。

### 3.2.2　移位操作

ARM 处理器支持数据的移位操作，移位操作在 ARM 指令集中不作为单独的指令使用，

它只能表示为指令格式中的一个字段，即在汇编语言中表示为指令中的选项。移位操作包括 5 种类型，其中 lsl 和 asl 是等价的，可以自由互换移位操作，示意如图 3-3 所示。

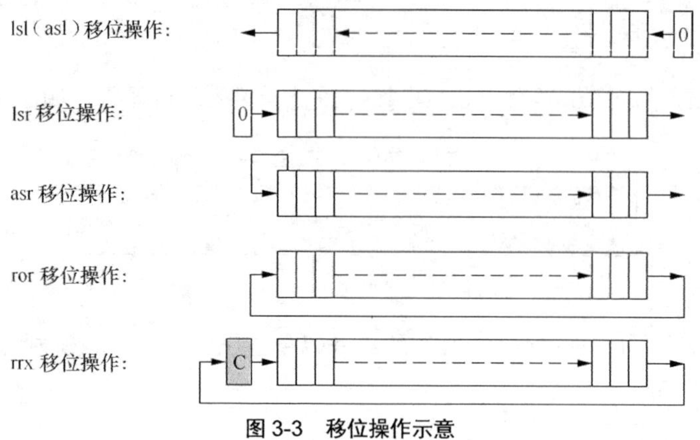


图 3-3　移位操作示意

（1）lsl（逻辑左移）

寻址格式如下。

```
通用寄存器，lsl 操作数
```

该移位操作完成通用寄存器中内容的逻辑左移，按操作数所指定的数量向左移位，右端用 0 来填充。其中，操作数可以是通用寄存器，也可以是立即数（0 ～ 31）。

示例如下。

```
mov r0, r1, lsl #2 ；将 R1 中的内容左移两位后传送到 R0 中
```

（2）lsr（逻辑右移）

寻址格式如下。

```
通用寄存器，lsl 操作数
```

该移位操作完成通用寄存器中内容的逻辑右移，按操作数所指定的移位数向右移位，左端用 0 来填充。其中，操作数可以是通用寄存器，也可以是立即数（0 ～ 31）。

示例如下。

```
mov r0, r1, lsr #2 ；将 R1 中的内容右移两位后传送到 R0 中，左端用 0 来填充
```

（3）asr（算术右移）

寻址格式如下。

```
通用寄存器，asr 操作数
```

该移位操作完成对通用寄存器中内容的算术右移，按操作数所指定的移位数向右移位，左端用第 31 位的值来填充。其中，操作数可以是通用寄存器，也可以是立即数（0 ～ 31）。

示例如下。

```
mov r0, r1, asr #2 ；将 R1 中的内容右移两位后传送到 R0 中，左端用第 31 位的值来填充。
```

（4）ror（循环右移）

寻址格式如下。

```
通用寄存器，ror 操作数
```

该移位操作完成通用寄存器中内容的循环右移，按操作数所指定的移位数向右循环移

位，左端位置用右端移出的位来填充。其中，操作数可以是通用寄存器，也可以是立即数（0 ～ 31）。显然，当进行 32 位的循环右移操作后，通用寄存器中的值不改变。

示例如下。

```
mov r0, r1, ror #2 ；将 R1 中的内容循环右移两位后传送到 R0 中
```

（5）rrx（带扩展位的循环右移）

寻址格式如下。

```
通用寄存器，rrx 操作数
```

该移位操作完成通用寄存器中内容的带扩展位的循环右移。

① 逻辑左移，移位数为 1 ～ 31。

```
mov r0, #0x1
mov r1, r0, lsl #1
```

② 逻辑右移。

```
mov r0, #0x2
mov r1, r0, lsr #1
```

③ 算术右移，符号位不变，次高位补符号位。

```
mov r0, #0xffffffff
mov r1, r0, asr #1
mov r0, #0x7fffffff
mov r1, r0, asr #1
```

④ 循环右移。

```
mov r0, #0x7fffffff
mov r1, r0, ror #1
```

⑤ 带扩展位的循环右移，唯一不需要指定循环位数的移位方式。

```
mov r0, #0xffffffff
mov r1, r0, rrx
```

读者可以自行输入程序到 KEIL 中进行 debug 调试，查看各寄存器中值的变化。

### 3.2.3　cmp 比较指令

cmp 比较指令语法如下。

```
cmp{ 条件 } 操作数 1，操作数 2
```

cmp 比较指令用于把一个寄存器的内容和另一个寄存器的内容或立即数进行比较，同时更新 CPSR 中条件标志位的值。该指令进行一次减法运算，但不存储结果，只更改条件标志位。条件标志位表示的是操作数 1 与操作数 2 的关系（大、小、相等）。

指令示例如下

```
cmp r1, r0  ；将寄存器 R1 的值与寄存器 R0 的值相减，并根据结果设置 CPSR 的条件标志位
cmp r1, #100；将寄存器 R1 的值与立即数 100 相减，并根据结果设置 CPSR 的条件标志位
```

### 3.2.4　tst 条件指令

tst 条件指令语法如下。

```
tst{ 条件 } 操作数 1，操作数 2
```

tst 条件指令用于把一个寄存器的内容和另一个寄存器的内容或立即数按位进行与运

算，并根据运算结果更新 CPSR 中条件标志位的值。操作数 1 是要测试的数据，而操作数 2 是一个位掩码，根据测试结果设置 Z 标志位。

指令示例如下。

```
tst r1, #% 1 ；用于测试在寄存器 R1 中是否设置了最低位（%表示二进制数）
```

举例如下。

**例 1：找出 3 个寄存器 R1、R2、R3 中的数据最大的数。**

```
mov r0, #3
mov r1, #4
mov r2, #5
cmp r1,r0
movgt r0,r1
cmp r2,r0
movgt r0,r2
```

**例 2：求 9 和 15 的差的绝对值。**

```
mov r0,#9
mov r1,#15
cmp r0,r1
beq stop
subgt r0,r0,r1
sublt r1,r1,r0
```

### 3.2.5 运算指令

（1）add

add 指令语法如下。

```
add{ 条件 }{S} 目的寄存器，操作数 1，操作数 2
```

add 指令用于两个操作数的相加，并将运算结果存放到目的寄存器中。操作数 1 是一个寄存器，操作数 2 可以是一个寄存器、被移位的寄存器，或是一个立即数。

add 指令示例如下。

```
add r0, r1, r2            ; r0 = r1 + r2
add r0, r1, #256          ; r0 = r1 + 256
add r0, r2, r3, lsl#1     ; r0 = r2 + (r3 << 1)
```

（2）adc

adc 指令与 add 指令语法类似，除了正常的加法运算，还要加上 CPSR 中的 C 条件标志位，如果要影响 CPSR 中对应的标志位，指令加后缀 S。

（3）sub

aub 指令的格式如下。

```
sub{ 条件 }{S} 目的寄存器，操作数 1，操作数 2
```

sub 指令用于操作数 1 和操作数 2 的相减，并将结果存放到目的寄存器中。操作数 1 是一个寄存器，操作数 2 可以是一个寄存器、被移位的寄存器，或是一个立即数。该指令可用于有符号数或无符号数的减法运算。

sub 指令示例如下。

```
sub r0, r1, r2; r0 = r1–r2
sub r0, r1, #256; r0 = r1–256
sub r0, r2, r3, lsl#1; r0 = r2–r3(r3 << 1)
```

（4）sbc

sbc 指令与 sub 指令语法类似，除了正常做加法运算，还要再减去 CPSR 中 C 条件标志位的反码，根据执行结果设置 CPSR 对应的标志位。

（5）and

and 指令的格式如下。

```
and{ 条件 }{S} 目的寄存器，操作数 1，操作数 2
```

and 指令用于两个操作数的“与”运算，并将运算结果放置到目的寄存器中。操作数 1 是一个寄存器，操作数 2 可以是一个寄存器、被移位的寄存器，或者是一个立即数。该指令常用于屏蔽操作数 1 的某些位。示例如下。

```
and r0, r0, #3 ; 该指令保持 R0 的 0、1 位，其他位清零
```

（6）orr

orr 指令的格式如下。

```
orr{ 条件 }{S} 目的寄存器，操作数 1，操作数 2
```

orr 指令用于两个操作数的“或”运算，并把运算结果放置到目的寄存器中。操作数 1 是一个寄存器，操作数 2 可以是一个寄存器、被移位的寄存器，或者是一个立即数。该指令常用于设置操作数 1 的某些位。 示例如下。

```
orr r0, r0, #3 ; 该指令设置 R0 的 0、1 位，其他位保持不变
```

（7）bic

bic 指令是一个非常实用的指令，当要将寄存器中的某些位清零，但又不想影响其他位的值，就可以使用该指令。指令的格式如下。

```
bic{ 条件 }{S} 目的寄存器，操作数 1，操作数 2
```

bic 指令用于清除操作数 1 的某些位，并把结果放置到目的寄存器中。操作数 1 是一个寄存器，操作数 2 可以是一个寄存器、被移位的寄存器，或者是一个立即数。操作数 2 为 32 位的掩码，如果在掩码中设置了某一位，则清除操作数 1 对应的这一位。未设置的掩码位保持不变。示例如下。

```
bic r0, r0, #% 1011 ; 该指令清除 R0 中的位 0、1、和 3，其他位保持不变
```

举例如下。

**例 3：64 位的加法运算。**

寄存器 R1、R2 存储第一个操作数，低位存储于 R1，高位存储于 R0；寄存器 R2、R3 存储第二个操作数，低位存储于 R3，高位存储于 R2；相加的和存储于寄存器 R0、R1，低位存储于 R1，高位存储于 R0，指令执行如图 3-4 所示。

```
mov r0, #0
mov r1, #0xffffffff
mov r2, #0
mov r3, #0x1
adds r1, r1, r3; r1 = r1 + r3，add 后必须加 s 后缀
adc r0, r0, r2; r0 = r0 + r2 + c
```

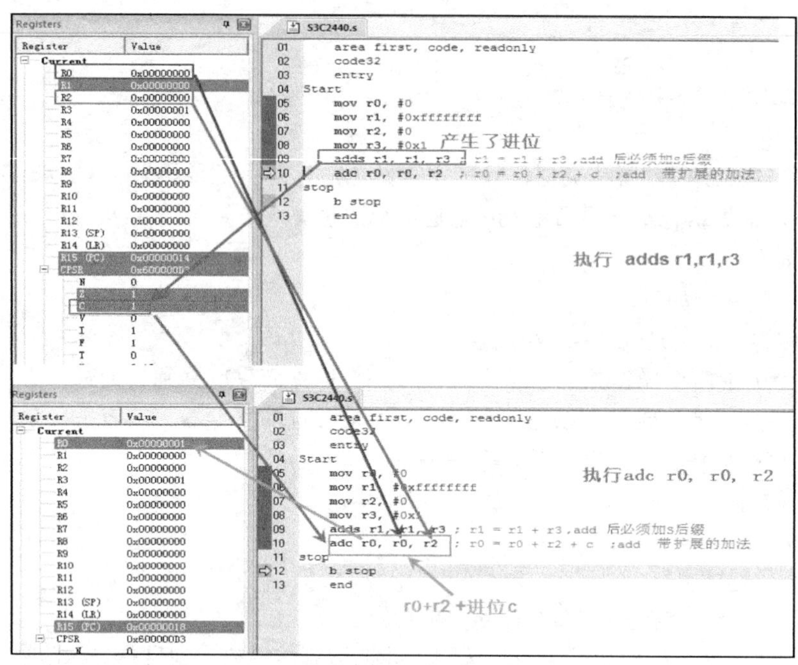


图 3-4 指令执行

**例 4：64 位的减法运算。**

寄存器 R0、R1 存储第一个操作数，低位存储于 R1，高位存储于 R0；寄存器 R2、R3 存储第二个操作数，低位存储于 R3，高位存储于 R2；相减的结果存储于寄存器 R0、R1，低位存储于 R1，高位存储于 R0。

```
mov r0, #0
mov r1, #0x0
mov r2, #0
mov r3, #0x1
subs r1, r1, r3
sbc r0, r0, r2
```

**例 5：清除数据的低 8 位。**

```
mov r0, #0xffffffff
bic r0, r0, #0xff
```

# 3.3 跳转指令

在 ARM 中，有两种方法可以实现程序流程的跳转，方法如下。

（1）使用专门的跳转指令，如 b、bl 等。

（2）直接向程序计数器写入跳转地址值，可以实现在 4GB 的地址空间中任意跳转。

ARM 指令集中的跳转指令用于实现程序流程的跳转，跳转指令可以完成从当前指令向前或向后 32MB 的地址空间的跳转，包括以下 4 条指令。

b——跳转指令

bl——带返回的跳转指令

blx——带返回和状态切换的跳转指令 thumb 指令

bx——带状态切换的跳转指令 thumb 指令

（1）b 指令

b 指令的格式如下。

```
b{ 条件 } 目的地址
```

b 指令是最简单的跳转指令。一旦遇到 b 指令，ARM 处理器将立即跳转到目的地址处，并继续执行指令。

```
b label；无条件跳转到标号 label 处执行程序
cmp r1，#0
beq label；当 CPSR 寄存器中的 Z 条件码置位时，跳转到标号 label 处执行程序。
```

（2）bl 指令

bl 指令的格式如下。

```
bl{ 条件 } 目的地址
```

bl 指令也是跳转指令，但在跳转之前，bl 指令会保存寄存器 R14 中的当前 PC 值，因此，可以通过将寄存器 R14 的内容重新加载到 PC 中，来返回至跳转指令后的那个指令处执行。该指令是实现子程序调用的一个基本手段。

```
bl label
```

当程序无条件跳转到标号 label 处执行时，同时将当前的 PC 值保存到寄存器 R14 中，子程序要返回，则执行以下指令即可。

```
mov pc,lr
```

（3）bl 指令机器码

bl 指令机器码格式如图 3-5 所示。

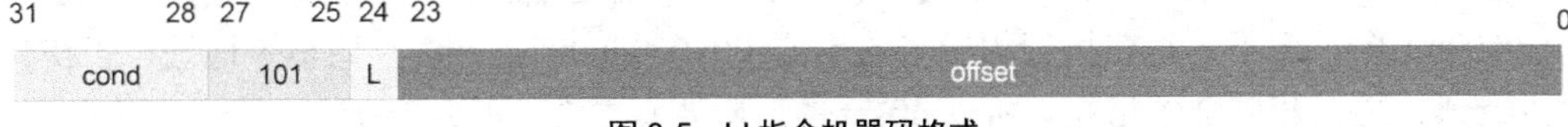


图 3-5　bl 指令机器码格式

bl 指令机器码各个位域含义如表 3-3 所示。

表 3-3　BL 指令机器码各个位域含义

| 域 | 含义 |
| --- | --- |
| cond | 条件码 |
| 101 | 操作码 |
| L | 命令是否包含L |
| offset | 指令跳转偏移量 |

其中 offset 域有 24 位，最高位是符号位，其值为 1 表示偏移一条指令，所以该域可以寻址 $\pm 2^{23}$ 条指令，即 ±8M 条指令。而一条指令占 4byte，所以最大寻址空间为 ±32MB。

**例 1：实现子函数的跳转和返回。**

```
    area example,code,readonly
```

```
    entry ；程序入口
start
    mov r0,#0
    mov r1,#10
    bl add_sum
    b over
add_sum
    add r0,r0,r1
    mov pc,lr
over
    end
```

ml 指令的执行如图 3-6 所示。

① 第 6 行指令 bl add_sum 执行后，程序跳转到标号 add_sum 处，即第 9 行。

② 第 6 行指令表示的机器码是 EB000000。

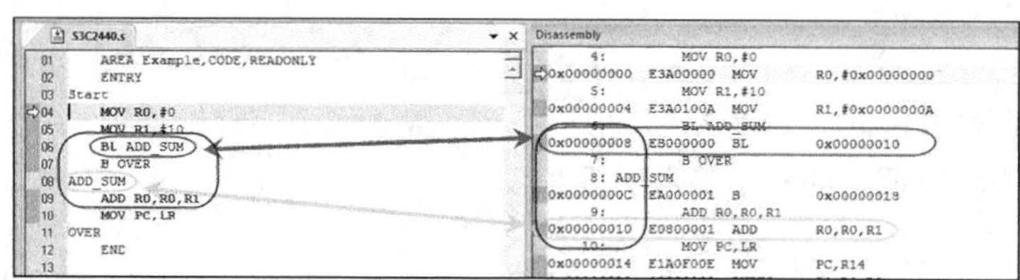


图 3-6　BL 指令的执行

根据 bl 指令的机器码我们可以得到 offset 的值为 0x000000，即 0，也就是说在该指令处程序无须跳转，而根据我们的分析，此处应向前跳转 2 条指令，因此 offset 的值应该是 2，但为什么是 0 呢？

因为 ARM 处理器采用 3 级流水线，此处 PC 的存储指令地址是预取指令地址（0x00000010），而不是正在执行的指令的地址（0x00000008），PC 存储指令地址与正在处理指令地址之间相差 2 条指令，所以 offset 的值就要减去 2，即 2–2=0。

（4）如何访问 32 位系统的全部地址空间

若要访问 32 位系统的全部地址空间，直接将目的地址装载到 PC 中，指令如下。

```
ldr pc, =dest
```

**例 2：实现程序的子函数多重嵌套调用，并从子函数返回，程序如下。**

```
    area first, code, readonly
    code32
    entry
main
    ；使用 bl 指令进行子函数调用
    mov r0,#1
    bl child_func_1
    mov r0,#2
stop
    b stop
child_func_1
    mov r1,r0 ；保存 r0 的值到 r1 中
```

```
    mov r2,lr ；保存 lr 的值到 r2 中
    mov r0, #3；修改 r0 中的值
bl child_func_2；跳转到子函数 child_func_2 处
    mov r0,r1 ；还原 r0 中的值
    mov lr,r2 ；还原 lr 的值
    mov pc, lr ；返回调用子函数 child_func_1 处
child_func_2；子函数
    mov r3,r0
    mov r4,lr ；保存直接父函数用到的所有寄存器
    mov r0, #5
    mov r0,r3
    mov lr,r4 ；返回到直接父函数之前，把它用到的所有寄存器内容恢复
    mov pc, lr ；返回调用子函数 child_func_2 处
    end
```

该例中，我们每调用一级子函数，都把返回地址存入未分组寄存器，但是未分组寄存器毕竟是有限的，Linux 内核函数的调用层次往往很深，通用寄存器根本不够用，要想保存返回地址，就需要对数据进行压栈，那我们就要为每个模式的栈设置空间，如何设置栈空间呢？ 3.4 节我们继续讨论。

## 3.4　访问程序状态寄存器指令

访问程序状态寄存器必须通过 ARM 指令 mrs、msr，这两条指令可以用于在程序状态寄存器和通用寄存器之间传送数据。

### 3.4.1　mrs 指令

mrs 指令语法如下。

```
mrs{ 条件 } 通用寄存器 程序状态寄存器（CPSR 或 SPSR）
```

mrs 指令用于将程序状态寄存器的内容传送到通用寄存器中。该指令一般用于以下几种情况。

（1）当需要改变程序状态寄存器的内容时，可用 MRS 指令将程序状态寄存器的内容写入通用寄存器，修改内容后再写回程序状态寄存器。

（2）在异常处理时，程序状态寄存器的值需要保存，可先用该指令读出程序状态寄存器的值，然后保存。

程序如下。

```
mrs r0 cpsr；传送 CPSR 的内容到 R0
mrs r0 spsr；传送 SPSR 的内容到 R0
```

### 3.4.2　msr 指令

msr 指令语法如下。

```
msr{ 条件 } 程序状态寄存器（CPSR 或 SPSR）_< 域 >, 操作数
```

msr 指令用于将操作数的内容传送到程序状态寄存器的特定域中。其中，操作数可以

为通用寄存器或立即数。<域>用于设置程序状态寄存器中需要操作的位，32 位的程序状态寄存器可分为 4 个域。

bit[31：24] 为条件标志位域，用 F 表示。
bit[23：16] 为状态位域，用 X 表示。
bit[15：8] 为扩展位域，用 C 表示。
bit[7：0] 为控制位域，用 S 表示。

该指令通常用于恢复或改变程序状态寄存器的内容，在使用时，一般要在 MSR 指令中指明将要操作的域。

程序如下。

```
msr cpsr r0   ；传送 R0 的内容到 CPSR 中
msr spsr r0   ；传送 R0 的内容到 SPSR 中
msr cpsr_c r0；传送 R0 的内容到 CPSR，但仅仅修改 CPSR 中的控制位域
```

### 3.4.3 综合实例

一个嵌入式系统上电前，往往需要初始化各种外设、设置环境参数、搬运程序等工作，为了避免因为意外中断使启动失败，所以需要屏蔽中断，同时还要需要为各个异常模式初始化栈空间，这些操作都需要通过修改 CPSR 来实现。

**1．使能中断**

要使能中断，必须将 CPSR 的 bit[7] 设置为 0，但是不能影响其他位，所以必须先用 msr 指令读取 CPSR 的值传送到通用寄存器 R*n*（*n*=0～8）中，然后修改 bit[7]，将其设置为 0，再将该寄存器的值设置到 CPSR 中，程序如下。

```
    area reset,code
    code32
    entry
start
    bl enale_irq
enale_irq
    mrs r0,cpsr
    bic r0,r0,#0x80
    msr cpsr_c,r0
    mov pc,lr
```

结果分析如下。

（1）程序执行前 CPSR 的值如图 3-7 所示。

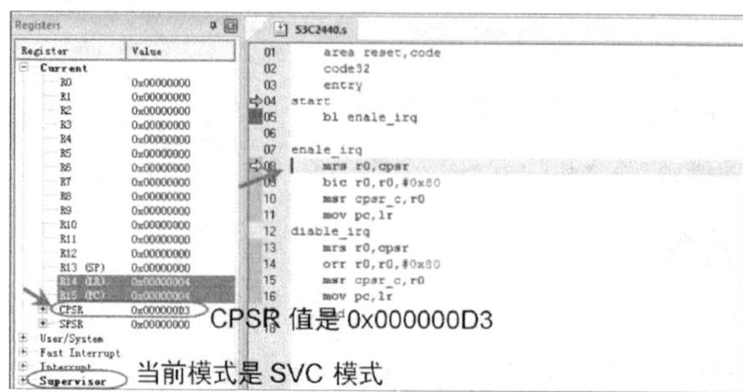


图 3-7　程序执行前

程序执行前 CPSR 的值是 0x000000D3，当前模式为 SVC，因为开机上电操作属于复位异常，此时系统会自动进入 SVC 模式。

（2） 第 8 行，mrs 指令用于读取 CPSR 的值到 R0，如图 3-8 所示。

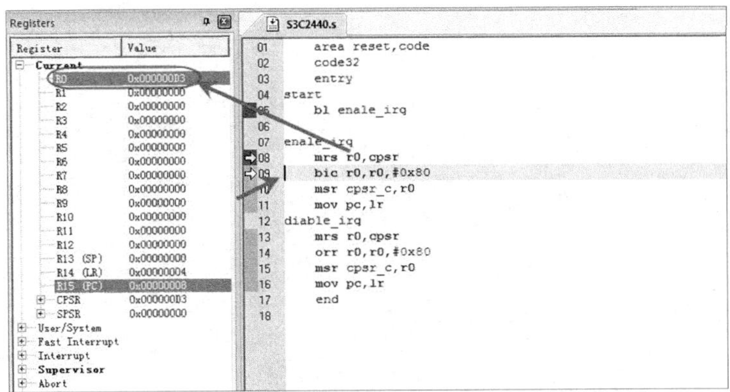

图 3-8 读取 CPSR 值

指令“mrs r0，cpsr ”将 CPSR 的内容读取到寄存器 R0 中，此时 R0 的值为 0x000000D3。

（3） 第 9 行，BIC 指令用于将 R0 中的 bit[7] 清零，如图 3-9 所示。

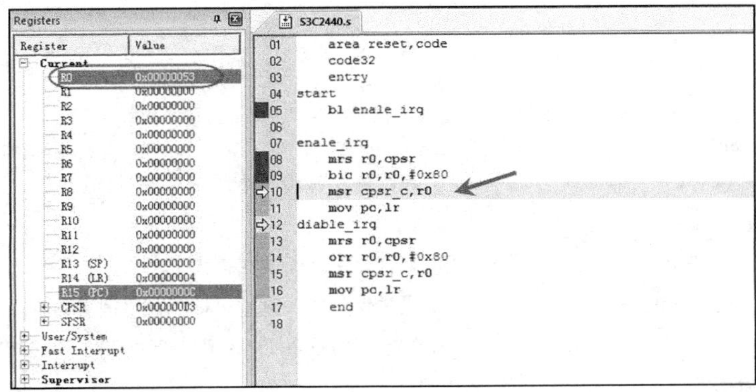

图 3-9 清零 bit[7]

“bic r0,r0,#0x80” 将 R0 的 bit[7] 设置为 0（从低往高数，从 0 开始计数），寄存器 R0 的值变成 0x00000053。

（4）第 10 行，mov 指令用于将 R0 值设置到 CPSR 的 cond 位域，如图 3-10 所示。

指令“msr cpsr_c，r0”将构造好的值写回 CPSR 的 cond 位域，此时 CPSR 的 I 位已经为 0，从而实现了中断使能，如图 3-11 所示。

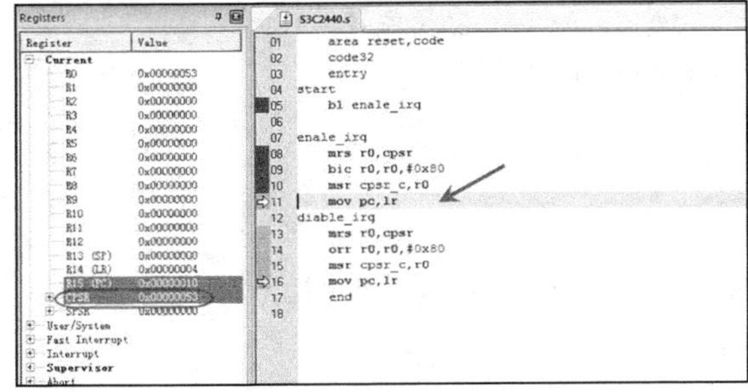

图 3-10 将 R0 值写回 CPSR

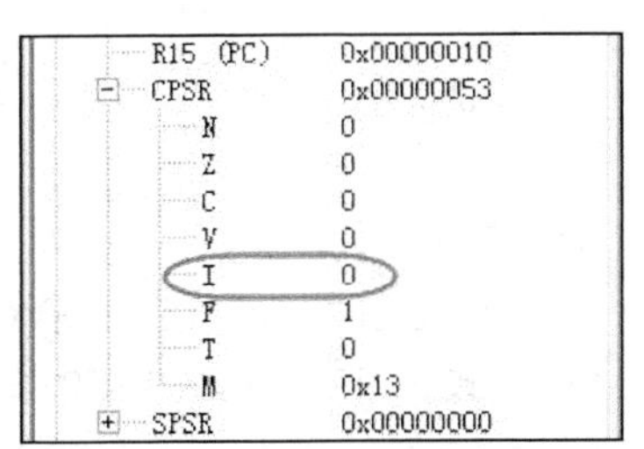

图 3-11 中断使能

### 2. 禁止中断

同理，用户要关闭中断，只需要将 CPSR 的 I 位设置为 1 即可，程序如下。

```
        area reset,code
        code32
        entry
start
        bl diable_irq
diable_irq
        mrs r0,cpsr
        orr r0,r0,#0x80
        msr cpsr_c,r0
        mov pc,lr
        end
```

### 3. 初始化异常模式栈地址

要想初始化各个模式的栈地址，必须首先切换相应的模式，然后再将栈地址设置到寄存器 SP 中即可，程序如下。

```
        area reset,code
        code32
        entry
start
        bl stack_init
stack_init                              ；栈指针初始化函数
;   @undefine_stack
         msr cpsr_c,#0xdb               ；切换到未定义异常模式
         ldr sp,=0x34000000             ；栈指针为内存最高地址，栈为倒生的栈
                                        ；栈空间的最后 1MB（0x34000000 ～ 0x33f00000）
;   @abort_stack
         msr cpsr_c,#0xd7               ；切换到终止异常模式
         ldr sp,=0x33f00000             ；栈空间为 1MB（0x33f00000 ～ 0x33e00000）
;   @irq_stack
         msr cpsr_c,#0xd2               ；切换到中断模式
         ldr sp,=0x33e00000             ；栈空间为 1MB（0x33e00000 ～ 0x33d00000）
;   @ sys_stack
         msr  cpsr_c,#0xdf              ；切换到系统模式
         ldr  sp,=0x33d00000            ；栈空间为 1MB（0x33d00000 ～ 0x33c00000）
         msr  cpsr_c,#0xd3              ；切换回管理模式
         mov pc,lr
end
```

分析如下。

（1）模式切换前，当前为 SVC 模式，如图 3-12 所示。CPSR 的值为 0x000000D3，注意 SVC 模式和未定义模式的 SP 值都是 0。

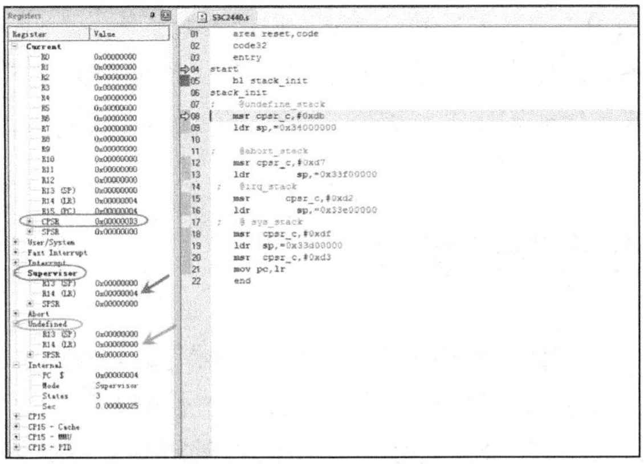

图 3-12　模式切换前

（2） 第 8 行，设置当前模式为未定义模式，如图 3-13 所示。

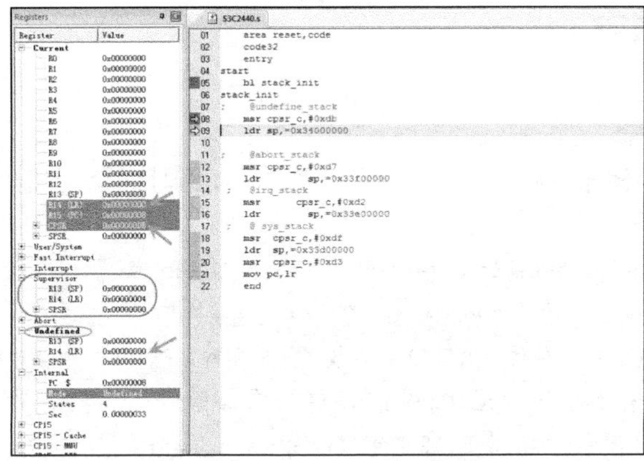

图 3-13　模式切换为未定义模式

指令“msr cpsr_c,# 0xdb”直接对 CPSR 进行赋值，将当前模式设置为未定义模式，寄存器 LR 值变成了 0，此时寄存器 LR、SP 值是未定义模式独有的，SVC 模式下的寄存器 SP 值和 LR 值没有改变。

（3）第 9 行，设置栈地址，如图 3-14 所示。

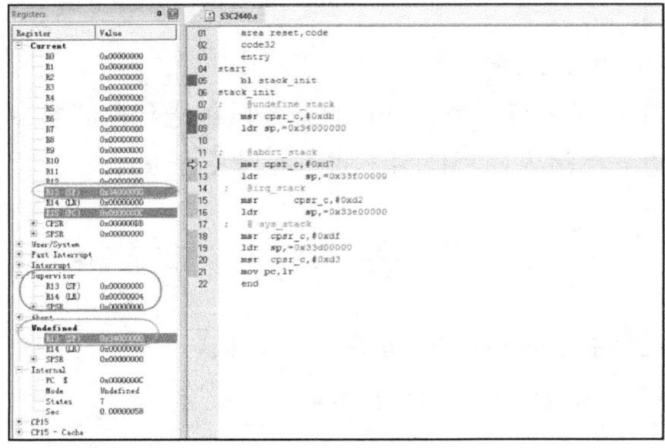

图 3-14　初始化栈地址

指令“ldr sp,=0x34000000”将常数 0x34000000 装载到寄存器 SP 中（“=”表示这是一条伪指令），注意观察，SVC 模式中的 SP 值没有变化，未定义模式中的 SP 值被设置为 0x34000000。其他模式的栈初始化以此类推。

# 3.5 访问外部寄存器指令

我们之前讲的寻址方式都是直接对立即数或寄存器寻址，那么如果想访问外部存储器的某个内存地址或一些外设的控制器寄存器，该如何操作呢？

可以通过指令 LDR、STR 来实现寻址。ARM 微处理器支持加载 / 存储指令在寄存器和存储器之间传送数据，加载指令用于将存储器中的数据传送到寄存器，存储指令则完成相反的操作。

## 3.5.1 ldr 指令

ldr 指令语法如下。

```
ldr{ 条件 } 目的寄存器，< 存储器地址 >
```

ldr 指令用于从存储器中将一个 32 bit 的字数据传送到目的寄存器中。

指令示例如下。

```
ldr r0, [r1]          ；将存储器地址为 R1 的字数据传送到寄存器 R0 中
ldr r0, [r1, r2]      ；将存储器地址为 R1+R2 的字数据传送到寄存器 R0 中
ldr r0, [r1, 12]      ；将存储器地址为 R1+12 的字数据传送到寄存器 R0 中
ldr r0, [r1, r2] !    ；将存储器地址为 R1+R2 的字数据传送到寄存器 R0 中，并将新地址 R1+R2 写入 R1
ldr r0, [r1, 8] !     ；将存储器地址为 R1+8 的字数据传送到寄存器 R0 中，并将新地址 R1+8 写入 R1
ldr r0, [r1], r2      ；将存储器地址为 R1 的字数据传送到寄存器 R0 中，并将新地址 R1+R2 写入 R1
ldr r0, [r1, r2, lsl 2] !    ；将存储器地址为 R1+R2×4 的字数据传送到寄存器 R0 中，并将新地址 r1+r2×4 写入 r1
ldr r0, [r1], r2, lsl 2 ；将存储器地址为 R1 的字数据传送到寄存器 R0 中，并将新地址 R1+R2×4 写入 R1
```

## 3.5.2 str 指令

str 指令的语法如下。

```
str{ 条件 } 源寄存器，< 存储器地址 >
```

str 指令用于从源寄存器中将一个 32 bit 的字数据传送到存储器中。该指令在程序设计中比较常用，且寻址方式灵活多样，使用方式可参考指令 ldr。

str 指令示例如下。

```
str r0, [r1], #12 ；将存储器地址为 R0 的字数据传送到以 R1 为地址的存储器中，并将新地址 R1+12 写入 R1。
str r0, [r1, #12] ；将存储器地址为 R0 中的字数据传送到以 R1+12 为地址的存储器中。
```

指令“str r0,[r1],#12”分析如图 3-15 所示。

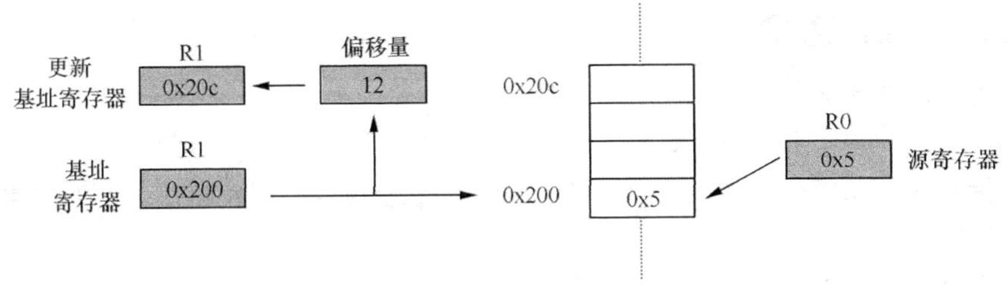


图 3-15 “STR r0,[r1],#12” 指令分析

（1）寄存器 R0 的值是 0x5，R1 中的值是 0x200。

（2）将寄存器 R0 中的值发送给寄存器 R1 中的值对应的内存，即向地址 0x200 赋值 0x5。

（3）将寄存器 R1 的值加上 12 并赋值给 R1，R1 的值就变成了 0x20c。

指令“STR r0,[r1,#12]”详细分析如图 3-16 所示。

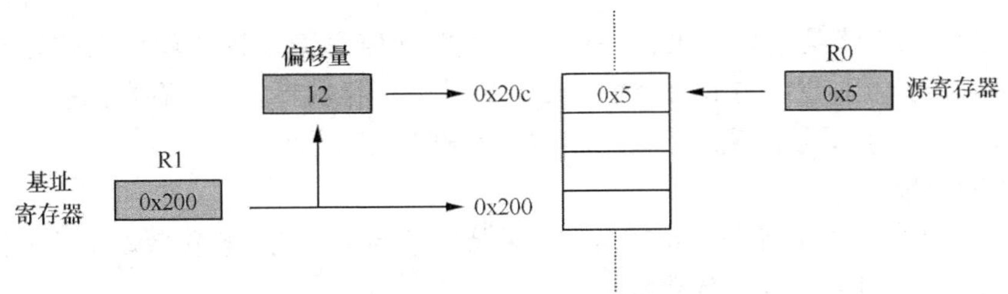


图 3-16 “STR r0,[r1,#12]” 指令分析

（1）寄存器 R0 中的值是 0x5，寄存器 R1 中的值是 0x200。

（2）将寄存器 R1 的值加上 12，得到值 0x20c。

（3）将寄存器 R0 里的值发送给该地址对应的内存，即向地址 0x20c 赋值 0x5。

此外，当程序计数器作为目的寄存器时，指令从存储器中读取的字数据被当作目的地址，从而可以实现程序流程的跳转。

ldr/str 指令都可以加 b、h、sb、sh 的后缀，分别表示将加载或存储字节、半字、带符号的字节、带符号的半字传送到寄存器中。如 ldrb 指令表示从存储器加载一个字节传送到寄存器中。当使用这些后缀时，要注意所使用的存储器支持访问的数据宽度。

### 3.5.3 ldrb 指令

ldrb 指令语法如下。

```
ldr{ 条件 }b 目的寄存器 ,< 存储器地址 >
```

ldrb 指令用于从存储器中将一个 8bit 数据传送到目的寄存器中，同时将寄存器的高 24bit 清零。

ldrb 指令示例如下。

```
ldrb  r0, [r1]  ；将存储器地址为 R1 的数据传送到寄存器 R0 中，并将存储器地址为 R0 的高 24bit 清零。
ldrb  r0, [r1, # 8]；将存储器地址为 R1+8 的数据传送到寄存器 R0 中，并将存储器地址为 R0 的高 24bit
清零。
```

### 3.5.4 ldrh 指令

ldrh 指令的语法如下。

```
ldr{ 条件 }h 目的寄存器，<存储器地址>
```

ldrh 指令用于从存储器中将一个 16bit 的数据传送到目的寄存器中，同时将寄存器的高 16bit 清零。

ldrh 指令示例如下。

```
ldrh  r0, [r1] ；将存储器地址为 R1 的半字数据传送到寄存器 R0 中，并将存储器地址为 R0 的高 16bit 清零。
ldrh  r0, [r1, r2]; 将存储器地址为 R1+R2 的数据传送到寄存器 R0 中，并将 R0 的高 16bit 清零。
```

## 3.6 ARM寻址方式

所谓寻址方式就是处理器根据指令给出的地址信息来寻找物理地址的方式。目前 ARM 处理器支持 9 种寻址方式，分别是立即寻址、寄存器寻址、寄存器间接寻址、基址变址寻址、多寄存器寻址、相对寻址、堆栈寻址和块复制寻址。

**1．立即寻址**

立即寻址也被称为立即数寻址，这是一种特殊的寻址方式，操作数本身就在指令中给出，只要取出指令也就得到了操作数。

```
add r0, r0, #1           ; r0=r0+1
```

在以上指令中，第二个源操作数“#1”为立即数，要求以“#”为前缀，对于以十六进制表示的立即数，还要求在“#”后加上“0x”或“&”，如 #0x10、#16，表示的立即数都为 16。

**2．寄存器寻址**

寄存器寻址利用寄存器中的数值作为操作数，这种寻址方式是各类微处理器经常采用的一种方式，是一种执行效率较高的寻址方式。示例如下。

```
add r0 , R1, R2      ; r0=r1+r2
```

该指令的执行效果是将寄存器 R1 和 R2 的内容相加，其结果存放在寄存器 R0 中。

**3．寄存器间接寻址**

寄存器间接寻址以寄存器中的值作为操作数的地址，而操作数本身存放在存储器中。示例如下。

```
add r0, r1, [r2]  ; r0=r1+[r2]
ldr r0, [r1]      ; r0=[r1]
```

在第一条指令中，以寄存器 R2 的值作为操作数的地址，在存储器中取得一个操作数后与 R1 相加，将最终相加结果存入寄存器 R0 中。第二条指令将以 R1 的值作为地址的存储器中的数据传送到寄存器 R0 中。

**4．基址变址寻址**

基址变址寻址将寄存器（该寄存器一般称作基址寄存器）的内容与指令中给出的地址偏移量相加，从而得到一个操作数的有效地址。示例如下。

```
ldr r0, [r1, #4]      ; r0=[r1+4]
ldr r0, [r1, #4] !    ; r0=[r1+4], r1=r1+4
ldr r0, [r1], #4      ; r0=[r1], r1=r1+4
```

```
ldr r0, [r1, r2]      ; r0=[r1+r2]
```

### 5. 多寄存器寻址

多寄存器寻址采用多寄存器寻址方式，一条指令可以完成多个寄存器值的传送。该寻址方式可以用一条指令传送最多 16 个通用寄存器的值。示例如下。

```
ldmia r0, {r1, r2, r3, r4} ; r1=[r0]、r2=[r0+4]、r3=[r0+8]、r4=[r0+12]
```

该指令的后缀 ia 表示在每次执行完加载 / 存储操作后，R0 按字节长度增加，该指令可将寄存器 R0 作为基地址的连续存储单元的值传送到 R1 ～ R4。

### 6. 相对寻址

相对寻址与基址变址寻址类似，相对寻址以程序计数器的当前值为基地址，指令中的地址标号作为偏移量，两者相加之后得到操作数的有效地址。以下程序完成子程序的调用和返回，跳转指令 BL 采用了相对寻址方式。

```
bl next   ; 跳转指令到子程序 next 处执行
……
next
……
mov pc, lr  ; 从子程序返回
```

### 7. 堆栈寻址、块复制寻址

堆栈是一种数据结构，按先进后出（FILO）的方式工作，使用一个称作堆栈指针的专用寄存器指示当前的操作位置，堆栈指针总是指向栈顶。

堆栈分类如下。

递增堆栈：栈向高地址方向生长。

递减堆栈：栈向低地址方向生长。

满堆栈：堆栈指针指向最后压入栈的有效数据项。

空堆栈：堆栈指针指向下一个要放入数据的空位置。

块复制寻址方式使用多寄存器传送指令寄存器的某一位置，并将其复制到另一位置，常用的块复制指令包括 ldm（批量数据加载指令）、stm（批量数据存储指令）。

ldm（或 stm）指令的格式如下。

```
ldm（或 stm）{ 条件 }{ 类型 } 基址寄存器 { ！ }，寄存器列表 { ∧ }
```

ldm（或 stm）指令用于在基址寄存器所指示的连续存储器和寄存器列表所指示的多个寄存器之间传送数据，该指令的常见用途是将多个寄存器的内容入栈或出栈。其中，ldm/stm 指令的类型如表 3-4 所示。

表 3-4　ldm/stm 指令的类型

| 类型 | 含义 |
|---|---|
| ia | 每次传送数据后地址加1 |
| ib | 每次传送数据前地址加1 |
| da | 每次传送数据后地址减1 |
| db | 每次传送数据前地址减1 |
| fd | 满递减堆栈，栈向低地址方向生长 |
| ed | 空递减堆栈 |

续表

| 类型 | 含义 |
|---|---|
| fa | 满递增堆栈，栈向高地址方向生长 |
| ea | 空递增堆栈 |

指令示例如下。

```
stmfd r13!, {r0, r4-r12, lr}；将寄存器列表中的寄存器（R0、R4 ~ R12、LR）存入堆栈，栈向低地址方向生长
ldmfd r13!, {r0, r4-r12, PC}；将堆栈内容恢复到寄存器（R0、R4 ~ R12、LR）
```

**注意：**

（1）{ ! } 为可选后缀，若选用该后缀，则当数据传送完毕之后，最后的地址将写入基址寄存器，否则基址寄存器的内容不改变。

（2）基址寄存器不允许为 R15，寄存器列表可以为 R0 ~ R15 的任意组合。

（3）{ ∧ } 为可选后缀，当指令为 ldm 且寄存器列表中包含 R15，选用该后缀表示除了正常的数据传送，还将 SPSR 复制到 CPSR 中。同时，该后缀还表示传入或传出的是用户模式下的寄存器，而不是当前模式下的寄存器。

（4）要压栈、出栈的寄存器可以乱序，但是实际上寄存器的名称仍然会按照递增顺序依次压栈和出栈。

### 8. 举例

**例 1：数组求和。**

编写一个 ARM 汇编程序，实现累加一个数组中的所有元素，并当元素为 0 时停止累加，将最终结果放入 R4，步骤如下。

（1）在源文件末尾按如下方式声明“数组”。

```
array:
.word 0x11
.word 0x22
.word 0
```

（2）用 R0 指向“数组”的首地址。

```
ldr r0,=array
```

（3）使用指令“ldr r1, [r0]，#4”从“数组”中装载数据。

（4）累加数组中的数，将结果放入 R4。

（5）循环，直到 R1 为 0。

（6）停止，程序进入死循环。

程序如下。

```
    area first, code, readonly
    code32
```

```
    entry
start
    ldr r0,=array
;   adr r0,array   ；ADR 为小范围的地址读取伪指令
loop
    ldr r1,[r0],#4   ；从 R0 中取值并将值写入 R1，R0 值加 4
    cmp r1,#0
    addne r4,r4,r1
    bne loop
stop
    b stop
array
    dcd 0x11
    dcd 0x22
    dcd 0
```

最终执行程序和在内存中的机器码对比如图 3-17 所示。

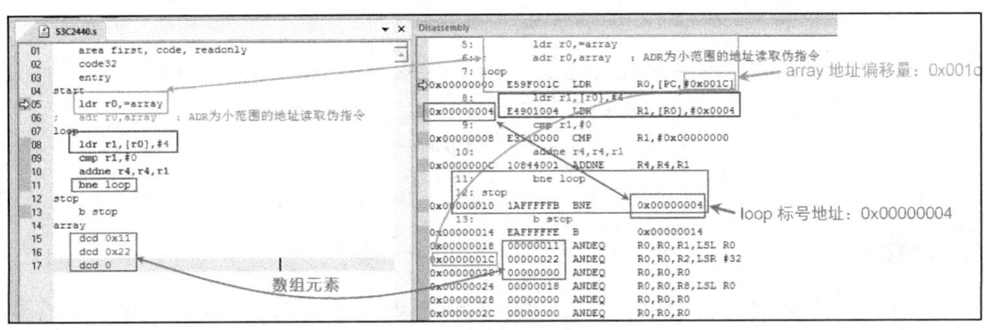


图 3-17　机器码对比

可知如下。

① ldr r0，=array，编译器会计算 array 标号的地址 0x00000018，注意该值是当前指令所在内存位置的偏移量，所以该指令最终被翻译为 ldr r0, [pc, #0x001c]。

② 数组元素的 3 个值依次存放在 0x00000018、0x0000001c、0x00000020 这 3 个地址中。

③ bne loop 的 loop 标号地址被编译器转换为地址 0x00000004。

**例 2：将某个整型数据写入内存，然后再将其读出，实现程序如下。**

```
    area first, code, readonly
    code32
    entry
start
    mov r0, #0x10000003
    mov r1, #0x40000000
    str r0, [r1]
    ldr r2,[r1]
stop
```

```
    b stop
    end
```

编写程序前需要将"IRAM"地址设置为0x40000000,"size"设置为0x1000，如图3-18所示。测试用的IRAM地址范围为0x40000000～0x40001000，空间共计4MB，足够使用。因为栈是递减的，所以需要将地址0x40001000设置为栈顶。

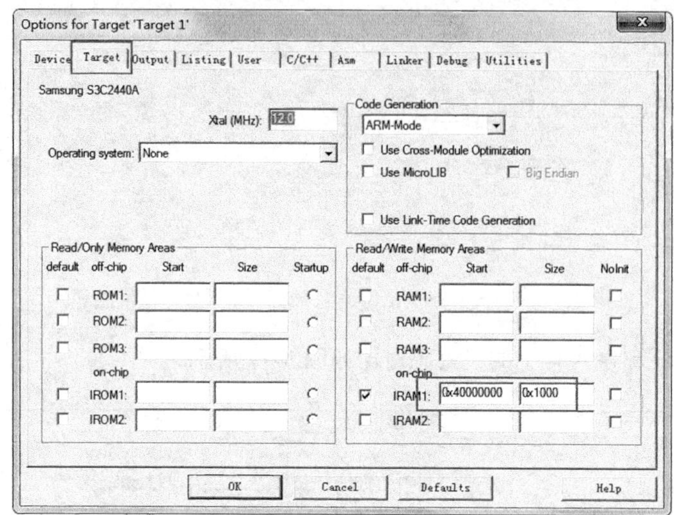

图3-18　设置IRAM

**注意：**

内存地址不是随意设置的，参考芯片手册"\S3C2440A用户手册.pdf"，图3-19所示为复位后S3C2440A的存储器映射。

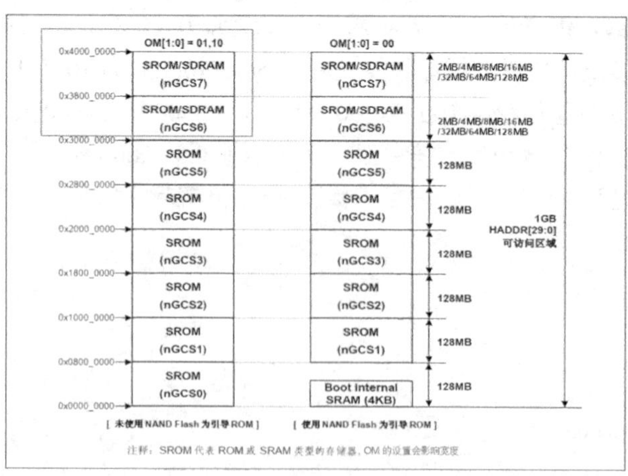

图3-19　S3C2440A的存储器映射

执行指令"str r0,[r1]"后，数据写入内存，可见值0x10000003写入了内存中（注意字节序），如图3-20（a）所示；执行指令"ldr r2,[r1]"后，从内存读取数据，数据从内存读取到R2中，如图3-20（b）所示。

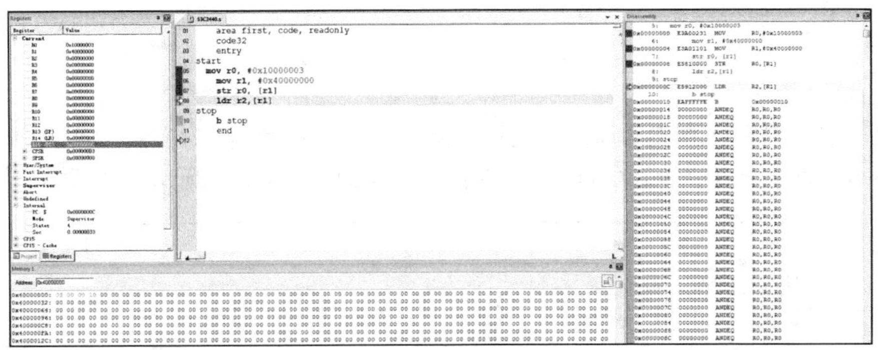

（a）写数据到内存

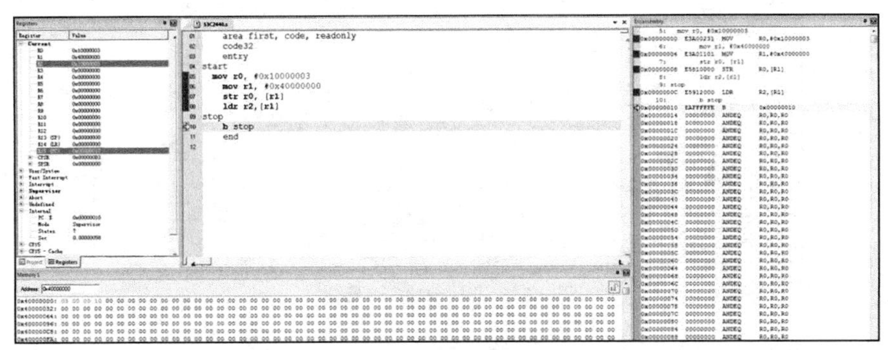

（b）从内存读取数据

图 3-20　读、写数据

**例 3：数据压栈、退栈。**

（1）先将栈地址设置为 0x40001000，将要压栈的数据存入寄存器 R1 ～ R5，然后通过 stmfd 指令将寄存器中的数据压入栈空间，然后再通过指令 STMFD 退栈，实现程序如下。

```
area first, code, readonly
    code32
    entry
Start
    ldr sp, =0x40001000 ；设置 SVC 模式下的栈地址
    mov r1, #0x11
    mov r2, #0x22
    mov r3, #0x33
    mov r5, #0x55
    ；压栈
    stmfd sp!, {r1-r3, r5} ；感叹号用于自动修改基地址
    mov r1, #0
    mov r2, #0
    mov r3, #0
    mov r5, #0
    ；出栈
    ldmfd sp!, {r1-r3, r5} ；列表中寄存器的书写顺序无要求，低地址内容自动对应低编号寄存器
```

```
stop
    b stop
    end
```

（2）在寄存器 R1 中查看压栈前的栈空间内容，SP 的值为 0x40001000，在压栈前内存 0x40001000 的内存空间值全为 0，压栈前的内存数据如图 3-21 所示。

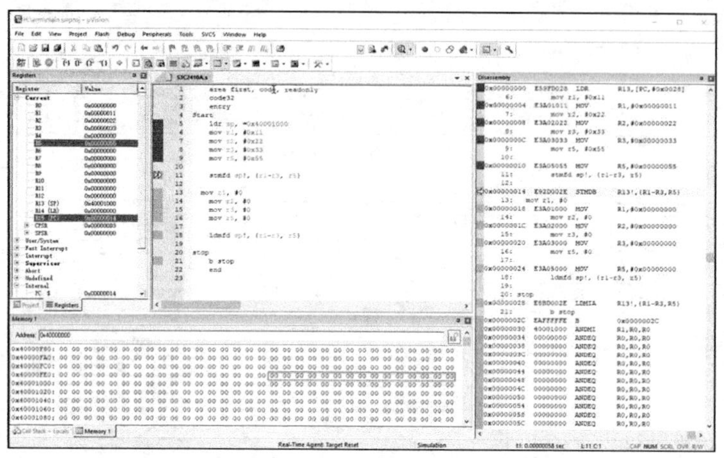

图 3-21 压栈前的内存数据

（3）执行指令“dmfd sp!,{r1–r3,r5}”，因为此时进行的是满递减堆栈，并且指令 SP 后有“！”，所以内存 0x40000ff0 地址开始的数据是 0x11、0x22、0x33、0x44，SP 的值修改为 0x40000ff0。压栈后的内存数据如图 3-22 所示。

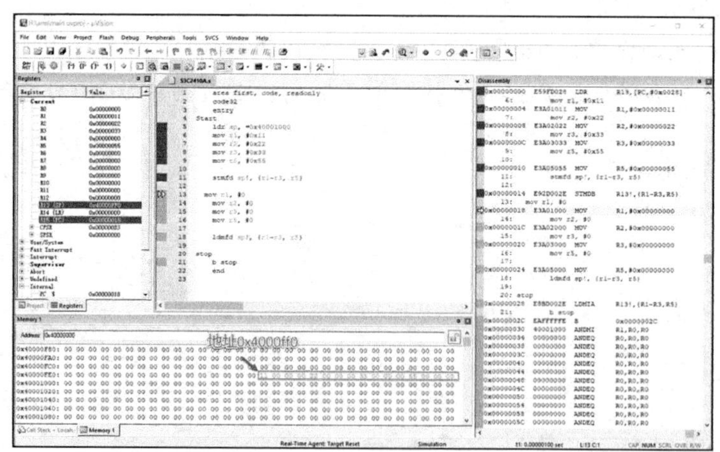


图 3-22 压栈后的内存数据

可以使用以下两种组合的任意一种进行压栈、出栈。

组合 1 如下。

```
stmfd sp!, {r1-r3, r5}
ldmfd sp!, {r1-r3, r5}
```

组合 2 如下。

```
stmia r0!, {r1–r3, r5}
ldmdb r0!, {r2,r1,r3, r5}
```

**例 4：函数嵌套调用。**

当有多级函数嵌套时，函数的返回值不可能都存储在通用寄存器中，因此必须利用指令 LDM 将程序跳转前的寄存器值及函数的返回地址压栈，程序如下。

```
        area first, code, readonly
        code32
        entry
start
        ldr sp, =0x40002000
        mov r1, #0x11
        mov r2, #0x22
        mov r3, #0x33
        mov r5, #0x55
        bl child_func1
        add  r0, r1,r2
stop
        b stop
；非叶子函数
child_func
        stmfd sp!, {r1–r3,r5，lr}；首先在子函数中将所有寄存器值压栈保存
                                  ；防止子函数指令篡改用于主函数运算的值
                                  ；通常需要保存 r0 ～ r12 的值，为了保证程序的安全性和通用性
        mov r1, #10               ；此时子函数可以使用通用寄存器进行运算
        bl child_func1
        ldmfd sp!, {r1–r3,r5,lr}；将所有寄存器恢复为调用子函数之前的状态
        mov pc, lr
child_func1
        stmfd sp!, {r1–r3,r5}；无论是否嵌套调用的子函数入口，都应先压栈
        mov r1, #11
        ldmfd sp!, {r1–r3,r5}；程序在返回父函数前，先出栈
        mov pc, lr
        end
```

# 3.7　GNU书写风格

## 3.7.1　MDK 书写风格与 GNU 书写风格

我们在学习 ARM 汇编程序的时候经常会看到以下两种风格的程序，使用 GNU 书写风格的程序如下。

```
.global _start
_start:    @ 汇编入口
ldr sp,=0x41000000
……
.end       @ 汇编程序结束
```

使用MDK书写风格的程序如下。

```
    area example,code,readonly  ；声明程序段
    entry；程序入口
Start
    mov r0,#0
    ......
    end
```

使用这两种书写风格的程序在编译时要使用不同的编译器，本节之前的实例使用MDK书写风格，那么对初学者来说学习哪种书写风格更好呢？

对学习指令来说，我们可以使用KEIL软件，采用MDK书写风格，但是如果要想深入学习嵌入式软件开发，一定要学习采用GNU书写风格的汇编程序，因为嵌入式软件开发大概率要接触U-Boot和Linux内核，而U-Boot、Kernel这两个开源项目都使用GNU书写风格。

## 3.7.2 标号symbol（或label）

### 1．标号分类

标号只能由a～z、A～Z、0～9，以及“.”“_”（字母、数字、点、下划线，除局部标号外，不能以数字开头）等字符组成。

依据标号的生成方式，Symbol可分为3类。

（1）基于PC的标号

基于PC的标号是指位于目标指令前的标号或程序中数据定义伪操作前的标号。这种标号在汇编时将被处理成PC值加上（或减去）一个数字常量，常用于表示跳转指令“b”等的目的地址，或者程序段中所嵌入的少量数据。

（2）基于寄存器的标号

基于寄存器的标号常用MAP和FIELD定义，也可以用EQU定义。这种标号在汇编时将被处理成寄存器的值加上（或减去）一个数字常量，常用于访问数据段中的数据。

（3）绝对地址

绝对地址是一个32bit数据。它可以寻址的范围为0～$2^{32}-1$，即可以直接寻址整个内存空间。

symbol的本质代表其所在的地址，因此它也可以被当作变量或函数使用。

- 段内标号的地址值在汇编时确定。
- 段外标号的地址值在链接时确定。

特别说明：局部标号主要在局部范围内使用，而且局部标号可以重复出现。它由两部组成：开头是一个0～99的数字，后面紧接一个通常表示该局部变量作用范围的符号。局部变量的作用范围通常为当前段，也可以用ROUT来定义局部变量的作用范围。

局部变量定义的语法格式如下。

```
N{routname}
```

- N：0～99的数字。
- routname：当前局部范围的名称（符号），通常为该变量作用范围的名称（用ROUT伪操作定义）。

局部变量引用的语法格式如下。

```
%{F|B}{A|T}N{routname}
```

- %：表示引用操作。
- N：局部变量的数字号。
- routname：当前作用范围的名称（用 ROUT 伪操作定义）。
- F：指示编译器只向前搜索。
- B：指示编译器只向后搜索
- A：指示编译器搜索宏的所有嵌套层次
- T：指示编译器搜索宏的当前层次

使用局部符号的一段循环程序示例如下。

```
1:
subs r0, r0, #1 @ 每次循环使 r0=r0–1
bne 1F          @ 跳转到标号 1 执行程序
```

如果 F 和 B 都没有被指定，编译器先向前搜索，再向后搜索；如果 A 和 T 都没有被指定，编译器搜索从当前层次到宏的最高层次，比当前层次低的层次不再搜索；如果指定了 routname，编译器向前搜索最近的 ROUT 伪操作，若 routname 与该 ROUT 伪操作定义的名称不匹配，编译器报告错误，汇编失败。

**2．常数**

汇编程序中的常数表示如下。

（1）十进制数以非 0 数字开头，如 123 和 9876。

（2）二进制数以 0b 开头，其中字母也可以为大写。

（3）八进制数以 0 开始，如 0456、0123。

（4）十六进制数以 0x 开头，如 0xabcd、0X123f。

（5）字符串常量需要用引号括起来，也可以使用转义字符，如“You are welcome!\n”。

（6）当前地址以“.”表示，在汇编程序中可以使用这个符号代表当前指令的地址。

（7）表达式：在汇编程序中的表达式可以使用常数或数值，“-”表示取负数，“～”表示取补，“<>”表示不相等，其他的符号如 +、-、*、/、%、<、<<、>、>>、|、&、^、!、==、>=、<=、&&、|| 和 C 语言中的用法相似。

**3．特殊字符和语法**

特殊符号和语法表示如下。

（1）程序行中的注释符号：@。

（2）整行注释符号：#。

（3）语句分离符号：；。

（4）立即数前缀：# 或 $。

### 3.7.3　语句格式

任何 Linux 汇编行都使用如下结构。

```
[<label>:][<instruction or directive or pseudo-instruction>} @comment
```

各字段含义如下。

- <label>：：标号。在 GNU 汇编程序中，任何以冒号结尾的标识符都被认为是一个标号，但它不一定非要在一行的开始。
- instruction：指令。
- directive：伪操作。
- pseudo-instruction：伪指令。
- comment：语句的注释。

定义一个“add”的函数，该函数最终返回两个参数的和，示例如下。

```
.section .text,“x”；用 .section 伪操作定义程序段
.global add     ；声明符号 add 用于编译器链接程序
add:
      add r0, r0, r1；add 输入参数
      mov pc, lr  ；从子函数返回
；程序结束
```

ARM 指令、伪指令、伪操作、寄存器名称可以全部为大写字母，也可全部为小写字母，但不可大小写混用。如果语句太长，可以将一条语句分为几行，在行末用“\”表示换行（即下一行与本行为同一语句）。“\”后不能有任何字符，即便是空格和制表符。

## 3.7.4 分段

在 GNU 汇编程序中，程序和数据会被划分为不同的段，以方便管理。这个操作通过伪操作来实现。

（1）.section 伪操作

```
.section <section_name> {,” <flags>” }
```

.section 用于开始一个新的程序段或数据段。程序段名称为 text；数据段名称为 data 和 bss；初始化的数据段为 data 段，未初始化的数据段为 bss 段。

每一个段以段名为开始，以下一个段名或文件结尾为结束。这些段都有缺省的标志，连接器可以识别这些标志。ELF 格式允许的段标志如表 3-5 所示。

表 3-5　ELF 格式允许的段标志

| 标志 | 含义 |
|---|---|
| a | 可分配 |
| w | 可写段 |
| x | 执行段 |

定义一个“段”。示例如下。

```
.section .mysection   ；自定义数据段，段名为“.mysection”
.align  5             ；4byte（2^5bit=32bit）对齐
strtemp:
.ascii “Temp string \n\0”；将“Temp string \n\0”这个字符串存储在以标号 strtemp: 为起始地址的一段内
存空间里
```

（2）段名及其功能

段名及其功能如表 3-6 所示。

表 3-6　段名及其功能

| 段名 | 功能 |
| --- | --- |
| bss | 数据段，通常是指用来存放程序中未初始化的全局变量的一块内存区域。该区域可读可写，在执行程序前，bss段会自动清0。bss段为静态内存分配。 |
| data | 数据段，通常是指用来存放程序中已初始化的全局变量的一块内存区域。数据段为静态内存分配 |
| text | 程序段，通常是指用来存放程序中执行程序的一块内存区域。这部分区域的大小在程序运行前就已经确定，并且内存区域通常为只读，也可能包含一些只读的常数变量，例如字符串常量等。但在某些架构中，程序段可写，即允许修改程序。 |
| rodata | 存放C语言程序中的字符串和使用#define定义的常量 |
| heap | 用于存放进程运行中被动态分配的内存段，它的大小并不固定，可动态扩张或缩减。当调用malloc等函数分配内存时，新分配的内存就被动态地添加到堆上（堆被扩张）；当调用free等函数释放内存时，被释放的内存从堆中被剔除（堆被缩减） |
| stack | 用于存放程序临时创建的局部变量，也就是说通过函数定义的变量（但不包括函数static声明的变量，static意味着在数据段中存放变量）。除此以外，在函数被调用时，其参数也会被压入发起函数调用的进程栈中，并且待到调用结束后，其返回值也会被存放回栈中。由于栈的先进先出特点，所以栈特别方便用来保存/恢复调用现场。从这个意义上讲，我们可以把堆栈看成一个寄存、交换临时数据的内存区域 |
| 常量 | 常量段一般包含编译器产生的数据。例如，有一个语句$a$=2+3，编译器计算得出$a$为5，则将常量5存在常量段中 |

（3）定义入口点

汇编程序的缺省入口是 _start 标号，用户也可以在连接脚本文件中用 ENTRY 标志指明其他入口点。

定义入口点及各段程序示例如下。

```
.section .data          ；初始化 data 段
    ；在此处初始化数据段
.section .bss           ；初始化 bss 段
    ；在此处初始化 bss 段
.section .text
.globl _start
_start:
    ；此处添加指令
```

# 3.8　伪操作

在 ARM 汇编程序中，有一些特殊指令助记符。这些助记符与指令系统的助记符不同，没有相对应的操作码，通常称这些特殊指令助记符为伪操作标识符，它们所完成的操作为伪操作。伪操作包括数据定义伪操作、汇编控制伪操作、杂项伪操作。

### 3.8.1 数据定义伪操作

数据定义伪操作一般用于为特定的数据分配存储单元，同时可完成已分配存储单元的初始化。常见的数据定义伪操作标识符如表 3-7 所示。

表 3-7 数据定义伪操作标识符

| 标号 | 含义 |
| --- | --- |
| .byte | 定义1byte数据，如0x12、'a'、23 |
| .short | 定义2byte数据，如0x1234、65535 |
| .long /.word | 定义4byte数据，如0x12345678 |
| .quad | 定义8byte数据，如.quad 0x1234567812345678 |
| .float | 定义浮点数数据，如.float 0f3.2 |
| .string/.asciz/.ascii | 定义字符串数据，如.ascii "abcd\0"，注意，.ascii伪操作定义的字符串需要向每行添加结尾字符“\0” |
| .space/.skip | 用于分配一块连续的存储区域并将其初始化为指定的值，如果后面的填充值省略则填充为0 |
| .rept/.endr | 重复执行后面的指令，以.rept开始，以endr结束 |

数据定义程序示例如下。

（1）.word

```
val:
.word  0x11223344
mov r1,#val          ；将值 0x11223344 写入寄存器 R1 中
```

（2）.space

```
label:
.space size,expr    ；expr 可以是 4byte 以内的浮点数
a:  space 8, 0x1
```

（3）. ascii

```
mystr:
.ascii "yikoulinux\0"；.ascii 伪操作定义的字符串需要自行添加结尾字符“\0”
```

（4）.rept

```
.rept 3
mov r1，#0x11
.endr
```

展开后的程序如下。

```
movr1, #0x11
movr1, #0x11
movr1, #0x11
```

**注意：**

标号是地址的助记符，不占存储空间，位置在 .end 前就可以，相对随意。

### 3.8.2　汇编控制伪操作

.macro、.endm 伪操作可以将一段程序定义为一个整体，称为宏指令，为汇编控制伪操作。通过宏指令可以多次调用该段程序。.macro 宏定义类似 C 语言中的宏函数，格式如下。

```
.macro  {$label} 名字 {$parameter{,$parameter}…}
……
.endm
```

其中，在宏指令被展开时，$ 标号会被替换为用户定义的符号。宏操作可以使用一个或多个参数，当宏操作被展开时，这些参数会被相应的值替换。注意，先调用宏指令然后再使用宏操作。

示例如下。

（1）没有参数的宏实现子函数返回，程序如下。

```
.macro mov_pc_lr
mov pc,lr
.endm
```

调用方法：mov_pc_lr

（2）有参数的宏实现子函数返回，程序如下。

```
.macro mov_pc_lr, param
mov r1,\param
mov pc,lr
.endm
```

调用方法：mov_pc_lr #12

### 3.8.3　.if.else.end if

根据一个表达式的值来决定是否要编译其下的程序，用 .endif 伪操作来表示条件判断的结束，并使用指令 .else 来决定条件不满足的情况下应该编译哪一部分程序，.if 伪操作结构如下。

```
.if logical-expressing
……
.else
……
.endif
```

示例如下。

```
.if val2==1
mov r1,#val2
.endif
```

.if 有多个变种，介绍如下。

```
.ifdef symbol                     ；判断 symbol 是否被定义
.ifc string1,string2              ；判断字符串 string1 和 string2 是否相等，字符串可以用单引号括起来
.ifeq expression                  ；判断 expression 的值是否为 0
.ifeqs string1,string2            ；判断 string1 和 string2 是否相等，字符串必须用双引号括起来
.ifge expression                  ；判断 expression 的值是否大于等于 0
.ifgt absolute expression         ；判断 expression 的值是否大于 0
.ifle expression                  ；判断 expression 的值是否小于等于 0
```

```
.iflt absolute expression            ；判断 expression 的值是否小于 0
.ifnc string1,string2                ；判断 string1 和 string2 是否不相等，其用法与 .ifc 恰好相反
.ifndef symbol, .ifnotdef symbol     ；判断是否没有定义 symbol，与 .ifdef 恰好相反
.ifne expression                     ；如果 expression 的值不是 0，那么编译器将编译其下的程序
.ifnes string1,string2               ；如果字符串 string1 和 string2 不相等，那么编译器将编译其下程序
```

### 3.8.4 杂项伪操作

杂项伪操作标识符说明如表 3-8 所示。

表 3-8 杂项伪操作标识符

| 标号 | 含义 |
| --- | --- |
| .global/ | 用来声明一个全局的符号 |
| .arm | 定义程序使用ARM指令集编译 |
| .thumb | 定义程序使用Thumb指令集编译 |
| .code 16 | 同.thumb |
| .code 32 | 同.arm |
| .section | .section expr将定义一个段。可以使用text段、data段、bss段 |
| .text | .text {subsection} 将变量编译到程序段 |
| .data | .data {subsection} 将变量编译到数据段并初始化数据段 |
| .bss | .bss {subsection} 将变量存放到bss段，未初始化数据段 |
| .align | .align{alignment}{,fill}{,max} 通过用零或指定的数据对指定位置进行填充，使当前位置与指定边界对齐 |
| | .align 5表示以4byte对齐 |
| .extern | 用于声明一个外部符号并设置兼容性 |
| .weak | 用于声明一个弱符号，如果这个符号没有被定义，编译器就忽略，而不会报错 |
| .end | 文件结束 |
| .include | .include "filename"表示包含指定的头文件，用于把一个汇编常量定义放在头文件中 |
| .equ | .equ symbol, expression用于把某一个符号（symbol）定义成某一个值（expression）。该指令并不分配空间，类似于C语言的 #define |
| .set | 给一个全局变量或局部变量赋值，其功能和.equ的功能相同 |

示例如下。

（1）.set

```
.set start, 0x40
mov r1, #start   ；寄存器 R1 里的值为 0x40
```

（2） .equ

```
.equ start, 0x40
mov r1, #start   ；寄存器 R1 里的值为 0x40
```

（3）.equ

```
.equ  PI, 31415 ；等价于 C 语言中的 #define PI 3.1415
```

# 3.9 GNU程序的编译

## 3.9.1 交叉编译工具

源文件需要经过编译才能生成可执行文件。在 PC 上的编译工具有 gcc、ld、objcopy、objdump 等，它们编译出来的程序可在 x86 平台上运行。要编译出能在 ARM 平台上运行的程序，必须使用交叉编译工具链，如 arm-none-linux-gnueabi-gcc、arm-none-linux-gnueabi-gcc-ld 等。

本书使用的 arm-none-linux-gnueabi-gcc 是 Linaro 公司基于 gcc 推出的 ARM 交叉编译工具，可用于交叉编译 ARM 系统中所有环节的程序，包括裸机程序、U-Boot、Linux kernel、filesystem 和 App。

## 3.9.2 交叉编译工具命名规则

交叉编译工具的命名规则为：arch [-vendor] [-os] [ -(gnu)eabi]，各部分介绍如下。

（1）arch：体系架构，如 ARM、MIPS。

（2）vendor：工具链提供商。没有 vendor 时，用 none 代替。

（3） os：目标操作系统。若没有 os 时，则用 none 代替；若同时没有 vendor 和 os，则使用一个 none 代替。

（4）（gnu）eabi：嵌入式应用二进制接口，gnu 表示对操作系统的支持与否。

例如，arm-none-gnueabi-，其表示无目标操作系统，所以就不支持与目标操作系统密切相关的函数，如 fork 等。我们使用的编译器 arm-none-linux-gnueabi- 用于 Linux 操作系统。

## 3.9.3 程序编译过程

一个 C/C++ 文件要经过预处理、编译、汇编和链接 4 步才能变成可执行文件。

### 1. 预处理

预处理器不止一种，而 C/C++ 的预处理器就是最低端的一种词法预处理器，主要用于文本替换、宏展开、删除注释这类简单工作。

（1） C/C++ 预处理不做任何语法检查，因为它不仅不具备语法检查功能，而且预处理命令不属于 C/C++ 语句（这也是定义宏时不要加分号的原因），语法检查是编译器要做的事情。

（2）文件被预处理后，得到的仅仅是真正的源程序。

### 2. 编译

将扩展名为 .i 的文本文件翻译成扩展名为 .s 的文本文件，得到汇编语言程序（把高级语言翻译为机器语言），该语言程序中的每条语句都以一种标准的文本格式确切描述一条低级机器语言指令。

编译器可以生成用来在与编译器所在的计算机和操作系统（平台）相同的环境下运行的目标程序，这种编译器又叫作“本地”编译器。另外，编译器也可以生成用来在其他平台上运行的目标程序，这种编译器又叫作交叉编译器。

### 3. 汇编

汇编语言为不同高级语言的编译器提供了通用的输出语言，例如，C 编译器和 Fortran

编译器使用相同的汇编语言。

汇编指将扩展名为 .s 的文本文件翻译成机器语言指令，把这些指令打包为一种叫作可重定位目标程序的格式，并将结果保存在扩展名为 .o 的目标文件中（将汇编语言翻译成机器语言的过程）。在 Linux 操作系统中，其一般表现为 elf 目标文件（obj 文件），本书用到的汇编工具为 arm-none-linux-gnueabi-as。

"反汇编"指将机器语言指令转换为汇编程序，这在调试程序时常常用到。编译与汇编关系如图 3-23 所示。

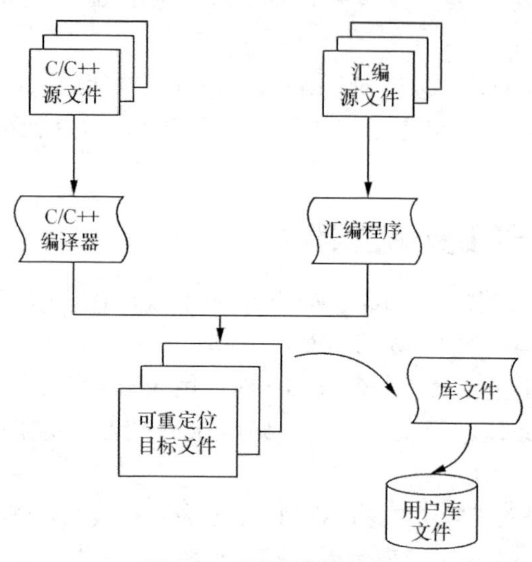


图 3-23 编译与汇编关系

### 4．链接

链接指将以上步骤生成的 obj 文件和系统库的 obj 文件、库文件根据链接器配置文件（map 文件或 ilink 配置文件）链接起来，最终生成可以在特定平台运行的可执行文件，本书用到的链接工具为 arm-none-linux-gnueabi-ld。链接示意如图 3-24 所示。

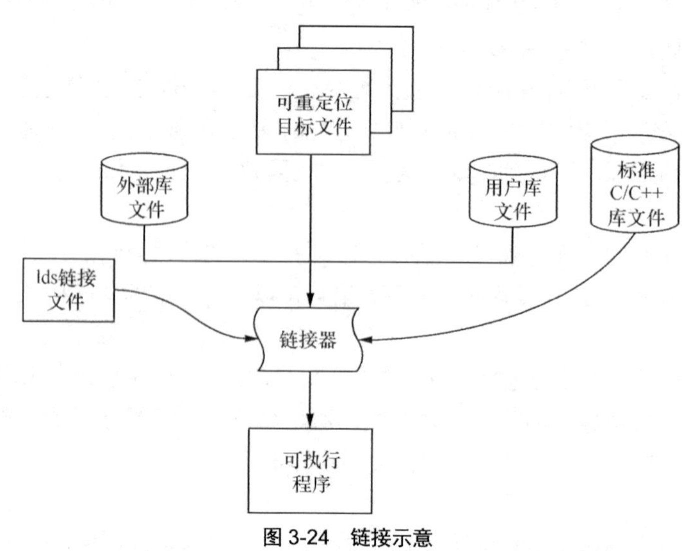


图 3-24 链接示意

### 3.9.4 编译选项

通常我们使用的编译工具有很多选项，常用选项介绍如下。

#### 1. 一般选项

一般选项及作用如表 3-9 所示。

表 3-9 一般选项及作用

| 选项 | 作用 |
| --- | --- |
| -v | 显示制作gcc工具时的配置命令，同时显示编译器驱动程序、预处理器、编译器的版本号 |
| -E | 预处理后即停止，不进行编译。预处理后的程序将被标准输出。gcc工具忽略任何不需要预处理的输入文件 |
| -c | 编译、汇编到目标程序，不进行链接。缺省情况下，gcc工具通过扩展名为“.o”的文件替换扩展名为“.c”“.i”“.s”等的源文件，产生obj文件名。可以使用“-o”选项选择其他文件名称。gcc工具忽略“-c”选项后任何无法识别的输入文件 |
| -o | 输出结果至指定文件。如果没有指定文件，则输出到a.out文件。无论是预处理、编译、汇编还是链接，这个选项都可以使用 |
| -S | 编译后即停止，不进行汇编。对于每个输入的非汇编语言文件，输出结果都是汇编语言文件。缺省情况下，gcc工具通过用扩展名为“.s”的文件替换扩展名为“.c”，“.i”等的源文件，产生汇编文件名。可以使用“-o”选项选择其他文件。gcc工具忽略任何不需要汇编的输入文件 |

编译选项与输出文件的关系见图 3-25。

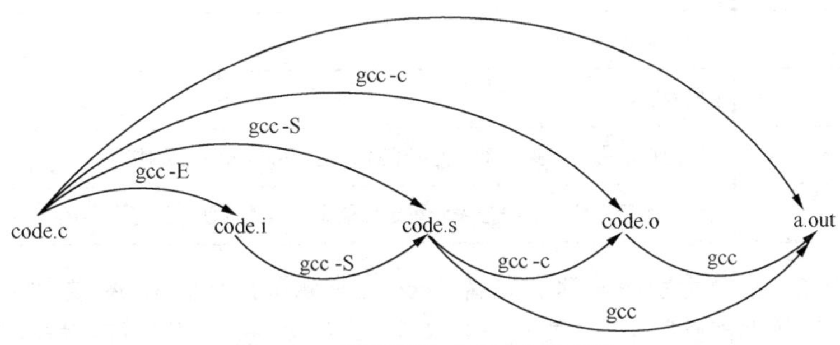


图 3-25 编译选项与输出文件的关系

#### 2. 语言选项

语言选项及作用如表 3-10 所示。

表 3-10 语言选项及作用

| 选项 | 作用 |
| --- | --- |
| -std= | 编译时遵循的语言标准，目前支持C/C++，如C99、C++0x等 |

#### 3. 目录选项

目录选项用于指定搜索路径，以查找头文件、库文件或编译器中的某些文件，编译目录选项及作用如表 3-11 所示。

表 3-11　编译目录选项及作用

| 选项 | 作用 |
| --- | --- |
| -Idir | 把dir加入搜索头文件的路径列表中 |
| -Ldir | 把dir加入搜索库文件的路径列表中 |

头文件的搜索方法：如果以指令“ #include < >”搜索文件，则只在标准库目录中搜索（包括使用“-Idir”选项定义的目录）；如果以“#include""”搜索文件，则先从用户的工作目录开始搜索，再搜索标准库目录。

### 4．预编译选项

预编译选项及作用如表 3-12 所示。

表 3-12　预编译选项及作用

| 选项 | 作用 |
| --- | --- |
| -Dname=definition | 定义预编译宏，name表示名称，definition定义值 |
| -Dname | 定义预编译宏，name表示名称，值为1 |
| -M | 告知预处理器输出一个制作规则文件，描述源程序文件依赖哪些文件 |

### 5．链接选项

链接选项及作用如表 3-13 所示。

表 3-13　链接选项及作用

| 选项 | 作用 |
| --- | --- |
| -llibrary | 进行链接时搜索名为library.so的库。搜索目录除了一些系统标准目录，还包括用户以“-L”选项指定的路径 |
| -shared | 生成动态库 |
| -static | 生成静态库 |
| -rdynamic | 链接器将所有符号添加动态符号表中，方便dlopen等函数使用 |
| -s | 去除可执行文件中的符号表和重定位信息，用于降低可执行文件的大小 |

如果某些文件没有特别明确的扩展名，gcc 工具就认为它们是 obj 文件或库文件（根据文件内容，链接器能够区分 obj 文件和库文件）。如果 gcc 工具执行链接操作，这些 obj 文件将成为链接器的输入文件。

例如，当前目录下存在一个已经编译好的目标文件 test.o，那么在“gcc -o run test.o”中，test.o 就是输入的文件。

### 6．程序生成选项

程序生成选项及作用如表 3-14 所示。

表 3-14　程序生成选项及作用

| 选项 | 作用 |
| --- | --- |
| -fPIC | 编译动态库时，要求产生位置无关码 |
| -fvisibility=default \| hidden | 默认情况下，设置elf镜像文件中符号的可见性为public（公开）或hidden（隐藏） |

（1）-fPIC 选项用于使编译器产生位置无关码，也就是程序中不使用绝对地址，而使用相对地址，因此加载器可以将它加载到内存中的任意位置并执行。

（2）-fvisibility=hidden 选项可以显著提高链接和加载共享库的性能，生成更加优化的程序，提供近乎完美的 API 输出，以及防止符号碰撞，-fvisibility 的缺省值是 default，强烈建议在编译共享库的时候使用它。

（3）如果不使用 -fPIC 选项，产生的程序中包含绝对地址，加载器加载时，要先重定位，重定位会修改程序段的内容，因此每个进程都生成这个程序段的一份副本。

### 7．警告选项

警告选项及作用如表 3-15 所示。

表 3-15　警告选项及作用

| 选项 | 作用 |
| --- | --- |
| -Wall | 这个选项基本打开了所有需要注意的警告信息，如没有指定类型的声明、在声明之前就使用的函数、局部变量除了声明就不再使用等 |
| -Wextra | 对所有合法但值得怀疑的表达式发出警告 |
| -Werror | 将警告信息当作错误信息对待 |
| -pedantic | 允许发出ANSI C标准（关于C语言的标准）所列的全部警告信息 |

### 8．调试选项

调试选项及作用如表 3-16 所示。

表 3-16　调试选项及作用

| 选项 | 作用 |
| --- | --- |
| -g | 以操作系统的本地格式（stabs、coff、xcoff或dwarf）产生调试信息，gdb能够使用这些调试信息。在大多数使用stabs格式的系统上，“-g”选项加入只有gdb才使用的额外调试信息。可以使用下面的选项来生成额外的信息：“-gstabs+”“-gstabs”“-gxcoff+”“-gxcoff”“-gdwarf+”或“-gdwarf” |
| -ggdb | 生成gdb专用的调试信息 |
| -gdwarf-2 | 产生dwarf version2 格式的调试信息 |

### 9．优化选项

优化选项及作用如表 3-17 所示。

表 3-17　优化选项及作用

| 选项 | 作用 |
| --- | --- |
| -O0 | 不优化。这是缺省值 |
| -O 或-O1 | 尝试优化编译时间和可执行文件大小 |
| -O2 | 尝试绝大多数的优化功能，但不会使用“空间换时间”的优化方法 |
| -O3 | 打开一些优化选项：-finline-functions、-funswitch-loops和-fgcse-after-reload |
| -Os | 对生成的文件大小进行优化，打开 -O2选项的全部子选项，除了那些增加文件大小的选项 |

### 10．平台相关选项

平台相关选项及作用如表 3-18 所示。

表 3-18　平台相关选项及作用

| 选项 | 作用 |
| --- | --- |
| -m32 | int、long和指针为32位，产生的程序能在i386系统上运行 |
| -m64 | int为32位，long和指针为64位，产生的程序基于x86-64架构运行 |
| -mx32 | int、long和指针为32位，产生的程序基于x86-64架构运行 |

11．arm-none-linux-gnueabi-ld 选项

arm-none-linux-gnueabi-ld 选项用于将多个目标文件、库文件链接为可执行文件，它的大多数选项已经在链接选项中介绍了。可以直接使用“-T”选项指定 text 段、data 段、bss 段的起始地址，也可以用来指定一个链接脚本，在链接脚本中进行更复杂的地址设置。

“-T”选项只链接 Bootloader、内核等没有底层软件支持的软件；链接运行于操作系统之上的应用程序时，无须被指定。

（1）使用一个选项直接指定 text 段、data 段、bss 段的起始地址，设置 3 个段的起始地址选项依次为 Ttext、Tdata、Tbss，格式如下。

```
-Ttext startaddr1
-Tdata startaddr2
-Tbss startaddr3
```

其中，“startaddr *n*”分别表示 text 段、data 段和 bss 段的起始地址，起始地址采用为十六进制。

示例如下。

```
arm-none-linux-gnueabi-ld -Ttext 0x0000000 -g led.o -o led_elf
```

程序段的运行地址为 0x0000000，由于没有定义 data 段、bss 段的起始地址，将 data 段、bss 段依次放在 text 段的后面。

（2）通过链接脚本指定各段地址，格式如下。

```
-T map.lds
```

其中，文件 map.lds 是链接脚本文件，该文件指定了各个段的地址信息。

## 3.9.5　elf 与 bin 文件

1．elf

elf 格式是一个开放标准，各种 UNIX、Linux 系统的可执行文件都采用 elf 格式，它有如下 3 种不同的类型。

（1）可重定位的目标文件。

（2）可执行文件。

（3）共享库文件。

2．bin

bin 文件是没有地址标记的二进制文件，内部没有地址标记。bin 文件内部数据按照程序段或数据段的物理空间地址来排列。一般用编译器烧写 bin 文件时从地址 0 开始，而如果通过下载运行 bin 文件，则下载到编译的地址即可。

elf 文件里包含了符号表等，而 bin 文件是将 elf 文件中的程序段、数据段和一些自定义的段抽取，将其做成的一个内存的镜像文件，并且 elf 文件中程序段、数据段的位置并不是实际的物理位置，实际物理位置在符号表中已标记。

在嵌入式系统中，如果上电后裸机程序开始运行，但没有操作系统，此时将 elf 格式的文件烧写到裸机，就会导致运行失败，如果用 objcopy 生成纯粹的二进制文件，去除符号表等的段，只将 text 段、data 段保留下来，程序就可以一步一步运行。本书所有裸机相关实例代码都编译为 bin 格式文件。

## 3.9.6 编译举例

### 1. 不依赖 lds 文件的程序编译

参考电子资源“work/code/arm-nolds”，工程文件列表如下。

（1）start.s 文件如下。

```
.global _start
_start:
     ldr sp,=0x41000000
     b main
.global mystrcopy
.text
mystrcopy:
   ldrb r2, [r1], #1
   strb r2, [r0], #1
   cmp r2, #0
   bne mystrcopy
   mov pc, lr
stop:
     b stop
.end
```

（2）main.c 文件如下。

```
extern void mystrcopy(char *d,const char *s);
int main(void)
{
     const char *src =" yikoulinux";
     char dest[20]={};
     mystrcopy(dest,src);
     while(1);
     return 0;
}
```

现在我们要将这两个文件编译为 bin 文件，然后将它们烧写到开发板可运行的内存位置（0x40008000），那么我们需要执行以下命令。

① 将 main.c 文件编译为目标文件 main.o。

```
arm-none-linux-gnueabi-gcc -O0 -g -c -o main.o  main.c
```

② 将 start.s 文件编译为目标文件 start.o。

```
arm-none-linux-gnueabi-gcc -O0 -g -c -o start.o start.s
```

③ 将 start.o、main.o 文件编译为 start.elf 文件，并设置 text 段起始地址为 0x40008000。

```
arm-none-linux-gnueabi-ld          main.o    start.o -Ttext 0x40008000 -o start.elf
```

④ 将 start.elf 文件转换成 start.bin 文件，-O binary（或 --out-target=binary）输出为原始的

二进制文件，-S（或 --strip-all）输出文件中不包含重定位信息和符号信息。

```
arm-none-linux-gnueabi-objcopy  -O binary -S  start.elf  start.bin
```

如果我们每次编译都要输入这么多命令，这非常麻烦，在实际项目开发中，通常使用 Makefile 来管理整个项目工程，只需要输入 make 命令，就可以实现自动编译。

Makefile 编写方法如下。

```
1. TARGET=start
2. TARGETC=main
3. all:
4.          arm-none-linux-gnueabi-gcc -O0 -g -c -o $(TARGETC).o  $(TARGETC).c
5.          arm-none-linux-gnueabi-gcc -O0 -g -c -o $(TARGET).o $(TARGET).s
6.          #arm-none-linux-gnueabi-gcc -O0 -g -S -o $(TARGETC).s  $(TARGETC).c
7.          arm-none-linux-gnueabi-ld     $(TARGETC).o     $(TARGET).o -Ttext 0x40008000 -o
$(TARGET).elf
8.          arm-none-linux-gnueabi-objcopy   -O binary -S  $(TARGET).elf  $(TARGET).bin
9. clean:
10.         rm -rf *.o *.elf *.dis *.bin
```

Makefile 表示含义如下。

（1）定义环境变量 TARGET=start，start 为汇编语言的文件名。

（2）定义环境变量 TARGETC=main，main 为 C 语言文件名。

（3）定义指令执行目标，4 ～ 8 行是目标的指令语句。

（4）执行对应的编译命令，将 main.c 文件编译为 main.o 文件，$(TARGETC) 会被替换为 main，一定要注意目标下面的命令，命令前必须用快捷键 <table> 来控制缩进。

（5）将 start.s 文件编译为 start.o 文件，$(TARGET) 会被替换成 start。

（6）4、5 行命令也可以用 1 条指令实现，只需删除第 6 行前面的“#”符号即可。

（7）链接 main.o、start.o 文件，生成 start.elf 工具。

（8）通过 arm-none-linux-gnueabi-objcopy 工具将 start.elf 文件转换成 start.bin 文件。

（9）设置 clean 的目标，即删除的目标。

（10）该行为 clean 目标的执行语句，即删除编译产生的临时文件。

将程序复制到 ubuntu 的“/home/peng/arm”目录下，执行 make 命令，该命令会自动搜索当前目录下的 Makefile，解析出其中的命令并自动执行。

编译结果如下。

```
peng@ubuntu: ~ /arm$ make
arm-none-linux-gnueabi-gcc -O0 -g -c -o main.o  main.c
arm-none-linux-gnueabi-gcc -O0 -g -c -o start.o start.s
arm-none-linux-gnueabi-ld          main.o     start.o -Ttext 0x40008000 -o start.elf
arm-none-linux-gnueabi-objcopy   -O binary -S  start.elf  start.bin
```

编译后的文件列表如下。

```
peng@ubuntu: ~ /arm$ tree .
.
├── main.c
├── main.o
├── Makefile
```

```
├── start.bin
├── start.elf
├── start.o
└── start.s
```

最终生成 start.bin 文件，该文件可以烧写到开发板上运行。

清除编译的临时文件如下。

```
peng@ubuntu: ~ /arm$ make clean
rm -rf *.o *.elf *.dis *.bin
```

**2．依赖 lds 文件的程序编译**

在实际的工程文件中，段的复杂程度远比上述示例复杂得多，尤其是 Linux 内核中上万个文件，而且各个段的分布极其复杂，所以这就需要我们借助 lds 文件来定义内存的分布。

工程文件列表如下。

```
peng@ubuntu: ~ /arm-lds$ tree .
.
├── start.s
├── main.c
├── map.lds
└── Makefile
```

main.c 文件和 start.s 文件本节已介绍过。

map.lds 文件如下。

```
OUTPUT_FORMAT( "elf32-littlearm", "elf32-littlearm", "elf32-littlearm")
/*OUTPUT_FORMAT( "elf32-arm", "elf32-arm", "elf32-arm")*/
OUTPUT_ARCH(arm)
ENTRY(_start)
SECTIONS
{
    . = 0x40008000;
    . = ALIGN(4);
    .text:
    {
            start.o(.text)
            *(.text)
    }
    . = ALIGN(4);
    .rodata :
    { *(.rodata) }
    . = ALIGN(4);
    .data :
    { *(.data) }
    . = ALIGN(4);
    .bss :
    { *(.bss) }
}
```

文件内容含义如下。

（1）OUTPUT_FORMAT("elf32-littlearm"，"elf32-littlearm"，"elf32-littlearm")：指定输出文件预设的二进制文件格式。

（2）OUTPUT_ARCH(arm)：指定输出的平台为 ARM。

（3）ENTRY(_start)：将符号 _start 的值设置为入口地址。

（4）. = 0x40008000：将定位器符号值置为 0x40008000（若不指定，则该符号的初始值为 0）。

（5）.text : { .start.o(.text) *(.text) }：前者表示将 start.o 文件放入 text 段的第一个位置，后者表示将所有（符号“*”代表任意输入文件）输入文件的 text 段合并为一个文件。

（6）.rodata : { *(.data) }：将所有输入文件的 rodata 段文件合并为一个文件。

（7）.data : { *(.data) }：将所有输入文件的 data 段合并为一个文件。

（8）.bss : { *(.bss) }：将所有输入文件的 bss 段合并为一个文件，该段通常存放全局未初始化变量。

（9）. = ALIGN(4)；表示下面的段以 4byte 对齐。

Makefile 需要相应修改，介绍如下。

```
TARGET=start
TARGETC=main
all:
	arm-none-linux-gnueabi-gcc -O0 -g -c -o $(TARGETC).o  $(TARGETC).c
	arm-none-linux-gnueabi-gcc -O0 -g -c -o $(TARGET).o $(TARGET).s
	#arm-none-linux-gnueabi-gcc -O0 -g -S -o $(TARGETC).s  $(TARGETC).c
	arm-none-linux-gnueabi-ld       $(TARGETC).o $(TARGET).o -T map.lds -o $(TARGET).elf
	arm-none-linux-gnueabi-objcopy  -O binary -S  $(TARGET).elf  $(TARGET).bin
clean:
	rm -rf *.o *.elf *.dis *.bin
```

编译结果如下。

```
peng@ubuntu: ~ /arm-lds $ make
arm-none-linux-gnueabi-gcc -mfloat-abi=softfp -mfpu=vfpv3 -mabi=apcs-gnu -fno-builtin  -fno-builtin-function -g -O0 -c -c -o  start.o start.s
arm-none-linux-gnueabi-gcc -mfloat-abi=softfp -mfpu=vfpv3 -mabi=apcs-gnu -fno-builtin  -fno-builtin-function -g -O0 -c -c -o  main.o main.c
arm-none-linux-gnueabi-ld start.o  main.o -T map.lds -o start.elf
arm-none-linux-gnueabi-objcopy  -O binary  start.elf start.bin
```

最终目录文件如下。

```
peng@ubuntu: ~ /arm-lds $ tree .
.
├── main.c
├── main.o
├── Makefile
├── map.lds
├── start.bin
├── start.elf
├── start.o
└── start.s
```

使用这两种方法都可以编译、生成我们最终需要的 start.bin 文件。其中地址 0x40008000

也不是随便定义的，参考 Exynos 4412 的用户手册第三章内存映射，内存的地址空间为 0x40000000 ～ 0xA0000000，选择的地址只需要落在该区间，并且保证地址空间足够程序运行即可。

# 3.10 ATPCS和AAPCS

**1．基本概念**

ATPCS 即 ARM-Thumb 过程调用标准。ATPCS 规定了子程序间调用的基本规则，这些规则包括子程序调用过程中寄存器的使用规则、堆栈的使用规则、参数的传递规则等。依据这些规则，单独编译的 C 语言程序就可以和汇编语言程序相互调用。对于汇编语言，需要用户保证各个子程序满足 ATPCS。

AAPCS 即 ARM 结构过程调用规范。

2007 年 ARM 公司正式推出了 AAPCS，AAPCS 是 ATPCS 的改进版，目前，AAPCS 和 ATPCS 都为可用的标准。

**2．寄存器使用规则**

ATPCS 和 AAPCS 规定了在子程序调用时使用寄存器必须满足的规则，包括下面 4 方面的内容。

（1）各寄存器的使用规则及相应的名称

子程序间通过寄存器 R0 ～ R3 来传递参数，这时，寄存器 R0 ～ R3 可以记作 A1 ～ A4。被调用的子程序在返回前无须恢复寄存器 R0 ～ R3 的值。

在子程序中，使用寄存器 R4 ～ R11 来保存局部变量．这时，寄存器 R4 ～ R11 可以记作 V1 ～ V8。如果在子程序中使用了寄存器 V1 ～ V8 中的某些寄存器，子程序入口时必须保存这些寄存器的值，在返回前必须恢复这些寄存器的值；对于子程序中没有用到的寄存器则不必进行这些操作。

寄存器 R12 用作过程调用时的临时寄存器（用于保存 SP，在函数返回时使用该寄存器出栈），记作 IP。在子程序间的连接 text 段中常使用该规则。

寄存器 R13 用作数据栈指针，记作 SP。在子程序中寄存器 R13 不能用作其他用途。寄存器 R13 在进入子程序时的值和退出子程序时的值必须相等。

寄存器 R14 称为连接寄存器，记作 LR。它用于保存子程序的返回地址。如果在子程序中保存了返回地址，寄存器 R14 则可以用作其他用途。

寄存器 R15 是程序计数器，记作 PC。它不能用作其他用途。

（2）数据栈的使用规则

AAPCS 规定堆栈为 FD 类型，即满递减堆栈，数据栈由高地址向低地址生成，SP 指向最后一个压入的值，并且堆栈的操作以 8byte 对齐，所以经常使用的指令就有 STMFD 和 LDMFD。

（3）参数的传递规则

根据参数个数是否固定，可以将子程序分为参数个数可变的子程序和参数个数固定的子程序，这两种子程序的参数传递规则是不同的。

① 参数个数可变的子程序的参数传递规则如下。

对于参数个数可变的子程序，当参数不超过 4 个时，可以使用寄存器 R0 ～ R3 进行参数传递，当参数超过 4 个时，还可以使用数据栈来传递参数。

在参数传递时，将所有参数看作存放在连续的内存单元中的字数据，然后，依次将各字数据传送到寄存器 R0、R1、R2、R3 中；如果参数多于 4 个，则将剩余的字数据传送到数据栈中，入栈的顺序与参数传递顺序相反，即最后一个字数据先入栈。

按照参数传递规则，一个浮点数参数可以通过寄存器传递，也可以通过数据栈传递，也可以一半通过寄存器传递，另一半通过数据栈传递。

举例如下。

```
void func(a,b,c,d,e)
```

其中，*a* 传递给 R0，*b* 传递给 R1，*c* 传递给 R2，*d* 传递给 R3，*e* 传递给数据栈。

② 参数个数固定的子程序的参数传递规则如下。

- 各浮点数按顺序处理。
- 为每个浮点数分配 FP 寄存器（R11 别名，ARM 状态局部变量寄存器），分配应满足该浮点数需要的且编号最小的一组连续的 FP 寄存器。
- 第一个整数参数可通过 R0 ～ R3 传递，其他参数通过数据栈传递。

**注意：**

如果系统不包含浮点数运算的硬件部件，浮点数会通过相应的规则转换成整数。

（4）子程序结果返回规则

子程序结果返回规则如下。

① 当结果为一个 32bit 的整数时，可以通过寄存器 R0 返回。

② 当结果为一个 64bit 整数时，可以通过寄存器 R0 和 R1 返回，以此类推。

③ 当结果为一个浮点数时，32bit 的 float 类型数据可以通过寄存器 R0 返回，64bit 的 double 类型数据可以通过寄存器 R0 和 R1 返回。

寄存器 R0 接收返回值，示例如下。

```
int func1(int m, int n)
```

该函数被调用时，参数和返回值对应关系如下。

- *m* 传递给寄存器 R0。
- *n* 传递给寄存器 R1。
- 返回值赋值给寄存器 R0。

**思考**

为什么有的编程规范要求自定义函数的参数不要超过 4 个？

因为如果调用子函数的参数超过 4 个，此时就需要压栈、退栈，而压栈、退栈需要增加很多指令周期。对参数比较多的情况，我们可以把数据封装到结构体中，只传递结构体变量的地址即可，节省了指令周期，提高了效率。

## 3.11 内联汇编

内联汇编即在 C 语言环境中直接使用汇编语句进行编程，使程序可以在 C 语言环境中实现仅使用 C 语言程序不能完成的一些工作，在下面几种情况中必须使用内联汇编或嵌入型汇编。

（1）使用饱和算术运算。

（2）对协处理器进行操作。

（3）在 C 语言环境中完成对程序状态寄存器的操作。

内联汇编程序以“asm”或“__asm__”开头，括号中的内容为汇编指令和参数说明，指令以“\n\t”结尾。内联汇编程序语法如下。

```
__asm__ __volatile__( "asm code"
        :output
        :input
        :changed registers);
```

（1）asm code

asm code 表示为输入的汇编指令，示例如下。

```
"mov r0, r1\n\t"
"mov r1,r2\n\t"
"mov r2,r3"
```

（2）output

output 用于定义汇编语言输出给 C 语言的参数，其通常只能是变量，语法如下。

```
:"constraint" (variable)
```

① “constraint”用于定义 variable（变量）的存放位置。

② “r”表示使用任何可用的寄存器。

③ “m”表示使用变量的内存地址。

④ “+”表示可读、可写。

⑤ “=”表示只写。

⑥ “&”表示该输出操作数不能使用输入部分使用过的寄存器，只能以“+&”或“=&”的方式使用。

（3）input

input 用于定义 C 语言输入给汇编语言的参数，其可以是变量也可以是立即数，语法如下。

```
:"constraint" (variable/immediate)
```

① “constraint”用于定义 variable（变量）的存放位置。

② “r”表示使用任何可用的寄存器（立即数和变量都可以）。

③ “m”表示使用变量的内存地址。

④ “i”表示使用立即数。

**注意：**

（1）使用“asm”和“volatile”表示编译器将不检查其后的内容，而是直接将内容传递给编译器。

（2）如果希望编译器优化程序，可以不使用“volatile”。

（3）即使程序中没有“asm code”，也不能省略其两边的引号“""”。

（4）即使程序中没有 changed 部分，input、output 两边也不可以省略“：”。

（5）如果程序中没有 changed 语句，则必须省略“：”。

（6）程序最后的“；”不能省略，对 C 语言来说这是一条语句。

（7）汇编程序必须放在一个字符串内，且在字符串间不能直接按 <Enter> 键换行，可以写成多个字符串，注意两字符串间不能有任何符号，否则就会将两个字符串合并为一个。

（8）指令间必须要换行，还可以使用“\t”使指令保持整齐。

**例 1：实现使能中断。**

该操作中没有参数，没有返回值，在这种情况下，output 和 input 可以省略，程序如下。

```
asm
(
    "mrs r0,cpsr    \n\t"
    "bic r0,r0,#0x80 \n\t"
    "msr cpsr,r0    \n\t"
);
```

**例 2：实现加法运算，求 *a*+*b*，结果赋值给 *c*。**

该操作有参数，有返回值，实现程序如下。

```
int a =100, b =200, c =0;
asm
(
    "add %0,%1,%2\n\t"
    : "=r"(c)
    : "r"(a),"r"(b)
    : "memory"
);
```

变量对应关系：%0 对应变量 *c*，%1 对应变量 *a*，%2 对应变量 *b*。

**例 3：求 *a*+*b*，结果存在变量 *sum* 中，把 *a*–*b* 的值赋值给 *d*。**

该操作有参数并且有 2 个返回值，实现程序如下。

```
asm volatile
(
    "add %[op1],%[op2],%[op3]\n\t"
    "sub %[op4],%[op2],%[op3]\n\t"
    :[op1]"=r"(sum),[op4]"=r"(d)
    :[op2]"r"(a),[op3]"r"(b)
    :"memory"
);
```

变量对应关系：op1 对应变量 *sum*，op4 对应变量 *d*，op2 对应变量 *a*，op3 对应变量 *b*。

# 3.12　C语言和汇编语言相互调用举例

1．C 语言调用汇编语言

**例 1：使用 C 语言调用汇编文件中函数，函数有返回值。**

汇编程序如下。

```
add:
     add r2,r0,r1
     mov r0,r2
     mov pc, lr
```

C 语言程序如下。

```
extern int add(int a,int b);
main()
{
     printf( "%d \n",add(2,3));
}
```

（1）参数传递情况：2 → R0，3 → R1

（2）返回值通过 R0 返回计算结果给 C 语言程序。

**例 2：用汇编语言实现一个 strcopy 函数。**

汇编程序如下。

```
.global strcopy
strcopy:                    ; R0 指向目标字符串，R1 指向源字符串
 ldrb r2, [r1], #1          ; 加载字符并更新源字符串指针地址
 strb r2, [r0], #1          ; 存储字符并更新目标字符串指针地址
 cmp r2, #0                 ; 判断字符串是否结尾
 bne strcopy                ; 如果不是字符串尾，程序将跳转到函数 strcopy 并继续循环
 mov pc, lr                 ; 返回程序
```

C 语言程序如下。

```
extern void strcopy(char* des, const char* src);
int main(){
    const char* srcstr = "yikoulinux";
    char desstr[]= "test";
    strcopy(desstr, srcstr);
    return 0;
}
```

2．汇编语言调用 C 语言

**例 3：实现 4 个整型数的相加，并将和返回。**

汇编语言程序如下。

```
mov r0,#0
mov r1,#1
mov r2,#2
mov r3,#3
mov r4,#4              ; 前 4 个参数使用 R0 ~ R3 传递，
str r4,[SP, #-4]!      ; 第 5 个参数使用栈传递
```

```
bl sum5            ；调用 C 语言
```

C 语言程序如下。

```
int sum5(int a, int b , int c, int d, int e)
{
        return a+b+c+d+e;
}
```

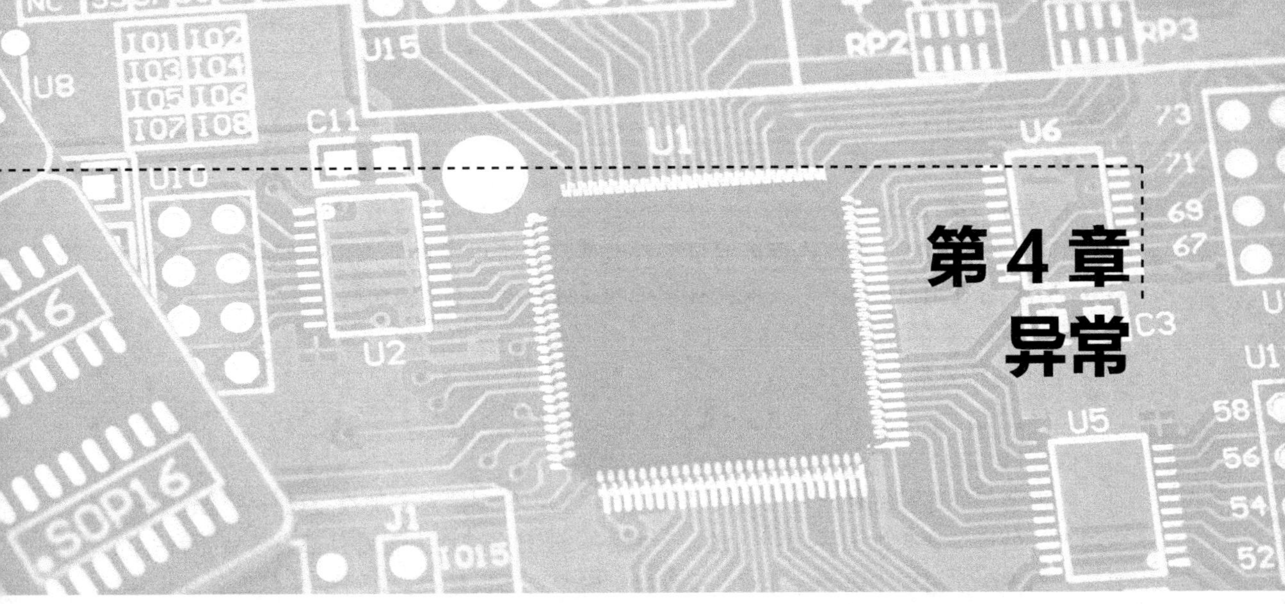

# 第4章 异常

异常指由处理器执行指令导致运行程序的中止情况，异常与指令运行相关，是在处理器执行程序时同步产生的，可分为精确异常和非精确异常。异常的处理遵守严格的程序顺序，不能嵌套，只有当前一个异常处理完，程序返回中止现场后才能处理后续的异常。

异常是理解 CPU 运行最重要的一个知识点，绝大多数处理器支持特定异常处理，中断也是异常的一种。衡量操作系统实时性的一个重要指标就是操作系统最短响应中断时间及单位时间内响应中断次数。

## 4.1 异常基础知识

### 1. 异常源

在 ARM 体系结构中，有 7 种异常处理。当异常发生时，处理器会将当前 PC 值设置为特定的存储器地址，这一地址被放在向量表的特定地址范围内，向量表的入口为跳转指令，用于跳转当前程序到专门处理某个异常或中断的子程序。

要进入异常模式，一定要有异常源，ARM 规定有 7 种异常源，如表 4-1 所示。

表 4-1　异常源

| 异常源 | 描述 |
|---|---|
| 复位异常 | 上电时执行 |
| 未定义指令异常 | 当流水线中的某个非法指令到达执行状态时执行 |
| 软中断（SWI）异常 | 当一个软中断指令将被执行完的时候执行 |
| 预取异常 | 当一个指令从内存中被预取时，由于某种原因而失败，但如果它能到达执行状态，该异常才会产生 |
| 数据异常 | 如果一个预取指令试图存取一个非法的内存单元，这时该异常产生 |
| 中断请求（IRQ） | 一般中断 |
| 快速中断请求（FIQ） | 快速中断 |

### 2. 异常与模式切换

ARM处理器的运行模式可以通过软件改变，也可以通过外部中断或异常处理改变。当处理器运行在用户模式下时，某些被保护的系统资源是不能被访问的。

异常源与模式关系如下。

（1） 复位异常

当处理器刚上电时或按下Reset重启键后进入该异常，该异常在管理模式下处理。

（2）FIQ/IRQ

处理器和外部设备是分别独立的硬件执行单元，处理器对全部设备进行管理和资源调度处理，处理器要想知道外部设备的运行状态，要么定时地去查看外部设备特定寄存器，要么外部设备在出现需要处理器对其干涉处理时“打断”处理器，让它来处理外部设备的请求。毫无疑问第二种方式更合理，可以让处理器“专心”工作，这里的“打断”操作就叫作中断请求，根据请求的紧急情况，中断请求分为一般中断和快速中断，快速中断具有最高中断优先级和最小的中断延迟，通常用于处理高速数据传输及通道中的数据恢复处理，如DMA等，绝大部分外部设备使用一般中断请求。

（3）预取异常

该异常发生在处理器流水线取指令阶段，如果目标指令地址是非法地址则出现该异常，该异常在中止模式下处理。

（4）未定义指令异常

该异常发生在处理器流水线译码阶段，如果当前指令不能被识别为有效指令，则产生未定义指令异常，该异常在未定义模式下处理。

（5）软中断（SWI）异常

该异常是调用应用程序时产生的，经常出现在用户程序申请访问硬件资源时，如printf()打印函数，用户程序要想实现打印必须申请使用显示器，而用户程序又没有外部设备硬件的使用权，只能通过使用软中断指令将其切换到内核态，通过操作系统内核程序来访问外部设备硬件，内核态工作在特权模式下，操作系统在特权模式下打印用户数据到显示器上。这样做的目的无非是保护操作系统的安全和合理使用硬件资源，该异常在管理模式下处理。

（6）数据异常

该异常发生在要访问的数据地址不存在或访问地址为非法地址时，该异常在中止模式下处理。

### 3. 异常优先级

异常优先级从高到低依次为：复位异常、数据异常、FIQ、IRQ、预取异常、未定义指令异常、软中断异常。

FIQ比IRQ快的原因如下。

（1）FIQ比IRQ的优先级高。

（2）FIQ向量位于向量表的最末端，异常处理时不需要跳转。

（3）FIQ比IRQ多5个私有的寄存器（R8～R12），在中断操作时，压栈、出栈操作少。

# 4.2　异常处理

## 4.2.1　异常发生后硬件操作

异常发生后，ARM 内核会完成一系列的硬件操作，可以总结为 4 大步、3 小步。

### 1. 保存执行状态

当前程序的执行状态是保存在 CPSR 里面的，异常发生时，则保存当前程序的执行状态到异常模式下的 SPSR 里，若异常返回，则恢复保存执行状态至 CPSR。

### 2. 模式切换（3 小步）

（1） 将 CPSR 模式位强制设置为与异常类型相对应的值。

（2）处理器进入 ARM 执行模式。

（3）禁止所有外部中断，当进入快速中断异常模式时禁止外部中断。

硬件自动根据当前的异常类型，将异常码写入 CPSR 里的 M[4:0] 模式位，这样处理器就进入了对应的异常模式，无论是在 ARM 状态下还是在 Thumb 状态下发生异常，都会自动切换到 ARM 状态下进行异常处理，这是由硬件自动完成的，将 CPSR[5] 设置为 0。同时，处理器会关闭中断异常（设置 CPSR 寄存器 I 位），防止中断进入，如果当前状态为快速中断模式时，则关闭快速中断（设置 CPSR 寄存器 F 位）。

### 3. 保存返回地址

当前程序被异常打断时，程序将切换到异常处理，完成异常处理后，程序重新返回先前被打断的程序处继续执行，因此必须要保存当前执行指令的下一条指令的地址到 LR_excep（LR_excep 为异常模式下的 LR，为方便读者理解加上 _excep，以下道理相同），由于异常模式有不同情况及 ARM 内核采用流水线技术，异常处理程序要根据异常模式计算返回地址。

### 4. 跳入异常向量表

该操作是处理器硬件自动完成的，当异常发生时，处理器强制将 PC 的值修改为一个固定内存地址，这个固定地址叫作异常向量，实现跳转到异常处理程序的动作。

## 4.2.2　异常向量表

异常向量表是一段特定内存地址空间，每种异常模式对应一个字长空间（4byte），正好是一条 32bit 指令长度，当异常发生时，CPU 强制将 PC 的值设置为当前异常模式对应的固定内存地址，如表 4-2 所示。

表 4-2　各种异常模式对应的固定内存地址

| 异常 | 进入模式 | 地址 |
|---|---|---|
| 复位异常 | 管理模式 | 0x00000000 |
| 未定义指令异常 | 未定义模式 | 0x00000004 |
| 软中断异常 | 管理模式 | 0x00000008 |

续表

| 异常 | 进入模式 | 地址 |
|---|---|---|
| 预取异常 | 中止模式 | 0x0000000C |
| 数据异常 | 中止模式 | 0x00000010 |
| 保留 | 保留 | 0x00000014 |
| IRQ | 中断模式 | 0x00000018 |
| FIQ | 快中断模式 | 0x0000001C |

跳转异常向量表操作是在异常发生时硬件自动完成的，剩下的异常处理任务则完全交给开发人员。由表 4-2 可知，异常向量是一个固定的内存地址，我们可以通过向该地址写入一条跳转指令，让当前程序跳向我们自定义的异常处理程序的入口，就可以完成异常处理了，异常向量表的跳转入口如图 4-1 所示。

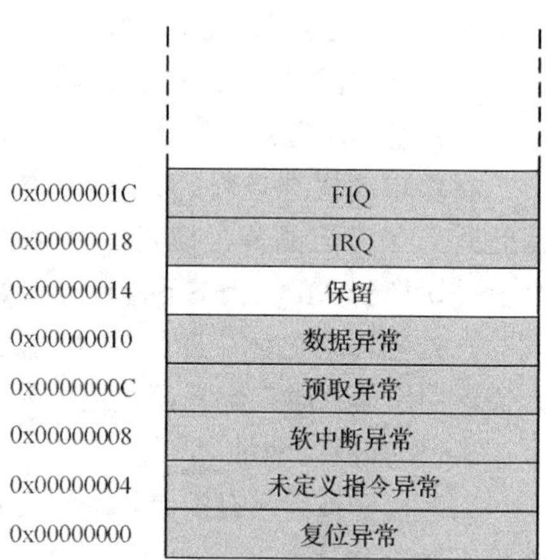


**图 4-1　异常向量表跳转入口**

正是由于异常向量表的存在，才使硬件异常处理和开发人员自定义的处理程序有机联系起来。异常向量表中 0x00000000 处为复位异常地址，之所以它为 0 地址，是因为 CPU 在上电时自动从 0 地址处加载指令，由此可见将复位异常安排在此地址也是前后结合起来设计的，其后面分别是其他 7 种异常向量，每种异常向量都占有 4byte，正好是一条指令的大小，最后一个异常是快速中断异常，将其安排在此也有其意义，在 0x0000001C 地址处可以直接存放快速中断异常的处理程序，不用设置跳转指令，这样可以节省一个时钟周期，减少快速中断异常处理时间。

存储器映射地址 0x00000000 是为异常向量表保留的，但这并不是固定的，在有些处理器中，异常向量表可以选择定位在高地址 0xffff0000 处（可以通过协处理器指令配置），当今操作系统为了控制内存访问权限，通常会开启虚拟内存，开启了虚拟内存后，内存的开始空间通常为内核进程空间和页表空间，异常向量表不能再安装在 0 地址处了。

我们可以通过下面的指令来安装异常向量表。

```
b reset  ；跳入复位异常处理程序
b HandleUndef；跳入未定义指令异常处理程序
b HandSWI   ；跳入软中断异常处理程序
b HandPrefetchAbt ；跳入预取异常处理程序
b HandDataAbt ；跳入数据异常处理程序
b HandNoUsed；跳入未使用程序
b HandleIRQ ；跳入 IRQ 处理程序
b HandleFIQ ；跳入 FIQ 处理程序
```

通常安装完异常向量表，异常发生后，CPU 会跳转到我们自定义的处理程序入口，这时我们还没有保存被打断程序的执行现场（寄存器信息），因此跳转到异常处理程序的入口时先要保存打断程序的执行现场。

### 4.2.3 保存执行现场

异常处理程序的开始部分用来保存当前操作寄存器里的数据，即保存被打断程序的执行现场，可以通过下面的栈操作指令实现。

```
stmfd sp_excep!, {R0 - R12, LR_excep}
```

需要注意的是，程序从当前位置跳转到异常处理程序入口时，已经切换到对应的异常模式下了，因此这里的 SP 是指异常模式下的 SP_excep，所以被打断程序现场（寄存器数据）是保存在异常模式下的栈里的，上述指令将寄存器 R0 ～ R12 数据全部都保存，最后将修改完的被打断程序返回地址入栈保存，之所以保存该返回地址是因为将来可以通过类似“mov pc，lr”的指令，返回用户程序继续执行。

异常发生后，要针对异常类型进行处理，因此，每种异常都有自己的异常处理程序，中断异常处理过程在 4.3 节详细分析。

### 4.2.4 异常处理的返回

异常处理完成之后，程序返回被打断位置继续执行，具体操作如下。

（1）恢复被打断程序运行时的寄存器数据。

（2）恢复程序运行状态时的 CPSR。

（3）通过进入异常时保存的返回地址，当前程序返回到被打断处继续执行。

由于 ARM 内核使用流水线技术，一条指令的执行分为取指令、译码、执行 3 个阶段，异常发生时保存到 LR 中的地址和当前被打断的指令的下一条指令地址可能会有偏差，所以对不同的异常还需要修正返回地址。

各模式的返回地址说明如下。

（1）FIQ/IRQ

FIQ 和 IRQ 的返回处理方式是一样的。通常处理器执行完当前指令后，查询 FIQ/IRQ 中断引脚，如果某个中断引脚有效，并且系统允许该中断产生，处理器将产生 FIQ/IRQ 中断，当 FIQ/IRQ 中断产生时，程序计数器的值已经更新，它指向当前指令后面的第 3 条指令（对于 ARM 指令，它指向当前指令地址加 12byte 的位置；对于 Thumb 指令，它指向当前指令地址加 6byte 的位置），当 FIQ/IRQ 中断产生时，处理器将值（PC 4）保存到 FIQ/IRQ 异常模式下的寄存器 LR_irq/LR_irq 中，它指向当前指令之后的第 2 条指令，因此正确返回地址可以通过下面指令得出。

```
subs  pc，lr_irq，#4；一般中断
subs  pc，lr_fiq，#4；快速中断
```

**注意：**

LR_irq/LR_fiq 分别为中断和快速中断异常模式下的 LR，并不存在 LR_xxx 寄存器，为方便读者理解加上 _xxx，下同。

（2）预取异常

在指令预取时，如果目的地址是非法的，该指令被标记成有问题的指令，这时，流水线上该指令之前的指令继续执行，当执行到该被标记成有问题的指令时，处理器产生预取异常中断。发生指令预取异常时，程序要返回该有问题的指令处，重新读取并执行该指令，因此预取异常中断应该返回产生该指令预取异常中断的指令处，而不是当前指令的下一条指令。

预取异常中断是由指令在 ALU 里执行产生的，当预取异常中断发生时，程序计数器的值还未更新，它指向当前指令后面第 2 条指令（对于 ARM 指令，它指向当前指令地址加 8byte 的位置；对于 Thumb 指令，它指向当前指令地址加 4byte 的位置）。此时处理器将值（PC–4）保存到 LR_abt 中，它指向当前指令的下一条指令，所以返回操作可以通过下面指令实现。

```
subs pc，lr_abt，#4
```

（3）未定义指令异常

未定义指令异常中断是由指令在 ALU 里执行产生的，当未定义指令异常中断产生时，程序计数器的值还未更新，它指向当前指令后面第 2 条指令（对于 ARM 指令，它指向当前指令地址加 8byte 的位置；对于 Thumb 指令，它指向当前指令地址加 4byte 的位置），当未定义指令异常中断发生时，处理器将值（PC–4）保存到 LR_und 中，它指向当前指令的下一条指令，所以从未定义指令异常中断返回可以通过如下指令来实现。

```
mov pc, lr_und
```

（4）软中断（SWI）异常

软中断异常是由指令在 ALU 里执行产生的，当 SWI 指令执行时，程序计数器的值还未更新，它指向当前指令后面第 2 条指令（对于 ARM 指令，它指向当前指令地址加 8byte 的位置；对于 Thumb 指令，它指向当前指令地址加 4byte 的位置），当未定义指令异常中断发生时，处理器将值（PC–4）保存到 LR_svc 中，它指向当前指令的下一条指令，所以从 SWI 异常中断处理返回的实现方法与从未定义指令异常中断处理返回相同。

```
mov pc, lr_svc
```

（5）数据异常

发生数据访问异常中断时，程序要返回该有问题的指令处，重新访问该数据，因此数据异常中断应该返回产生该数据异常中断的指令处，而不是当前指令的下一条指令。数据异常中断是由指令在 ALU 里执行产生的，当数据异常中断发生时，程序计数器的值已经更新，它指向当前指令后面第 3 条指令（对于 ARM 指令，它指向当前指令地址加 12byte 的位置；对于 Thumb 指令，它指向当前指令地址加 6byte 的位置）。此时处理器将值（PC–4）保存到 LR_abt 中，它指向当前指令后面第 2 条指令，所以返回操作可以通过下面指令实现。

```
subs pc, lr_abt, #8
```

上述每一种异常发生时，其返回地址都要根据具体的异常类型重新修改返回地址。

### 4.2.5 异常恢复

异常发生后，程序进行异常处理，将用户程序寄存器 R0 ～ R12 里的数据保存在异常模式下的栈里，异常处理完成并返回时，要将栈里保存的数据再恢复至原先 R0 ～ R12 里。

在异常处理过程中必须要保证异常处理入口和出口的栈指针 SP_excep 一样，否则 R0 ～ R12 里恢复的数据不正确，返回被打断程序时执行现场与被打断前不一致，导致出现问题，虽然将执行现场恢复了，但是此时处理器还是在异常模式下，CPSR 的状态还是异常模式下的状态。

SPSR_excep 是被打断程序执行时的状态，在恢复 SPSR_excep 到 CPSR 的同时，处理器的模式和状态从异常模式切换回了被打断程序执行时的模式和状态。

此刻程序现场恢复了，状态也恢复了，但 PC 里的值仍然指向异常模式下的地址空间，我们要让处理器继续执行被打断程序，因此要再次手动改变 PC 的值，将其作为进入异常时的返回地址，该地址在异常处理入口时已经计算好，直接令 PC = LR_excep 即可。

上述操作可以一步一步实现，但是通常我们可以通过一条指令实现上述全部操作。

```
LDMFD SP_excp!, {r0-r12, pc}^
```

**注意：**

SP_excep 为对应异常模式下的 SP，^ 符号表示恢复 SPSR_excep 到 CPSR。

# 4.3　中断异常

## 4.3.1　中断概念

什么是中断？我们从一个生活中的例子引入中断概念。我正在家中看书，突然手机铃响了，我将书签夹在书中当前读到的位置，然后放下书本，去接电话，和来电话的人交谈，交谈完毕放下电话，回来继续从书签位置处开始看书。这就是生活中的“中断”现象，当正常工作过程被外部的事件打断，为了回到被打断处继续执行工作，我们需要保存现场，即“放上书签”这个动作。

在处理器中，中断是一个过程，即处理器在正常执行程序的过程中，遇到外部 / 内部的紧急事件需要处理，暂时中断（中止）当前程序的执行，转而为事件服务，待服务完毕，再返回暂停处（中断）继续执行原来的程序。为事件服务的程序称为中断服务程序或中断处理程序。

严格地说，上面的描述是针对硬件事件引起的中断而言的。软件事件也可以引起中断，即事先在程序中安排特殊的指令，处理器执行到该类指令时，转去执行相应的一段预先安排好的程序，然后再返回执行原来的程序，这可称为软中断。

考虑软中断，可给中断再下一个定义：中断是一个过程，是处理器在执行当前程序的过程中因硬件或软件在当前执行程序中插入另一段程序并运行的过程。因硬件原因引起的中断是不可预测的，即随机的，而软中断是事先安排的。

## 4.3.2　中断处理流程

中断异常发生时，中断处理的流程参考如图 4-2 所示。

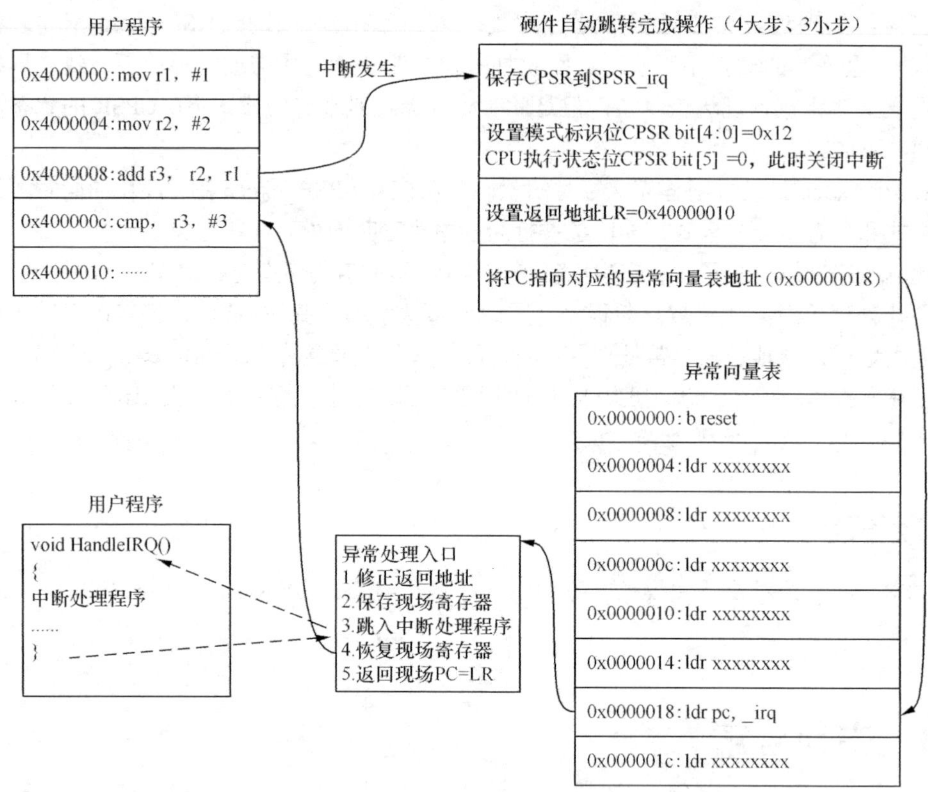


图 4-2 中断处理流程

程序进入异常向量表后，跳转到异常处理入口，执行以下操作。

（1）修正返回地址：SUBS PC，LR_irq，#4，即 0x4000000c。

（2）保存现场寄存器。

（3）跳入中断处理程序，调用函数 HandleIRQ()，执行中断处理程序。

（4）恢复现场寄存器。

（5）返回现场 PC=LR。

程序回到 0x4000000c 位置，继续执行，此时现场全部恢复。

# 4.4 软中断

## 4.4.1 swi 指令

swi 指令用于产生软中断，以便用户程序能调用操作系统的系统例程。

swi 指令的格式如下。

```
swi{ 条件 } 24bit 的立即数
```

操作系统在 SWI 的异常处理程序中提供相应的系统服务，指令中 24bit 的立即数指定用户程序调用系统例程的类型，相关参数通过通用寄存器传递，当指令中 24bit 的立即数被忽略时，用户程序调用系统例程的类型由通用寄存器 R0 决定，同时，参数通过其他通用寄存器传递。示例如下。

```
swi 0x02  ；该指令调用操作系统编号为 02 的系统例程。
```

## 4.4.2 bkpt 指令

bkpt 指令产生软件断点中断，可用于程序的调试。

bkpt 指令的格式如下。

```
bkpt          16bit 的立即数
```

## 4.4.3 举例

一个包含异常向量表的程序如下，程序只包含复位异常和 SWI 异常的入口，其他入口地址可以用空指令 nop 填充。

```
    area first, code, readonly
    code32
    entry
vector
    b reset_handler
    nop
    b swi_handler
    nop
    nop
    nop
    nop
    nop
swi_handler
    mrs r0, cpsr
    bic r0, r0, #0x1f
    orr r0, r0, #0x10
    msr cpsr_c, r0

    ldr r0, [lr, #-4]          ；获得 swi 指令的机器码
    bic r0, r0, #0xff000000 ；通过机器码获得 SWI 中断号，即 5
    movs pc, lr                ；将寄存器 LR 的值复制给寄存器 CPSR，同时，将寄存器 LR 的值复制给寄存器 PC
                               ；处理器模式从 SVC 模式切换到用户模式
reset_handler
    ；初始化 SVC 模式堆栈
    ldr sp, =0x40001000
    ；修改当前模式，将 SVC 模式改变为用户模式
    mrs r0, cpsr
    bic r0, r0, #0x1f
    orr r0, r0, #0x10
    msr cpsr_c, r0
    ；初始化用户模式堆栈
    ldr sp, =0x40000800
```

```
        mov r0, #1
        ;用户模式下执行 swi 指令
        swi 5  ;这条语句由用户程序自动触发
        add r1, r0, r0
stop
        b stop
        end
```

注意观察 swi 指令执行前和执行后 PC、LR、CPSR、SPSR、SP 的变化，可以按照 4 大步、3 小步的方法来分析，如图 4-3 所示。

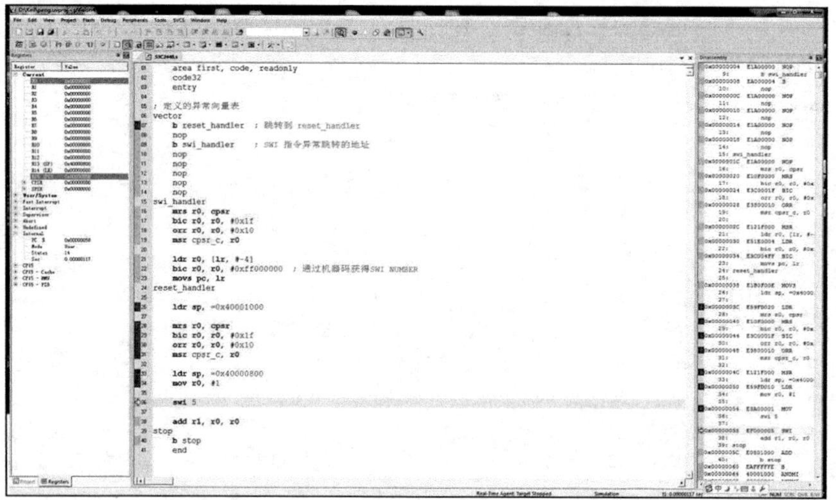

（a）执行前

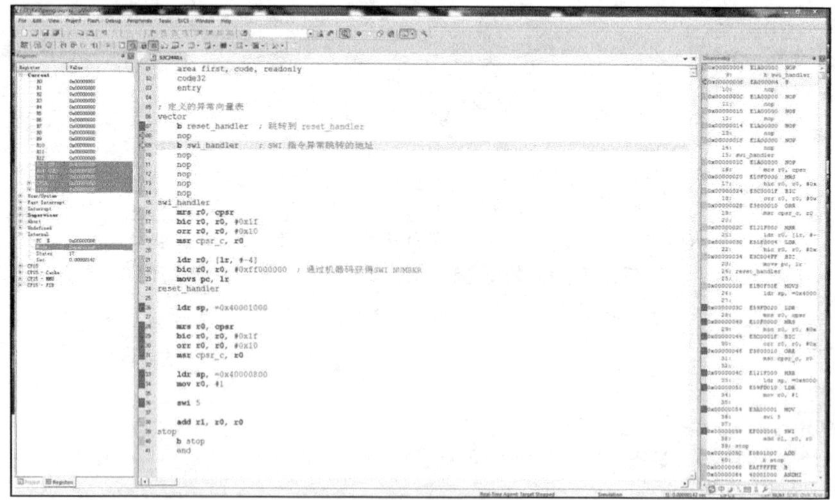

（b）执行后

图 4-3　SWI 指令执行前后

按照 4 大步、3 小步的方法来分析 SWI 指令的执行，步骤如下。

（1）保存 CPSR 的值 0x000000D0 到 SPSR_svc。

（2）设置模式标识位 CPSR[4:0]=0x13，执行状态 CPSR[5] =0，关闭中断。

（3）设置返回地址 LR=0x00000054，即 40 行的指令，软中断异常不需要修正返回地址。

（4）设置PC指向对应的异常向量表地址0x00000008，即异常向量表开始的第3条指令，此处为软中断异常入口。

## 4.4.4　同时执行跳转指令并切换模式

从 SWI 异常返回时，我们需要执行两个动作。

（1）将 SPSR 值复制回 CPSR。

（2）将寄存器 LR 值赋给 PC，从而使程序跳转回原来的位置。

这两个动作必须要同时执行，如果分步执行，SPSR 值被复制回 CPSR 后，当前模式就变回了用户模式，那么对应的 LR 的值就变成了 LR_usr，此时的值为 0x0，因为之前没有保存 PC 值到寄存器 LR，那怎么跳转回去呢？

我们可以用如下命令。

```
movs pc, lr
```

movs 指令同时执行两个动作，既可以向 PC 赋值，同时还可以将 SVC 模式切换为用户模式，从而实现了跳转并切换模式。

如果跳转入口已经使用指令 ldm 压栈还可以用如下指令对其恢复。

```
ldmfd sp_excp!, {r0-r12, pc}^
```

## 4.4.5　获取中断号

要获取 swi 指令的中断号，我们只能从 SWI 的机器码中得到对应的值，该指令的 bit[23:0] 保存的就是 SWI 中断号，如图 4-4 所示。

图 4-4　SWI 机器码指令格式

要想得到 swi 这条指令的内容，就要先找到这条指令的地址，而 LR 的值是 SWI 指令的下一条指令的地址，所以我们可以通过以下程序得到中断号。

```
ldr r0, [lr, #-4]           ；获得 swi 指令的机器码，lr 指令前是 swi 指令
bic r0, r0, #0xff000000     ；通过机器码获得 SWI 中断号
```

在 Linux 系统中有很多调用函数，比如 open、read、write、socket、accept、receivefrom 等函数，实际上调用这些函数会触发 SWI 异常，ARM 内核根据 SWI 中断号来决定调用哪一个函数。

# 编程篇

# 第5章 GPIO及LED

我们已经学习了ARM架构、汇编指令，这些都是理论知识，我们最终的目标是能够应用这些理论知识基于ARM架构的硬件编写程序、操作外设，为将来做一款成熟的嵌入式产品打下基础。从本章开始，我们通过一款开发板，将前面所讲的理论知识应用起来，实现操作各种外设，做到知行合一！

那么如何为某一个外设硬件编写驱动程序？

当我们拿到一款开发板，通常厂商会给出对应的电路图及SoC的数据手册。

使用主控芯片控制外设的一般步骤如下。

（1）查看电路原理图，观察主控芯片和外设是如何连接的，对嵌入式驱动工程师来说，主要是查看外设的CLK（外部时钟信号）、数据线、控制引脚、中断线、片选线等。

（2）外设一般连接SoC的1个或多个外设控制器，比如I$^2$C、SPI、GPIO、UART等，因此我们需要掌握对应的控制器的使用原理，这些控制器都是按照统一协议标准设计的，但是不同厂商设计的控制器的使用原理又有一些不同，这些控制器的原理和使用方法在对应的用户手册中可以找到。

（3）根据电路原理图查看各种信号线与对应的控制器的控制关系，查看信号线上电时序，然后查看和设置这些引脚对应的寄存器，对外设的配置和操作往往是通过寄存器操作实现的。

（4）编写相应程序，实现相关功能。不同类型外设的程序架构也不尽相同，如按键，我们既可以通过轮询方式读取按键信息，也可以通过中断方式来读取，具体驱动程序要根据硬件来编写。

下面我们就以华清远见的FS4412开发板为例。学习如何为各种外设编写对应的裸机驱动程序。

## 5.1 GPIO

GPIO（通用输入输出）端口，在某种意义上也可以被认为是一些引脚，可以通过它们输出电平或通过它们读入引脚的状态（高电平或低电平）。

用户可以通过GPIO端口和硬件进行数据交互（如UART）、控制硬件（如LED、蜂鸣器等）

工作、读取硬件的工作状态信号（如中断信号）等。可以说，GPIO 端口的使用非常广泛。

GPIO 的优点如下。

- 低功耗：GPIO 具有更低的功率损耗。
- 可以通过简单的配置复用为 UART、$I^2C$、SPI 等接口。
- 小封装：GPIO 器件提供最小的封装尺寸。
- 低成本：用户不需要为不使用的功能买单。
- 快速上市：不需要编写额外的程序、文档，不需要任何维护工作。
- 可预先确定响应时间：缩短或确定外部事件与中断之间的响应时间。

## 5.1.1 Exynos 4412 GPIO 的特性

Exynos 4412 包括 304 个多功能 I/O（输入 / 输出）端口引脚和 164 个存储端口引脚，总共 37 个 I/O 端口分组和 2 个存储端口分组。

Exynos 4412 GPIO 特点如下。

（1）172 个外部中断。

（2）32 个外部可唤醒中断。

（3）252 个多功能 I/O 端口。

（4）在休眠模式下也可以控制 GPIO 引脚，但不包括 GPX0、GPX1、GPX2 和 GPX3。

图 5-1 所示为 GPIO 模块框图。

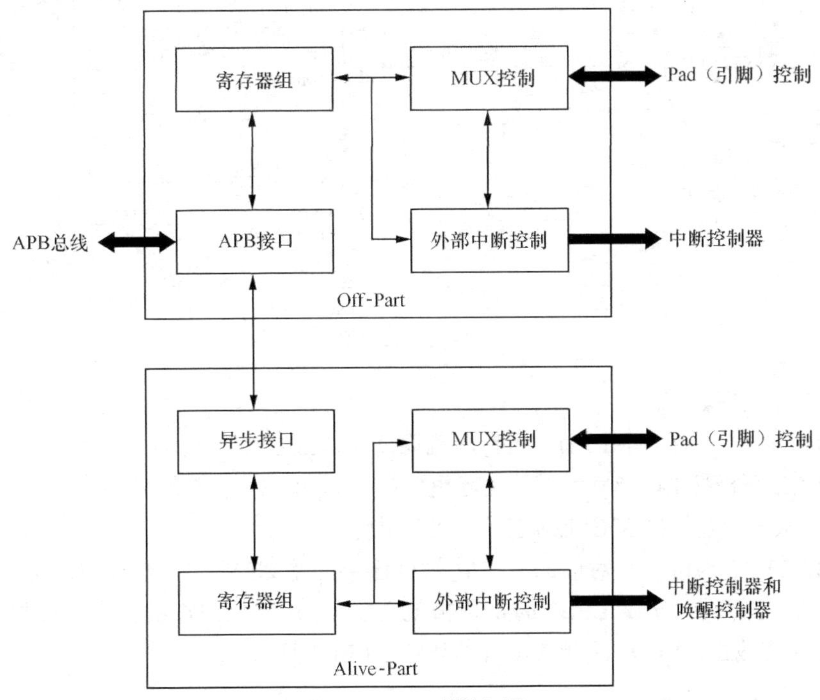


图 5-1 GPIO 模块框图

GPIO 通过 APB 总线与 SoC 相连，由两部分组成，分别为 Alive-part 和 Off-part，Alive-part 工作在休眠模式用于向设备供电保存数据，而 Off-part 不同。

**注意：**

Alive-part和Off-part的区别在于，休眠模式时，Alive-part的GPIO仍然有电源供给，而Off-part没有电源供给。

## 5.1.2 LED 电路图

LED（发光二极管）是最常见的一个外设，LED 搭配电阻，然后向其两端加上一定的电压，它就会发光，LED 电路如图 5-2 所示。

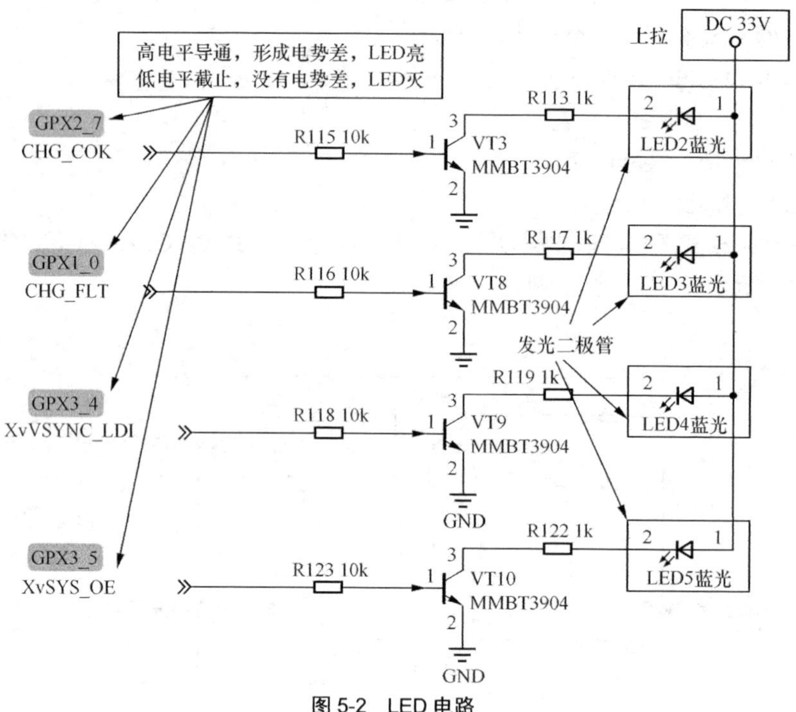


图 5-2　LED 电路

LED 工作原理如下。

（1）该电路图中有 4 个 LED，当有电流通过时，LED 发蓝光。

（2）LED 正极接 DC 33V 引脚（实际电压为 3.3V）。

（3）三极管的基极接 SoC 上对应的 GPIO 引脚。

（4）以 LED3 为例，其对应的三极管基极连接的是 GPX1_0，当该引脚为高电平时，三极管的 PN 结导通，于是 LED3 的正负极就有了电势差，LED3 被点亮，如果该引脚为低电平，PN 结截止，LED3 两侧就没有电势差，LED3 熄灭。

## 5.1.3 如何操作 GPIO

要想操作 GPIO 引脚需要通过设置寄存器 GPXCON、GPXDAT、GPXUP 来实现。GPXCON 用于选择引脚功能，GPXDAT 用于读 / 写引脚数据；另外，GPXUP 用于确定是否使用内部上拉电阻，其中 X 为 A、B……H、J 等。

下面我们详细讲解配置 GPX1_0 引脚所需要的寄存器 GPX1CON、GPX1DAT、GPX1UP。

### 1. GPX1CON 寄存器

GPX1CON 寄存器用于配置引脚的功能。从用户手册中可知 GPX1CON 地址为基础地址加 0x0C20，即“0x11000000 + 0x0C20 = 0x11000C20”（后同，不再重复），该引脚对应寄存器 GPX1CON 的说明如表 5-1 所示。

表 5-1　GPX1CON 的说明

| 名称 | bit | 类型 | 描述 | 重置值 |
| --- | --- | --- | --- | --- |
| GPX1CON[0] | [3:0] | RW | 0x0 = 输入<br>0x1 = 输出<br>0x2 = 保留<br>0x3 = KP_COL[0]<br>0x4 = 保留<br>0x5 = ALV_DBG[4]<br>0x6～0xE = 保留<br>0xF = WAKEUP_INT1[0] | 0x00 |

由表 5-1 可知如下。

（1）4bit 控制一个引脚，该引脚由 bit[3:0] 控制。

（2）RW：该位可读 / 写。

（3）LED3 是输出设备，所以需要将 GPX1CON bit[3:0] 设置为 0x1，该寄存器的 bit[31:4] 用于控制其他引脚，所以这些位不能被修改。

（4）重置值为 0x00。

### 2. GPX1DAT 寄存器

GPX1DAT 寄存器用于读 / 写引脚，GPX1DAT 的地址是 0x1100C24。

当引脚功能被设为输入时，读此寄存器可知相应引脚的电平状态；当引脚功能被设为输出时，设置此寄存器相应位可以控制引脚输出高电平或低电平。LED3 连接 GPX1_0，该引脚对应寄存器 GPX1DAT 的说明如表 5-2 所示。

表 5-2　GPX1DAT 的说明

| 名称 | bit | 类型 | 描述 | 重置值 |
| --- | --- | --- | --- | --- |
| GPX1DAT[7:0] | [7:0] | RWX | 端口配置为输入：读取对应的位可得相应引脚状态位高或低；<br>端口配置为输出：写对应的位可得使相应的引脚输出为高电平/低电平 | 0x00 |

1bit 对应 1 个引脚，LED3 对应的输出引脚是 GPX1DAT bit[0]，用于控制灯亮 / 灭，亮灯将 bit[0] 设置为 1，灭灯将 bit[0] 置 0。

### 3. GPX1UP 寄存器

GPX1UP 寄存器用来决定引脚是否使用内部上拉电阻。每 2bit 控制一个引脚，该引脚对应寄存器 GPX1UP 的说明如表 5-3 所示。

表 5-3　GPX1UP 的说明

| 名称 | 位 | 类型 | 描述 | 重置值 |
| --- | --- | --- | --- | --- |
| GPX1PUD[$n$] | [$2n+1$:$2n$]<br>$n=0\sim7$ | RW | 0x0 = 禁用上拉/下拉<br>0x1 = 启用下拉<br>0x2 = 保留<br>0x3 = 启用上拉 | 0x5555 |

上拉电阻的作用：当 GPIO 引脚处于第三态（既不是输出高电平，也不是输出低电平，而是呈高阻态，此时相当于未接芯片）时，它的电平状态由上拉电阻、下拉电阻确定。本例中不用设置。

# 5.2　LED驱动程序编写

编译过程和 lds 文件见 3.9.6 节，下面我们分别用汇编语言和 C 语言给 LED 编写驱动程序，程序位于电子资源“work\code\led\led-asm”“\work\code\led\led-c”中。

## 5.2.1　汇编程序

gcd.s 文件如下。

```
.globl _start
.arm
_start:
    LDR R0,=0x11000C20          @将配置寄存器 GPX1CON 的地址写入 R0
    LDR R1,[R0]                 @读取寄存器 GPX1CON 的值并保存到 R1
    BIC R1,R1,#0x0000000f       @将 R1 的 bit[3:0] 置 0，目的是不覆盖其他位的值
    ORR R1,R1,#0x00000001       @将 R1 的 bit[3:0] 置 1
    STR R1,[R0]                 @将 R1 的值写回寄存器 GPX1CON
loop:
    LDR R0,=0x11000C24          @将数据寄存器 GPX1DAT 的地址写入 R0
    LDR R1,[R0]                 @读取寄存器 GPX1DAT 的值保存到 R1
    ORR R1,R1,#0x01             @将 R1 的值 bit[0] 置 1，即拉高电平，LED 亮
    STR R1,[R0]                 @将 R1 的值写回寄存器 GPX1DAT
    BL delay                    @调用延时函数
    LDR R1,[R0]
    BIC R1,R1,#0x01             @将 R1 的值 bit[0] 置 0，即拉低电平，LED 灭
    STR R1,[R0]
    BL delay                    @跳转到延时函数 delay
    B loop
delay:                          @延时函数通过多次循环自减，达到延时目的，CPU 此时被占用，效率不高
    LDR R2,=0xffffff
loop1:
    SUB R2,R2,#0x1
    CMP R2,#0x0
```

```
        BNE loop1
        MOV PC,LR
.end
```

Makefile 文件如下。

```
TARGET=gcd
all:
	arm-none-linux-gnueabi-gcc -O0 -g -c -o $(TARGET).o $(TARGET).s
	arm-none-linux-gnueabi-ld          $(TARGET).o -Ttext 0x40008000 -N -o $(TARGET).elf
	arm-none-linux-gnueabi-objcopy -O binary -S $(TARGET).elf $(TARGET).bin
clean:
	rm -rf *.o *.elf *.dis *.bin
```

编译该工程，最终生成 gcd.bin 文件。该程序的功能很简单，就是使 LED3 呈现闪烁的效果。

## 5.2.2　C 语言程序实现

如果使用 C 语言实现相同效果，那么就必须设置栈空间，函数调用参数和返回值会被压栈。

start.s 文件如下。

```
.text
.global _start
_start:
        ldr         sp,=0x70000000        @设置栈顶
        b           main                  @跳转到 c 文件的 main 函数
```

main.c 文件如下。

```
/* GPX1 */
typedef struct {
                unsigned int CON;
                unsigned int DAT;
                unsigned int PUD;
                unsigned int DRV;
}gpx1;
#define GPX1 (* (volatile gpx1 *)0x11000C20 )
/* 初始化 GPX1CON 的 bite[3:0] 输出 */
void led_init(void)
{
    GPX1.CON = GPX1.CON & ( ~ (0x0000000f)) | 0x00000001;
}
/* 点亮 LED3*/
void led_on()
{
    GPX1.DAT = GPX1.DAT|0x01;
}
/* 熄灭 LED3*/
```

```
void led_off()
{
    GPX1.DAT = GPX1.DAT&( ~ (0x01));
}
/* 延时函数 */
void  delay_ms(unsigned int num)
{  int i,j;
    for(i=num; i>0; i--)
        for(j=1000; j>0; j--)
        ;
}
int main(void)
{
    led_init ();
    while (1) {
        led_on();
        delay_ms(500);
        led_off();
        delay_ms(500);
    }
    while(1);
    return 0;
}
```

最终生成 gcd.bin 文件。

其中 GPX1 的宏定义如图 5-3 所示。

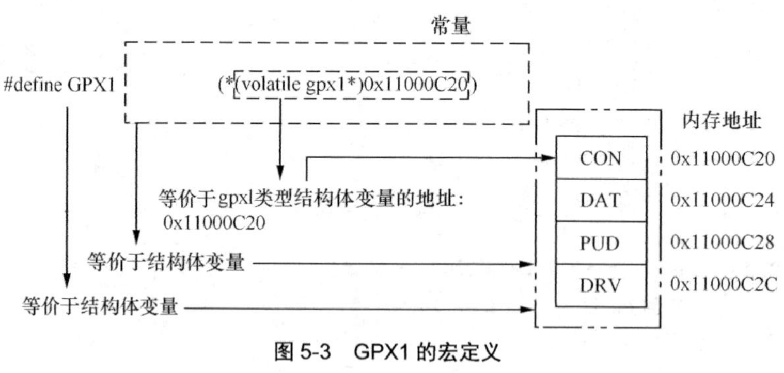


图 5-3　GPX1 的宏定义

由图 5-3 可知：

（1）(volatile gpx1 *)0x11000C20：将常量 0x11000C20 转换为 struct gpx1 类型指针；

（2）(* (volatile gpx1 *)0x11000C20)：对应指针指向的内存，等价于整个结构体变量，结构体变量地址为 0x11000C20；

（3）#define GPX1 (* (volatile gpx1 *)0x11000C20 )：GPX1 等价于地址为 0x11000C20 的结构体变量。

这样我们要想操作地址为 0x11000C20 的寄存器，就可以像操作结构体变量一样操作 GPX1。

## 5.2.3　烧写程序

烧写程序采用 U-Boot 自带的命令 loadb，通过串口下载 gcd.bin 文件至 SDRAM 中某一地址（0x40008000, map.lds 文件指定），然后使用 go 命令从该地址处执行程序，如图 5-4 所示。该命令使用 kermit 协议，嵌入式系统通常使用该协议与 PC 传送文件。

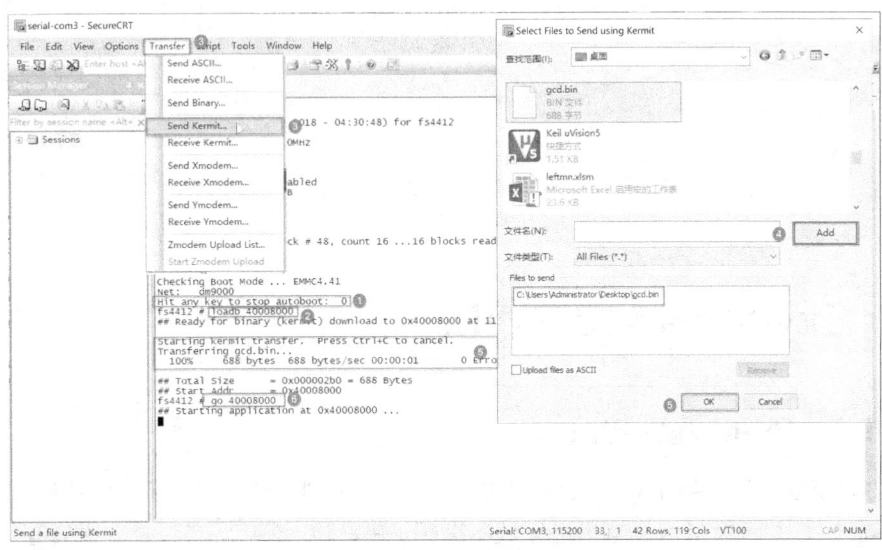


图 5-4　烧写程序

操作步骤如下。

（1）通过串口连接开发板，开发板启动后进入读秒阶段时，立即按下 Enter 键，进入 U-Boot 命令界面。

（2）执行指令 loadb 40008000，该地址与 Makefile 或 map.lds 文件中的地址保持一致。

（3）选择菜单栏中的“Transfer”→“Send Kermit”选项。

（4）选择编译好的 gcd.bin 文件，单击“Add”按钮。

（5）单击“OK”按钮，文件开始传输。

（6）文件传输成功后，出现“100%……0 Errors”字样。

（7）执行指令 go 40008000，运行程序。

最终 LED 闪烁。

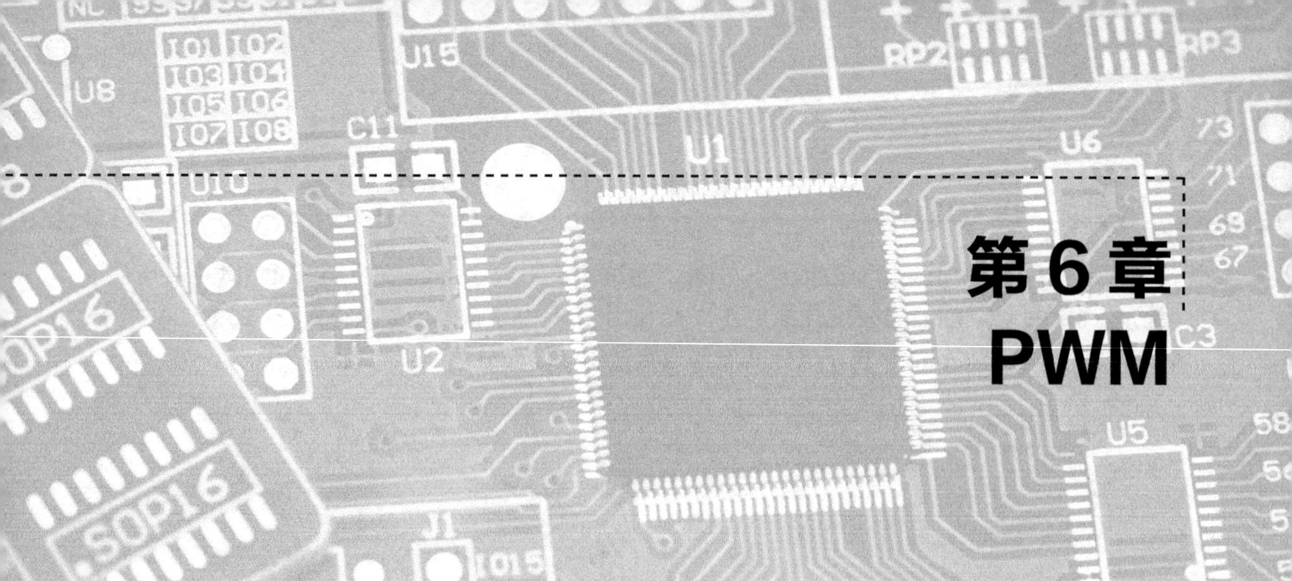

# 第 6 章 PWM

## 6.1 Exynos 4412 PWM

### 6.1.1 PWM 基础知识

PWM（脉宽调制）用于对一系列脉冲的宽度进行调制，最后得到所需要的波形（包含形状及幅值），并对模拟信号电平进行数字编码，PWM 广泛应用在测量、通信等领域中。脉冲信号的频率、周期、脉宽时间、占空比含义如表 6-1 所示。

表 6-1 脉冲信号频率、周期、脉宽时间、占空比含义

| 概念 | 含义 |
| --- | --- |
| 频率 | 1s内脉冲信号从高电平到低电平再回到高电平的次数。单位为Hz |
| 周期 | 一个脉冲信号保持的时间。1s内测得完整周期次数为频率，即$T=1/f$。如果频率为50Hz，则周期为20ms。 |
| 脉宽时间 | 脉冲信号保持高电平的时间 |
| 占空比 | 一个脉冲周期内，高电平的时间与整个周期的比值 |

通过调节占空比来调节脉冲信号的能量变化，例如，方波的占空比就是 50%。图 6-1 所示为占空比为 25% 的脉冲信号。

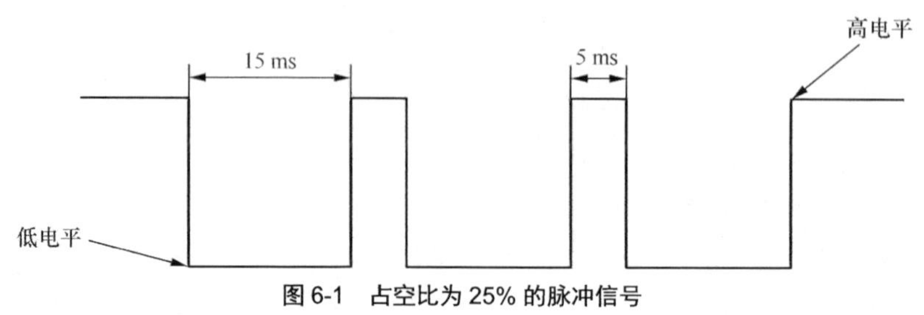


图 6-1 占空比为 25% 的脉冲信号

## 6.1.2　Exynos 4412 PWM 的特性

Exynos 4412 有 5 个 32bit PWM 定时器。定时器 0、1、2 和 3 具有驱动外部 I/O PWM 功能的信号。定时器 0 具有一个可选的死区发生器功能，以支持大量的设备。定时器 4 是一个没有输出引脚的内部定时器。

Exynos 4412 PWM 的特性如下。

- 包含 5 个 32bit 定时器。
- 共有 2 个 8bit PCLK 分频器提供一级预分频，5 个二级分频器用来预分频外部时钟。
- 具有可编程选择的 PWM 独立通道。
- 包含 4 个独立的可编程控制及支持校验的 PWM 通道。
- 静态配置：PWM 停止。
- 动态配置：PWM 启动。
- 支持自动重装模式及触发脉冲模式。
- 具有一个外部启动引脚。
- 具有两个 PWM 输出引脚，可带 Dead-Zone（死区）发生器。
- 中断发生器。

PWM 定时器时钟框图如图 6-2 所示。

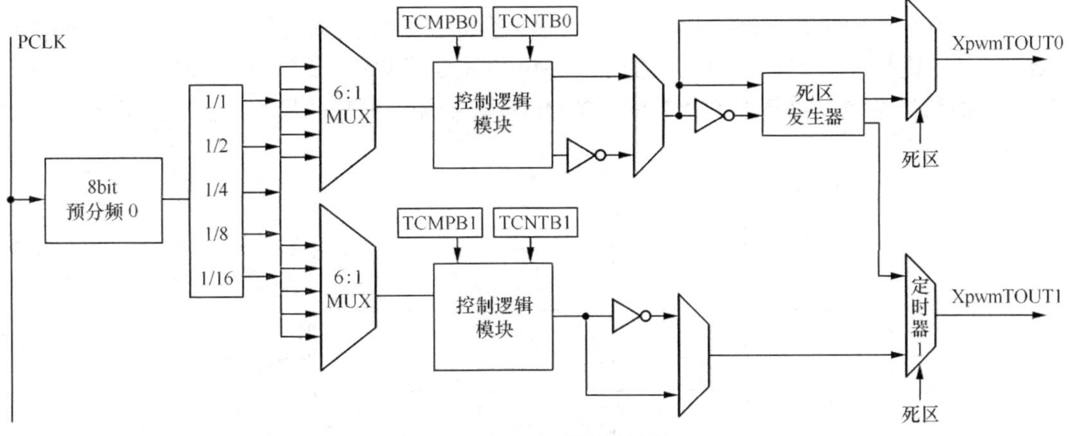


图 6-2　PWM 定时器时钟框图

定时器使用 APB-PCLK 作为源时钟。定时器 0 和 1 共享可编程 8bit 预分频器为 PCLK 提供第一级时钟分频。定时器 2、3 和 4 共享不同的 8bit 预分频器。每个计时器都有它自己的专用时钟分频器，提供第二级的时钟分频（输入时钟频率除以 2、4、8 或 16）。

每个定时器都有 32bit 递减计数器，定时器时钟驱动这个计数器。定时器计数缓冲寄存器（TCNTB*n*）加载递减计数器的初始值。如果递减计数器值达到零，它将生成计时器中断请求，通知 CPU 定时器操作完成，相应 TCNTB*n* 的值自动重新加载下一个循环。但是，如果定时器停止，例如，在定时器运行模式下，通过清除 TCON*n* 的定时器使能位，TCNTB*n* 的值将不会被重新加载到递减计数器中。

当递减计数器的值与定时器控制逻辑模块中比较寄存器（TCMPB*n*）的值相同时，那么定时器控制逻辑控制器模块就会改变输出电平。因此，比较寄存器决定 PWM 的电平宽度。

每个定时器都是双缓冲结构，包括 TCNTB*n* 和 TCMPB*n* 寄存器，允许定时器参数在周期中更新，新值在当前计时器周期完成之前不会生效。

### 6.1.3 PWM 的工作步骤

PWM 的工作步骤如下。

（1）当定时器时钟 PCLK 被使能后，定时器计数缓冲寄存器（TCNTB*n*）将计数器初始值加载到递减计数器中。

（2）定时器比较缓冲寄存器（TCMPB*n*）把其初始值加载到比较寄存器中，并将该值与递减计数器的值进行比较。当递减计数器和 TCMPB*n* 值相同时，输出电平翻转。

（3）递减计数器减至 0 后，输出电平再次翻转，完成一个输出周期。这种基于 TCNTB*n* 和 TCMPB*n* 的双缓冲特性使定时器在频率和占空比变化时能产生稳定的输出。

（4）每个定时器都有一个专用的由定时器时钟驱动的 16 位递减计数器。当递减计数器的计数值达到 0 时，就会产生定时器中断请求来通知 CPU 定时器操作完成。当定时器递减计数器达到 0 时，如果将定时器 0 设置为自动加载功能（可以通过设置定时器控制寄存器 TCON bit[3]=1 开启该功能），相应地 TCNTB*n* 的值会自动加载到递减计数器中以继续下次操作。

（5）如果定时器停止工作（清除 TCON 中的定时器使能位），则 TCNTB*n* 的值不会被加载到递减计数器中。

（6）TCMPB*n* 的值用于脉宽调制。当定时器递减计数器的值和 TCMPB*n* 的值相匹配时，定时器控制逻辑将改变输出电平。因此，TCMPB*n* 决定了 PWM 输出的开关时间。

下面我们举例说明通过 TCNTB*n*、TCMPB*n* 控制输出波形的步骤，输出波形如图 6-3 所示。

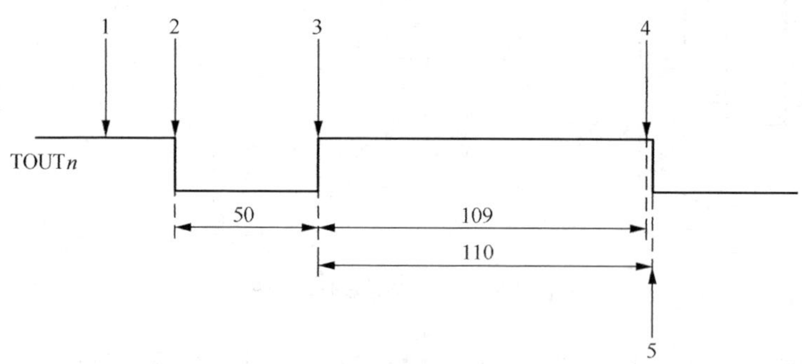


图 6-3 输出波形

要实现以上波形，可知低电平为 50 个时钟周期（分频后的时钟），高电平为 109 个时钟周期，那么需要初始化寄存器 TCNTB*n* = 159、TCMPB*n* =109。

（1）开启定时器，通过设置 TCON 的开启位，寄存器 TCNTB*n* 的值 159 将自动被加载到递减计数器，同时输出引脚 TOUT*n* 被设置为低电平。

（2）当递减计数器的值递减至和 TCMPB*n* 的值 109 相同时，输出引脚将从低电平转换至高电平；当递减计数器递减到 0 时，产生一个中断请求。

（3）如果我们将定时器设置为自动重载模式，那么递减计数器会自动加载 TCMPB*n* 的值到递减计数器中，开启新的一个周期。

我们可以通过设置 TCNTB*n*、TCMPB*n* 来控制占空比，而在每个 PWM 周期后都可以重新设置寄存器 TCNTB*n*、TCMPB*n* 的值并设置死区，得到各种复杂的矩形波。

# 6.2　蜂鸣器驱动程序编写

## 6.2.1　参考电路

本例采用 FS4412 开发板，开发板外接一个蜂鸣器，电路如图 6-4 所示。

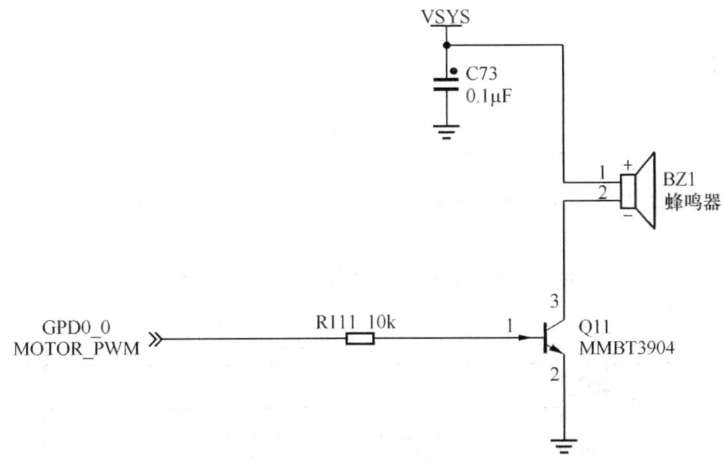


图 6-4　蜂鸣器电路

由图 6-4 可知如下。

（1）该蜂鸣器为无源蜂鸣器，如果要它发出声音，需要其正负极产生电流变化，通过 PWM 使其输出矩形波，实现图 6-4 中三极管周期性导通和关闭，蜂鸣器两端电压产生变化，从而实现电流变化。

（2）三极管的基极连接的是 SoC 的 GPD0_0 引脚。

（3）使用 PWM 输出方波，对应引脚的标号为 MOTOR_PWM。

MOTOR_PWM 与 SoC 连接关系如图 6-5 所示。MOTOR_PWM 连接的是 PWM 的 XpwmTOUT0 引脚，它和 LCD 一起复用引脚 GPD0_0，表 6-2 所示为 I/O 引脚描述及类型说明。

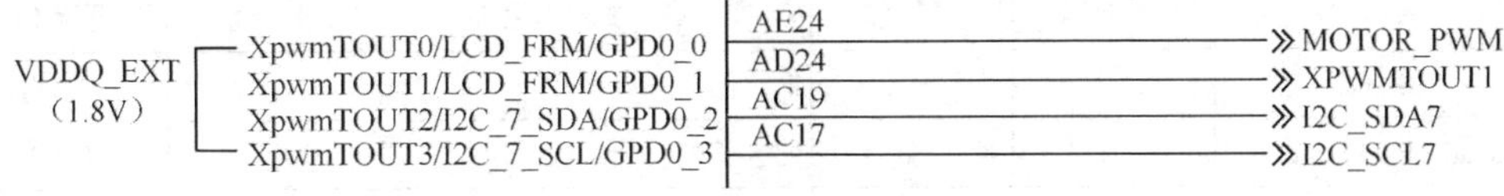


图 6-5　MOTOR_PWM 与 SoC 的连接关系

表 6-2　I/O 引脚描述及类型说明

| 信号 | I/O | 描述 | 引脚 | 类型 |
|---|---|---|---|---|
| TOUT_0 | O | PWMTIMER TOUT[0] | XpwmTOUT[0] | muxed |

XpwmTOUT0 引脚连接 PWM 定时器的 TOUT_0 信号。

### 6.2.2 寄存器

#### 1. GPD0CON

寄存器 GPD0CON 的说明如表 6-3 所示。

表 6-3 GPD0CON 的说明

| 名称 | bit | 类型 | 描述 | 重置值 |
|---|---|---|---|---|
| GPD0CON[0] | [3:0] | RW | 0x0 = 输入<br>0x1 = 输出<br>0x2 = TOUT_0<br>0x3 = LCD_FRM<br>0x4 ～ 0xE = 保留<br>0xF = 中断EXT_INT6[0] | 0x00 |

引脚 GPD0_0 由寄存器 GPD0CON 的 bit[3:0] 控制，要想将其作为 PWM 输出，则要设置 bit[3:0]=0x2。

由 6.3.1 节可知，此处使用 PWM 控制器的定时器 0，其对应的寄存器组如表 6-4 所示。

表 6-4 PWM 寄存器组

| 寄存器 | 偏移 | 描述 | 重置值 |
|---|---|---|---|
| TCFG0 | 0x0000 | 定时器配置寄存器0：配置2个8bit预分频和死区/死区长度 | 0x0000_0101 |
| TCFG1 | 0x0004 | 定时器配置寄存器1：控制5个MUX的选择 | 0x0000_0000 |
| TCON | 0x0008 | 配置寄存器 | 0x0000_0000 |
| TCNTB0 | 0x000C | 定时器计数缓冲寄存器 | 0x0000_0000 |
| TCMPB0 | 0x0010 | 定时器比较缓冲寄存器 | 0x0000_0000 |

PWM 寄存器组的基地址是 0x139D_0000，在此基地址增加偏移即可得到其他寄存器的地址。

#### 2. TFCG0

定时器配置寄存器 0（TFCG0）主要用于设置预分频，TFCG0 的说明如表 6-5 所示。

表 6-5 TFCG0 的说明

| 名称 | bit | 类型 | 描述 | 重置值 |
|---|---|---|---|---|
| RSVD | [31:24] | — | 保留位 | 0x00 |
| Dead zone Length | [23:16] | RW | 死区长度 | 0x00 |
| Prescaler 1 | [15:8] | RW | 用于设置定时器 2、3、4的预分频 | 0x01 |
| Prescaler 0 | [7:0] | RW | 用于设置定时器0、1的预分频 | 0x01 |

因为使用的是定时器 0，所以只需要设置该寄存器的 bit[7:0] 即可。

#### 3. TCFG1

定时器配置寄存器 1（TCFG1）主要用于设置 PWM 定时器的时钟预分频值，说明如表 6-6 所示。

表 6-6　TCFG1 的说明

| 名称 | bit | 类型 | 描述 | 重置值 |
|---|---|---|---|---|
| Divider MUX0 | [3:0] | RW | 为PWM定时器0选择MUX输入：<br>0000 = 1/1；<br>0001 = 1/2；<br>0010 = 1/4；<br>0011 = 1/8；<br>0100 = 1/16 | 0x00 |

定时器输入频率和计算公式如下。

```
Timer Input Clock Frequency = PCLK/({prescaler value + 1})/{divider value}
{prescaler value} = 1 ～ 255
{divider value} = 1, 2, 4, 8, 16
Dead zone length = 0 ～ 254
```

基于预分频器和时钟分频器的值与输出频率关系如表 6-7 所示。

表 6-7　基于预分频器和时钟分频器的值与输出频率关系

| 4bit 时钟分频设置 | 最小预分频值（Prescaler Value = 1） | 最大预分频值（Prescaler Value = 255） | 最大间隔 |
|---|---|---|---|
| 1/1 (PCLK = 66 MHz) | 0.030μs (33.0 MHz) | 3.879μs(257.8 kHz) | 16 659.27s |
| 1/2 (PCLK = 66 MHz) | 0.061μs (16.5 MHz) | 7.758μs(128.9 kHz) | 33 318.53s |
| 1/4 (PCLK = 66 MHz) | 0.121μs (8.25 MHz) | 15.515μs(64.5 kHz) | 66 637.07s |
| 1/8 (PCLK = 66 MHz) | 0.242μs (4.13 MHz) | 31.03μs(32.2 kHz) | 133 274.14s |
| 1/16 PCLK = 66 MHz) | 0.485μs (2.06 MHz) | 62.061μs(16.1 kHz) | 266 548.27s |

要想使蜂鸣器发出的声音能够被人耳识别，那么方波的频率必须在人耳可识别的频率范围内，也就是 20 ～ 20kHz，所以寄存器 TFCG0 的 bit[7:0] 设置为 0xff，即预分频值设置为 255，而时钟分频器的预分频值应该是 1/16。

参考程序如下。

```
PWM.TCFG0 = PWM.TCFG0 & ( ～ (0xff))|0xf9;
PWM.TCFG1 = PWM.TCFG1 & ( ～ (0xf)) | 0x2;
```

20 ～ 20kHz 的频率送给蜂鸣器后，只有某一处的频率听起来是最响的，这个频率称为蜂鸣器的谐振频率，离该频率越远，蜂鸣器发出的声音越弱。

## 4．TCON

定时器控制寄存器 TCON 主要用于控制各个定时器的开启/停止、死区使能/关闭、定时器为单次或循环等，说明如表 6-8 所示。

表 6-8　TCON 的说明

| 名称 | bit | 类型 | 描述 | 重置值 |
|---|---|---|---|---|
| RSVD | [7:5] | — | 保留位 | 0x0 |
| 死区使能/禁用 | [4] | RW | 控制定时器的执行方式：使能/禁用死区发生器 | 0x0 |

续表

| 名称 | bit | 类型 | 描述 | 重置值 |
|---|---|---|---|---|
| 定时器0自动加载 | [3] | RW | 0 = 单次<br>1 = 周期模式（自动加载） | 0x0 |
| 定时器0输出反相器 | [2] | RW | 控制定时器0输出翻转：<br>0 = 无操作；<br>1 = TOUT_0输出翻转 | 0x0 |
| 定时器0手动更新 | [1] | RW | 0 = 无操作<br>1 = 更新TCNTB0 和TCMPB0 | 0x0 |
| 定时器0开启/停止 | [0] | RW | 开启或者停止定时器：<br>0 = 停止定时器0；<br>1 = 开启定时器0 | 0x0 |

针对不同操作，我们可以设置不同的值，介绍如下。

（1）装载。

```
PWM.TCON = PWM.TCON & ( ~ (0xff)) | (1 << 0) | (1 << 1) ;
```

（2）开启定时器，蜂鸣器响。

```
PWM.TCON = PWM.TCON & ( ~ (0xff)) | (1 << 0) | (1 << 3) ;
```

（3）关闭定时器，蜂鸣器灭。

```
PWM.TCON = PWM.TCON & ( ~ (1 << 0)) ;
```

#### 5．TCNTB0、TCMPB0

TCNB0、TCMPB0 用于设置占空比。

如果想得到占空比为 50% 的规则矩形波，参考程序如下。

```
PWM.TCNTB0 = 100
PWM.TCMPB0 = 50
```

### 6.2.3 程序实现

完整程序见电子资源“work/code/pwm”，核心程序如下。

```
void pwm_init(void)
{
    GPD0.CON = GPD0.CON & ( ~ (0xf))| 0x2;
    PWM.TCFG0 = PWM.TCFG0 & ( ~ (0xff))|0xf9;
    PWM.TCFG1 = PWM.TCFG1 & ( ~ (0xf)) | 0x2;
    PWM.TCMPB0 = 50;
    PWM.TCNTB0 = 100;
    PWM.TCON = PWM.TCON & ( ~ (0xff)) | (1 << 0) | (1 << 1) ;
}
void beep_on(void)
{
    PWM.TCON = PWM.TCON & ( ~ (0xff)) | (1 << 0) | (1 << 3) ;
}
void beep_off(void)
```

```
{
    PWM.TCON = PWM.TCON & ( ~ (1 << 0)) ;
}
#define SYS_SET_FREQUENCE 25000
void beep_set_frequence( unsigned int fre )
{
    if( 0==fre )
        return ;
    PWM.TCMPB0 =  SYS_SET_FREQUENCE/(fre+fre);
    PWM.TCNTB0 =  SYS_SET_FREQUENCE/fre;
}
int main (void)
{   pwm_init();
    while(1)
    {           beep_on();                  // 开启蜂鸣器
                delay_ms(100);              // 延时，使每个音节在播放完成后延时一段时间有间隔感
                beep_off();                 // 关闭蜂鸣器
                delay_ms(100);              // 延时
    }
    return 0;
}
```

蜂鸣器驱动程序编写完成，可将程序烧写到开发板。

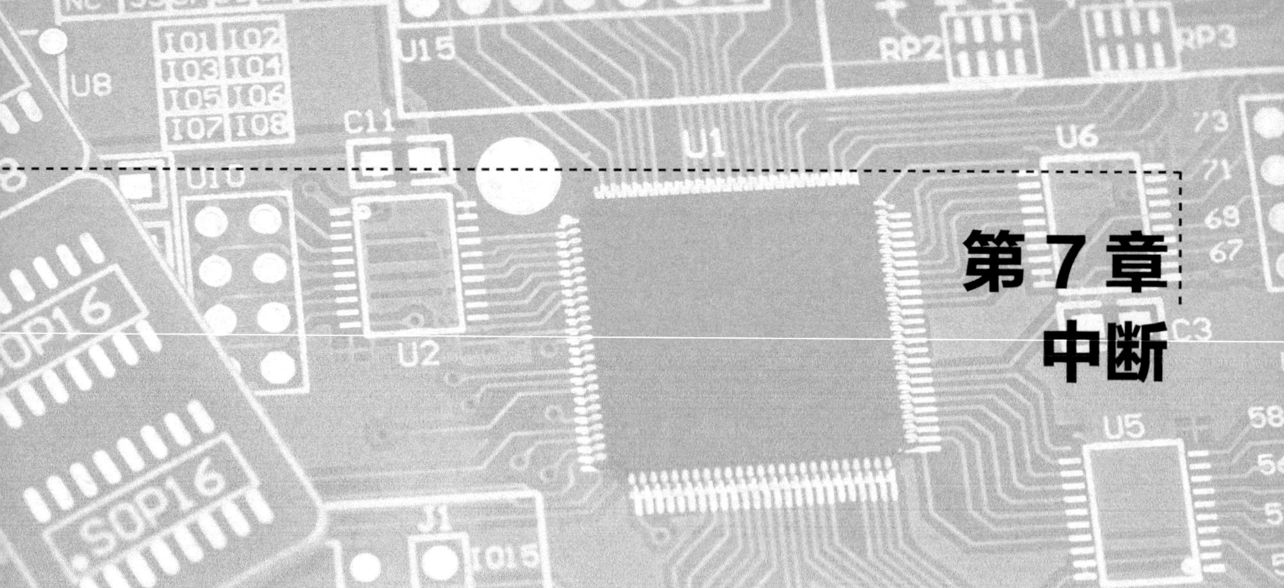

# 第 7 章 中断

我们已经在第 4 章介绍了异常中断的基本概念，本章我们讨论 Exynos 4412 的中断系统。

## 7.1 GIC

一般在系统中，中断控制分为 3 个部分：模块、中断控制器和处理器。其中模块通常由寄存器控制，设置是否使能中断和中断触发条件等；中断控制器可以管理中断的优先级，并将中断分派给指定的 CPU，而处理器则由寄存器设置，用来响应中断。

目前，ARM 系统中 GIC（通用中断控制器）有 4 个版本：V1 ～ V4（V2 最多支持 8 个 ARM 内核；V3/V4 支持更多的 ARM 内核，主要用于 ARM64 系统结构）。一些早期的 ARM 处理器，比如 ARM11、Cortex-A8，中断控制器一般是 VIC（向量中断控制器）。

中断控制器负责检测、管理、分发中断，主要功能如下。

（1）设置使能或禁止中断。

（2）将中断分组至 Group0 或 Group1（Group0 在安全模式下使用，连接 FIQ；Group1 在非安全模式下使用，连接 IRQ）。

（3）在多核系统中将中断分配到不同处理器上。

（4）设置中断是电平触发还是边沿触发（不等于外设的触发方式）。

（5）虚拟化扩展。

以 GIC-400 为例，它更适合嵌入式系统，符合 V2 版本的 GIC 体系结构 GIC-400，通过 AMBA（片上总线协议）连接一个或多个 ARM 处理器，如图 7-1 所示。

从图 7-1 中可以看出，GIC 是联系外设中断和 CPU 的桥梁，也是各 CPU 之间中断互联的通道（具有管理功能）。CPU 通过 AXI 总线连接 GIC 编程接口；外设 GPIO、UART 及其他外设通过中断信号线连接 GIC，也通过该信号线发送中断信号。

ARM 处理器对外的连接有 2 种中断：IRQ 和 FIQ，相对应的处理模式分别是中断（IRQ）处理模式和快速中断（FIQ）处理模式。GIC 最终将中断信号与 CPU 对接。

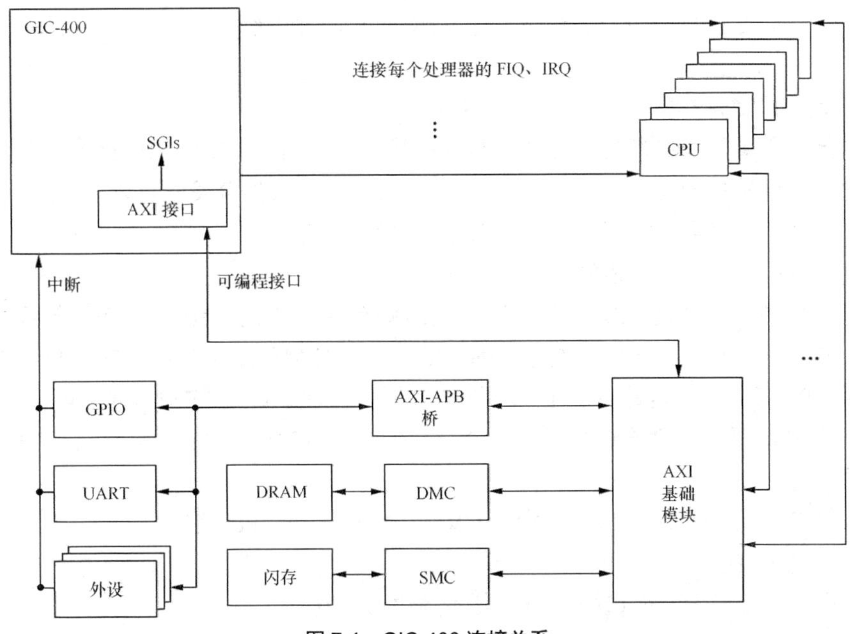


图 7-1　GIC-400 连接关系

### 7.1.1　分发器

GIC 内部包括两个最重要的模块：分发器、CPU 接口，如图 7-2 所示。

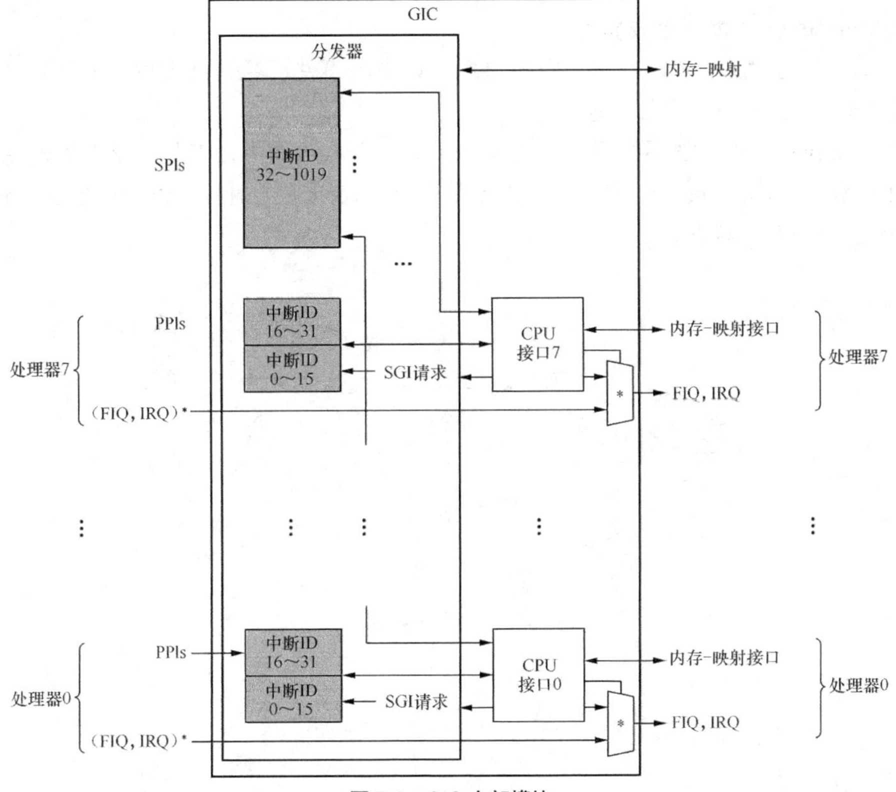


图 7-2　GIC 内部模块

分发器：负责各个子中断使能，设置触发方式、优先级排序，分发中断事件至指定CPU接口上。

CPU接口：负责中断的使能及状态的维护。

分发器的主要的作用是检测各个中断源的状态，控制各个中断源的行为，分发各个中断源产生的中断事件到指定的一个或多个CPU接口上。虽然分发器可以管理多个中断源，但是它总是把优先级最高的那个中断请求送往CPU接口。

分发器对中断的控制介绍如下。

（1）中断使能或禁能控制。分发器对中断的控制分为两个级别，一是全局中断的控制（GIC_DIST_CTRL），一旦禁能全局的中断，那么任何的中断源产生的中断事件都不会被传递到CPU接口；二是针对各个中断源对其进行控制（GIC_DIST_ENABLE_CLEAR），禁能某一个中断源会导致该中断事件不会被分发到CPU接口，但不影响其他中断源分发中断事件。

（2）将当前优先级最高的中断事件分发到一个或一组CPU接口。

（3）优先级控制。

（4）中断属性设定，如选择电平触发还是边沿触发。

分发器可以管理若干个中断源，这些中断源用ID来标识，我们称之为“interrupt ID”。

### 7.1.2 CPU接口

CPU接口负责中断及状态维护，中断可以处于不同的状态，如图7-3所示。

（1）Inactive：中断未触发状态。

（2）Pending：由于外设产生了中断事件，该中断事件已经通过硬件信号通知了GIC，此时等待GIC分配CPU进行处理。

（3）Active：CPU已经应答了该中断请求，并且正在处理中，但是还没有处理完。

（4）Active and pending：当一个中断源处于Active状态的时候，同一中断源又触发了中断，进入pending状态。

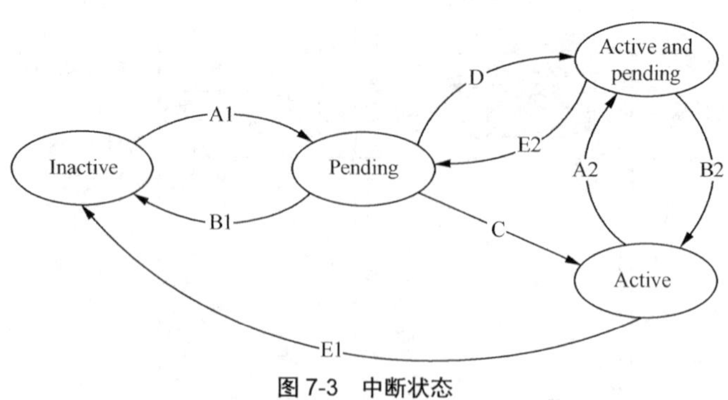


图7-3　中断状态

### 7.1.3　中断处理

#### 1．通用中断处理

当 GIC 接收一个中断请求，其状态被设置为 Pending。系统重新产生一个挂起状态的中断，不影响该中断状态。中断处理大致顺序如下。

（1）GIC 决定该中断是否使能，若没有使能，则对 GIC 没有影响。

（2）对于每个 Pending 中断，GIC 决定目标 CPU。

（3）对于每个目标 CPU，GIC 分发器根据它拥有的每个中断优先级信息决定最高优先级的挂起中断，将该中断传递给目标 CPU 接口。

（4）GIC 分发器将一个中断传递给 CPU 接口后，该 CPU 接口决定该中断是否有足够的优先级并将中断请求发给 CPU。

（5）当 CPU 开始处理中断，它读取寄存器 ICCIAR_CPUn 应答中断。通过 ICCIAR_CPU*n* 的 bit[9:0] 获取中断 ID。中断 ID 被用来查找正确的中断处理程序。

GIC 识别读取过程后，将改变该中断的状态。当中断状态为 Pending 时，如果该中断挂起状态持续存在或中断再次产生，中断状态将从 Pending 转化为 Active and pending；否则，中断状态将从 Pending 状态变为 Active。

（6）当中断处理完成后通过向 ICCEOIR_CPUn 寄存器写入一个有效的值，通知 GIC，中断处理已经完成，这个过程称为优先级删除和中断停用。

#### 2．中断优先级

通过给每一个中断源分配优先级值来配置中断优先级。优先级的值是一个 8bit 的无符号二进制数，GIC 支持最小为 16 和最大为 256 的优先级别。

#### 3．中断抢占

在一个 Active 中断被处理完之前，CPU 接口支持发送更高优先级的挂起中断至 CPU。这种情况的必要条件如下。

（1）该中断的优先级高于当前 CPU 接口被屏蔽的优先级。

（2）该中断的优先级高于当前 CPU 接口处理的中断优先级。

#### 4．中断屏蔽

CPU 接口的 GICC_PMR 寄存器定义了 CPU 的优先级阈值，GIC 仅上报优先级高于阈值的 Pending 中断给 CPU，该寄存器初始值为 0 且屏蔽所有的中断。

## 7.2　按键驱动程序编写

### 7.2.1　电路图

本例我们分析 FS4412 开发板的一个中断设备——按键，电路如图 7-4 所示。

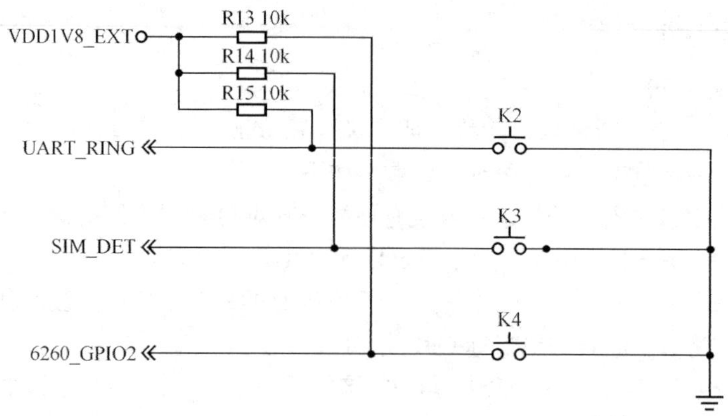


图 7-4　FS4412 开发板按键电路

按键 K2 与 UART_RING 相连，该引脚与 SoC 的连接关系如图 7-5 所示。

XEINT9/KP_COL1/ALV_DBG5/GPX1_1　UART_RING

图 7-5　按键与 SoC 连接

由按键电路图可知如下。

（1）按键 K2 连接 GPIO 的 GPX1_1 引脚。

（2）控制逻辑为按键按下后，K2 闭合，GPX1_1 为低电平；按键抬起，则 K2 打开，GPX1_1 为高电平。

（3）按键 K2 复用了 GPX1_1 引脚，同时该引脚还可以作为中断 XEINT9 使用。该引脚功能由寄存器 GPX1CON 控制。

## 7.2.2　配置按键为中断触发方式

配置按键为中断触发方式，其需要设置的寄存器如图 7-6 所示。

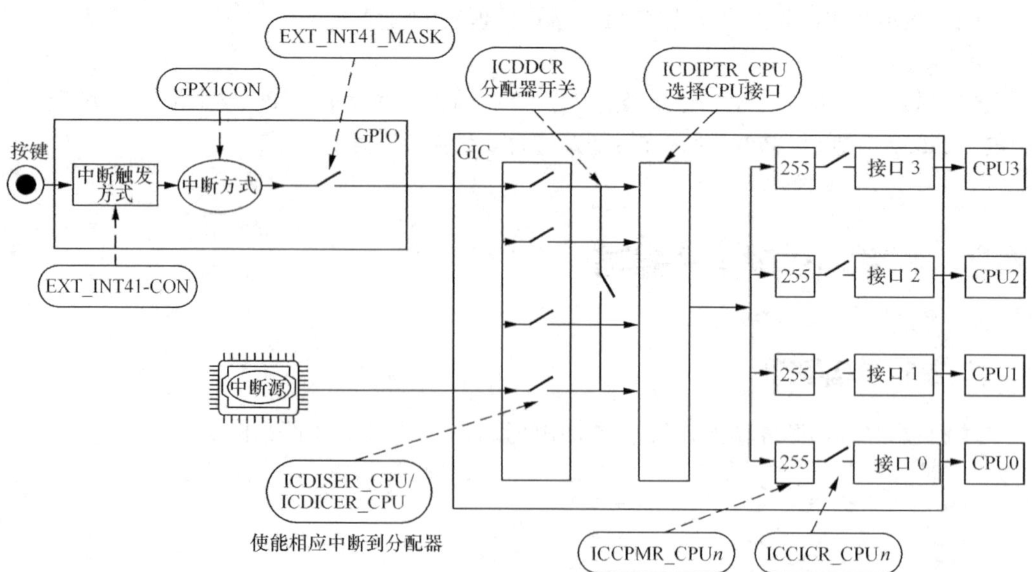


图 7-6　按键中断相关寄存器

图 7-5 说明如下。

（1）按键直接连接 GPIO 控制器。

（2）EXT_INT41 CON 用来设置按键中断的触发方式——下降沿触发。

（3）GPX1CON 寄存器用于设置 GPIO 中断信号的输入。

（4）EXT_INT41_MASK 用于设置是否中断使能。

（5）ICDISER_CPU/ICDICER_CPU 用于使能相应中断到分配器。

（6）ICDDCR 用于设置分配器开关。

（7）ICDIPTR_CPU 用于选择 CPU 接口。

（8）ICCPMR_CPU*n* 用于设置中断屏蔽优先级。

（9）ICCICR_CPU*n* 用于控制 CPU 开关，把 CPU 接口的中断送至相应的 CPU。

CPU 处理完中断，需要清除中断，对按键来说，它需要操作 3 个寄存器，如图 7-7 所示。

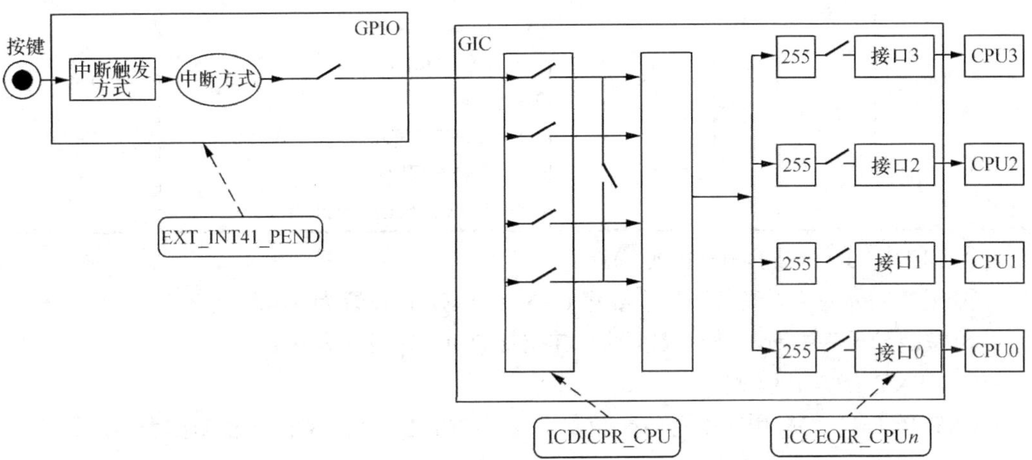


图 7-7　清除中断相关的寄存器

图 7-6 中寄存器配置说明如下。

（1）EXT_INT41_PEND：GPIO 清除相应的中断源。

（2）ICDICPR_CPU：GIC 清除相应中断标志位。

（3）ICCEOIR_CPU*n*：GIC 通过写入相应的中断 ID 清除中断。

### 7.2.3　寄存器

7.2.2 节分析了按键的电路图，可知按键连接 GPX1_1 引脚，本节我们介绍要使能按键中断，对应的寄存器应该如何配置。

1．GPIO 寄存器配置

（1）GPX1PUD

GPX*n*PUD 用于禁用 / 使能引脚的上拉 / 下拉，要配置 GPX1_1 功能，此处 *n* 设置为 1，后续相关寄存器选择类同。寄存器 GPX1PUD 的说明如表 7-1 所示。

表 7-1　GPX1PUD 的说明

| 名称 | bit | 类型 | 描述 | 重置值 |
|---|---|---|---|---|
| GPX1PUD[n] | [2n + 1:2n]<br>n = 0～7 | RW | 0x0 = 禁用上拉/下拉<br>0x1 = 使能下拉<br>0x2 = 保留<br>0x3 = 使能上拉 | 0x5555 |

此处我们禁止引脚的上拉和下拉，将对应位设置为 0x0。

（2）GPX1CON

GPX1CON 用于设置中断信号的输入，说明如表 7-2 所示。

表 7-2　GPX1CON 的说明

| 名称 | bit | 类型 | 描述 | 重置值 |
|---|---|---|---|---|
| GPX1CON[1] | [7:4] | RW | 0x0 = 输入<br>0x1 = 输出<br>0x2 = 保留<br>0x3 = KP_COL[1]<br>0x4 = 保留<br>0x5 = ALV_DBG[5]<br>0x6 ～ 0xE = 保留<br>0xf = 中断WAKEUP_INT1[1] | 0x00 |

① GPX1CON 地址为 0x1100C20。

② 按键如果为输入设备，只需要将 GPX1CON[7:4] 设置为 0x0。

③ 按键如果为中断信号，只需要将 GPX1CON[7:4] 设置为 0xf。

（3）EXT_INT41_CON

EXT_INT41_CON 用于配置中断触发方式，EXT_INT41_CON 的说明如表 7-3 所示。

表 7-3　EXT_INT41_CON 的说明

| 名称 | bit | 类型 | 描述 | 重置值 |
|---|---|---|---|---|
| EXT_INT41_CON[1] | [6:4] | W | 设置 EXT_INT41[1]中断触发方式<br>0x0 = 低电平<br>0x1 = 高电平<br>0x2 = 下降沿<br>0x3 = 上升沿<br>0x4 = 边沿<br>0x5～0x7为保留 | 0x0 |

此处我们将按键中断触发方式配置成下降沿触发，对应位设置为 0x2。

（4）EXT_INT41_MASK

EXT_INT41_MASK 是中断使能寄存器，用于禁止 / 使能中断，说明如表 7-4 所示。

表 7-4　EXT_INT41_MASK 的说明

| 名称 | bit | 类型 | 描述 | 重置值 |
|---|---|---|---|---|
| EXT_INT41_MASK[1] | [1] | RW | 0x0 = 使能中断<br>0x1 = 屏蔽中断 | 0x1 |

此处设置使能中断，该位设置为 0x0。

（5）EXT_INT41_PEND

EXT_INT41_PEND 是中断状态寄存器，用于清除相应中断，说明如表 7-5 所示。

表 7-5　EXT_INT41_PEND 的说明

| 名称 | bit | 类型 | 描述 | 重置值 |
| --- | --- | --- | --- | --- |
| EXT_INT41_PEND[1] | [1] | RWX | 0x0 = 中断未发生<br>0x1 = 中断发生 | 0x0 |

当 GPX1_1 引脚接收中断信号，中断发生，EXT_INT41_PEND 相应位会自动置 1；中断处理完成时，需要清除相应状态位（置 1 清 0），将该位设置为 0x0。

### 2．GIC 寄存器配置

根据外设中断名称 EINT[9] 查看该中断对应的 GIC 中维护的中断 ID。所有的中断源在芯片厂商设计时都分配了唯一的 ID，GIC 通过该 ID 区分中断源，如表 7-6 所示。

表 7-6　中断 ID

| SPI 号 | 中断ID | Int_I_Combiner | 中断源 | 中断来源 |
| --- | --- | --- | --- | --- |
| 25 | 57 | — | EINT[9] | 外部中断 |

GPX1_1 对应的中断源为 **EINT[9]，中断 ID 为 57**。

（1）ICDISER_CPU

ICDISER_CPU 用于使能相应中断到分配器。1bit 控制 1 个中断源，1 个寄存器可以控制 32 个中断源，Exynos 4412 总共有 160 个中断源，所以每个 CPU 都对应了 5 个寄存器。Exynos 4412 共有 4 个 CPU，如 CPU0 对应寄存器为 ICDSER*n*_CPU0（*n*=0 ～ 4）。寄存器的说明如表 7-7 所示。

表 7-7　ICDISER_CPU 的说明

| 名称 | bit | 类型 | 描述 | 重置值 |
| --- | --- | --- | --- | --- |
| Enable | [31:0] | RW | 对于SPI和PPI，每一位的操作如下。<br>读取操作：<br>0 = 禁止中断；<br>1 = 使能中断。<br>写入操作：<br>0 = 无效；<br>1 = 使能相应的中断 | 0x0 |

由于 ENT[9] 对应的中断 ID 为 57，1 个寄存器可以控制 32 个中断源，57/32 为 1 余 25。则要将按键中断分配到 CPU0，将寄存器 ICDSER1_CPU0 的 bit[25] 置 1 即可。

（2）ICDIPTR_CPU

ICDIPTR_CPU 用于为中断处理选择 CPU 接口。每 8bit 控制一个中断源，中断源一共有 160 个，所以每个 CPU 对应 40 个寄存器。如 CPU0 对应寄存器为 ICDIPTR*n*_CPU0（*n*=0 ～ 39），ICDIPTR*n*_CPU 的说明如表 7-8 所示，CPU 各位目标值含义如表 7-9 所示。

表 7-8　ICDIPTR*n*_CPU 的说明

| 名称 | bit | 类型 | 描述 | 重置值 |
|---|---|---|---|---|
| CPU1 | [31:24] | RW | CPU编号从0开始，每一bit对应相应的处理器，如0x3表示中断信号发送给处理器0和1。 | 0x0 |
| CPU2 | [23:16] | RW | | 0x0 |
| CPU3 | [15:8] | RW | | 0x0 |
| CPU4 | [7:0] | RW | | 0x0 |

表 7-9　CPU 各位目标值含义

| CPU目标值 | 目标CPU接口 |
|---|---|
| 0bxxxxxxx1 | CPU接口0 |
| 0bxxxxxx1x | CPU接口1 |
| 0bxxxxx1xx | CPU接口2 |
| 0bxxxx1xxx | CPU接口3 |
| 0bxxx1xxxx | CPU接口4 |
| 0bxx1xxxxx | CPU接口5 |
| 0bx1xxxxxx | CPU接口6 |
| 0b1xxxxxxx | CPU接口7 |

若要设置按键由 CPU0 处理，57/4=14 余 1，则将寄存器 ICDIPTR14_CPU0 的 bit[15:8] 设置为 0x01 即可。

（3）ICDDCR

ICDDCR 用于使能分配器。如果将其设置为 0，GIC 忽略所有的外设中断信号；如果设置为 1，则寄存器监测所有的外设中断信号并转发给 CPU 接口，寄存器的说明如表 7-10 所示。

表 7-10　ICDDCR 的说明

| 名称 | bit | 类型 | 描述 | 重置值 |
|---|---|---|---|---|
| RSVD | [31:1] | — | 保留 | 0x0 |
| Enable | [0] | RW | 所有监测的外围设备中断信号转发给CPU接口的全局使能开关。<br>0 = GIC忽略所有的外围设备中断信号并且不转发给任何CPU接口；<br>1 = GIC监测所有的外围设备中断信号并转发给对应的CPU接口 | 0x0 |

此处监测所有的外围设备中断信号，设置如下。

```
ICDDCR =1
```

（4）ICCPMR_CPU*n*

ICCPMR_CPU*n*（*n*=0 ～ 3）为优先级屏蔽寄存器，它决定 CPU 能否处理对应的中断。每个 CPU 对应一个寄存器，ICCPMR_CPU*n* 的说明如表 7-11 所示。

表 7-11　ICCPMR_CPU*n* 的说明

| 名称 | bit | 类型 | 描述 | 重置值 |
| --- | --- | --- | --- | --- |
| RSVD | [31:8] | — | 保留 | 0x0 |
| Priority | [7:0] | RW | 表示每个CPU接口优先级掩码级别。<br>当中断的优先级高于该值，那么CPU接口会将中断信号发送给CPU | 0x0 |

此处使 CPU0 响应所有的中断信号，设置如下。

```
CPU0.ICCPMR = 0xff
```

该值表示优先级最低，所有的中断都能响应。

（5）ICCICR_CPU*n*

ICCICR_CPU*n*（*n*=0 ～ 3）为全局使能 CPU 中断处理使能开关，它用于控制 CPU 接口是否发送中断信号给与其连接的 CPU，ICCICR_CPU*n* 的说明如表 7-12 所示。

表 7-12　ICCICR_CPU*n* 的说明

| 名称 | bit | 类型 | 描述 | 重置值 |
| --- | --- | --- | --- | --- |
| RSVD | [31:1] | — | 保留 | 0x0 |
| Enable | [0] | RW | 控制CPU接口是否发送中断信号给与其连接的处理器。<br>0 = 禁用；<br>1 = 使能 | 0x0 |

此处将中断信号发送给 CPU0 处理，将寄存器 ICCICR_CPU0 的 bit[0] 置 1 即可。

（6）ICCIAR_CPU*n*

ICCIAR_CPU*n*（*n*=0 ～ 3）中存放正在处理中断的中断 ID。当中断发生后，中断 ID 会由硬件写入该寄存器的 bit[9:0] 中；对 SGI 来说，在多 CPU 环境下，该 CPU 接口值写入该寄存器的 bit[12:10] 中，ICCIAR_CPU*n* 的说明如表 7-13 所示。

表 7-13　ICCIAR_CPU*n* 的说明

| 名称 | bit | 类型 | 描述 | 重置值 |
| --- | --- | --- | --- | --- |
| RSVD | [31:13] | — | 保留 | 0x0 |
| CPUID | [12:10] | R | 对SGI来说，在多CPU环境下，表示处理中断的CPU接口值。<br>若为其他中断，该值为0 | 0x0 |
| ACKINTID | [9:0] | R | 中断ID | 0x3ff |

获取中断 ID 的值，不同的 CPU 只需读取对应寄存器的低 10 位即可。

## 7.2.4　程序实现

若要处理中断异常，则必须安装异常向量表，异常的处理流程如下。

### 1. 异常向量表地址

异常向量表地址是可以被修改的，修改异常向量表地址需要借助协处理器指令 MCR，命令如下。

```
ldr r0,=0x40008000
mcr p15,0,r0,c12,c0,0
```

上述命令是将地址 0x40008000 设置为异常向量表的地址。RAM 中异常向量表地址选用的是 0x40008000。

### 2. 异常向量表安装

异常向量表安装程序如下。按键中断程序参考电子资源“work/code/key/int”。

```
.text
.global _start
_start:
        b       reset
        ldr     pc,_undefined_instruction
        ldr     pc,_software_interrupt
        ldr     pc,_prefetch_abort
        ldr     pc,_data_abort
        ldr     pc,_not_used
        ldr     pc,=irq_handler
        ldr     pc,_fiq
reset:
    ldr    r0,=0x40008000
    mcr    p15,0,r0,c12,c0,0   @ Vector Base Address Register
init_stack:
// 初始化栈
……
b main        // 跳转至 main 函数

irq_handler:  // 中断入口函数

    sub  lr,lr,#4
    stmfd sp!,{r0-r12,lr}
    .weak do_irq
    bl      do_irq
    ldmfd sp!,{r0-r12,pc}^

stacktop:    .word        stack+4*512     // 栈顶
.data
stack:  .space  4*512                     // 栈空间
```

中断入口函数 do_irq 如下。

```
void do_irq(void)
{
    static int a = 1;
    int irq_num;
```

```
    irq_num = CPU0.ICCIAR&0x3ff; // 获取中断 ID
    switch(irq_num)
    {
        case 57:
            printf( "in the irq_handler\n" );
            // 清除 GPIO 中断标志位
            EXT_INT41_PEND = EXT_INT41_PEND |((0x1 << 1));
            // 清除 GIC 中断标志位
            ICDICPR.ICDICPR1 = ICDICPR.ICDICPR1 | (0x1 << 25);
        break;
    }
    // 清除 CPU 中断标志位
    CPU0.ICCEOIR = CPU0.ICCEOIR&( ~ (0x3ff))|irq_num;
}
```

实现按键中断的初始化函数 key_init，步骤如下。

```
void key_init(void)
{
    GPX1.CON =GPX1.CON & ( ~ (0xf << 4)) |(0xf << 4);                    // 配置引脚功能为外部中断
    GPX1.PUD = GPX1.PUD & ( ~ (0x3 << 2)); // 关闭上下拉电阻
    EXT_INT41_CON = EXT_INT41_CON &( ~ (0xf << 4))|(0x2 << 4); // 设置外部中断触发方式
    EXT_INT41_MASK = EXT_INT41_MASK & ( ~ (0x1 << 1));                   // 使能中断
    ICDDCR = 1; // 使能分配器
    ICDISER.ICDISER1 = ICDISER.ICDISER1 | (0x1 << 25);                   // 使能相应中断到分配器
    ICDIPTR.ICDIPTR14 = ICDIPTR.ICDIPTR14 & ( ~ (0xff << 8))|(0x1 << 8); // 选择 CPU 接口
    CPU0.ICCPMR = 255;                                                   // 中断屏蔽优先级
    CPU0.ICCICR = 1;                                                     // CPU 使能中断
    return ;
}
```

## 7.3　轮询方式

除了中断方式，我们还可以通过轮询方式读取按键的信息。

轮询方式原理：循环检测 GPX1_1 引脚输入的电平，其为低电平时，表示按键按下；为高电平时，表示按键抬起，步骤如下。

（1）配置 GPX1_1 引脚功能为输入，设置内部禁止上拉 / 下拉，程序如下。

```
GPX1.CON = GPX1.CON &( ~ (0xf<<4)) ;
GPX1.PUD = GPX1.PUD & ~ (0x3 << 2);
```

（2）设置按键消抖。按键按下后，由于机械特性，电平会在极短的时间内忽低忽高，所以当我们检测到按键按下后，需要设置一个时延，然后再判断按键是不是保持按下状态。

程序实现如下。

```
int main (void)
{
```

```
        led_init();
        pwm_init();
        GPX1.CON = GPX1.CON &( ~ (0xf<<4))|0x0<<4;
        while(1)
        {
            if(!(GPX1.DAT & (0x1<<1)))          // 返回为 TURE，则按键按下
            {
              delay_ms(10);
                if(!(GPX1.DAT & (0x1<<1)))  // 二次检测，按键消抖
                {
                    GPX2.DAT |= 0x1 << 7;   // 打开 LED2
                    delay_ms(500);
                    beep_on();
                    GPX2.DAT &= ~ (0x1<<7);          // 关闭 LED2

                    delay_ms(500);

                    while(!(GPX1.DAT & (0x1<<1)));
                    beep_off();
                }
            }
        }
    return 0;
}
```

采用轮询方式监测按键动作时，CPU 需要不停监测按键的电平状态，这会非常浪费 CPU 资源，对一个成熟的操作系统来说，有的外设需要采用中断方式，而有的外设会采用中断加轮询方式。例如，网卡接收数据包，因为网卡带宽支持每秒千兆比特以上，传输的数据量非常大，所以网卡的驱动就采用中断加轮询方式接收数据包。在实际应用中，到底采用哪种方式最佳，需要具体问题具体分析，灵活运用。

# 第 8 章 UART

在嵌入式系统中，UART（通用异步接收发射设备）是一个非常重要的模块，它被作为 CPU 与用户交互的桥梁。用户输入信息给程序或 CPU 要输出打印一些 log 信息给用户往往要依赖 UART。此外，很多外设芯片内部集成了 UART 接口电路。本章将以 Exynos 4412 的 UART 控制器为例，讲解 UART 的原理，以及如何编写驱动程序和如何移植 printf( ) 函数库。

## 8.1 UART概述

UART 是设备间进行异步通信的关键模块。UART 负责处理数据总线和串行接口之间的串 / 并、并 / 串转换，并规定了帧格式；通信双方只要采用相同的帧格式和波特率，就能在未共享时钟信号的情况下，仅用两根信号线（Rx 和 Tx）就可以完成通信过程，因此它也被称为异步串行通信。UART 总线双向通信可以实现全双工传输和接收。

UART 的应用非常广泛，手机、工业控制等应用中都要用到 UART。在嵌入式系统设计中，UART 用于主机与辅助设备通信，如汽车音响与外接 AP 之间的通信，包括 PC 与监控调试器和其他器件（如 $E^2$PROM）通信；此外，UART 还能与 RS-232、RS-485 通信，或者与计算机的端口连接。使用 UART 通常需要利用一个合适的电压转换器，如 SP3232E、SP3485。

### 8.1.1 UART 通信方式

UART 使用的是异步串行通信方式，串行通信、并行通信、异步通信、同步通信介绍如下。

（1）串行通信

串行通信是指利用一条传输线将数据一位一位地顺序传送，如图 8-1 所示。数据好比是一列纵队，每个数据元素依次纵向排列，每个时钟周期传输一位数据。这种传输方式相对比较简单，速度较慢，但是使用总线数较少，通常使用一根接收线和一根发送线即可实现串行通信。

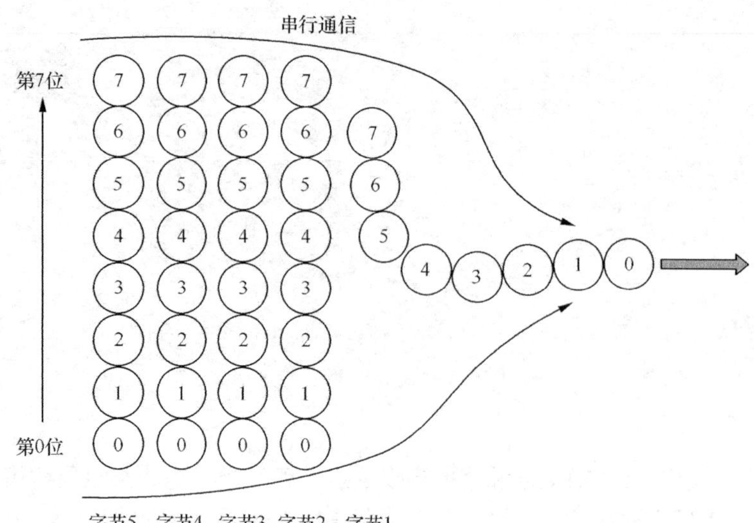


图 8-1　串行通信

串行通信的缺点是要利用额外的数据来控制一个数据帧的开始和结束。特点是通信线路简单，利用简单的线缆就可实现通信，成本较低，适用于远距离通信、对传输速度要求不高的应用场合。

（2）并行通信

并行通信时，数据好比是一列横队，齐头并进同时被传输，如图 8-2 所示。在这种通信方式中，每个时钟周期传输的数据量和其总线宽度成正比，但是实现较为复杂。

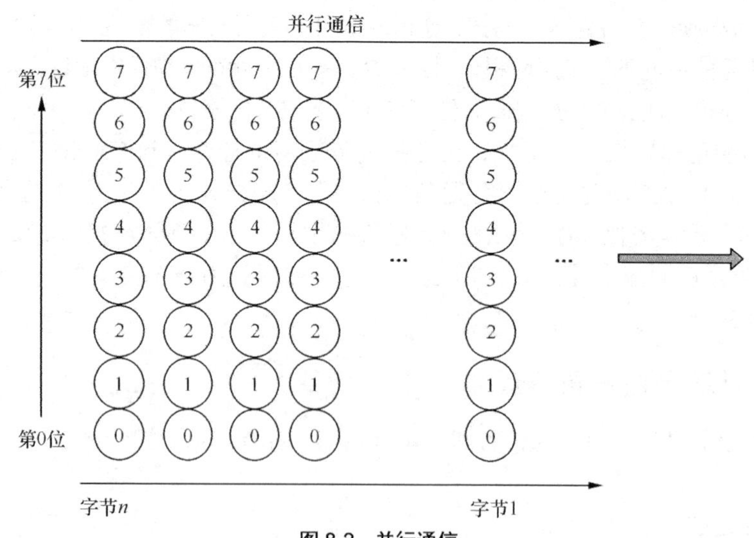


图 8-2　并行通信

（3）异步通信

异步通信以一个字符为传输单位，两个字符传输的时间间隔是不固定的，但在同一个字符中，两个相邻位传输的时间间隔是固定的。

在异步通信中，数据发送方和数据接收方没有同步时钟，只有数据信号线，发送端和接收端会按照相关协议（固定频率）进行数据采样。例如，数据发送方以 57 600bit/s

的速率发送数据，那么接收方也必须以 57 600bit/s 的速率接收数据，这样就可以保证数据的有效和正确。通常异步通信中使用波特率来规定双方的传输速率，其单位为 bit/s。

（4）同步通信

在发送数据信号时，数据中含有同步时钟信号，同步时钟信号用来同步发送方和接收方的数据采样频率。如图 8-3 所示，同步通信时，信号线 1 是同步时钟信号线，它以固定的频率进行电平的切换，其频率周期为 $t$，在每个电平的上升沿之后，对同步送出的数据信号线 2 进行采样（高电平代表“1”，低电平代表“0”），根据采样数据的电平高低取得数据信号。如果双方没有同步时钟，那么接收方就不知道采样周期，也就不能正常取得数据信号。

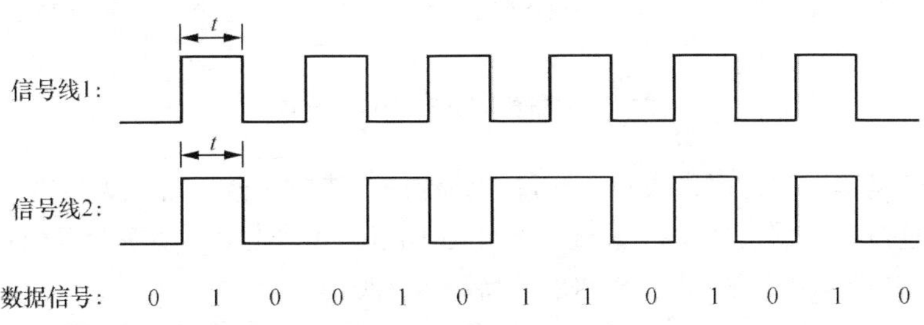


（a）同步时钟信号（固定周期为 $t$）

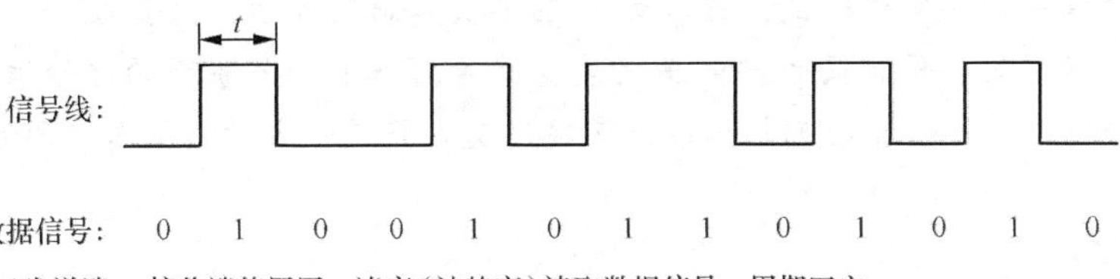


（b）异步信号

**图 8-3　同步时钟信号与异步信号**

## 8.1.2 UART 数据帧格式

UART 数据帧格式如图 8-4 所示，说明如下。

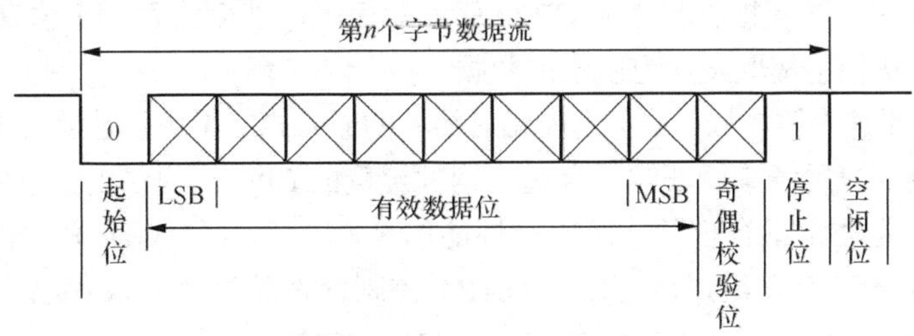


**图 8-4　UART 数据帧格式**

（1）起始位：发出一个逻辑“0”信号，表示开始传输字符。

（2）有效数据位：可以是 5 ～ 8 位，逻辑为“0”或“1”，如 ASCII 码（7 位）、扩展 BCD 码（8 位）。

（3）奇偶校验位：有效数据位加上这一位后，使得“1”的位数应为偶数（偶校验）或奇数（奇校验）。

（4）停止位：处于逻辑“1”状态，为字符数据的结束标志。电平宽度为1、1.5、2。

（5）空闲位：处于逻辑“1”状态，表示当前线路上没有数据传送。

例如，我们传输数据0x33(00110011)，那么对应的信号波形如图8-5所示，因为LSB在前，所以在帧中传输的8位数据是11001100，如图8-5所示。

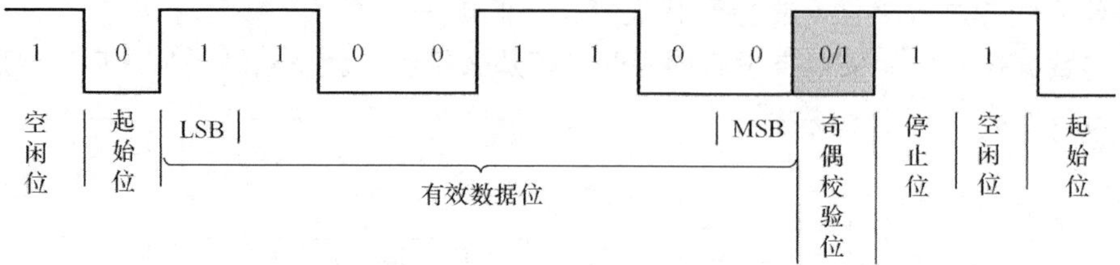


图8-5　传输数据0x33对应的数据帧

数据传输速率用波特率来表示，即每秒传送的二进制位数。各数据传输速率为120字符每秒，并且没有奇偶校验位，每一个字符为10位（1个起始位，7个有效数据位，1个奇偶校验位，1个停止位），则其传送的波特率为1200bit/s。

**注意：**

异步通信是按字符传输的，接收设备在接收起始信号后，只要在一个字符的传输时间内能和发送设备保持同步就能正确接收信号。当下一个字符的起始位到来时，则同步重新校准，主要依靠检测起始位来实现发送方与接收方的时钟自动同步。

## 8.2　Exynos 4412 UART控制器

一般的MCU中没有独立的UART控制器，所有数据按照协议要求封装到帧中，帧中每一位的发送都需要根据预定的频率，定时去拉高或拉低发送接口复用的GPIO引脚电平，并保持一定时间，以模拟对应的波形，从而实现数据的发送；同样，引脚接收数据时，也必须以相同的频率去匹配接收复用的GPIO引脚的电平，然后将每一个位存入移位寄存器中，再根据协议从帧中提取发送方发送的数据。

这种方式对于速率比较低、业务功能相对简单的嵌入式应用场景是适用的，但是对于业务功能比较复杂的应用场景就非常不合适，牺牲宝贵的CPU时间仅仅为了保持某个GPIO引脚电平的高低是非常不合理的，所以高性能的SoC中都会集成UART控制器，我们只需要读写UART的寄存器组，就可以使UART控制器按照协议要求发送或读取数据，大大提高CPU的利用率。不仅是UART，$I^2C$、SPI、USB、内存中均有对应的控制器。

### 8.2.1　UART的特性

Exynos 4412 UART的特性如下。

（1）有 4 个独立的通道，每个通道都可以工作于中断模式或 DMA 模式，即 UART 可以发出中断或 DMA 请求以便在 UART 、CPU 间传输数据。使用系统时钟时，Exynos 4412 的 UART 波特率可以达到 4Mbit/s。

（2）每个 UART 通道包含两个 FIFO（先进先出）通道，用来接收和发送数据。

（3）通道 0 有容量为 256 byte 的发送 FIFO 和 256 byte 的接收 FIFO。

（4）通道 1、4 有容量为 64 byte 的发送 FIFO 和 64 byte 的接收 FIFO。

（5）通道 2、3 有容量为 16 byte 的发送 FIFO 和 16 byte 的接收 FIFO。

（6）波特率可以通过编程进行设置。

（7）支持红外接收 / 发送；

（8）每个通道支持的停止位宽度为 1 或 2。

（9）有效数据位有 5、6、7 或 8 位，每个 UART 控制器由寄存器、波特率发生器、发送移位器、接收移位器、控制逻辑组成。

## 8.2.2　UART 内部功能模块

UART 内部功能模块组成如图 8-6 所示。

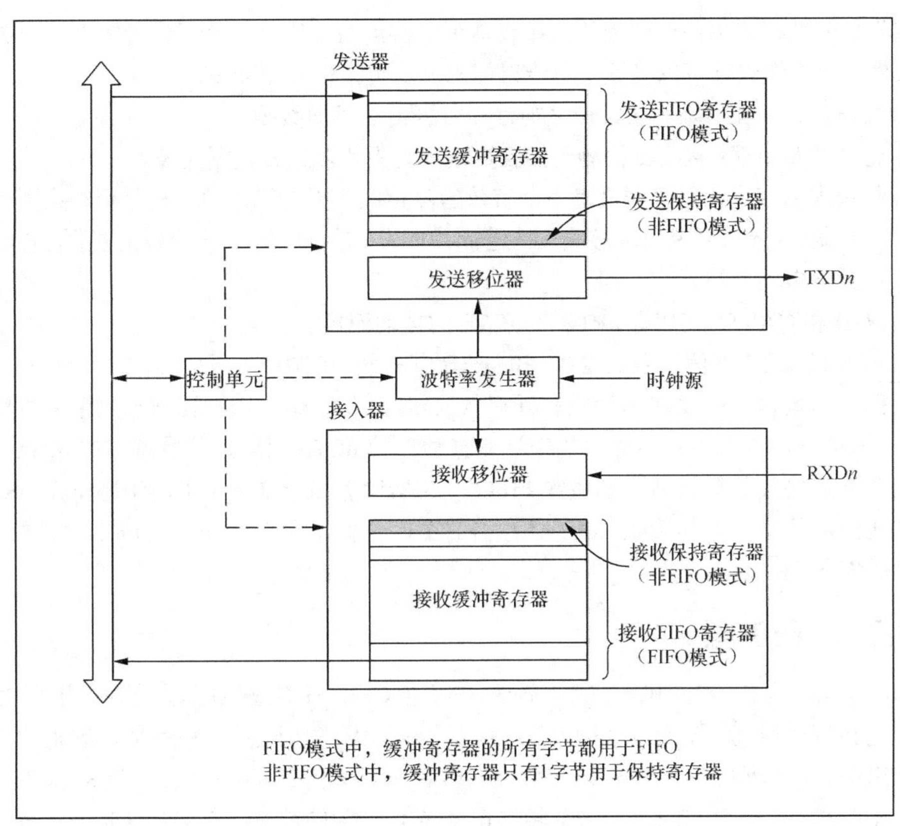


图 8-6　UART 内部功能模块

每个 UART 包含一个波特率发生器、发送器、接收器和一个控制单元。

• 发送数据时，CPU 先将数据写入发送 FIFO 寄存器中，然后 UART 会自动将 FIFO 寄存器中的数据复制到发送移位器中，发送移位器将数据一位一位地发送到 TXD*n* 数据线上（根据设定的格式，插入起始位、奇偶校验位和停止位）。

• 接收数据时，接收移位器将 RXD*n* 数据线上的数据一位一位地接收，然后将数据复制到接收 FIFO 寄存器中，CPU 即可从中读取数据。

发送器和接收器包含了 64 byte 的 FIFO 寄存器和数据移位器。UART 通信是面向字节流的，待发送的数据写入发送 FIFO 寄存器后，被复制到发送移位器（1 byte）中，并通过发送数据引脚 TXD*n* 发出。同样地，通过接收数据引脚 RXD*n* 将数据（1 byte）传送至接收移位器，然后将其复制到接收缓冲寄存器中。

（1）数据发送

发送的数据帧是可编程的，帧长度是用户指定的，包括一个起始位、5 ～ 8 个有效数据位、一个可选的奇偶校验位和 1 ～ 2 个停止位，数据帧格式可以通过 ULCON*n* 寄存器来设置。发送器也可以产生一个终止信号，由一个全部为“0”的数据帧组成。在当前要发送的数据被完全发送完后，该模块发送一个终止信号。在终止信号发送后，也可以继续通过发送 FIFO 寄存器或发送保持寄存器来发送数据。

（2）数据接收

接收端的数据帧也是可编程的，接收器可以检测溢出错误、奇偶校验错误、帧错误和终止条件，每个错误都可以设置一个错误标志，各类错误介绍如下。

① 溢出错误：在旧数据被读取之前，新数据覆盖了旧数据。

② 奇偶校验错误：接收器检测到接收数据校验失败，接收数据无效。

③ 帧错误：接收到的数据没有一个有效的停止位，无法判定数据帧是否结束。

④ 终止条件：寄存器 RXD*n* 接收保持逻辑“0”状态的时间长于一个数据帧的传输时间。

（3）AFC（自动流控）

UART0 和 UART1 支持有 nRTS 和 nCTS 的自动流控。

在 AFC 模式下，通信一方的 nRTS 和 nCTS 引脚分别连接另一方的 nCTS 和 nRTS 引脚，通过软件控制数据帧的发送和接收。开启 AFC 时，发送端发送数据前要判断 nCTS 信号状态，当接收 nCTS 激活信号时，则发送数据帧。该 nCTS 引脚连接数据方的 nRTS 引脚。接收端在准备接收数据帧前，其接收 FIFO 寄存器应有大于 32byte 的空闲空间，nRTS 引脚会发送激活信号，当其接收 FIFO 寄存器的空闲空间小于 32byte 时，nRTS 引脚必须置为非激活状态。

### 8.2.3 时钟源

Exynos 4412 为 UART 提供了多个时钟源，它们由 CLK_SRC_PERIL0 寄存器控制，如图 8-7 所示。选择好时钟源后，还可以通过 $DIV_{UART0}$ ～ $DIV_{UART4}$ 设置分频系数，它们由 CLK_DIV_PERIL0 寄存器控制。从分频器得到的时钟被称为 SCLK UART。SCLK UART 经过 UCLK 发生器后，得到 UCLK，这个频率值就是 UART 的波特率值。UCLK 发生器通过 2 个寄存器来设置，分别为 UBRDIV*n*、UFRACVAL*n*。

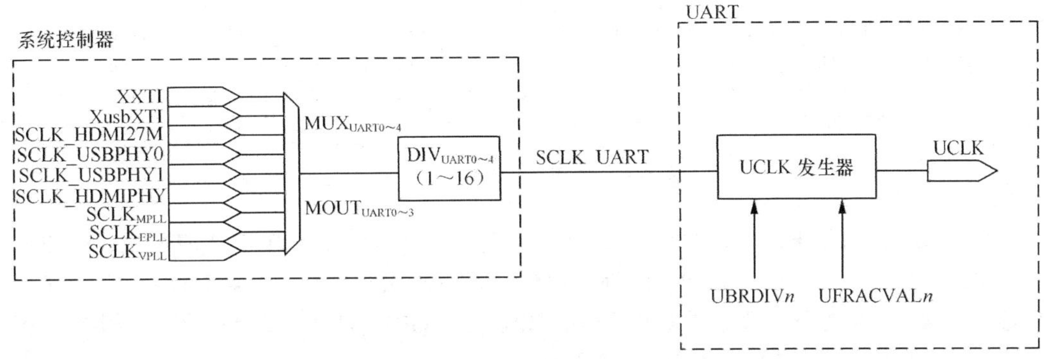


图 8-7　UART 时钟源

# 8.3　UART的操作

## 8.3.1　参考电路

UART 的参考电路如图 8-8 所示。

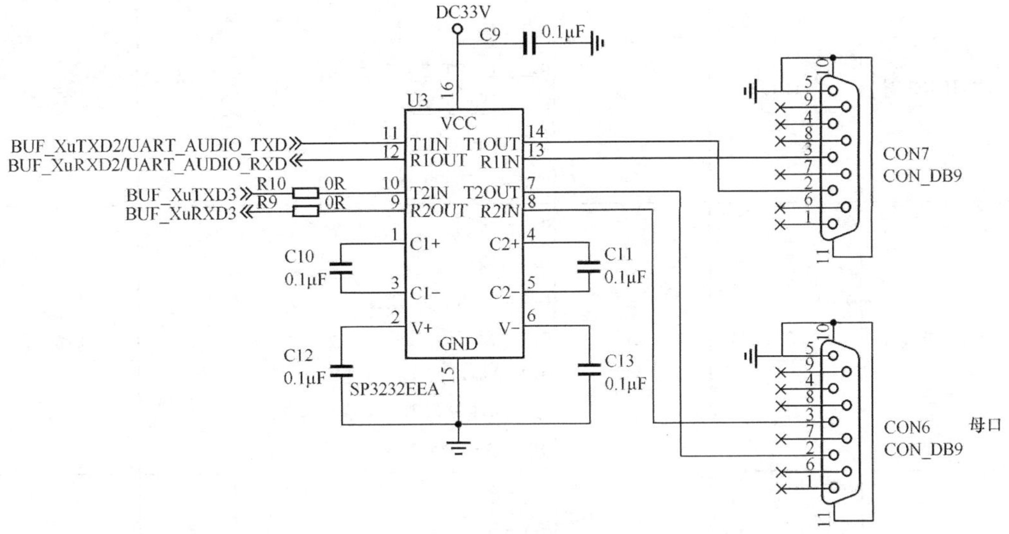


图 8-8　UART 参考电路

Exynos 4412 UART 的 RX（BUF_XuRXD2）、TX（BUF_XuTXD2）连接 SP3232EEA 芯片进行电平转换，将 TTL 电平转换为 RS-232 电平，最后连接母口，通过 USB 与计算机相连，UART 9 针插头如图 8-9 所示。

UART 与 SoC 连接关系如图 8-10 所示。

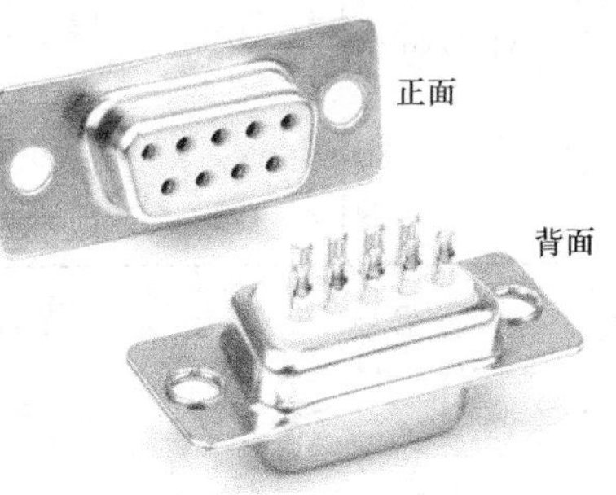


图 8-9　UART 9 针插头

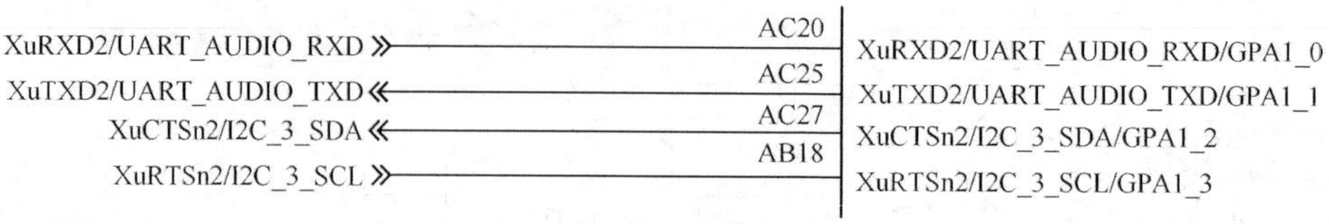

图 8-10　UART 与 SoC 连接关系

UART2 的 RX（BUF_XuRXD2、UART_AUDIO_RXD）、TX（BUF_XuTXD2、UART_AUDIO_TXD）分别连接 UART 控制器的引脚 RX（XuRXD2）、TX（XuTXD2），对应 UART 通道 2。这两个引脚分别复用了端口 GPA1[0]、GPA1[1]，端口 GPA 的功能由寄存器 GPA1CON 设置，该寄存器的说明如表 8-1 所示。

表 8-1　GPA1CON 的说明

| 名称 | bit | 类型 | 描述 | 重置值 |
|---|---|---|---|---|
| GPA1CON[3] | [15:12] | RW | 0x0 = 输入<br>0x1 = 输出<br>0x2 = UART_2_RTSn<br>0x3 = I2C_3_SCL<br>0x4～0xE = 保留<br>0xF = EXT_INT2[3] | 0x00 |
| GPA1CON[2] | [11:8] | RW | 0x0 = 输入<br>0x1 = 输出<br>0x2 = UART_2_CTSn<br>0x3 = I2C_3_SDA<br>0x4～0xE = 保留<br>0xF = EXT_INT2[2] | 0x00 |
| GPA1CON[1] | [7:4] | RW | 0x0 = 输入<br>0x1 = 输出<br>0x2 = UART_2_TXD<br>0x3 = 保留<br>0x4 = UART_AUDIO_TXD<br>0x5～0xE = 保留<br>0xF = EXT_INT2[1] | 0x00 |
| GPA1CON[0] | [3:0] | RW | 0x0 = 输入<br>0x1 = 输出<br>0x2 = UART_2_RXD<br>0x3 = 保留<br>0x4 = UART_AUDIO_RXD<br>0x5～0xE = 保留<br>0xF = EXT_INT2[0] | 0x00 |

要使能 UART2 功能，需要将寄存器 GPA1CON 的 bit[7:4]、bit[3:0] 均设置为 0x2。

### 8.3.2　寄存器

UART 一共有 5 个通道，每个通道使用一组专用寄存器，基地址为 0x1382_0000。

几个常用的寄存器介绍如下。

### 1．ULCON*n*

寄存器 ULCON*n*（*n*=0 ～ 4，*n* 值对应不同的 UART 通道，后同）用于设置通信模式、校验方式、停止位位数、有效数据位位数，说明如表 8-2 所示。

表 8-2　ULCON*n* 的说明

| 名称 | bit | 类型 | 描述 | 重置值 |
|---|---|---|---|---|
| 保留 | [31:7] | — | 保留 | 0 |
| 通信模式 | [6] | RW | 选择串口0是否使用红外模式：<br>0 = 正常通信模式；<br>1 = 红外通信模式 | 0 |
| 校验方式 | [5:3] | RW | 设置串口0在数据接收和发送时采用的校验方式：<br>0xx = 无校验；<br>100 = 奇校验；<br>101 = 偶校验；<br>110 = 强制校验/检测是否为“1”；<br>111 = 强制校验/检测是否为“0” | |
| 停止位位数 | [2] | RW | 设置串口0的停止位位数：<br>0 = 每个数据帧1个停止位；<br>1 = 每个数据帧2个停止位 | 0 |
| 有效数据位数 | [1:0] | RW | 设置串口0的有效数据位位数：<br>00 = 5个有效数据位；<br>01 = 6个有效数据位；<br>10 = 7个有效数据位；<br>11 = 8个有效数据位 | 0 |

常用的 UART 配置为：正常通信模式、无校验、1 个停止位、8 个有效数据位，参考配置程序如下。

```
ULCON2 = 0x3;
```

### 2．UCON*n*

寄存器 UCON*n* 用于设置接收模式、发送模式、回送模式、接收数据错误是否产生中断、接收数据超时是否产生中断、发送 / 接收数据中断产生类型等，说明如表 8-3 所示。

表 8-3　UCON*n* 的说明

| 名称 | bit | 类型 | 描述 | 重置值 |
|---|---|---|---|---|
| 发送数据中断产生类型 | [9] | RW | 设置UART0中断请求类型，在非FIFO模式下，一旦发送数据缓冲区为空，立即产生中断信号，在FIFO模式下达到发送数据触发条件时立即产生中断信号：<br>0 = 脉冲触发；<br>1 = 电平触发 | 0 |

续表

| 名称 | bit | 类型 | 描述 | 重置值 |
|---|---|---|---|---|
| 接收数据中断产生类型 | [8] | RW | 设置UART0中断请求类型，在非FIFO模式下，一旦接收数据，立即产生中断信号，在FIFO模式下达到接收数据触发条件时立即产生中断信号：<br>0 = 脉冲触发；<br>1 = 电平触发 | 0 |
| 接收数据超时是否产生中断 | [7] | RW | 设置当接收数据时，如果数据超时，是否产生接收中断：<br>0 = 不开启超时中断；<br>1 = 开启超时中断 | 0 |
| 接收数据错误是否产生中断 | [6] | RW | 设置当接收数据时，如果接收数据有错误，是否产生接收中断：<br>0 = 不开启超时中断；<br>1 = 开启超时中断 | 0 |
| 环回模式 | [5] | RW | 设置该位时，UART会进入环回模式，该模式仅用于测试：<br>0 = 正常模式；<br>1 = 环回模式 | 0 |
| 发送终止信号 | [4] | RWX | 设置该位时，UART会发送一个帧长度的终止信号，发送完毕后，该位自动恢复为0；<br>0 = 正常传输；<br>1 = 发送终止信号 | 0 |
| 发送模式 | [3:2] | RW | 设置采用哪种方式执行数据写入发送缓冲区：<br>00 = 无效；<br>01 = 中断请求或轮询模式；<br>10 = DMA；<br>11 = 保留 | 0 |
| 接收模式 | [1:0] | RW | 设置采用哪种方式执行数据写入接收缓冲区：<br>00 = 无效；<br>01 = 中断请求或轮询模式；<br>10 = DMA；<br>11 = 保留 | 0 |

收发模式设置为中断请求或轮询模式，其他位都设置为0即可。参考配置程序如下。

```
UCON2 = 0x5;
```

### 3. UTRSTAT*n*

寄存器UTRSTAT*n*用于表明数据是否已经发送完毕或是否已经接收数据，不使用

FIFO 模式时可以认为其深度为 1，说明如表 8-4 所示。

表 8-4 UTRSTAT*n* 的说明

| 名称 | bit | 类型 | 描述 | 重置值 |
| --- | --- | --- | --- | --- |
| 发送缓冲区是否为空 | [1] | R | 发送缓冲标记位。当发送缓冲区中没有有效数据要发送时，该位自动置为1。<br>0 = 缓冲区非空；<br>1 = 缓冲区空 | 1 |
| 接收缓冲区数据是否准备完毕 | [0] | R | 接收缓冲标记位。当接收缓冲区中有从RXD*n*端口获取的有效数据时，该位自动置为1。<br>0 = 缓冲区空；<br>1 = 缓冲区非空 | 0 |

读取数据时，轮询检查 bit[0] 是否置 1，该位置 1 后，就可以从 URXH*n* 寄存器中读取数据；写入数据时，轮询检查 bit[1] 是否置 1，该位置 1 之后，即可向 UTXH*n* 寄存器写入数据。

4．UTXH*n* 寄存器

CPU 将数据写入 UTXH*n* 寄存器，UART 即会将数据保存到缓冲区中，并自动发送出去。

5．URXH*n* 寄存器

当 UART 接收到数据时，读取 URXH*n* 寄存器，即可获得数据。

6．UFRACVAL*n*/UBRDIV*n* 寄存器

可以通过 UFRACVAL*n*、UBRDIV*n*（*n*=0 ～ 4）寄存器设置波特率。可以根据给定的波特率（单位：bit/s）、所选择的时钟源频率（SCLK UART）计算波特率。

波特率的整数部分可以通过以下公式计算。

```
UBRDIVn = (int)( (SCLK UART) / ( bps * 16) ) – 1
```

上式计算出来的 UBRDIV*n* 寄存器的值不一定是整数，将整数部分赋值给 UBRDIV*n* 寄存器，小数部分 ×6 赋值给 UFRACVAL*n* 寄存器，UFRACVAL*n* 寄存器的引入使波特率更加精确。

**例**：当 UART 的时钟频率为 100MHz 时，要求波特率为 115 200bit/s，那么寄存器应该如何设置？

$$100\,000\,000/(115\,200 \times 16) - 1 = 54.25 - 1 = 53.25$$

取出整数部分赋值给 UBRDIV*n*，则

$$UBRDIVn = 53$$

小数部分 x6 赋值给 UFRACVAL*n*，则

$$UFRACVALn = 0.25 \times 16 = 4$$

### 8.3.3 程序实现

UART 程序中最重要的是 uart_init、putc、getc3 个函数，介绍如下。

1．uart_init

该函数用于配置 UART，默认配置：波特率为 115 200bit/s；有效数据位为 8 个；奇偶

校验位为 0 个；停止位为 1 个，不设置自动流控。Windows 系统下串口工具配置信息如图 8-11 所示。

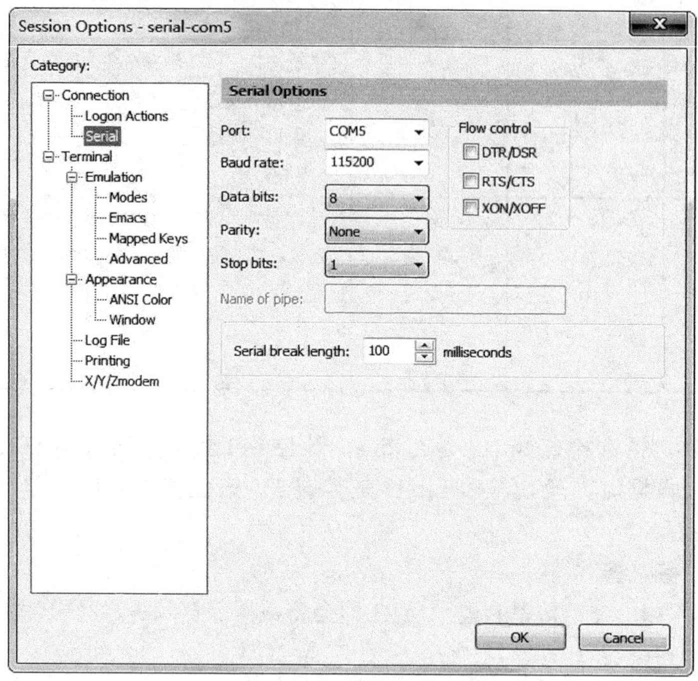


图 8-11　串口工具配置信息

2．putc

该函数的功能为向串口发送一个数据，其实现逻辑为轮询检查 UART2.UTRSTAT2 寄存器，判断其 bit[1] 是否置 1，如果置 1，则向 UART2.UTXH2 寄存器写入要发送的数据。

3．getc

该函数的功能为从串口接收一个数据并将其存入变量 data 中，其实现逻辑为轮询检查 UART2.UTRSTAT2 寄存器，判断其 bit[0] 是否置 1，如果置 1，说明数据已准备好，则从 UART2.URXH2 寄存器中取出数据并将其存入变量 data 中。

代码实现如下。

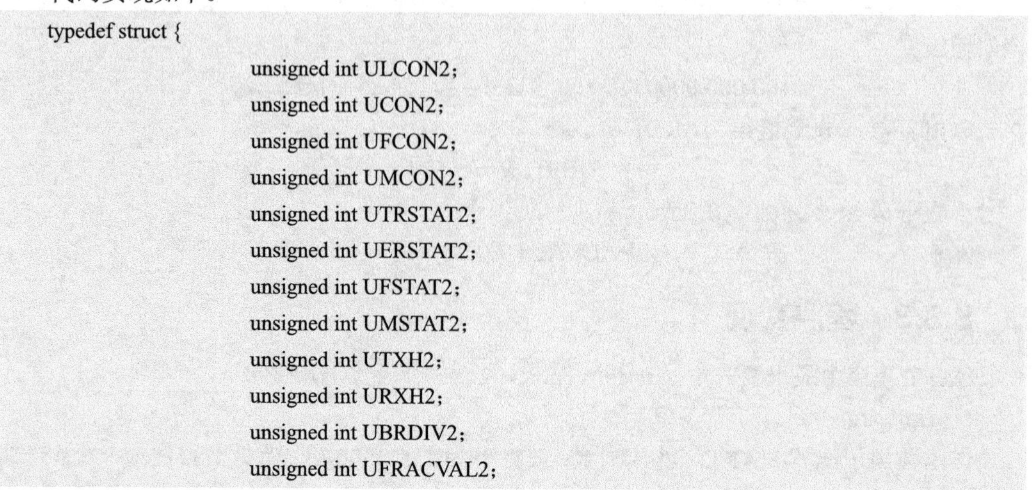

```
typedef struct {
                unsigned int ULCON2;
                unsigned int UCON2;
                unsigned int UFCON2;
                unsigned int UMCON2;
                unsigned int UTRSTAT2;
                unsigned int UERSTAT2;
                unsigned int UFSTAT2;
                unsigned int UMSTAT2;
                unsigned int UTXH2;
                unsigned int URXH2;
                unsigned int UBRDIV2;
                unsigned int UFRACVAL2;
```

```
            unsigned int UINTP2;
            unsigned int UINTSP2;
            unsigned int UINTM2;
}uart2;
#define UART2 ( * (volatile uart2 *)0x13820000 )
/* GPA1 */
typedef struct {
            unsigned int CON;
            unsigned int DAT;
            unsigned int PUD;
            unsigned int DRV;
            unsigned int CONPDN;
            unsigned int PUDPDN;
}gpa1;
#define GPA1 (* (volatile gpa1 *)0x11400020)
void uart_init()
{   /*UART2 initialize*/
    GPA1.CON = (GPA1.CON & ~ 0xFF ) | (0x22); //GPA1_0:RX; GPA1_1:TX
    UART2.ULCON2 = 0x3; // 正常通信模式、无校验位、1 个停止位、8 个有效数据位
    UART2.UCON2 = 0x5; // 中断请求或轮询检查
    // 波特率为 115 200bit/s，SCLK UART 为 100MHz
    UART2.UBRDIV2 = 0x35;
    UART2.UFRACVAL2 = 0x4;
}
void putc(const char data)
{   while(!(UART2.UTRSTAT2 & 0X2));
    UART2.UTXH2 = data;
    if (data == '\n')
          putc('\r');
}
char getc(void)
{   char data;
    while(!(UART2.UTRSTAT2 & 0x1));
    data = UART2.URXH2;
    if ((data == '\n')||(data == '\r'))
    {
          putc('\n');
          putc('\r');
    }else
          putc(data);
    return data;
}
```

### 4．puts/gets

这两个函数用于向 UART 输出 / 输入一串字符串，复用了 putc/getc 两个函数，具体实现如下。

```
void puts(const char *pstr)
{    while(*pstr != '\0')
          putc(*pstr++);
}
void gets(char *p)
{    char data;
     while((data = getc())!= '\r')
     {         if(data == '\b')
          {p--;
          }
          *p++ = data;
     }
     if(data == '\r')
     *p++ = '\n';
     *p = '\0';
}
```

printf 函数的实现要依赖 puts 函数。

### 8.3.4 移植 printf

为了方便调试程序，往往需要在程序中移植 printf 函数用于打印 log 信息。本章提供的实例（见电子资源“work/code/uart”）程序中使用了该函数，各文件及其功能说明如表 8-5 所示。

表 8-5 各文件及其功能说明

| 文件 | 功能 |
| --- | --- |
| cpu/start.s | CPU启动程序、异常向量表，栈初始化 |
| driver/divsi3.s<br>driver/_udivsi3.s<br>driver/_umodsi3.s | 用于处理printf()函数中的除法和取模等功能 |
| driver/ uart.c | UART初始化及收发字符的相关函数 |
| include/ctype.h<br>include/stdarg.h | 操作printf函数中用到的字符 |
| include/exynos_4412.h | 定义Exynos 4412中所有的硬件寄存器地址 |
| include/uart.h | UART相关函数声明的头文件 |
| lib/printf.c | 主要实现打印函数printf()的格式控制。一些字符串转换算术运算需要借助头文件ctype.h、stdarg.h中的一些宏 |
| main.c | 主函数 |
| Makefile | 编译脚本 |
| map.lds | 链接文件 |

基于该工程编译的程序，可以使用 printf 函数输出信息。

# 第 9 章 RTC

RTC（实时时钟）通常称为时钟芯片。在一个嵌入式系统中，通常采用 RTC 来提供可靠的系统时间，包括年、月、日和时、分、秒等，而且要求当系统处于关机状态时，它也能正常工作（通常采用后备电池供电）。它的外围也不需要太多的辅助电路，只需要一个频率为 32.768kHz 的晶体振荡器，以及电阻、电容等，即可实现时钟功能。

## 9.1 Exynos 4412 RTC

### 9.1.1 Exynos 4412 RTC 的特性

Exynos 4412 RTC 可以通过备用电池供电，因此，即使系统电源关闭，它也可以继续工作。RTC 可以通过 STRB/LDRB 指令将 8bit 的 BCD 码数据送至 CPU。BCD 码数据包括秒、分、时、日、月和年等信息。RTC 通过一个外部的 32.768kHz 晶体振荡器提供时钟功能。RTC 具有定时报警的功能。

其功能说明如下。

（1）时钟数据采用 BCD 码。

（2）能够对闰年的年、月、日进行自动处理。

（3）具有告警功能，当系统处于关机状态时，能产生警告中断。

（4）具有独立的电源输入。

（5）提供毫秒级的时钟中断，该中断可以作为嵌入式系统的内核时钟。

### 9.1.2 RTC 模块

RTC 模块框图如图 9-1 所示。

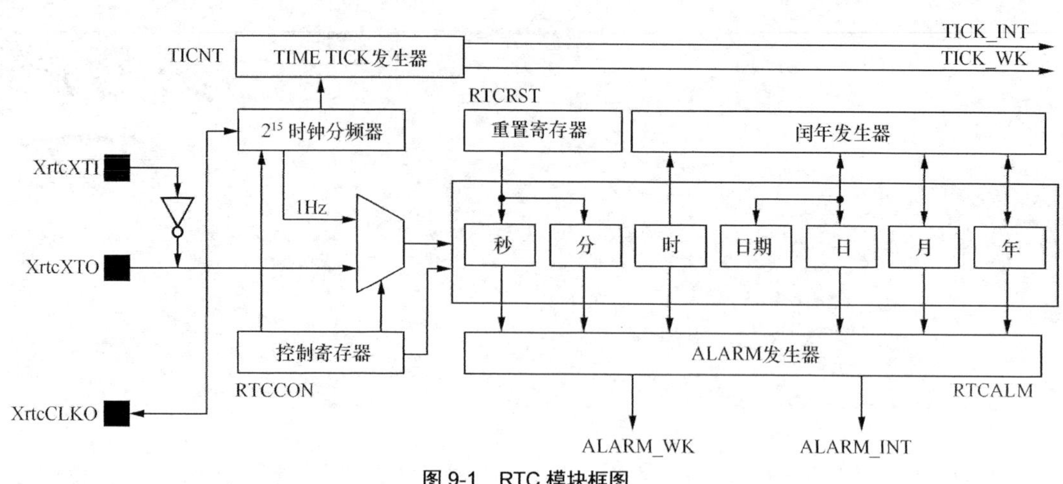

图 9-1　RTC 模块框图

RTC 主要实现两种功能，分别是系统掉电后的时间日期维持和报警（功能类似于定时器），介绍如下。

（1）时间日期维持功能

RTC 控制寄存器 RTCCON 主要负责时间日期维持功能的使能控制，节拍时间计数寄存器 TICNT 通过产生节拍时间中断来实现实时操作系统的实时同步功能。其中，时间日期维持通过将时间日期的 BCD 码写入一系列的寄存器（BCD 秒寄存器 BCDSEC、BCD 分寄存器 BCDMIN、BCD 小时寄存器 BCDHOUR、BCD 日期寄存器 BCDDATE、BCD 日寄存器 BCDDAY、BCD 月寄存器 BCDMON、BCD 年寄存器 BCDYEAR）来实现。

（2）报警功能

RTC 报警控制寄存器 RTCALM 主要负责报警功能的使能控制，并产生报警中断。RTC 在断电模式或正常运行模式下都可以产生一个 ALARM_INT 和 ALARM_WK 信号：在正常运行模式下，它会产生 ALARM_INT 信号；在断电模式下，它会产生 ALARM_WK 及 ALARM_INT 信号。RTCALM 确定报警启用 / 禁用状态和设置报警时间条件。通过操作一系列的寄存器来设置报警时间、日期，寄存器包括报警秒数据寄存器 ALMSEC、报警分钟数据寄存器 ALMMIN、报警小时数据寄存器 ALMHOUR、报警日期数据寄存器 ALMDAY、报警月数据寄存器 ALMMON、报警年数据寄存器 ALMYEAR。

闰年发生器是根据 BCDDAY、BCDMON 和 BCDYEAR 的值自动计算闰年时间的。

## 9.1.3　备用电池

备用电池可以驱动 RTC 逻辑模块。即使系统电源关闭，备用电池也可通过 RTCVDD 引脚驱动 RTC 逻辑模块。如果要关闭系统，用户应该停用 CPU 和 RTC 逻辑模块。为了减少功耗，备用电池单独驱动振荡电路和 BCD 计数器。

## 9.1.4　晶体振荡器

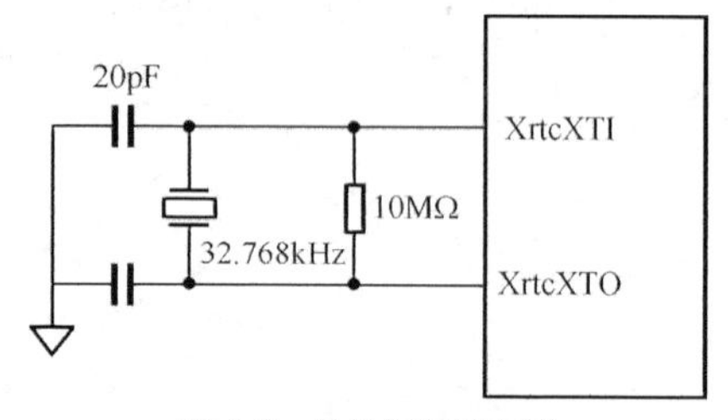

图 9-2　晶体振荡器电路

时钟功能主要由晶体振荡器实现，晶体振荡器电路如图 9-2 所示，时钟频率为 32.768kHz，时钟各引脚说明如表 9-1 所示。

表 9-1　时钟引脚说明

| 信号 | I/O | 描述 | 引脚 |
| --- | --- | --- | --- |
| XT_RTC_I | 输入 | 32.768kHz RTC 振荡器时钟输入 | XrtcXTI |
| XT_RTC_O | 输出 | 32.768kHz RTC 振荡器时钟输出 | XrtcXTO |
| XRTCCLKO | 输出 | 32.768kHz RTC 时钟输出（1.8～3.3V）。<br>该信号默认关闭，可以通过将RTCCON寄存器的CLKOUTEN位设置为“1”来启用 | XRTCCLKO |

# 9.2　RTC寄存器

RTC 寄存器组的基地址为 0x1007_0000，本节主要介绍配置闹钟和滴答计时器的 2 个寄存器的使用原理。

1．INTP

INTP 为中断挂起寄存器，其说明如表 9-2 所示。

表 9-2　INTP 的说明

| 名称 | bit | 类型 | 描述 | 重置值 |
| --- | --- | --- | --- | --- |
| ALARM | [1] | RW | 闹钟中断挂起位：<br>0 = 中断未产生；<br>1 = 中断产生 | 0 |
| Time TIC | [0] | RW | 滴答计时器中断挂起位：<br>0 = 中断未产生；<br>1 = 中断产生 | 0 |

设置该寄存器对应的位为“1”就可以清除对应中断。

2．RTCCON

RTCCON 为 RTC 控制寄存器，其说明如表 9-3 所示。

表 9-3　RTCCON 的说明

| 名称 | bit | 描述 | 重置值 |
| --- | --- | --- | --- |
| CLKOUTEN | [9] | 通过XRTCCLKO输出使能RTC：<br>0 = 禁止；<br>1 = 使能 | 0 |
| TICEN | [8] | 使能滴答计时器：<br>0 = 禁止；<br>1 = 使能 | 0 |

续表

| 名称 | bit | 描述 | 重置值 |
| --- | --- | --- | --- |
| TICCKSEL | [7:4] | 滴答计时器子时钟源选择：<br>4'b0000 = 32 768Hz；<br>4'b0001 = 16 384Hz；<br>4'b0010 = 8192Hz；<br>4'b0011 = 4096Hz；<br>4'b0100 = 2048Hz；<br>4'b0101 =1024Hz；<br>4'b0110 =512Hz；<br>4'b0111 =256Hz；<br>4'b1000 =128Hz；<br>4'b1001 =64Hz；<br>4'b1010 =32Hz；<br>4'b1011 =16Hz；<br>4'b1100 =8Hz；<br>4'b1101 =4Hz；<br>4'b1110 =2Hz；<br>4'b1111 =1Hz | 4'b0000 |
| CLKRST | [3] | 时钟计数复位：<br>0 = 不复位；<br>1 = 复位，并禁止RTC计数器 | |
| CNTSEL | [2] | BCD计数选择：<br>0 = 分配 BCD 计数；<br>1 = 保留BCD计数 | 0 |
| CLKSEL | [1] | BCD 时钟选择：<br>0 = XTAL 1/2分频；<br>1 = 保留 | 0 |
| CTLEN | [0] | RTC控制使能：<br>0 = 禁止；<br>1 = 使能 | 0 |

（1）CTLEN 用于控制 BCD SEL 的读 / 写启用，CNTSEL、CLKRST、TICCKSEL、TICEN 用于测试，CLKOUTEN 用于 RTC 时钟控制。

（2）CTLEN 控制 CPU 和 RTC 之间的所有接口。因此，应该在 RTC 中先将 CTLEN 设置为 1，在系统重置后启用数据写入的例程。为了防止用户无意中将数据写入 BCD 计数寄存器中，应该在关闭电源前将 CTLEN 位置 0。

（3）CLKRST 用于复位 $2^{15}$ 时钟分频器的计数器。在设置 RTC 之前，应重置 $2^{15}$ 时钟分频器以获得精确的 RTC 操作。

# 9.3 RTC的操作

1. 设置时间

RTC 的时间采用 BCD 码的格式存放在对应的寄存器中，各寄存器说明如表 9-4 ～表 9-10 所示。

表 9-4 BCDSEC 的说明

| 名称 | bit | 类型 | 描述 | 重置值 |
| --- | --- | --- | --- | --- |
| 保留 | [31:7] | — | 保留 | — |
| SECDATA | [6:4] | RW | BCD 值（秒）0～5 | — |
| | [3:0] | | 0～9 | — |

表 9-5 BCDMIN 的说明

| 名称 | bit | 类型 | 描述 | 重置值 |
| --- | --- | --- | --- | --- |
| 保留 | [31:7] | — | 保留 | — |
| MINDATA | [6:4] | RW | BCD 值（分）0～5 | — |
| | [3:0] | | 0～9 | — |

表 9-6 BCDHOUR 的说明

| 名称 | bit | 类型 | 描述 | 重置值 |
| --- | --- | --- | --- | --- |
| 保留 | [31:6] | — | 保留 | — |
| HOURDATA | [5:4] | RW | BCD 值（时）0～2 | — |
| | [3:0] | | 0～9 | — |

表 9-7 BCDDAYWEEK 的说明

| 名称 | bit | 类型 | 描述 | 重置值 |
| --- | --- | --- | --- | --- |
| 保留 | [31:3] | — | 保留 | — |
| DAYWEEKDATA | [2:0] | RW | BCD值（每周第几天）1～7 | — |

表 9-8 BCDDAY 的说明

| 名称 | bit | 类型 | 描述 | 重置值 |
| --- | --- | --- | --- | --- |
| 保留 | [31:6] | — | 保留 | — |
| DAYDATA | [5:4] | RW | BCD 值（日）0～3 | — |
| | [3:0] | | 0～9 | — |

表 9-9　BCDMON 的说明

| 名称 | bit | 类型 | 描述 | 重置值 |
| --- | --- | --- | --- | --- |
| 保留 | [31:5] | — | 保留 | — |
| MONDATA | [4] | RW | BCD 值（月）<br>0～1 | — |
| | [3:0] | | 0～9 | — |

表 9-10　BCDYEAR 的说明

| 名称 | bit | 类型 | 描述 | 重置值 |
| --- | --- | --- | --- | --- |
| 保留 | [31:8] | — | 保留 | — |
| YEARDATA | [11:8] | RW | BCD值（年）<br>0～9 | — |
| | [7:4] | | 0～9 | — |
| | [3:0] | | 0～9 | — |

RTC 的操作步骤具体如下。

（1）先开启 RTC 控制使能，即将 RTCCON bit[0] 置为 1。

（2）然后根据时间对应的 BCD 码，设置相应的寄存器（BCDYEAR、BCDMON、BCDDAY、BCDHOUR、BCDMIN、BCDSEC）。

（3）将 RTCCON bit[0] 置为 0，防止误操作。

（4）如果我们要访问当前时间，可以直接读取寄存器 BCDYEAR、BCDMON、BCDDAY、BCDHOUR、BCDMIN、BCDSEC。

例如，若要将当前时间设置为 **2021 年 11 月 11 日，15:24:50**，核心程序如下。

```
void rtc_init(void)
{
    RTCCON = 1;                  //使能 RTC 写
    RTC.BCDYEAR = 0x21;          //将 2021 年 11 月 11 日 , 15:24:50 以 BCD 码的格式写入
    RTC.BCDMON = 0x11;
    RTC.BCDDAY = 0x11;
    RTC.BCDHOUR = 0x15;
    RTC.BCDMIN = 0x24;
    RTC.BCDSEC = 0x50;
    RTCCON = 0;                  //关闭 RTC 控制写功能
}
```

### 2. 滴答定时器

滴答定时器实际上是一个递增计数器，即其达到某个值后会引发计时中断。TICNT 寄存器包含 32 位目标计数值，CURTICCNT 寄存器包含 32 位当前计数值。如果当前计数值达到 TICNT 指定的目标值，计时中断发生。

假设我们要使每秒都产生一个中断，具体操作步骤如下。

（1）设置 RTCCON bit[7:4] = 0、RTCCON bit[8] = 1，开启滴答计时器。

（2）设置计数次数为 1s，它由 RTCCON bit[7:4]，即 TICCKSEL 位决定，因为晶体振荡器频率也是 32 768Hz，为方便计数，设置 TICCKSEL bit[2] = 0，设置寄存器 TICCNT 为 32 768，即表示计数次数为 1s。

参考程序如下。

```
RTCCON = RTCCON & ( ~ (0xf << 4)) | (1 << 8);
TICCNT = 32768;
```

### 3. 闹钟

通过 RTCALM 寄存器设置闹钟功能。RTCALM 的说明如表 9-11 所示。

表 9-11　RTCALM 的说明

| 名称 | bit | 类型 | 描述 | 重置值 |
| --- | --- | --- | --- | --- |
| 保留 | [31:7] | — | 保留 | 0 |
| ALMEN | [6] | RW | 闹钟全局使能开关：<br>0 = 禁用；<br>1 = 使能 | 0 |
| YEAREN | [5] | RW | 使能闹钟年：<br>0 = 禁用；<br>1 = 使能 | 0 |
| MONEN | [4] | RW | 使能闹钟月：<br>0 = 禁用；<br>1 = 使能 | 0 |
| DAYEN | [3] | RW | 使能闹钟日：<br>0 = 禁用；<br>1 = 使能 | 0 |
| HOUREN | [2] | RW | 使能闹钟时：<br>0 = 禁用；<br>1 = 使能 | 0 |
| MINEN | [1] | RW | 使能闹钟分：<br>0 = 禁用；<br>1 = 使能 | 0 |
| SECEN | [0] | RW | 使能闹钟秒：<br>0 = 禁用；<br>1 = 使能 | 0 |

RTCALM 寄存器控制报警功能的启用和报警时间。注意，RTCALM 寄存器在断电模式下将同时生成 ALARM_INT 和 ALARM_WK 信号，但在正常模式下仅生成 ALARM_INT 信号。设置 ALMEN bit[6] = 1，以产生 ALARM_INT 和 ALARM_WK 信号。

设置闹钟功能的各寄存器说明如表 9-12 ～表 9-17 所示。

表 9-12　ALMSEC 的说明

| 名称 | bit | 类型 | 描述 | 重置值 |
| --- | --- | --- | --- | --- |
| 保留 | [31:7] | — | 保留 | — |
| SECDATA | [6:4] | RW | BCD值（秒）<br>0～5 | — |
| | [3:0] | | 0～9 | — |

表 9-13　ALMMIN 的说明

| 名称 | bit | 类型 | 描述 | 重置值 |
| --- | --- | --- | --- | --- |
| 保留 | [31:7] | — | 保留 | — |
| MINDATA | [6:4] | RW | BCD 值（分）<br>0～5 | — |
| | [3:0] | | 0～9 | — |

表 9-14　ALMHOUR 的说明

| 名称 | bit | 类型 | 描述 | 重置值 |
| --- | --- | --- | --- | --- |
| 保留 | [31:6] | — | 保留 | — |
| HOURDATA | [5:4] | RW | BCD 值（时）<br>0～2 | — |
| | [3:0] | | 0～9 | — |

表 9-15　ALMDAY 的说明

| 名称 | bit | 类型 | 描述 | 重置值 |
| --- | --- | --- | --- | --- |
| 保留 | [31:6] | — | 保留 | — |
| DAYDATA | [5:4] | RW | BCD 值（日）<br>0～3 | — |
| | [3:0] | | 0～9 | — |

表 9-16　ALMMON 的说明

| 名称 | bit | 类型 | 描述 | 重置值 |
| --- | --- | --- | --- | --- |
| 保留 | [31:5] | — | 保留 | — |
| MONDATA | [4] | RW | BCD 值（月）<br>0～1 | — |
| | [3:0] | | 0～9 | — |

表 9-17　ALMYEAR 的说明

| 名称 | bit | 类型 | 描述 | 重置值 |
| --- | --- | --- | --- | --- |
| 保留 | [31:8] | — | 保留 | — |
| YEARDATA | [11:8] | RW | BCD值（年）<br>0～9 | — |
| | [7:4] | | 0～9 | — |
| | [3:0] | | 0～9 | — |

写入寄存器的时间数据采用 BCD 码的格式，例如，若想每小时的 25 分 58 秒产生一个中断信号，那我们需要设置 RTCALM bit[1]=1、RTCALM bit[0]=1，同时设置 RTCALM bit[6]=1 以开启闹钟功能，然后将 BCD 码格式的时间数据设置到寄存器 ALMSEC、ALMMIN 中。

参考程序如下。

```
RTCALM.ALM = (1 << 6)|(1 << 0)|(1 << 1); // 使能 MINEN、SECEN 位
RTCALM.SEC = 0x58;
RTCALM.MIN = 0x25; // 每小时的 25 分 58 秒产生一次中断
```

## 9.4　程序实现

在实现滴答计时器和闹钟功能时，RTC 内部都会产生中断信号，所以我们需要给这两个中断信号进行中断初始化，并在中断处理函数中增加相应的处理程序。

滴答计时器和闹钟功能的中断 ID 可通过查看芯片手册表得到，RTC 中断 ID 如表 9-18 所示。

表 9-18　RTC 中断 ID

| SPI 号 | 中断ID | Int_I_Combiner | 中断源 |
|---|---|---|---|
| 45 | 77 | — | RTC_TIC |
| 44 | 76 | — | RTC_ALARM |

关于中断初始化的寄存器配置，我们可以参考第 7 章中的相关内容，其与按键配置不同的是，按键连接第一级中断控制器 GPX1，而 RTC 的这两个中断直接连接 GIC。

滴答计时器的中断初始化程序如下。

```
void rtc_tic(void)
{
    RTCCON = RTCCON & ( ~ (0xf << 4)) | (1 << 8);
    TICCNT = 32768;
    ICDDCR = 1; // 使能分配器
    ICDISER.ICDISER2 = ICDISER.ICDISER2 | (0x1 << 13);            // 使能相应中断到分配器
    ICDIPTR.ICDIPTR19 = ICDIPTR.ICDIPTR19 & ( ~ (0xff << 8))|(0x1 << 8); // 选择 CPU 接口
    CPU0.ICCPMR = 255;                                            // 设置中断屏蔽优先级
    CPU0.ICCICR = 1;                                              // 使能中断到 CPU
}
```

滴答计时器的清除中断程序如下。

```
RTCINTP = RTCINTP | (1 << 0);
// 清除 GIC 中断标志位
ICDICPR.ICDICPR2 = ICDICPR.ICDICPR2 | (0x1 << 13);
// 清除 CPU 中断标志位
CPU0.ICCEOIR = CPU0.ICCEOIR&( ~ (0x3ff))|irq_num;
```

闹钟的清除中断程序如下。

```
RTCINTP  = RTCINTP | (1 << 1);
// 清除 GIC 中断标志位
```

```
ICDICPR.ICDICPR2 = ICDICPR.ICDICPR2 | (0x1 << 12);
// 清除 CPU 中断标志位
CPU0.ICCEOIR = CPU0.ICCEOIR&( ~ (0x3ff))|irq_num;
```

闹钟的初始化程序如下。

```
void rtc_alarm(void)
{
    RTCALM.ALM = (1 << 6)|(1 << 0)|(1 << 1);
    RTCALM.SEC = 0x58;
    RTCALM.MIN = 0x25;  // 每小时的 25 分 58 秒产生一次中断
    ICDDCR = 1;             // 使能分配器
     // 使能相应中断到分配器
    ICDISER.ICDISER2 = ICDISER.ICDISER2 | (0x1 << 12);
    // 选择 CPU 接口
    ICDIPTR.ICDIPTR19 = ICDIPTR.ICDIPTR19 & ( ~ (0xff << 0))|(0x1 << 0);
    CPU0.ICCPMR = 255; // 设置中断屏蔽优先级
    CPU0.ICCICR = 1;    // 使能中断到 CPU
}
```

中断处理函数如下。

```
void do_irq(void)
{
    static int a = 1;
    int irq_num;
    irq_num = CPU0.ICCIAR&0x3ff; // 获取中断 ID
    switch(irq_num)
    {
      ......
        case 76:
                printf("in the alarm interrupt!\n");
                RTCINTP    = RTCINTP | (1 << 1);
                // 清除 GIC 中断标志位
                ICDICPR.ICDICPR2 = ICDICPR.ICDICPR2 | (0x1 << 12);
          break;
    case 77:
                printf("in the tic interrupt!\n");
                RTCINTP    = RTCINTP | (1 << 0);
                // 清除 GIC 中断标志位
                ICDICPR.ICDICPR2 = ICDICPR.ICDICPR2 | (0x1 << 13);
                break;
    }
    // 清除 CPU 中断标志位
    CPU0.ICCEOIR = CPU0.ICCEOIR&( ~ (0x3ff))|irq_num;
}
```

主程序如下。

```
void rtc_init(void)
{
```

```
        RTCCON = 1;
        RTC.BCDYEAR = 0x21;
        RTC.BCDMON = 0x11;
        RTC.BCDDAY = 0x11;
        RTC.BCDHOUR = 0x15;
        RTC.BCDMIN = 0x24;
        RTC.BCDSEC = 0x50;
        RTCCON = 0;
}
int main (void)
{   rtc_init();
    rtc_alarm();
    rtc_tic();
        //每隔 1s 打印一次当前时间
        while(1)
        {
            printf("%x-%x-%x %x:%x:%x\n",RTC.BCDYEAR,
            RTC.BCDMON,
            RTC.BCDDAY,
            RTC.BCDHOUR,
            RTC.BCDMIN,RTC.BCDSEC);
            delay_ms(1000);
        }
}
```

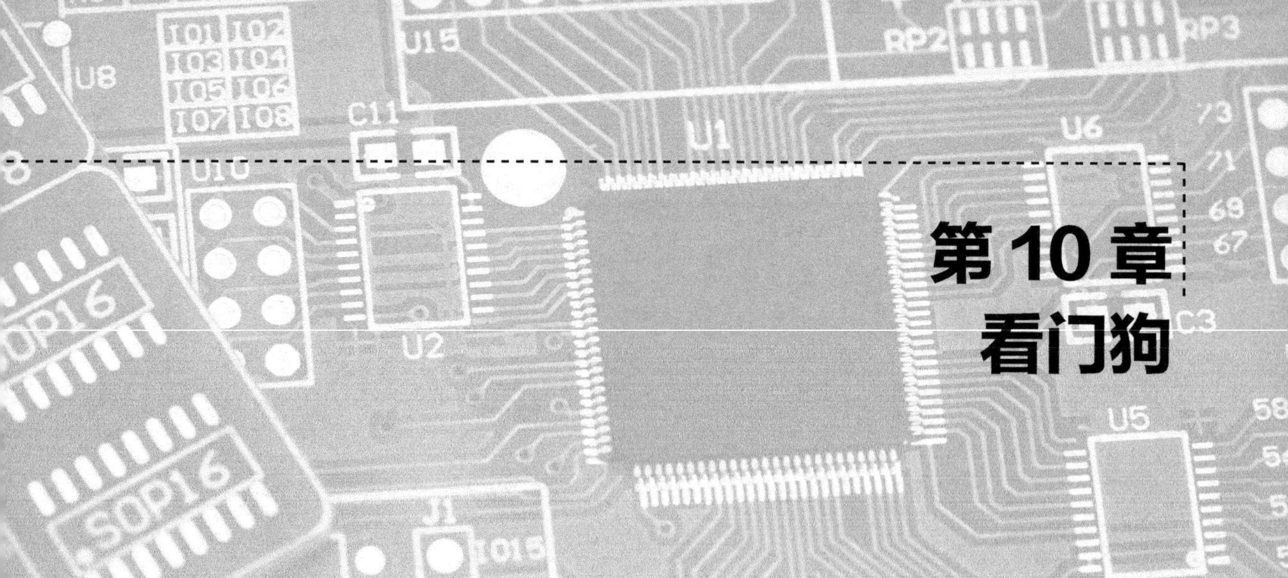

# 第10章 看门狗

WDT（看门狗）是一种定时装置，其作用是当微处理器受到干扰进入错误状态后，使系统在一定的时间间隔内复位。因此，看门狗是保证系统长期可靠和稳定运行的有效措施。目前大部分的嵌入式芯片内部集成了看门狗来提高系统运行的可靠性。

看门狗由软件读 / 写定时器相关的寄存器。打开看门狗并设定计数时间（以秒或分钟计算），若定时器计数计满，则由软件清零计数，以表明系统状态正常，这时，定时器重新开始计数，如此反复。否则，看门狗认为系统异常或有其他特定事件发生，触发系统复位信号或提供中断，当系统正常后，重复定时器计数。只要软件正常运行，就不会出现复位或触发中断现象。当软件死机或运行出错时，由看门狗对系统进行复位或触发中断操作，从而保证系统的正常运行。看门狗的定时时间可以由用户设定，这样可以根据需要在指定的时间内复位系统。

## 10.1 Exynos 4412 看门狗

Exynos 4412 内部集成了看门狗模块，它既可以用于处理器的复位操作，也可以将其作为一个通用的 16 位定时器来请求中断操作。其主要特点如下。

（1）使用通用中断方式的 16 位定时器。

（2）当计数器减到 0（发生溢出）时，产生 128 个 PCLK 周期的复位信号。

### 10.1.1 看门狗模块图

看门狗模块如图 10-1 所示。

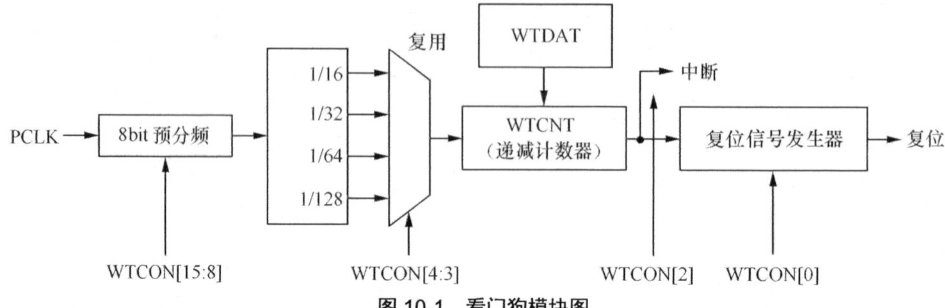

图 10-1　看门狗模块图

看门狗的时钟信号源来自 PCLK，PCLK 先被预分频，然后再进入分频器分频。分频器的预分频比例因子和分频比都可以由看门狗控制寄存器 WTCON 决定，预分频比例因子的范围为 0 ～ 255，分频比可以是 16、32、64 或 128。看门狗时钟周期的计算公式如下。

看门狗时钟周期 =1/(PCLK/ 预分频比例因子 +1)/ 分频比

### 10.1.2　工作原理

一旦看门狗被允许，则其数据寄存器 WTDAT 的值就不能被自动地装载到计数寄存器 WTCNT 中。因此，看门狗启动前要将一个初始值写入计数寄存器 WTCNT 中。

当 Exynos 4412 采用 ICE（一种硬件调试方法）调试时，看门狗的复位功能不被启动，其能从 CPU 内核信号判断当前 CPU 是否处于调试状态。如果看门狗确定当前模式是调试模式，尽管会产生溢出信号，但仍然不会产生复位信号。

每经过一个时钟周期，看门狗计数寄存器 WTCNT 中的值将减 1，当 WTCNT 中的值变为 0 时，开始执行超时操作，首先判断看门狗控制寄存器 WTCON[2] 的设置情况，如果为 1，则产生中断信号，引起系统中断；如果为 0，则不做任何操作，进入复位信号发生器。如果 WTCON[0] 为 1，则产生控制器复位信号，否则不做任何操作。每次超时操作之后，WTCON 会自动加载 WTDAT 中的用户设置值，继续执行递减操作。

## 10.2　驱动编写

### 10.2.1　看门狗软件程序设计流程

看门狗是对系统的复位或中断的操作，不需要外围的硬件电路。要实现看门狗的功能，只需要对看门狗的寄存器组进行操作，即设置其控制寄存器 WTCON、数据寄存器 WTDAT、计数寄存器 WTCNT。程序设计通用流程如下。

（1）设置看门狗的中断操作，包括使能全局中断和看门狗中断及定义看门狗的中断向量，如果只是进行复位操作，则不用设置这一步。

（2）设置看门狗控制寄存器 WTCON，包括设置预分频比例因子、分频比、中断使能和复位使能等。

（3）设置看门狗数据寄存器 WTDAT 和看门狗计数寄存器 WTCNT。

（4）启动看门狗。

### 10.2.2　看门狗寄存器设置

看门狗寄存器组的基地址为 0x1006_000，下面详细讲解看门狗寄存器的使用原理。

1. WTCON

WTCON 为看门狗的控制寄存器，它用于设置是否允许看门狗超时复位、是否产生中断、是否使能看门狗，以及设置分频比和预分频等功能，其说明如表 10-1 所示。

表 10-1　WTCON 的说明

| 名称 | bit | 类型 | 描述 | 重置值 |
|---|---|---|---|---|
| 保留 | [31:16] | — | 保留 | 0 |
| 预分频 | [15:8] | RW | 预分频比例因子的取值范围为0～255 | 0x80 |
| 保留 | [7:6] | — | 保留，该位在正常模式下必须为00 | 0 |
| WDT定时器 | [5] | RW | 使能禁用 WDT：<br>0 = 禁用；<br>1 = 使能 | 1 |
| 分频比 | [4:3] | RW | 分频器的分频比：<br>00 = 16；<br>01 = 32；<br>10 = 64；<br>11 = 128 | 0 |
| 中断产生 | [2] | RW | 是否允许中断产生：<br>0 = 禁用；<br>1 = 使能 | 0 |
| 保留 | [1] | — | 保留，该位在正常模式下必须为00 | 0 |
| 复位使能/禁用 | [0] | RW | 是否允许WDT复位操作：<br>0 = 禁用；<br>1 = 定时器超时，挂起中断信号 | 1 |

举例如下。

（1）设置看门狗模块：启用看门狗并开启复位功能、允许中断、分频比为 16、开启看门狗、预分频比例因子为 249，程序如下。

```
WDT.WTCON = (249 << 8) | (1 << 5) | (1 << 2)|(1 << 0);
```

（2）将看门狗作为普通定时器使用。如果用户想把看门狗当作一般定时器使用，则应该设置中断使能，禁止看门狗复位，程序如下。

```
WDT.WTCON = (249 << 8) | (1 << 5) | (1 << 2);
```

### 2．WTDAT

WTDAT 为看门狗数据寄存器，其说明如表 10-2 所示。

表 10-2　WTDAT 的说明

| 名称 | bit | 类型 | 描述 | 重置值 |
|---|---|---|---|---|
| 保留 | [31:16] | — | 保留 | 0 |
| 重载计数值 | [15:0] | RW | WDT 重载计数值 | 0x8000 |

WTDAT 用于指定超时时间，当看门狗禁用复位功能并打开中断使能后，此时看门狗就是一个普通的定时器，使用方法和普通定时器一样。当使用复位功能后，由于 WTCNT 的值减到 0 时，系统就会复位，所以 WTDAT 的值不能加载到看门狗计数寄存器 WTCNT 中。

复位后初始值为 0x8000。

3．WTCNT

WTCNT 为看门狗计数寄存器，说明如表 10-3 所示。

表 10-3　WTCNT 的说明

| 名称 | bit | 类型 | 描述 | 重置值 |
| --- | --- | --- | --- | --- |
| 保留 | [31:16] | — | 保留 | 0 |
| 当前计数值 | [15:0] | RW | WDT 当前计数值 | 0x8000 |

一旦使能看门狗之后，数据寄存器 WTDAT 中的值便不能自动加载到 WTCNT 寄存器中，因此，在看门狗使能之前，必须先赋初始值给 WTCNT。

4．WTCLRINT

WTCLRINT 为看门狗清除中断寄存器。中断处理程序在中断处理之后负责清除相应的中断，向该寄存器写入任意值则可清除中断。

## 10.2.3　程序实现

设置看门狗的核心程序如下。

```
void do_irq(void)
{
    static int a = 1;
    int irq_num;
    irq_num = CPU0.ICCIAR&0x3ff; // 获取中断 ID
    switch(irq_num)
    {
        case 75:
                printf( "in the WDT interrupt!\n" );
              //WDT.WTCNT = 25000; // 喂狗
                WDT.WTCLRINT = 0;
                ICDICPR.ICDICPR2 = ICDICPR.ICDICPR2 | (0x1 << 11); // 清除 GIC 中断标志位
                break;
    }
    CPU0.ICCEOIR = CPU0.ICCEOIR&( ~ (0x3ff))|irq_num;           // 清除 CPU 中断标志位
}
void wdt_init(void)
{
    WDT.WTCON = (249 << 8) | (1 << 5) | (1 << 2)|(1 << 0);     // 复位使能
    //WDT.WTCON = (249 << 8) | (1 << 5) | (1 << 2);            // 关闭复位使能
    WDT.WTDAT = 25000;
    ICDDCR = 1; // 使能分配器
    ICDISER.ICDISER2 = ICDISER.ICDISER2 | (0x1 << 11);     // 使能相应中断到分配器
    ICDIPTR.ICDIPTR18 = ICDIPTR.ICDIPTR18 & ( ~ (0xff << 24))|(0x1 << 24); // 选择 CPU 接口
    CPU0.ICCPMR = 255; // 设置中断屏蔽优先级
    CPU0.ICCICR = 1;    // 使能中断到 CPU
}
```

主函数程序如下。

```
int main (void)
{
        wdt_init();
        printf( "hello reset!\n" );
        while(1)
        {
           WDT.WTCNT = 25000;
           mydelay_ms(100);
        }
      return 0;
}
```

如果将主函数程序修改如下，会出现什么现象？

```
int main (void)
{
        wdt_init();
        printf( "hello reset!\n" );
        while(1)
        {
              //WDT.WTCNT = 25000; // 一旦停止"喂狗"，系统就复位
              mydelay_ms(100);
        }
   return 0;
}
```

注释"WDT.WTCNT = 25000;"，超时后系统就会复位，这就好比"喂狗"，当停止"喂狗"，狗就会饥饿，所以我们通常将向寄存器 WTCNT 赋值比作"喂狗"。

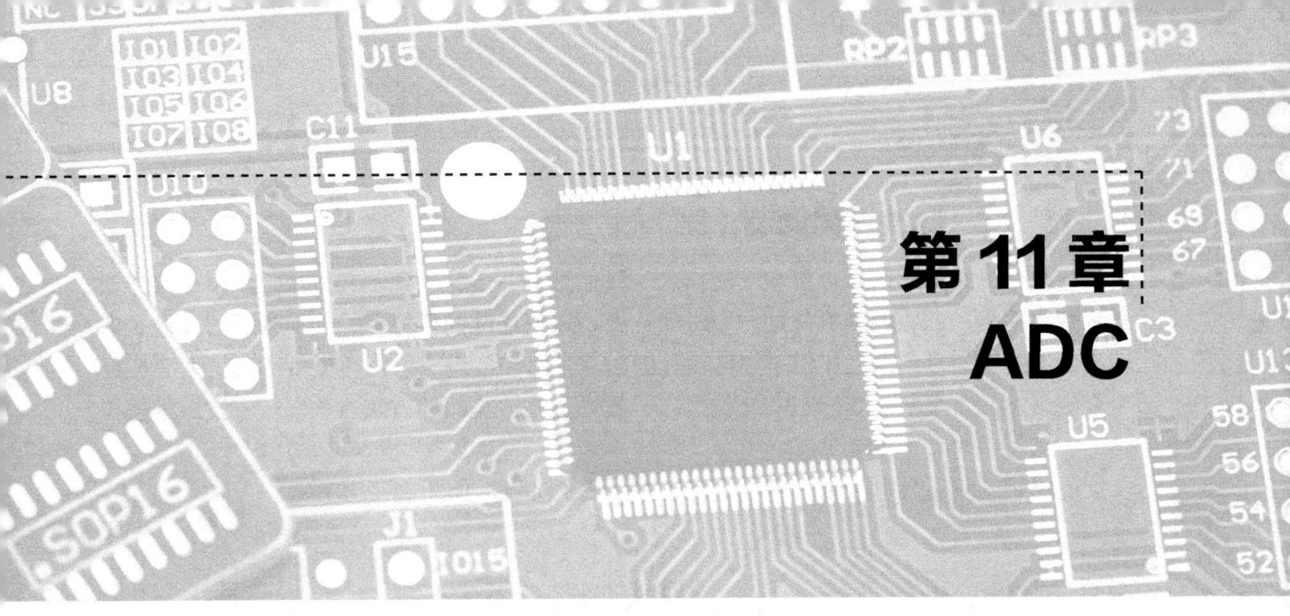

# 第 11 章 ADC

ADC（模数转换器）是指将连续变化的模拟信号转换为离散数字信号的器件。例如，将温度、压力、声音或图像等模拟信号转换成更容易储存、处理和发射的数字形式信号。ADC 的应用比较广泛，市场上的电子产品大多需要传感器来采集数据，其内部绝大多数包含 ADC。新兴的智能硬件产品中都可以找到 ADC 的身影。与之相对应的 DAC（数模转换器），它的功能为数模转换，数模转换是数模转换的逆向过程。

## 11.1 信号基础知识

### 11.1.1 信号分类

信号主要分为模拟信号和数字信号。

（1）模拟信号

模拟信号主要是与离散的数字信号相对的连续信号。模拟信号分布于自然界的各个角落，如每天温度的变化数据，而数字信号是人为的、抽象的、在时间上不连续的信号。电学中的模拟信号主要是指幅度和相位都连续的电信号，此信号可以通过模拟电路进行各种运算，如放大、相加、相乘等。

模拟信号是指用连续变化的物理量表示的信息，信号的幅度、频率或相位随时间连续变化，如声音、图像等信号。

（2）数字信号

数字信号的幅度取值是离散的，幅值被限制在某范围。二进制码就是一种数字信号，如图 11-1 所示。二进制码受噪声的影响小、易处理，所以得到了广泛的应用。

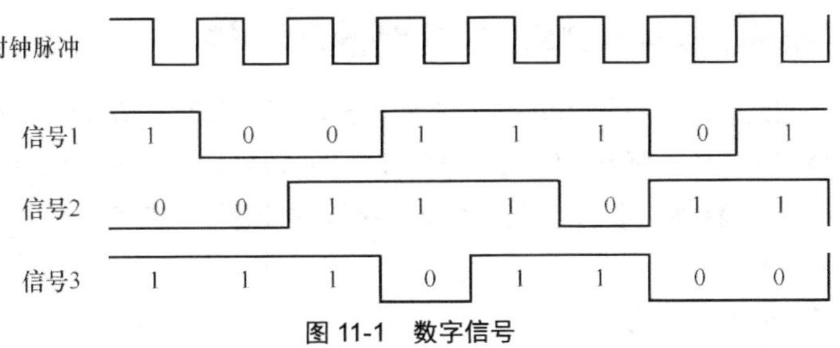


图 11-1 数字信号

### 11.1.2 脉冲编码调制（PCM）

模拟信号和数字信号可以相互转换。一般通过 PCM（脉码调制）方法，将模拟信号量化为数字信号，脉码调制就是把一个时间连续、取值连续的模拟信号转换为时间离散、取值离散的数字信号，然后在信道中传输。例如，采用 8bit 编码可将模拟信号量化为 $2^8$=256 个量级，实际常采取 24bit 或 30bit 编码。一般通过载波移相的方法将数字信号转换为模拟信号。

脉码调制包括模拟信号采样、量化、编码 3 个阶段，如图 11-2 所示。

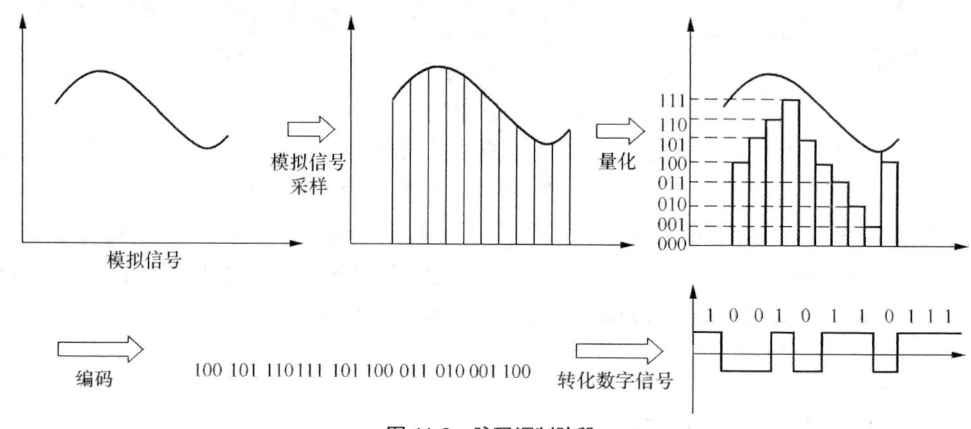


图 11-2 脉码调制阶段

（1）采样

采样是指对模拟信号进行周期性的扫描，把时间上连续的信号变成时间上离散的信号。模拟信号经过采样后还应当包含原始信号中的所有信息，也就是说采样后的信号能无失真地恢复为原模拟信号。

（2）量化

量化是指把经过抽样得到的信号瞬时幅度值离散，即用一组规定的电平，把抽样瞬时值用最接近它的电平值来表示，通常用二进制数表示。

（3）编码

编码是指用一组二进制数来表示每一个有固定电平的量化值。然而，实际上量化是与编码同时完成的，因此编码过程也被称为模数（A/D）转换。

## 11.2 Exynos 4412 ADC控制器

### 11.2.1 Exynos 4412 ADC 控制器的特性

Exynos 4412 ADC 控制器是 10 bit 或 12 bit CMOS 再循环式模数转换器，它具有 10 个输入通道，并可将模拟量转换至 10 bit 或 12 bit 二进制数。5MHz A/D 转换时钟的最大转换速度为 1MS/s。A/D 转换具备片上采样保持功能，同时也支持待机工作模式。

ADC 接口包括如下特性。

（1）10 bit/12 bit 精度可选。

（2）微分误差为 ±2.0LSB。

（3）积分误差为 ±4.0LSB。

（4）最大转换速度为 1Mbit/s。

（5）功耗少，电压输入为 1.8V。

（6）电压输入范围 0 ～ 1.8V。

（7）支持片上采样保持功能。

（8）支持通用转换模式。

Exynos 4412 有两个 ADC 模块，分别为通用 ADC 和 MTCADC_ISP，用户可以通过寄存器 ADC_CFG 的 bit[16] 来选择采用的模块，本节采用通用 ADC，通用 ADC 模块如图 11-3 所示。

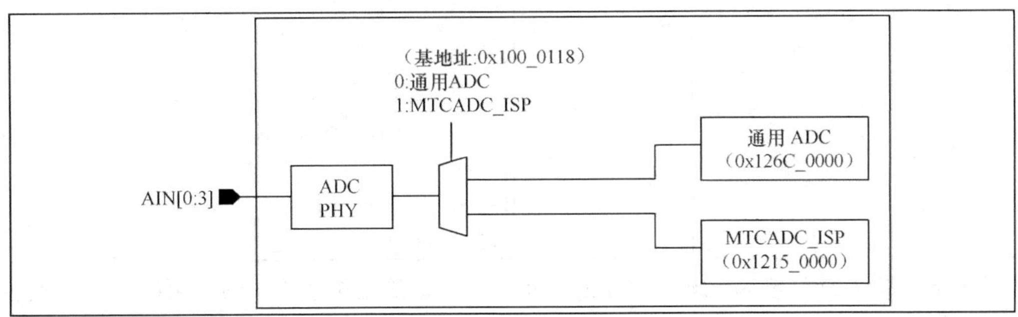


图 11-3　通用 ADC 模块

## 11.2.2　ADC 控制器寄存器

ADC 控制器寄存器组的通用 ADC 模块基地址为 0x126C0000。下面详细讲解 ADC 控制器寄存器使用原理。

### 1. ADCCON

ADCCON 是 A/D 控制寄存器。主要功能包括 A/D 转换使能、读触发转换、设置待机模式、设置预分频值、预分频使能、查询转换结束、设置 A/D 转换精度，说明如表 11-1 所示。

表 11-1　ADCCON 的说明

| 名称 | bit | 类型 | 描述 | 重置值 |
|---|---|---|---|---|
| RES | [16] | RW | 设置A/D转换精度：<br>0 = 1024；<br>1 = 4096 | 0 |
| ECFLG | [15] | RW | 查询转换是否结束：<br>0 = 转换中；<br>1 = 转换完毕 | 0 |
| PRSCEN | [14] | RW | A/D转换预分频是否使能：<br>0 = 禁止；<br>1 = 使能 | 0 |
| PRSCVL | [13:6] | RW | 预分频的值: 19～255 | 0xff |
| 保留 | [5:3] | — | 保留 | 0 |

续表

| 名称 | bit | 类型 | 描述 | 重置值 |
|---|---|---|---|---|
| STANDBY | [2] | RW | 设置待机模式：<br>0 = 正常工作模式；<br>1 = 待机模式。<br>处于待机模式时，设置bit[14]=0以降低电源功耗 | 1 |
| READ_START | [1] | RW | A/D转换由读操作触发，设置为1后，每次读取A/D值的操作都会触发一次A/D转换：<br>0 = 禁用；<br>1 = 使能 | 0 |
| ENABLE_START | [0] | RW | 单次开启A/D转换，转换完毕后该位自动清零，bit[1]=1时，该位无效：<br>0 = 无操作；<br>1 = A/D 开启转换并且该位在转换启动后会自动清除 | 0 |

假定设置 A/D 精度为 12bit（划分为 4096 份）、正常工作模式、预分频值为 99、读操作触发转换，参考程序如下。

```
ADCCON =(1 << 16 | 1 << 14 | 99 <<6 | 1 << 1);
```

2．ADCDAT

ADCDAT 是 A/D 转换数据寄存器，最终转换的结果存于该寄存器，说明如表 11-2 所示。

表 11-2　ADCDAT 的说明

| 名称 | bit | 类型 | 描述 | 重置值 |
|---|---|---|---|---|
| DATA | [11:0] | R | A/D转换结果：<br>数据取值范围为0x0～0xfff | — |

该寄存器的值只有低 12bit 有效，设置数据取值范围参考程序如下。

```
adc_num = ADCDAT&0xfff;
```

3．CLRINTADC

CLRINTADC 是 A/D 清除中断寄存器，中断函数负责清除中断，中断结束后向 CLRINTADC 写入任意值就可以清除中断。

4．ADCMUX

ADCMUX 是 A/D 通道选择寄存器，说明如表 11-3 所示。

表 11-3　ADCMUX 的说明

| 名称 | bit | 类型 | 描述 | 重置值 |
|---|---|---|---|---|
| SEL_MUX | [3:0] | RW | 选择模拟输入通道：<br>0000 = AIN 0；<br>0001 = AIN 1；<br>0010 = AIN 2；<br>0011 = AIN 3 | 0 |

A/D 控制器 4 个通道共用同一套寄存器，所以每次操作都要先设置通道号。选择通道 3（AIN3），参考程序如下。

```
ADCMUX=0x3;
```

### 5．ADC 中断 ID

ADC 中断 ID 通过查看用户手册可得，中断 ID 如表 11-4 所示。

表 11-4　ADC 中断 ID

| SPI 号 | 中断ID | Int_I_Combiner | 中断源 | 中断来源 |
|---|---|---|---|---|
| 10 | 42 | IntG10_3 | ADC | 通用ADC |

ADC 中断 ID 为 42，对应的 SPI ID 为 10。

## 11.2.3　中断组合器

ADC 的中断线并不是直接连接 GIC 的，而是先连接中断组合器（Interrupt Combiner），经过其控制之后再将信号发送到 GIC。ADC 如果采用中断模式，必须先配置中断组合器，中断组合器的内部组成如图 11-4 所示。

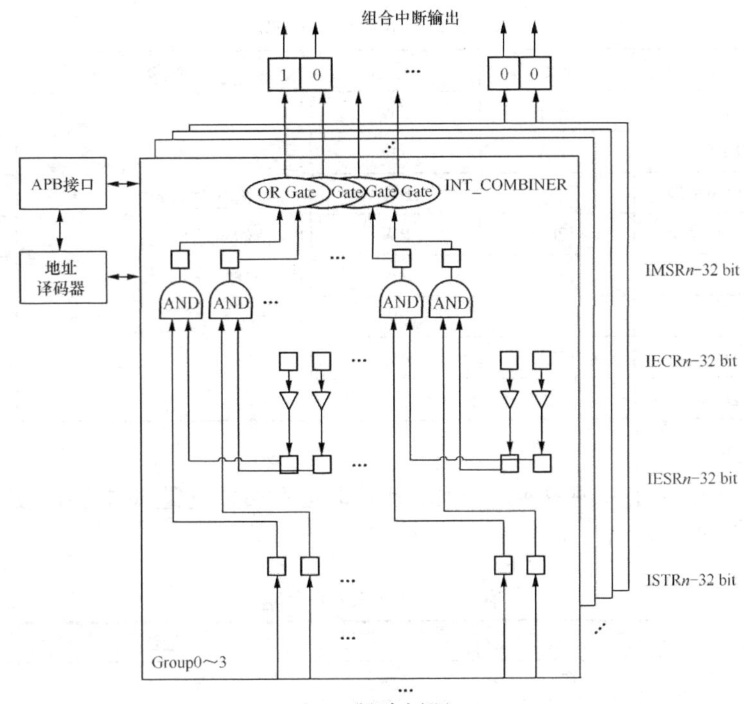


图 11-4　中断组合器的内部组成

中断组合器将左右的中断源分为 19 组进行管理，每组的中断源共用一个中断 ID，由 4 组寄存器分别配置管理：IMSR*n*（中断掩码状态寄存器）、IECR*n*（中断使能清除寄存器）、IESR*n*（中断使能设置寄存器）、ISTR*n*（中断状态寄存器）（*n*=0 ～ 3）。每组寄存器管理若干组的中断源。

中断组合器分组如表 11-5 所示。

表 11-5　中断组合器中的中断组

| 中断组合器ID | 中断源名称 | bit | 中断源 | 中断来源 |
|---|---|---|---|---|
| INTG10 | DMC1/DMC0/MIU/L2CACHE | [7] | DMC1_PPC_PEREV_M | DMC1 |
| | | [6] | DMC1_PPC_PEREV_A | |
| | | [5] | DMC0_PPC_PEREV_M | DMC0 |
| | | [4] | DMC0_PPC_PEREV_A | |
| | | [3] | ADC | 通用ADC |
| | | [2] | L2CACHE | L2 Cache |
| | | [1] | RP_TIMER | RP |
| | | [0] | GPIO_AUDIO | Audio_SS |

ADC 的中断组合器 ID 为 INTG10，即第 10 组，可通过寄存器 IMSR2、IECR2、IESR2、ISTR2 配置相应功能，此处介绍使能中断和关闭中断的相关寄存器。

### 1．IESR2

寄存器 IESR2 用于使能中断。ADC 由寄存器 IESR2 的 bit[19] 控制中断，如果要使能 ADC 中断模式，则设置 bit[19]=1 即可，IESR2 的说明如表 11-6 所示。

表 11-6　IESR2 的说明

| 名称 | bit | 类型 | 描述 | 重置值 |
|---|---|---|---|---|
| DMC1_PPC_PEREV_M | [23] | RW | 写入：<br>0 = 不做任何操作；<br>1 = 使能中断位。<br>读取当前中断使能状态：<br>0 = 屏蔽；<br>1 = 使能 | 0 |
| DMC1_PPC_PEREV_A | [22] | RW | | 0 |
| DMC0_PPC_PEREV_M | [21] | RW | | 0 |
| DMC0_PPC_PEREV_A | [20] | RW | | 0 |
| ADC | [19] | RW | | 0 |
| L2CACHE | [18] | RW | | 0 |
| RP_TIMER | [17] | RW | | 0 |
| GPIO_AUDIO | [16] | — | | 0 |

### 2．IECR2

寄存器 IECR2 用于关闭中断，采用默认值即可，如果设置 bit[19]=1，那么中断功能就被关闭了，说明如表 11-7 所示。

表 11-7　IECR2 的说明

| 名称 | bit | 类型 | 描述 | 重置值 |
|---|---|---|---|---|
| DMC1_PPC_PEREV_M | [23] | RW | 写入：<br>0 = 不做任何操作；<br>1 = 清除中断使能位<br>读取当前中断使能状态：<br>0 = 屏蔽；<br>1 = 使能 | 0 |
| DMC1_PPC_PEREV_A | [22] | RW | | 0 |
| DMC0_PPC_PEREV_M | [21] | RW | | 0 |
| DMC0_PPC_PEREV_A | [20] | RW | | 0 |
| ADC | [19] | RW | | 0 |
| L2CACHE | [18] | RW | | 0 |
| RP_TIMER | [17] | RW | | 0 |
| GPIO_AUDIO | [16] | — | | 0 |

### 11.2.4　A/D 转换时间计算

例如，PCLK 为 100MHz，预分频值为 99，输入 ADC 的频率：

```
100MHz/(99+1) = 1MHz
```

则转化时间：

```
1/(1MHz/5) = 5us
```

完成一次 A/D 转换需要 5 个时钟周期。ADC 的最大工作时钟频率为 5MHz，所以最大采样率可以达到 1Mbit/s。

## 11.3　程序实现

### 11.3.1　参考电路

ADC 的中断线连接示意图如图 11-5 所示。

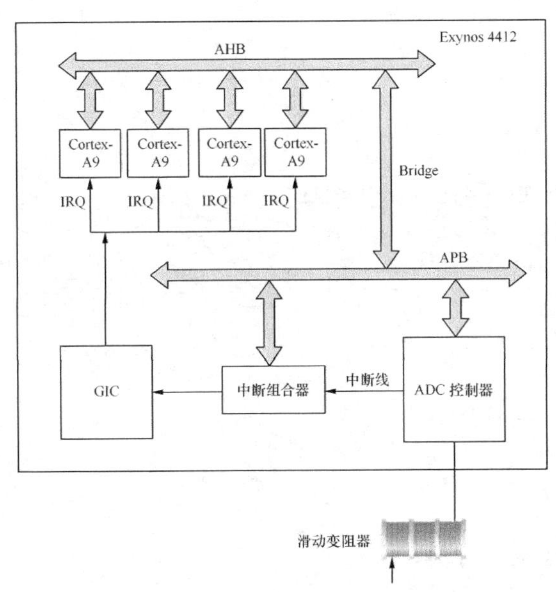


图 11-5　ADC 的中断线连接示意图

滑动变阻器（$V = 0 \sim 1.8\text{V}$）连接 ADC 控制器的通道 3，ADC 负责对输入的电压模拟值进行采样。ADC 控制器集成在 Exynos 4412 SoC 中，控制器内部有一根中断线连接中断组合器，然后路由到 GIC，GIC 通过分配器将中断信号送到指定 CPU。

滑动变阻器参考电路如图 11-6 所示。

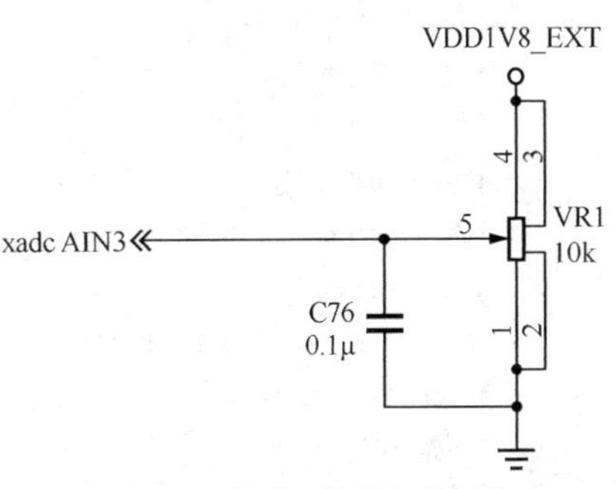


图 11-6　滑动变阻器参考电路

该电路中，外设是一个滑动变阻器，输入的电压范围为 0 ～ 1.8V。该电路利用一个电位计输出电压到 Exynos 4412 的 AIN3 引脚，所以滑动变阻器连接的 A/D 控制器通道为 3。

### 11.3.2 程序实现

ADC 数据的读取通常有两种方法：轮询模式、中断模式。

#### 1．轮询模式

轮询模式读取数据步骤如下。

（1）首先向 ADC 寄存器 ADCCON 的 bit[1] 写入 1，发送转换命令，采用读启动模式来开启转换。

（2）当 ADC 控制器转换数据完毕，硬件会自动将 ADCCON 的 bit[15] 设置为 1。

（3）轮询检测 ADCCON 的 bit[15] 是否被设置为 1，如果为 1，就读取数据，否则继续等待。

参考程序如下。

```
#define  ADC_CFG  __REG(0x10010118)
#define  ADCCON  __REG(0x126C0000)
#define  ADCDLY  __REG(0x126C0008)
#define  ADCDAT  __REG(0x126C000C)
#define  CLRINTADC  __REG(0x126C0018)
#define  ADCMUX  __REG(0x126C001C)
unsigned char table[10] = {'0','1','2','3','4','5','6','7','8','9'};
adc_init(int temp)
{
 ADCCON = (1 << 16 | 1 << 14 | 99 <<6 | 1 << 1);
 ADCMUX = 3;
 temp = ADCDAT & 0xfff;
}
int main (void)
{
 unsigned char bit4,bit3,bit2,bit1;
 unsigned int temp = 0;
 while(1)
 {
   while(!(ADCCON & 0x8000));
   temp = ADCDAT & 0xfff;
   printf("U = %d\n",temp);
   temp = 1.8 * 1000 * temp/0xfff;
   bit4 = temp /1000;
   putc(table[bit4]);
   bit3 = (temp % 1000)/100;
   putc(table[bit3]);
   bit2 = ((temp % 1000)%100)/10;
   putc(table[bit2]);
   bit1 = ((temp % 1000)%100)%10;
   putc(table[bit1]);
   puts("mV");
   putc('\n');
```

```
    mydelay_ms(1000);
  }
  return 0;
}
```

### 2. 中断模式

中断模式读取数据步骤如下。

（1）首先向 ADC 寄存器 ADCCON 的 bit[0] 写入 1，发送转换命令。

（2）当 ADC 控制器转换数据完毕，中断线向 CPU 发送中断信号。

（3）使用中断处理函数读取数据，并清除中断。

核心程序如下。

```
void do_irq(void)
{
        int irq_num;
        irq_num = CPU0.ICCIAR &0x3ff;
        switch(irq_num)
        {
            case 42:
                    adc_num = ADCDAT&0xfff;
                    printf("adc = %d\n",adc_num);
                    CLRINTADC = 0;
        // IECR2 = IECR2 | (1 << 19); 一旦设置该位，ADC 只会执行一次转换
                    ICDICPR.ICDICPR1 = ICDICPR.ICDICPR1 | (1 << 10);
                    break;
        }
        CPU0.ICCEOIR = CPU0.ICCEOIR & ( ~ 0x3ff) | irq_num;
}
void adc_init(void)
{
        ADCCON = (1 << 16) | (1 << 14) | (0xff << 6) | (1 << 0);
        ADCMUX = 3;
}
void adcint_init(void)
{
        IESR2 = IESR2 | (1 << 19);
        ICDDCR = 1;
        ICDISER.ICDISER1 = ICDISER.ICDISER1 | (1 << 10);
        ICDIPTR.ICDIPTR10 = ICDIPTR.ICDIPTR10 &( ~ (0xff << 16)) | (0x1 << 16);
        CPU0.ICCPMR = 255;
        CPU0.ICCICR = 1;
}
int main (void)
{
    adc_init();
```

```
        adcint_init();
        while(1)
        {
                ADCCON = ADCCON | 1;
                delay_ms(1000);
        }
    return 0;
}
```

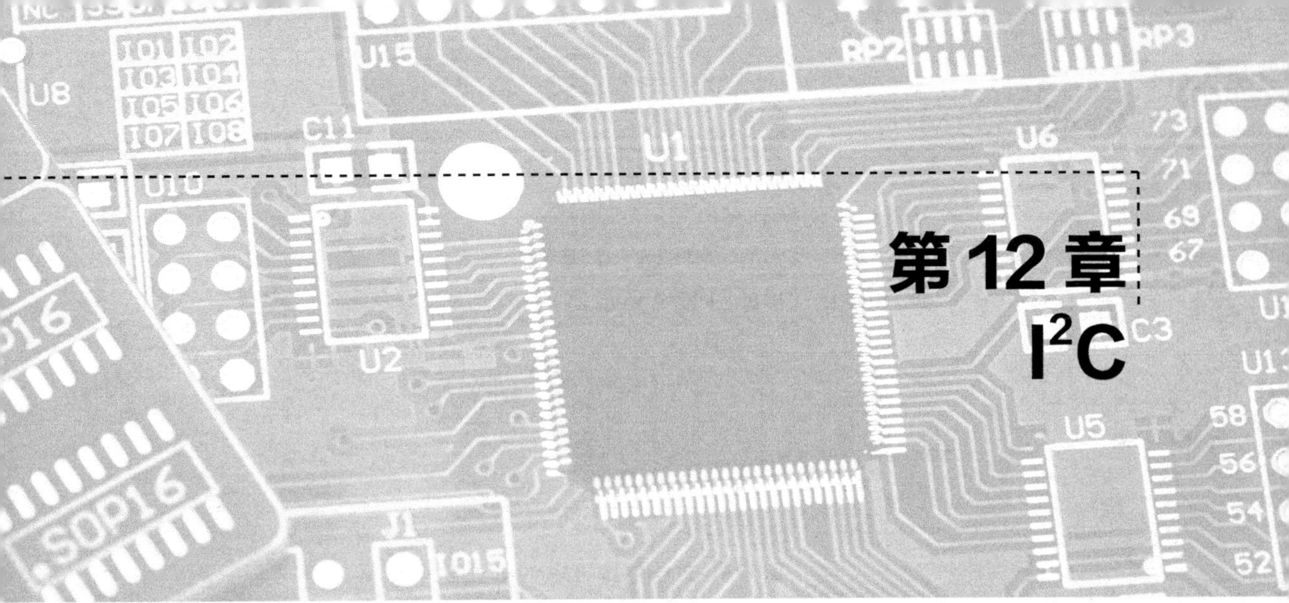

# 第 12 章 $I^2C$

$I^2C$ 总线是由 PHILIPS 公司开发的两线式串行总线，用于连接微控制器及外设，是微电子通信控制领域广泛采用的一种总线标准。它具有接口线少、控制方式简单、器件封装体积小、通信速率较高等优点。

## 12.1 $I^2C$总线

$I^2C$ 总线仅需要 SDA（串行数据线）和 SCL（串行时钟线）引脚，这两条数据线需要接上拉电阻。使用 $I^2C$ 总线可以将多个从设备连接到单个主设备，并且还可以用多个主设备控制一个或多个从设备。主设备、从设备连接拓扑结构如图 12-1 所示。

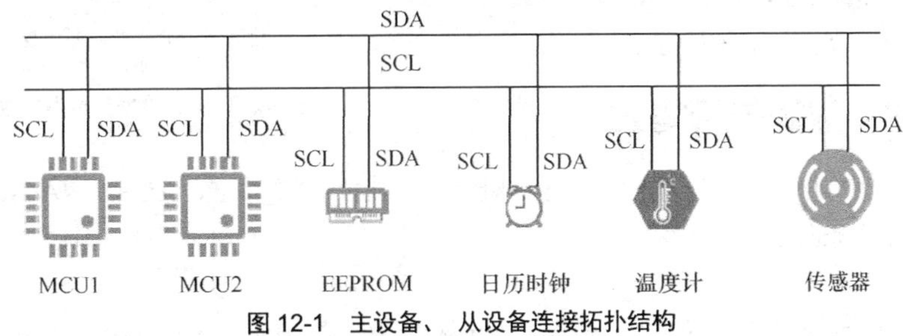

图 12-1 主设备、从设备连接拓扑结构

### 12.1.1 开始条件和停止条件

每一次通信都必须由主设备发起，当主设备决定开始通信时，需要发送开始（S）信号，执行以下动作。

（1）空闲时，SCL 默认是高电平。

（2）将 SDA 从高电平切换到低电平。

（3）将 SCL 从高电平切换到低电平。

在主设备发送开始信号之后，所有从设备即使处于睡眠状态也将变为活动状态，并等待接收地址位。

当双方决定结束通信时，需要发送停止（P）信号，执行以下动作。

（1）将 SDA、SCL 设置为低电平。

（2）将 SCL 从低电平切换到高电平。

（3）将 SDA 从低电平切换到高电平。

在停止信号发出之后，$I^2C$ 总线立即处于空闲状态。

信号传输的开始和停止过程如图 12-2 所示。

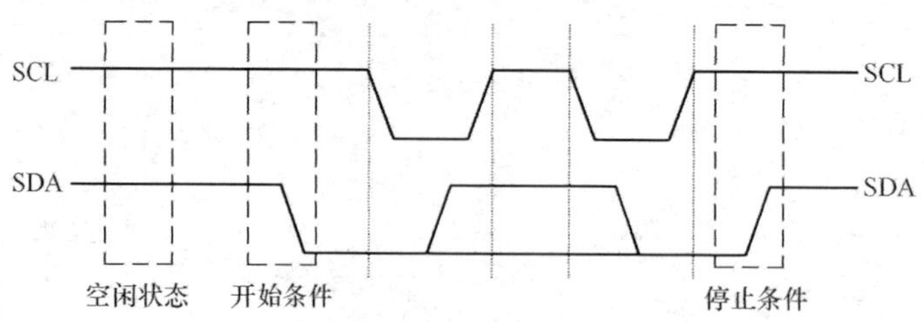


图 12-2　信号传输的开始和停止过程

当 Exynos 4412 的 $I^2C$ 总线接口空闲时，它往往工作在从设备模式。或者说，Exynos 4412 的 $I^2C$ 总线接口在 SDA 察觉到一个起始信号之前应该工作在从设备模式。当控制器改变 Exynos 4412 的 $I^2C$ 接口的工作模式为主设备模式后，SDA 发起数据传输并且控制器会使 SCL 传输时钟信号。

开始信号使 SDA 进行串行数据传输，停止信号用于终止数据传输。主设备端产生开始和停止信号。当主设备产生一个开始信号后，$I^2C$ 总线将进入工作状态。

## 12.1.2　数据有效性

SDA 上的数据必须在时钟的高电平周期保持稳定。SCL 的时钟信号为低电平时才能改变数据的状态，$I^2C$ 总线的数据传输才具有有效性，如图 12-3 所示。

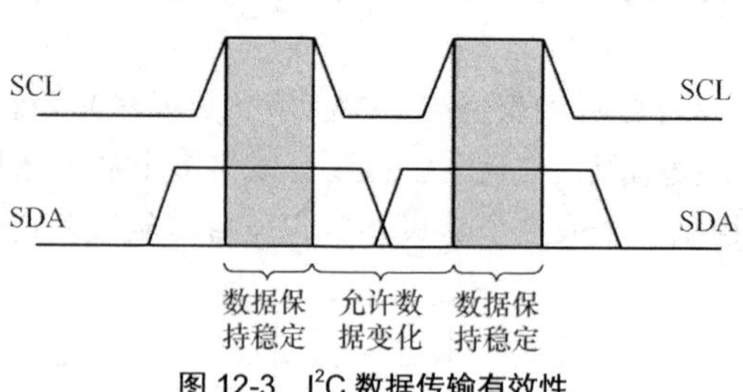


图 12-3　$I^2C$ 数据传输有效性

## 12.1.3　数据传输格式

介绍数据格式前，需要理解几个基本概念：地址位、读写位、ACK / NACK、$I^2C$ 总线仲裁机制和停止条件。

### 1．地址位

通常地址位数据占 7bit，如果主设备需要向从设备发送 / 接收数据，首先要发送对应从设备的地址，然后才会匹配总线上挂载的从设备的地址并进行数据传输（$I^2C$ 总线还支持 10bit 寻址）。

### 2．读写位

当一个主设备发送了一个开始信号后，它紧接着必须发送一个从设备地址以通知总线上的从设备。这个地址数据的高 7bit 表示从设备地址，最低位表示数据传输的方向，即主设备将要进行的是读还是写。

（1）如果主设备需要将数据发送到从设备，则设置该位为 0。

（2）如果主设备需要接收从设备的数据，则设置该位为 1。

### 3．ACK / NACK

主设备每次发送完数据之后会等待从设备的应答信号 ACK，数据传输波形如图 12-4 所示。

（1）在第 9 个时钟信号，如果从设备发送应答信号 ACK，则 SDA 电平会被拉低。

（2）若没有应答信号 NACK，则 SDA 会输出为高电平，这过程会造成主设备重启或停止运行。

如图 12-4 所示，为了完成 1byte 数据的传输，接收方将发送一个应答信号给发送方。应答信号出现在 SCL 的时钟周期中的第 9 个周期，为了发送或接收 1byte 的数据，主设备会产生 8 个时钟周期，为了传输一个 ACK，主设备需要产生一个时钟脉冲。在 ACK 时钟脉冲到来之际，发送方会在 SDA 上设置高电平以释放 SDA。在 ACK 时钟脉冲之间，接收方会驱动 SDA 保持为低电平。

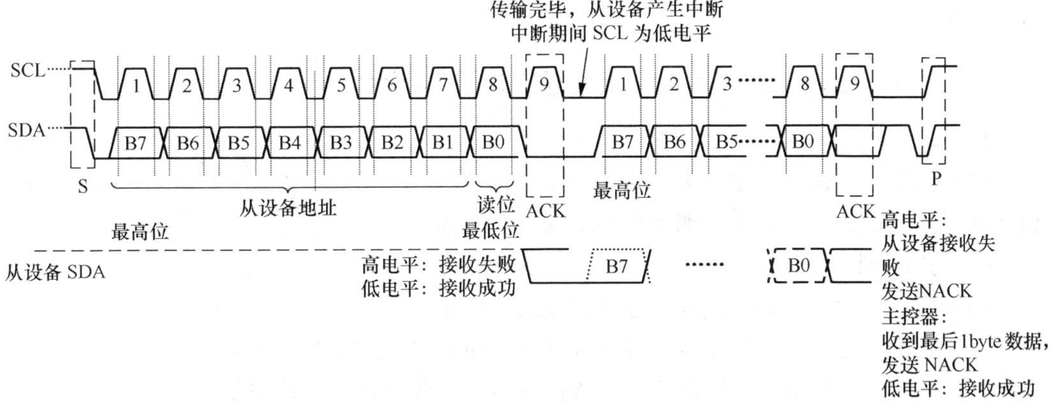


图 12-4 数据传输波形

应答信号为低电平时，该位为有效应答位（ACK），表示接收器已经成功地接收 1byte 字节数据；应答信号为高电平时，该位为非应答位（NACK），一般表示接收器接收 1byte 数据没有成功。在反馈有效应答位的要求时，接收器在第 9 个时钟脉冲之前将 SDA 电平拉低，并且确保在该时钟周期为稳定的低电平。

如果接收器是主控器，则在它收到最后 1byte 数据后，发送一个 NACK，以通知被控发送器数据发送已结束，并释放 SDA，以便主控接收器发送一个停止信号。

**4．I²C 总线仲裁机制**

I²C 总线上可能挂接有多个器件，有时会发生两个或多个主器件同时想占用总线的情况，这种情况叫作总线竞争。I²C 总线具有多主控能力，可以对发生在 SDA 上的竞争进行仲裁，仲裁原则为当多个主器件同时想占用总线时，如果某个主器件发送高电平信号，而另一个主器件发送低电平信号，则发送的电平与此时 SDA 电平不符的那个器件将自动关闭其输出级。I²C 总线竞争的仲裁是在两个层次上进行的，首先是地址位的比较，如果主器件寻址同一个从器件，则进入数据位的比较，从而确保了竞争仲裁的可靠性。由于仲裁是利用 I²C 总线上的信息进行的，因此不会造成信息的丢失。

**5．停止条件**

当一个从设备接收器不能识别从地址时，它将保持 SDA 为高电平。在这种情况下，主设备会产生一个停止信号并且取消数据的传输。当终止数据传输后，主设备接收器会通过取消 ACK 以告诉从设备发送器结束发送操作。这将在主设备接收器接收从设备端发送器发送的最后一个字节之后发生，为了让主设备产生一个停止信号，从设备端发送器将释放 SDA。

# 12.2 Exynos 4412 I²C控制器

## 12.2.1 Exynos 4412 I²C 控制器概述

Exynos 4412 支持 4 个 I²C 总线控制器。为了能使连接在总线上的主设备和从设备间传输数据，其使用专用的 SDA 和 SCL。

Exynos 4412 的 $I^2C$ 总线控制器遵循标准的 $I^2C$ 总线仲裁机制去实现多主设备间和多从设备间的数据传输。通过控制如下寄存器以实现 $I^2C$ 总线上的多主设备操作：控制寄存器（I2CCON）、状态寄存器（I2CSTAT）、移位寄存器（I2CDS）、地址寄存器（I2CADD）。

## 12.2.2 Exynos 4412 $I^2C$ 总线接口的特点

Exynos 4412 $I^2C$ 总线接口特点介绍如下。

（1）共有 9 个通道，支持多主设备和从设备 $I^2C$ 总线接口。其中 8 个通道作为普通接口（即 $I^2C0$、$I^2C1$……），1 个通道作为 HDMI 的专用接口。

（2）7bit 地址模式。

（3）串行传输，以 8bit 数据进行单向或双向传输。

（4）在标准模式中，每秒最多可以传输 100kbit，即 12.5KB 的数据量。

（5）在快速模式中，每秒最多可以传输 400kbit，即 50KB 的数据量。

（6）支持主设备和从设备端发送、接收操作。

（7）支持中断方式和轮询方式。

$I^2C$ 总线模块框图如图 12-5 所示。

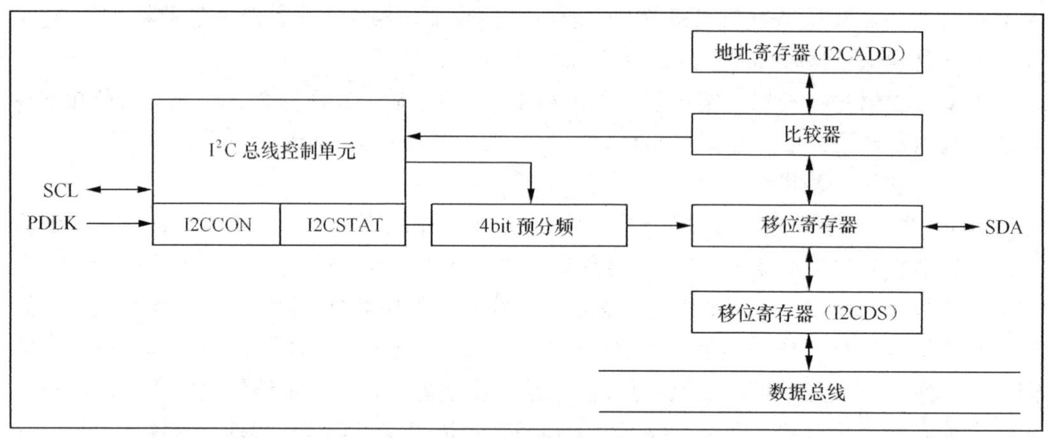


图 12-5　$I^2C$ 总线模块框图

从图 12-5 中可以看出，Exynos 4412 提供 4 个寄存器来完成所有数据的传输操作。SDA 上的数据从寄存器 I2CDS 经过移位寄存器发出，或通过移位寄存器传入寄存器 I2CDS；地址寄存器 I2CADD 保存从设备的地址；I2CCON、I2CSTAT 两个寄存器用来控制或标识各种状态，如选择工作模式，发出开始信号、停止信号，决定是否发出 ACK 信号，检测是否接收 ACK 信号等。

## 12.2.3 数据读写格式

Exynos 4412 $I^2C$ 总线读 / 写数据通用格式如图 12-6、图 12-7 所示。读 / 写过程是针对 Exynos 4412 而言的，当有具体的 $I^2C$ 总线上的设备与 Exynos 4412 相连时，数据的含义需要看具体的与 $I^2C$ 总线连接的设备（Exynos 4412 并不知道数据的含义）。

主设备向从设备写入 1byte 数据，数据传输格式如图 12-6 所示。

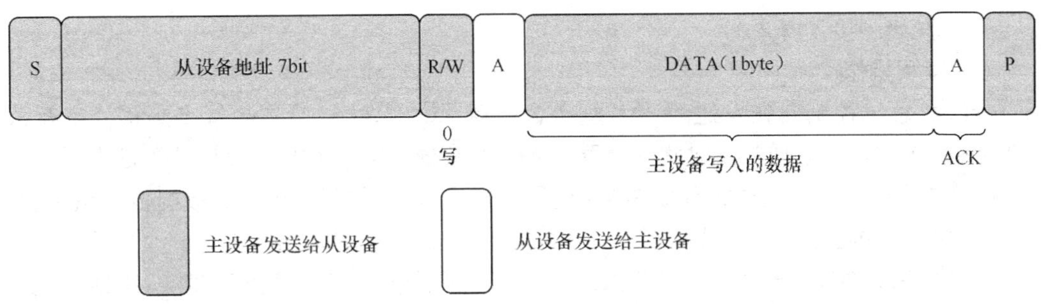


图 12-6　主设备写入数据传输格式

写过程：主设备发送一个开始信号，包含从设备 7bit 地址数据和 1bit 方向数据，方向位为 0 表示写；主设备释放 SDA 方便从设备回应；当有从设备匹配主设备发出的地址时，则拉低 SDA 电平作为 ACK；主设备重新获得 SDA，此时，主设备传输 8bit 数据给从设备并释放 SDA 方便从设备回应；从设备收到数据则拉低 SDA 电平，将其作为 ACK 发送给主设备以告诉主设备数据接收成功；主设备发出停止信号。

主设备从从设备读取 1byte 数据，数据传输格式如图 12-7 所示。

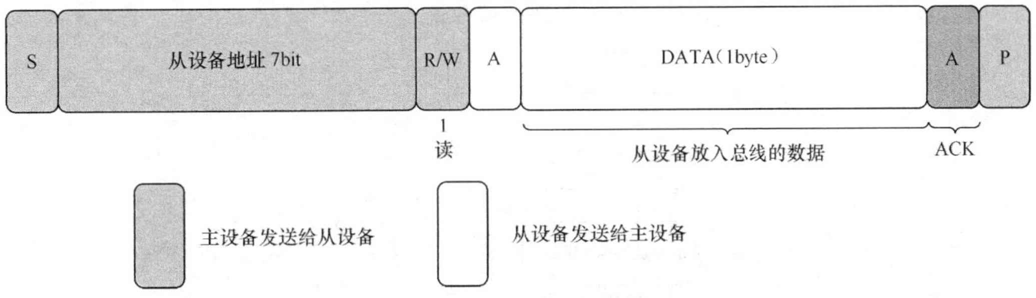


图 12-7　主设备读取数据传输格式

读过程：主设备发送一个开始信号，包含从设备 7bit 地址数据和 1bit 方向数据，方向位为 1 表示读；主设备释放 SDA 方便从设备回应；当有从设备匹配主设备发出的地址时，则拉低 SDA 电平作为 ACK；从设备继续占用 SDA，用 SDA 传输 8bit 数据给主设备；从设备释放 SDA 方便主设备回应；主设备接收数据；主设备获得 SDA 控制权并拉低 SDA 电平，将其作为 ACK 告诉从设备数据接收成功；主设备发出停止信号。

**注意：**

通过 I²C 总线通信时，要结合具体 I²C 总线上的设备才能确定读写时序，不同的外设，时序会有差异。

## 12.2.4　数据读写流程

### 1．操作模式

针对 Exynos 4412 的 I²C 总线接口状态不同，数据读写流程具备 4 种操作模式。

（1）主设备发送模式。

（2）主设备接收模式。

（3）从设备发送模式。

（4）从设备接收模式。

**2．读写操作**

当 $I^2C$ 总线控制器在发送模式下发送数据后，$I^2C$ 总线接口将等待直到移位寄存器（I2CDS）接收一个数据。在向此寄存器写入一个新数据前，SCL 应该保持为低电平，写入数据后，$I^2C$ 总线控制器将释放 SCL（变为高电平）。当前正在传输的数据传输完成后，Exynos 4412 会捕捉到一个中断，然后 CPU 将开始向寄存器 I2CDS 中写入一个新的数据。

当 $I^2C$ 控制器在接收模式下接收数据后，$I^2C$ 总线接口将等待直到寄存器 I2CDS 被读。在其读取新数据之前，SCL 会被保持为低电平，读到数据后 $I^2C$ 总线控制器将释放 SCL。一个新数据接收完成后，Exynos 4412 将收到一个中断请求，CPU 收到这个中断请求后，它将从寄存器 I2CDS 中读取数据。

**3．配置 $I^2C$ 总线时钟**

如果要设置 $I^2C$ 总线中 SCL 时钟信号的频率，可以在寄存器 I2CCON 中设置分频器的值为 4bit。$I^2C$ 总线接口地址存放在 $I^2C$ 总线地址寄存器（I2CADD）中，默认值未知。

**4．操作流程图**

图 12-8 所示为主设备发送模式下寄存器的操作流程。

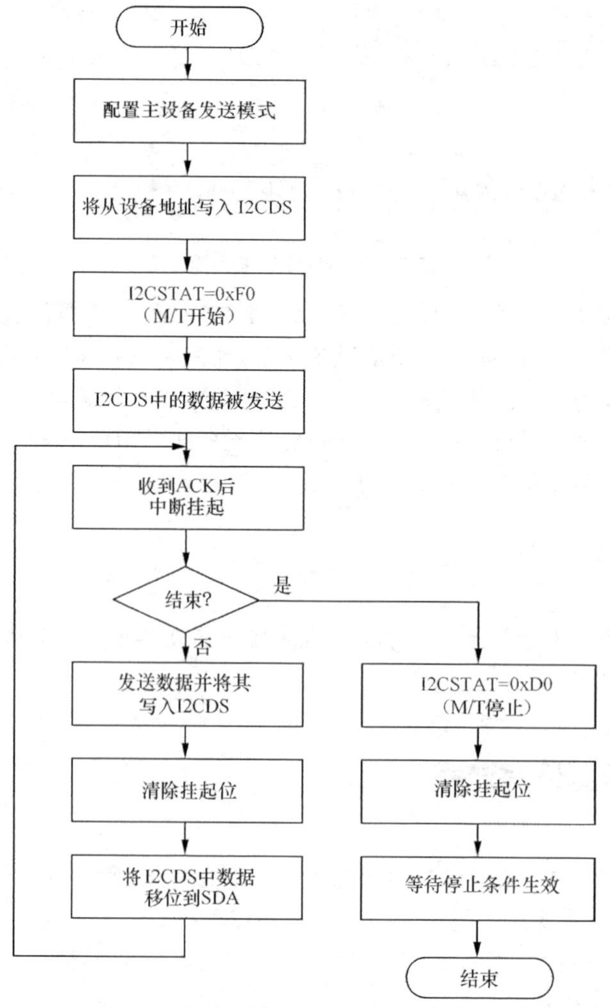


图 12-8　主设备发送模式下寄存器的操作流程

主设备接收模式下寄存器的操作流程如图 12-9 所示。

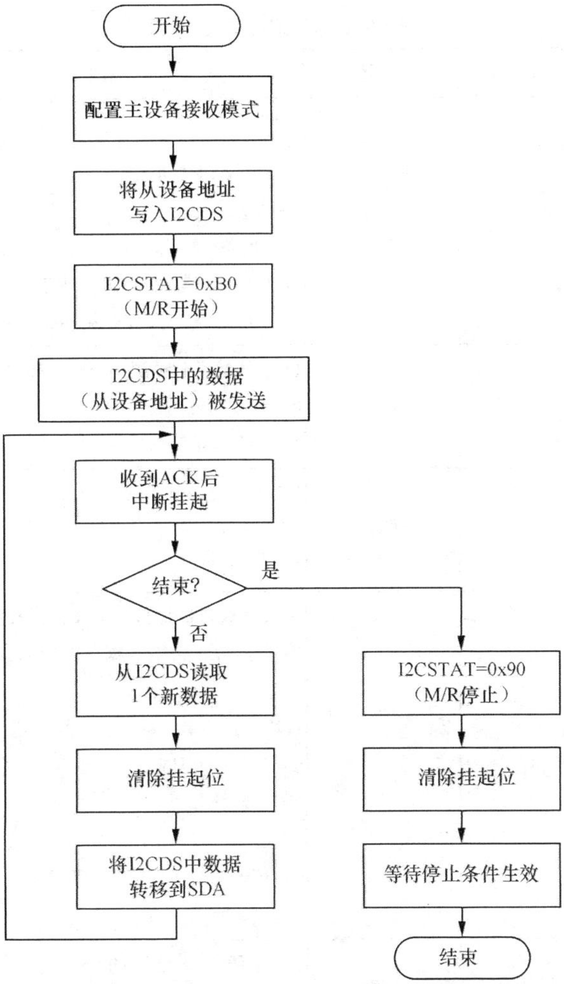

**图 12-9 主设备接收模式下寄存器的操作流程**

在 I²C 总线上执行任何的读写操作前，应该做如下配置。

（1）在寄存器 I2CADD 中写入从设备地址。

（2）设置控制寄存器 I2CCON，设置步骤如下。

① 使能中断。

② 定义 SCL 频率。

（3）设置寄存器 I2CSTAT 使能串行输出。

驱动程序必须按照相应流程来编写。

### 12.2.5 I²C 总线控制器寄存器

I²C 总线控制器一共有 9 个通道，其寄存器组的基地址为 0x138*n*_0000（*n*=6 ～ E）。

#### 1. I2CCON*n*

I2CCON*n*（*n* = 0 ～ 7，值对应相应的 I²C 总线通道，后同）是 I²C 总线控制寄存器，用于控制 I²C 总线是否发出 ACK 信号、设置发送器的时钟、开启中断，以及标识中断是否发生，说明如表 12-1 所示。

表 12-1　I2CCON*n* 的说明

| 名称 | bit | 类型 | 描述 | 重置值 |
|---|---|---|---|---|
| 保留 | [31:8] | — | 保留 | 0 |
| ACK生成 | [7] | RW | $I^2C$总线ACK使能位：<br>0 = 禁用；<br>1 = 使能；<br>发送（Tx）模式：ACK周期SDA为空闲<br>接收（Rx）模式：ACK周期SDA为低电平 | 0 |
| 时钟源选择 | [6] | RW | $I^2C$总线发送时钟源预分频选择位：<br>0 = 预分频值为16；<br>1 = 预分频值为512 | 0 |
| Tx/Rx中断 | [5] | RW | $I^2C$总线Tx/Rx中断使能位：<br>0 = 禁用；<br>1 = 使能 | 0 |
| 中断挂起标志 | [4] | S | 如果读取该位为1，则I2CSCL被拉低并且$I^2C$总线停止读取数据，该位为0即可继续操作。<br>读取：<br>0 = 没有中断挂起；<br>1 = 中断挂起。<br>写入：<br>0 = 清除挂起条件以继续操作；<br>1 = 禁止写入 | 0 |
| 发送时钟分频值 | [3:0] | RW | $I^2C$总线发送时钟的4bit预分频值，与$I^2C$ CLK共同决定发送时钟源预分频 | — |

使用 I2CCON*n* 寄存器时，注意如下事项。

（1）发送模式的时钟频率由 I2CCON bit[6]、I2CCON bit[3:0] 共同决定。另外，当 I2CCON bit[6]= 0 时，I2CCON bit[3:0] 不能取 0 或 1。

（2）I2CCON bit[4] 用来表示是否有中断发生，读出其为 0 时表示没有中断发生，读出其为 1 时表示有中断发生。当此位为 1 时，SCL 电平被拉低，此时 $I^2C$ 总线上的数据停止传输；如果要继续传输数据，需向此位写入 0 以清除数据。

中断在以下 3 种情况下发生。

① 当从设备接收主设备发送的地址并且该地址与自己的设备地址吻合时。

② 当 $I^2C$ 总线仲裁失败时。

③ 当从设备发送 / 接收完 1byte 的数据（包括响应位）时。

（3）考虑 SDA、SCL 的时间特性，要发送数据时，先将数据写入 I2CDS，然后再清除中断。

（4）如果 I2CCON bit[5]=0，I2CCON bit[4] 将不能正常工作，所以，即使不使用中断，

也要令 I2CCON bit[5]=1。

## 2. I2CSTAT*n*

I2CSTAT*n* 是 I²C 状态寄存器，用于选择 I²C 接口的工作模式，作用包括发出开始信号 / 停止信号、使能接收 / 发送功能、标识各种状态，说明如表 12-2 所示。

表 12-2 I2CSTAT*n* 的说明

| 名称 | bit | 类型 | 描述 | 重置值 |
| --- | --- | --- | --- | --- |
| 保留 | [31:8] | — | 保留 | 0 |
| 模式选择 | [7:6] | RWX | I²C总线主、从设备接收/发送模式选择位：<br>00 = 从设备接收模式；<br>01 = 从设备发送模式；<br>10 = 从设备接收模式；<br>11 = 从设备发送模式 | 0 |
| 忙信号状态/产生开始信号或停止信号 | [5] | S | 读取数据时：<br>0 = 空闲；<br>1 = 忙。<br>写入数据时：<br>0 = 产生停止信号；<br>1= 产生开始信号。<br>开始信号产生后I2CDS中的数据会被自动发送 | 0 |
| 串行输出 | [4] | S | I²C总线数据输出禁止/使能位：<br>0 = 禁止接收/发送；<br>1 = 使能接收/发送 | 0 |

## 3. I2CADD*n*

I2CADD*n* 是 I²C 从设备地址寄存器，只有低 8 位有效，当我们设置 I2CSTAT*n* 寄存器的串行输出使能位为 0 时，该寄存器可写。无论寄存器 I2CSTAT*n* 是否设置了串口输出使能，该寄存器的值随时可读。注意从设备地址一般为 7bit，bit[0] 是读写位，说明如表 12-3 所示。

表 12-3 I2CADD*n* 的说明

| 名称 | bit | 类型 | 描述 | 重置值 |
| --- | --- | --- | --- | --- |
| 保留 | [31:8] | — | 保留 | 0 |
| 从设备地址 | [7:0] | RWX | I2CSTAT的串行输出使能位bit[4]为0时I2CADD可写。任何时候该寄存器都可读。<br>从设备地址:bit[7:1]；<br>未映射:bit[0] | — |

## 4. I2CDS*n*

I2CDS*n* 是移位寄存器，用于 I²C 总线收发操作。当 I2CSTAT*n* 寄存器中的串口输出使能位设置为 1 时，该寄存器可写。无论寄存器 I2CSTAT*n* 是否设置串口输出使能，该寄存器的值随时可读，说明如表 12-4 所示。

表 12-4　I2CDSn 的说明

| 名称 | bit | 类型 | 描述 | 重置值 |
|---|---|---|---|---|
| 保留 | [31:8] | — | 保留 | 0 |
| 数据移位 | [7:0] | RWX | 当寄存器I2CSTATn中的串口输出使能位设置为1时，该寄存器可写。I2CSTATn随时可读 | — |

# 12.3　MPU6050及驱动程序编写

$I^2C$ 总线控制器外接 MPU6050，本例参考 FS4412 开发板介绍驱动程序编写。

## 12.3.1　MPU6050

MPU6050 是 InvenSense 公司出品的整合性 6 轴运动处理组件，具有温度采集功能，组件包含 3 轴陀螺仪和 3 轴加速度计，如图 12-10 所示。

图 12-10　MPU6050

陀螺仪：测量物体绕 *X*、*Y*、*Z* 轴转动的角速度，对角速度积分可以得到转动角度。

加速度计：测量物体在 *X*、*Y*、*Z* 方向受到的加速度。在物体静止时，加速度计可用于测量重力加速度，因此当其倾斜时，根据重力的分力可以粗略计算物体倾斜角度。

相较于多组件方案，MPU6050 解决了组合陀螺仪与加速器时间轴之差的问题，减少了大量的封装空间。当连接 3 轴磁强计时，MPU6050 提供完整的 9 轴运动相关参数输出到主 $I^2C$ 总线或 SPI 端口（SPI 仅在 MPU6050 上可用）。

MPU6050 封装模块及各引脚如图 12-11 所示，如果想通过 MCU 来读取 MPU6050 数据，需要增加一些外围扩展电路。这样我们只需要将 MCU 的对应引脚与该模块相连，就可以快速实现通信。各引脚说明如表 12-5 所示。

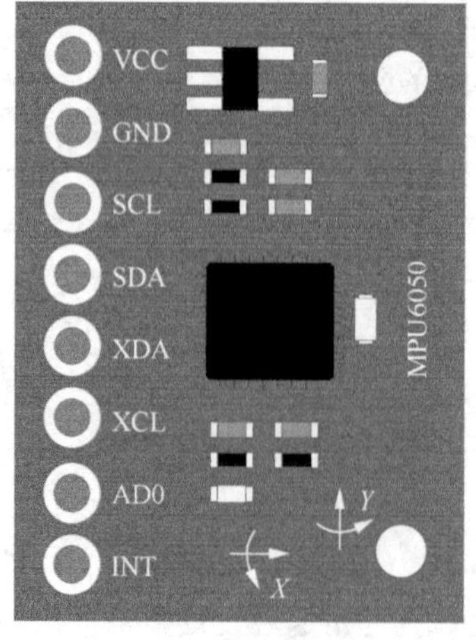

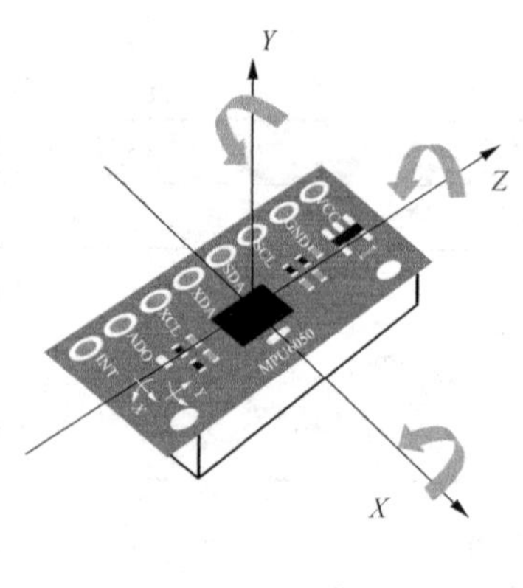

图 12-11　MPU6050 封装模块及各引脚

表 12-5 MPU6050 各引脚说明

| 引脚 | 名称 | 说明 |
|---|---|---|
| VCC | 电压（3.3～5V） | 内部有稳压芯片 |
| GND | 地线 | — |
| SCL | MPU6050 | 作为从设备时 I²C 时钟线 |
| SDA | MPU6050 | 作为从设备时 I²C 数据线 |
| XCL | MPU6050 | 作为主设备时 I²C 时钟线 |
| XDA | MPU6050 | 作为主设备时 I²C 数据线 |
| AD0 | 地址引脚 | 该引脚决定了I²C 地址的最低一位 |
| INT | 中断引脚 | — |

MPU6050（6000）的角速度满量程范围为 ±250°/s、±500°/s、±1000°/s 与 ±2000°/s，可准确追踪快速与慢速动作，并且，用户可编程控制加速度的满量程范围为 ±2*g*、±4*g*、±8*g* 与 ±16*g*。数据传输可配置最高至 400kHz 的 I²C 总线或最高达 20MHz 的 SPI（MPU 6000 没有 SPI）。

FS4412 开发板的 I²C 总线上挂载了 MPU6050，MPU6050 每次读写数据时，必须先告知从设备要操作的内部寄存器地址，然后紧接着读写数据，内部寄存器一次最多可读取单个数据，写入和读取单个数据的交互时序如图 12-12 和图 12-13 所示。

| 主设备 | S | AD+W | | RA | | DATA | | P |
|---|---|---|---|---|---|---|---|---|
| 从设备 | | | ACK | | ACK | | ACK | |

图 12-12 MPU6050 写入单个数据交互时序

| 主设备 | S | AD+W | | RA | | S | DATA | | | NACK | P |
|---|---|---|---|---|---|---|---|---|---|---|---|
| 从设备 | | | ACK | | ACK | | | ACK | DATA | | |

图 12-13 MPU6050 读取单个数据交互时序

上述两个时序非常重要，编写裸机程序或基于 Linux 的驱动程序都需要依赖它们。简化时序的术语解释如表 12-6 所示。

表 12-6 MPU6050 术语解释

| 信号 | 描述 |
|---|---|
| S | 开始信号产生条件：SCL处于高电平，SDA从高电平拉到低电平 |
| AD | 从设备地址 |
| W | 写操作，位置0 |
| R | 读操作，位置1 |
| ACK | 回复ACK：在第9个时钟周期SCL处于高电平，将SDA置为低电平 |
| NACK | 不回复ACK：在第9个时钟周期将SDA置为高电平 |
| RA | MPU6050内部寄存器地址 |
| DATA | 要收发的数据 |
| P | 停止信号产生条件：SCL处于高电平，SDA从低电平变为高电平 |

## 12.3.2 MPU6050 参考电路

MPU6050 电路如图 12-14 所示。

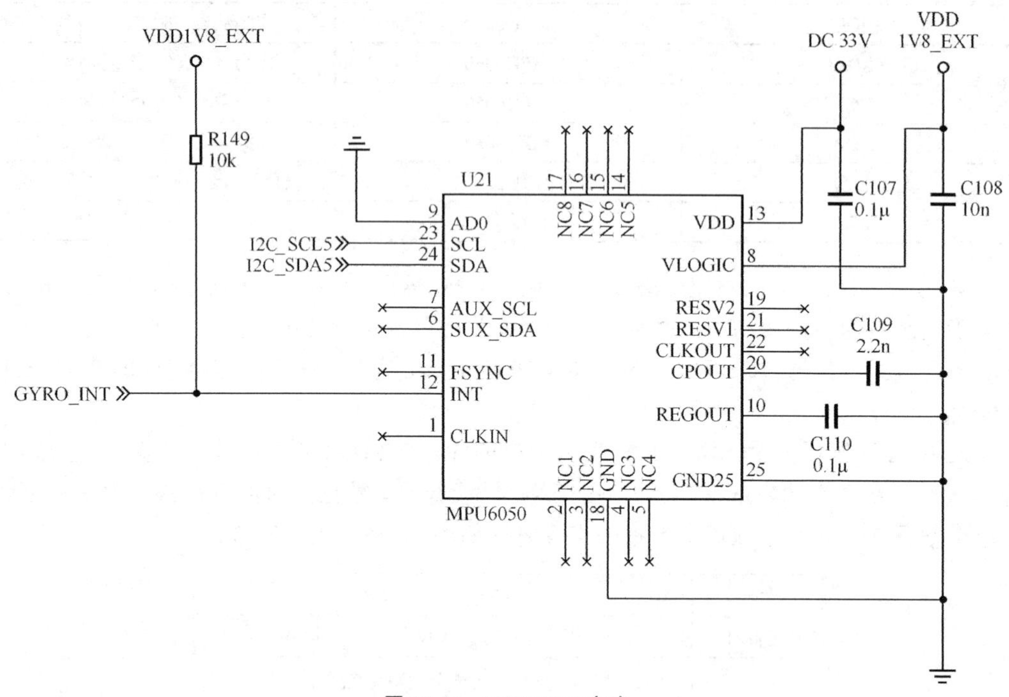


图 12-14 MPU 6050 电路

其中 AD0 接地，所以其电压值为 0，从 MPU6050 用户手册可得从设备地址为 0x68，如表 12-7 所示。

表 12-7 从设备地址

| 参数 | 条件 | 最小值 | 类型 | 最大值 |
|---|---|---|---|---|
| I²C总线地址 | AD0 = 0 | — | 1101000 | — |
| | AD0 = 1 | | 1101001 | |

而 SCL、SDA 连接的 I2C_SCL5、I2C_SDA5 引脚，这两个引脚连接 SoC 的 GPB_2、GPB_3，如图 12-5 所示。

图 12-5 I²C 总线与 SoC 连接关系

由此可得，这两条信号线复用了 GPIO 的 GPB 的 2、3 引脚，寄存器 GPBCON 用于配置 GPB 引脚，说明如表 12-8 所示。

表 12-8　GPBCON 的说明

| 名称 | bit | 类型 | 描述 | 重置值 |
| --- | --- | --- | --- | --- |
| GPBCON[3] | [15:12] | RW | 0x0 = 输入<br>0x1 = 输出<br>0x2 = SPI_0_MOSI<br>0x3 = I2C_5_SCL<br>0x4 ～ 0xE = 保留<br>0xF = EXT_INT3[3] | 0x00 |
| GPBCON[2] | [11:8] | RW | 0x0 = 输入<br>0x1 = 输出<br>0x2 = SPI_0_MISO<br>0x3 = I2C_5_SDA<br>0x4 ～ 0xE = 保留<br>0xF = EXT_INT3[2] | 0x00 |

GPBCON[3] 可以配置为 I²C 总线的 SCL 引脚，GPBCON[2] 可以配置为 I²C 总线的 SDA 引脚，将 bit[15:12] 和 bit[15:8] 均设置为 0x3 即可。

### 12.3.3　MPU6050 内部寄存器

MPU6050 内部寄存器的使用参考用户手册《MPU-6000 and MPU-6050 Register Map and Descriptions Revision 4.0 》。MPU6050 内部有超过 100 个寄存器。例如，寄存器 ACCEL_CONFIG 说明如表 12-9 所示。

表 12-9　ACCEL_CONFIG 的说明

| 寄存器（十六进制） | 寄存器（十进制） | bit[7] | bit[6] | bit[5] | bit[4] | bit[3] | bit[2] | bit[1] | bit[0] |
| --- | --- | --- | --- | --- | --- | --- | --- | --- | --- |
| 1C | 28 | XA_ST | YA_ST | ZA_ST | AFS_SEL[1:0] | | — | | |

寄存器 ACCEL_CONFIG 地址位 0x1C，它用来设置加速度属性，其中 XA_ST、YA_ST、ZA_ST 位分别用于陀螺仪 *X*、*Y*、*Z* 轴自检，AFS_SEL[1:0] 用于设置加速度量程，如表 12-10 所示。

表 12-10　AFS_SEL 与量程

| AFS_SEL[1:0] | 量程（$m/s^2$） |
| --- | --- |
| 0 | $\pm 2g$ |
| 1 | $\pm 4g$ |
| 2 | $\pm 8g$ |
| 3 | $\pm 16g$ |

MPU6050 的内部寄存器非常多，并不需要完全理解每一个寄存器，常用寄存器的典型配置介绍如下，其他寄存器不再一一介绍。

例如，我们要配置陀螺仪采样率为 125Hz，那么我们只需要设置寄存器地址值 0x19 为典型值 0x07，其他典型值类同。

```
#define SMPLRT_DIV 0x19 // 陀螺仪采样率（125Hz），典型值：0x07
```

```
#define CONFIG  0x1A  //低通滤波频率（5Hz），典型值：0x06
#define GYRO_CONFIG 0x1B // 陀螺仪自检及测量范围（不自检，2000°/s），典型值：0x18
#define ACCEL_CONFIG 0x1C // 加速计自检、测量范围及高通滤波频率（不自检、2g、5Hz），典型值：0x01
#define ACCEL_XOUT_H 0x3B
#define ACCEL_XOUT_L 0x3C
#define ACCEL_YOUT_H 0x3D
#define ACCEL_YOUT_L 0x3E
#define ACCEL_ZOUT_H 0x3F
#define ACCEL_ZOUT_L 0x40
#define TEMP_OUT_H  0x41
#define TEMP_OUT_L  0x42
#define GYRO_XOUT_H  0x43
#define GYRO_XOUT_L  0x44
#define GYRO_YOUT_H  0x45
#define GYRO_YOUT_L  0x46
#define GYRO_ZOUT_H  0x47
#define GYRO_ZOUT_L  0x48
#define PWR_MGMT_1  0x6B // 电源管理，典型值：0x00（正常启用）
#define WHO_AM_I  0x75 //I2C 总线地址寄存器（默认数值 0x68，只读）
```

### 12.3.4 程序实现

用 I²C 总线实现 CPU 与 MPU6050 的数据查询，详细程序见电子资源“work/code/iic”。核心程序如下。

```
#define SlaveAddress 0xD0 //0xD0 (0x68<<1|0) 为 I2C 总线写入的从设备地址字节数据
                                  //0xD1 (0x68<<1|1) 为 I2C 总线读取的从设备地址字节数据
typedef struct {
        unsigned int CON;
        unsigned int DAT;
        unsigned int PUD;
        unsigned int DRV;
        unsigned int CONPDN;
        unsigned int PUDPDN;
}gpb;
#define GPB (* (volatile gpb *)0x11400040)

typedef struct {
        unsigned int I2CCON;
        unsigned int I2CSTAT;
        unsigned int I2CADD;
        unsigned int I2CDS;
        unsigned int I2CLC;
}i2c5;
#define  I2C5 (* (volatile i2c5 *)0x138B0000 )
void iic_read(unsigned char slave_addr, unsigned char addr, unsigned char *data)
```

```
{
    I2C5.I2CDS = slave_addr; // 将从设备地址写入 I2CDS 寄存器中
    I2C5.I2CCON = (1 << 7)|(1 << 6)|(1 << 5); // 设置时钟并使能中断
    I2C5.I2CSTAT = 0xf0;    // 令 bit[7:6] = 0b11，主设备发送模式

    while(!(I2C5.I2CCON & (1 << 4))); // 等待传输结束，传输结束后，I2CCON[4] = 1，SCL 电平被拉低，标识
有中断发生；

    I2C5.I2CDS = addr;      // 写入 MPU6050 内部寄存器地址
    I2C5.I2CCON = I2C5.I2CCON & ( ~ (1 << 4)); // I2CCON[4] = 0，继续传输
    while(!(I2C5.I2CCON & (1 << 4))); // 等待传输结束

    I2C5.I2CSTAT = 0xD0; // I2CSTAT[5:4] = 0b01，发出停止信号
    I2C5.I2CDS = slave_addr | 1; // 表示要读取数据

    I2C5.I2CCON = (1 << 7)|(1 << 6) |(1 << 5) ; // 设置时钟并使能中断
    I2C5.I2CSTAT = 0xb0; // 设置 bit[7:6] = 0b10，产生开始信号，主设备为接收模式

    while(!(I2C5.I2CCON & (1 << 4))); // 等待传输结束，接收数据

    I2C5.I2CCON &= ~ ((1<<7)|(1 << 4)); // 清除中断挂起条件
     // I2CCON [4] = 0，继续传输数据
     // 主设备接收器接收最后 1byte 数据后，不发出应答信号

    // 从设备发送器释放 SDA，以允许主设备发出停止信号，停止数据传输
     while(!(I2C5.I2CCON & (1 << 4))); // 等待数据传输结束

    I2C5.I2CSTAT = 0x90;
    *data = I2C5.I2CDS;
    I2C5.I2CCON &= ~ (1<<4); /* 清除中断挂起条件 */
    mydelay_ms(10);
    *data = I2C5.I2CDS;
}
void iic_write (unsigned char slave_addr, unsigned char addr, unsigned char data)
{
    I2C5.I2CDS = slave_addr;
    I2C5.I2CCON = (1 << 7)|(1 << 6)|(1 << 5) ;
    I2C5.I2CSTAT = 0xf0;

    while(!(I2C5.I2CCON & (1 << 4)));
    I2C5.I2CDS = addr;
    I2C5.I2CCON = I2C5.I2CCON & ( ~ (1 << 4));
    while(!(I2C5.I2CCON & (1 << 4)));

    I2C5.I2CDS = data;
```

```
    I2C5.I2CCON = I2C5.I2CCON & ( ~ (1 << 4));

    while(!(I2C5.I2CCON & (1 << 4)));

    I2C5.I2CSTAT = 0xd0;
    I2C5.I2CCON = I2C5.I2CCON & ( ~ (1 << 4));
    mydelay_ms(10);
}
void MPU6050_Init ()
{
    iic_write(SlaveAddress, PWR_MGMT_1, 0x00);
    iic_write(SlaveAddress, SMPLRT_DIV, 0x07);
    iic_write(SlaveAddress, CONFIG, 0x06);
    iic_write(SlaveAddress, GYRO_CONFIG, 0x18);
    iic_write(SlaveAddress, ACCEL_CONFIG, 0x01);
}
/* 读取 MPU6050 某个内部寄存器的内容 */
int get_data(unsigned char addr)
{
    char data_h, data_l;

    iic_read(SlaveAddress, addr, &data_h);
    iic_read(SlaveAddress, addr+1, &data_l);
    return (data_h<<8)|data_l;
}
int main(void)
{
    int data;
    unsigned char zvalue;

    GPB.CON = (GPB.CON & ~ (0xff<<8)) | 0x33<<8;
    mydelay_ms(100);
    uart_init();
    I2C5.I2CSTAT = 0xD0;
    I2C5.I2CCON &= ~ (1<<4); /* 清除中断挂起条件 */
    mydelay_ms(100);
    MPU6050_Init();
    mydelay_ms(100);

    printf("\n********** I2C test!! ***********\n");
    while(1)
    {
        data = get_data(GYRO_ZOUT_H);

        printf("GYRO --> Z <---:Hex: %x", data);
```

```
        data = get_data(GYRO_XOUT_H);
        printf("GYRO --> X <---:Hex: %x", data);

        printf("\n");
        mydelay_ms(1000);
    }
    return 0;
}
```

结果如下。

```
********** I2C test!! ***********
GYRO --> Z <---:Hex: 1c GYRO --> X <---:Hex: feda
GYRO --> Z <---:Hex: fefc GYRO --> X <---:Hex: fed6
GYRO --> Z <---:Hex: fefe GYRO --> X <---:Hex: fed6
GYRO --> Z <---:Hex: fefe GYRO --> X <---:Hex: fedc
GYRO --> Z <---:Hex: fefe GYRO --> X <---:Hex: feda
GYRO --> Z <---:Hex: fefc GYRO --> X <---:Hex: fed6
```

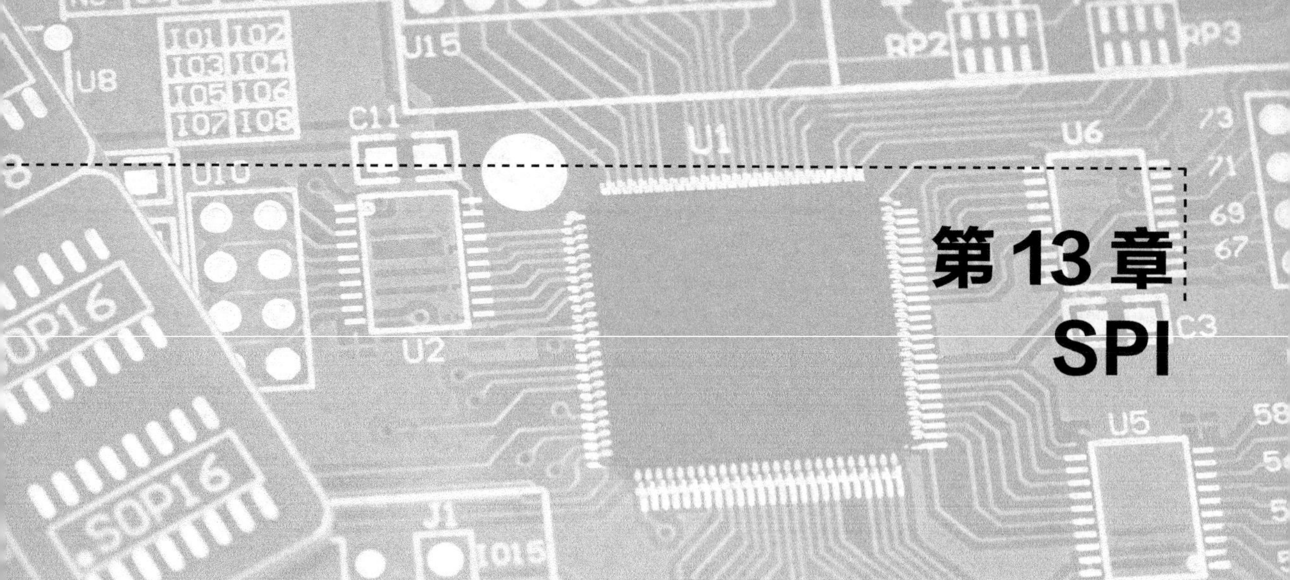

# 第 13 章 SPI

SPI（串行外设接口）是 Motorola 公司首先在其 MC68HCXX 系列处理器上定义的。它只占用芯片引脚的 4 根线，节约了芯片的引脚，同时节省 PCB 布局空间。

SPI 通常应用于 EEPROM、Flash、实时时钟、ADC，以及数字信号处理器和数字信号解码器之间。

## 13.1 SPI基础知识

在学习 SPI 编程之前，先要学习 SPI 相关的基本知识。

### 13.1.1 SPI 的特点

#### 1．采用主 - 从模式的控制方式

SPI 协议规定了两个设备之间的通信必须由主设备来控制从设备。一个主设备可以通过提供时钟以及片选从设备来控制多个从设备，SPI 协议还规定从设备的时钟由主设备通过 SCLK 引脚提供给从设备，从设备本身不能产生或控制时钟，没有时钟则从设备不能正常工作，主设备与从设备连接示意如图 13-1 所示。

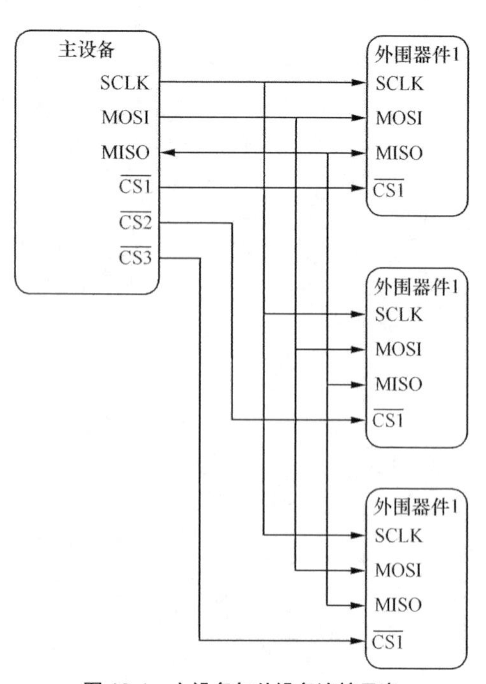

图 13-1　主设备与从设备连接示意

#### 2．采用同步方式传输数据

主设备会根据将要交换的数据来产生相应的时钟脉冲，时钟脉冲组成了时钟信号，时钟信号通过时钟极性（CPOL）和时钟相位（CPHA）控制两个设备间何时进行数据交换及何时对接收的数据进行采样，来保证数据在两个设备之间是同步传输的。

通过 SPI 传输数据的内部模块，如图 13-2 所示。

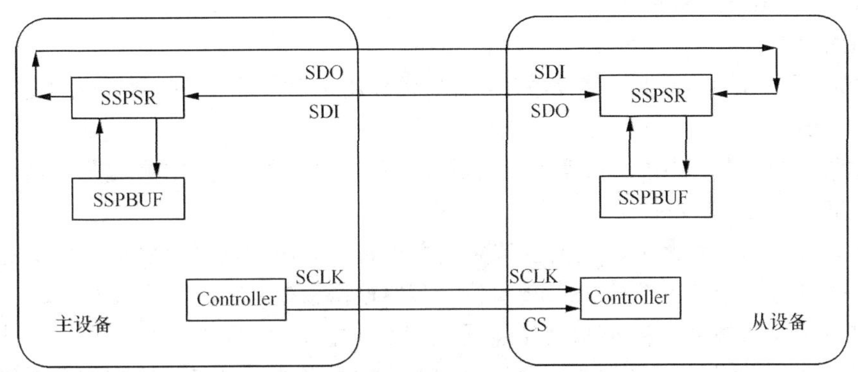


图 13-2 通过 SPI 传输数据的内部模块

下面详细讲解图 13-2 所示中的组件。

### 1. Controller

Controller 泛指 SPI 设备里的控制模块，可以通过配置它们来设置 SPI 总线的传输模式。通常情况下，我们只需要对图 13-2 中所描述的 4 个引脚进行编程即可控制整个 SPI 设备之间的数据通信。

主设备里面的 Controller 主要通过时钟信号以及片选信号来控制从设备。从设备会一直等待，直到接收到主设备发出的片选信号，然后根据时钟信号来工作。

主设备的片选操作必须由程序实现。例如，由程序把 $\overline{\text{SS/CS}}$ 引脚的时钟信号电平拉低，完成 SPI 设备数据通信的前期工作，当想让 SPI 设备结束数据通信时，再把 $\overline{\text{SS/CS}}$ 引脚上的时钟信号电平拉高。

### 2. SCLK

SCLK 引脚用于使主设备向从设备传输时钟信号，控制数据交换的时机及速率，也叫作 CK、SCK、SSCLK、Serial Clock。

### 3. CS

CS 引脚用于使主设备片选从设备，使主设备能访问选中的从设备，也叫作 SS。

### 4. SDO

SDO 在主设备中也被称为发送通道，作为数据的出口，主要用于 SPI 设备发送数据，也叫 MOSI。

### 5. SDI

SDI 在主设备中也被称接收通道，作为数据的入口，主要用于 SPI 设备接收数据，也叫作 MISO。

SPI 设备在进行通信的过程中，主设备和从设备之间会产生一个数据链路回环（Data Loop），通过 SDO 和 SDI 引脚，SSPSR 控制数据移入 / 移出 SSPBUF，控制寄存器确定 SPI 总线的通信模式，SCK 传输时钟信号。

### 6. SSPBUF

SSPBUF 为串行接收 / 发送缓冲寄存器，泛指 SPI 设备里面的内部缓冲区，一般在物理上以 FIFO 的形式保存传输过程中的临时数据。

我们知道，在每个时钟周期内，主设备与从设备交换的数据其实都是 SPI 内部移位寄存器从 SSPBUF 里面复制的。我们可以通过向 SSPBUF 对应的寄存器里读写数据，间接地操控 SPI 设备内部的 SSPBUF。

7．SSPSR

SSPSR 泛指 SPI 设备里的移位寄存器，它的作用是根据设置好的数据位宽将数据移入或移出 SSPBUF。

每次移动的数据大小由总线宽度及通道宽度决定。总线宽度的作用是指定地址总线到主设备之间数据传输的单位。

例如，在发送数据之前，我们应该先向主设备的发送数据寄存器写入将要发送出去的数据，这些数据会被主设备 SSPSR 移位寄存器根据总线宽度自动移入主设备 SSPBUF，然后这些数据又会被主设备 SSPSR 根据通道宽度从主设备 SSPBUF 中移出，通过主设备 SDO 引脚传给从设备 SDI 引脚，从设备 SSPSR 则把从从设备 SDI 接收到的数据移入从设备 SSPBUF 里。与此同时，从设备 SSPBUF 里面的数据根据其每次接收数据的大小，通过 Slave-SDO 被发至主设备 SDI，主设备 SSPSR 再把从主设备 SDI 接收的数据移入主设备 SSPBUF。在单次数据传输完成之后，用户程序可以通过从主设备的保存数据寄存器读取主设备交换得到的数据。

通道宽度的作用是指定主设备与从设备之间数据传输的单位。主设备内部的移位寄存器会依据通道宽度自动地把数据从主设备 SSPBUF 通过 SDO 引脚搬运到从设备的 SDI 引脚，从设备 SSPSR 再把每次接收的数据移入从设备 SSPBUF 里。通常情况下，总线宽度总是会大于或等于通道宽度，这样能保证不会出现因主设备与从设备间数据交换的频率比地址总线与主设备间数据交换的频率快，导致 SSPBUF 里存放的数据为无效数据的情况。

## 13.1.2　极性和相位

要想理解通过 SPI 传输数据的流程，首先要明白相位和极性的概念，即 SPI 的时钟极性（CPOL）和时钟相位（CPHA）

CPOL 和 CPHA 分别都可以是 0 或 1，有 4 种组合情况，如表 13-1 所示。

表 13-1　CPOL 和 CPHA

| SPI模式 | 极性和相位情况 |
|---|---|
| （0，0） | CPOL=0，CPHA=0 |
| （0，1） | CPOL=0，CPHA=1 |
| （1，0） | CPOL=1，CPHA=0 |
| （1，1） | CPOL=1，CPHA=1 |

下面分别针对这 4 种组合，给出对应的波形。

1．CPOL=0，CPHA=0

脉冲传输前和完成后都保持在低电平状态，所以 CPOL=0，即低电平是空闲时的电平。在第一个边沿（上升沿）采样数据，第二个边沿（下降沿）输出数据，则 CPHA=0。各脉冲波形如图 13-3 所示。

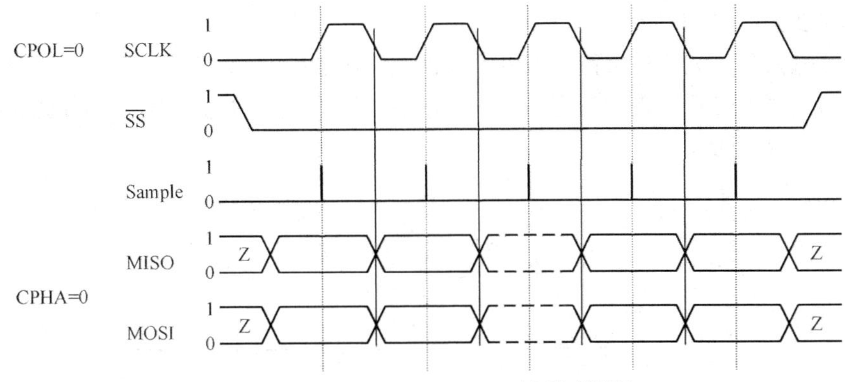


图 13-3 CPOL=0，CPHA=0 时各脉冲波形

## 2．CPOL=0，CPHA=1

脉冲传输前和完成后都保持在低电平状态，所以 CPOL=0，即低电平是空闲时的电平。在第二个边沿（下降沿）采样数据，第一个边沿（上升沿）输出数据，则 CPHA=1。各脉冲波形如图 13-4 所示。

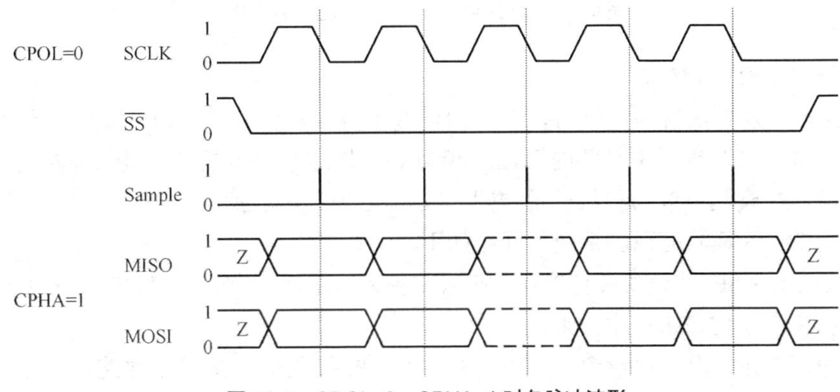


图 13-4 CPOL=0，CPHA=1 时各脉冲波形

## 3．CPOL=1，CPHA=0

脉冲传输前和完成后都保持在高电平状态，所以 CPOL=1，即高电平是空闲时的电平。在第一个边沿（下降沿）采样数据，第二个边沿（上升沿）输出数据，则 CPHA=0。各脉冲波形如图 13-5 所示。

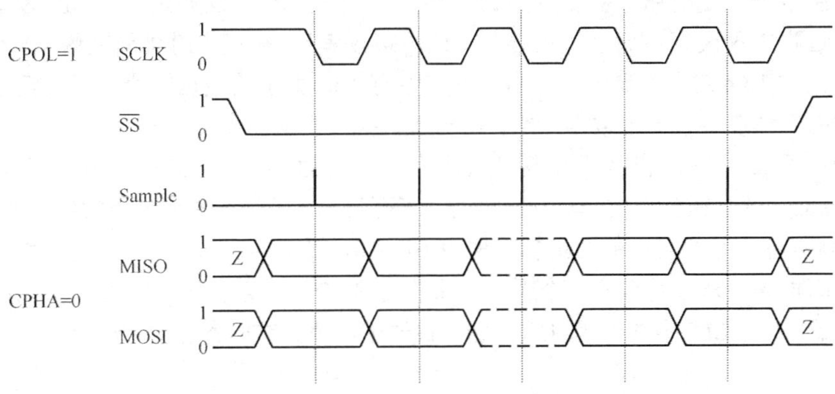


图 13-5 CPOL=1，CPHA=0 时各脉冲波形

4．CPOL=1，CPHA=1

脉冲传输前和完成后都保持在高电平状态，所以CPOL=1，即高电平是空闲时的电平。在第二个边沿（上升沿）采样数据，第一个边沿（下降沿）输出数据，则CPHA=1。各脉冲波形如图13-6所示。

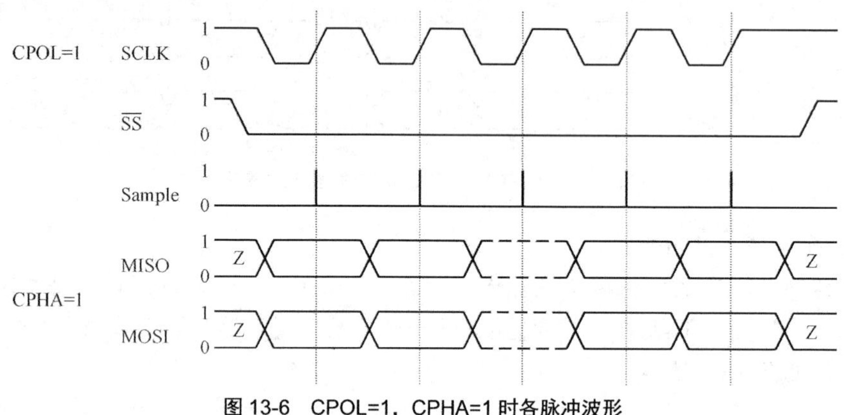


图13-6　CPOL=1，CPHA=1时各脉冲波形

如何设置极性和相位？

SPI设备分为主设备和从设备，两者通过SPI协议通信。而此时设置的SPI模式，是从设备的模式，它决定了主设备的模式。所以要先知道从设备的SPI是何种模式，然后再将主设备的SPI模式设置为和从设备相同的模式，即可正常通信。

从设备的SPI模式有两种情况，介绍如下。

（1）固定的：SPI从设备硬件决定SPI从设备具体是什么模式，相关的用户手册中会有描述，需要用户在用户手册中查询。

（2）可配置的：由软件设定，从设备是一个SPI控制器，支持4种模式，此时只需用户设置即可，然后知道了从设备的模式后，再设置SPI主设备的模式，将其设置为和从设备的模式一样即可。

## 13.1.3　数据交换

SPI只有主模式和从模式之分，没有读和写的说法，因为实质上主设备、从设备通过SPI交换数据。之所以又被称为数据交换，是因为SPI协议规定一个SPI设备不能在数据通信过程中仅仅充当一个“发送者”或“接收者”。在每个时钟周期内，SPI设备都会发送并接收1bit大小的数据，相当于该设备有1bit大小的数据被交换了。简言之，发送一个数据必然会接收一个数据；要接收一个数据必须也要先发送一个数据。

例如，假设主设备和从设备初始化就绪，并且主设备的SBUFF=0xaa，从设备的SBUFF=0x55，并且在脉冲上升沿发送数据，下面将分步演示SPI的8个时钟周期情况。

8bit寄存器中是待发送的二进制数据10101010，数据收/发模式为上升沿发送、下降沿接收、高位先发送。那么第一个上升沿来临时SDO=1，寄存器中数据为0101010x。下降沿到来的时候，SDI上的电平将锁存到寄存器中，那么这时寄存器中数据为“0101010+

SDI 位”，这样在 8 个时钟周期后，两个寄存器中的数据交换一次。这样就完成了一个 SPI 时序，数据传输情况如图 13-7 所示。

| 脉冲 | 主设备 | 从设备 | SDI | SDO |
|---|---|---|---|---|
| 0 | 10101010 | 01010101 | 0 | 0 |
| 1上 | 0101010x | 0101010x | 0 | 1 |
| 1下 | 01010100 | 10101011 | 0 | 1 |
| 2上 | 1010100x | 0101011x | 1 | 0 |
| 2下 | 10101001 | 01010110 | 1 | 0 |
| 3上 | 0101001x | 1010110x | 0 | 1 |
| 3下 | 01010010 | 10101101 | 0 | 1 |
| 4上 | 1010010x | 0101101x | 1 | 0 |
| 4下 | 10100101 | 01011010 | 1 | 0 |
| 5上 | 0100101x | 1011010x | 0 | 1 |
| 5下 | 01001010 | 10110101 | 0 | 1 |
| 6上 | 1001010x | 0110101x | 1 | 0 |
| 6下 | 10010101 | 01101010 | 1 | 0 |
| 7上 | 0010101x | 1101010x | 0 | 1 |
| 7下 | 00101010 | 11010101 | 0 | 1 |
| 8上 | 0101010x | 1010101x | 1 | 0 |

图 13-7　SPI 数据传输情况

这样 8 个时钟周期之后，两个寄存器完成了 8bit 数据的交换，“上”表示上升沿、“下”表示下降沿，SDI、SDO 都是相对主设备而言的。

## 13.2　Exynos 4412 SPI控制器

Exynos 4412 有 3 个 SPI 总线控制器，每个 SPI 总线控制器包括 8bit、16bit 和 32bit 的移位寄存器，用于传输和接收数据。在 SPI 传输数据过程中，它同时发送（串行移出）和接收（串行移入）数据。

（1）SPI 控制器特性

- 支持全双工通信
- 包含用于收、发数据的 8/16/32bit 移位寄存器。

- 支持 8/16/32bit 总线接口。
- 支持 Motorola SPI 协议和美国国家半导体 SPI 协议。
- 具有两个独立的 32bit 的发送和接收 FIFO：SPI0 的深度为 64，SPI1 和 SPI2 的深度为 16。
- 支持主模式和从模式。
- 支持接收数据而不发送数据的操作。
- 发送 / 接收最高频率为 50MHz。

（2）SPI 的数据传输

Exynos 4412 中的 SPI 支持 CPU（或 DMA）同时发送或接收 FIFO 和双向传输数据。SPI 有两个信道，即 Tx 信道和 Rx 信道。Tx 信道为从 Tx FIFO 到外部设备的通路；Rx 信道为从外部设备到 Rx FIFO 的通路。

CPU（或 DMA）必须将数据写入寄存器 SPI_TX_DATA，才能将数据写入 FIFO。寄存器上的数据会自动移动到 Tx FIFO。要从 Rx FIFO 读取数据，CPU（或 DMA）必须访问寄存器 SPI_RX_DATA，数据会自动被发送到 SPI_RX_DATA 寄存器。

（3）操作模式

SPI 有两种模式，即主模式和从模式。在主模式下，生成 SPI CLK 并将其传输到外部设备。XspiCS# 是从设备的片选信号，其低电平有效。在发送或接收数据包之前，必须将 XspiCS# 电平设置为低。

（4）FIFO 存取

SPI 支持对 FIFO 的 CPU 访问和 DMA 访问。对 FIFO 的 CPU 和 DMA 进行访问的数据大小从 8bit、16bit 或 32bit 数据中选择。

（5）片选控制

片选信号 XspiCS# 低电平有效。换句话说，当 XspiCS# 信号输入为 0 时，选择芯片，用户可以通过片选寄存器 CS_REGn 自动或手动控制 XspiCS#。

手动模式：使用手动控制模式时，应将 AUTO_N_MANUAL 位清 0（默认值为 0）。NSSOUT 位控制 XspiCS# 电平。

自动模式：使用自动控制模式时，必须将 AUTO_N_MANUAL 位置 1。片选信号 XspiCS# 电平在数据包传输过程中自动切换，NCS_TIME_COUNT 位在总线无效期间控制 XspiCS#，NSSOUT 位在此模式下无效。

## 13.3 SPI的操作

### 13.3.1 参考电路

FS4412 开发板的 SPI 控制器外接了 MCP2515，MCP2515 电路图如图 13-8 所示。MCP2515 与 Exynos 4412 连接图如图 13-9 所示。

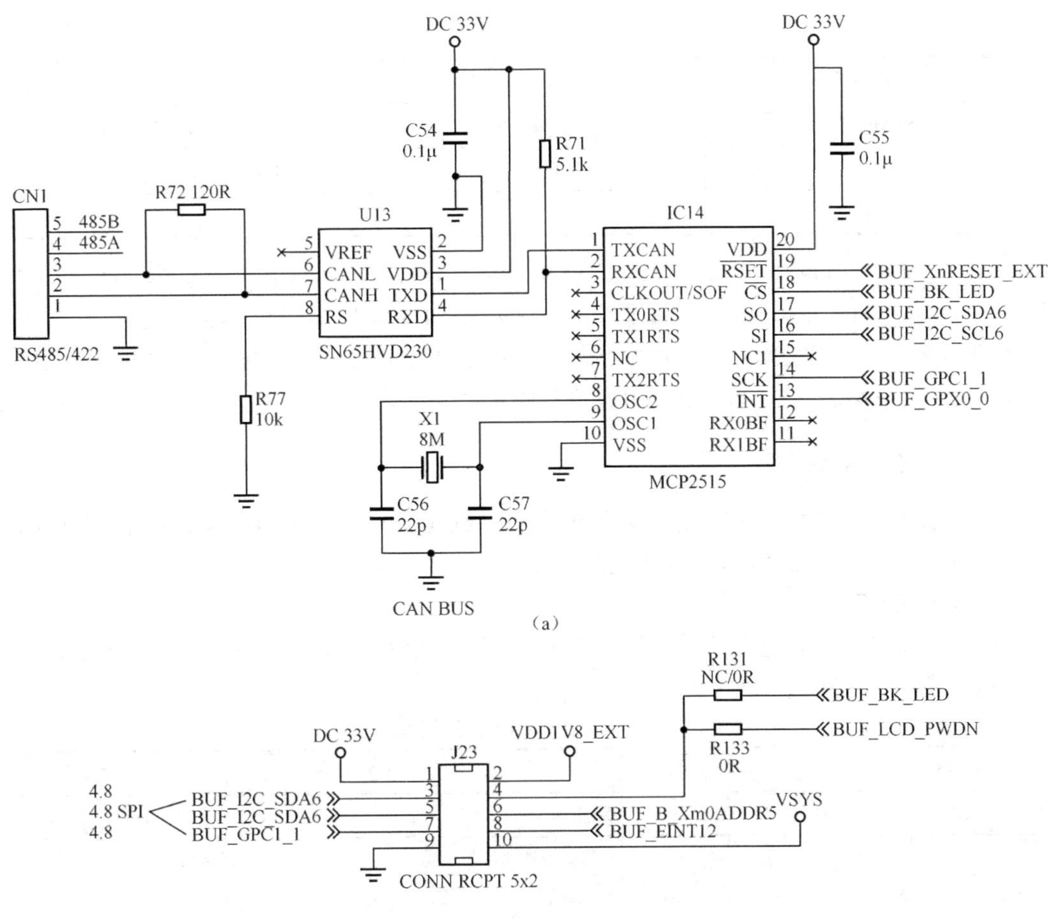


图 13-8　MCP2515 电路图



图 13-9　MCP2515 与 Exynos 4412 连接图

由图 13-8 和图 13-9 可知，MCP2515 连接在 Exynos 4412 的 SPI2 上，MCP2515 各引脚与 Exynos 4412 的连接关系如表 13-2 所示。

表 13-2　MCP2515 各引脚与 Exynos 4412 的连接关系

| MCP2515 | FS4412 | Exynos 4412 |
|---|---|---|
| CS | BUF_BK_LED | GPC1_2（SPI_2_nSS） |
| SO/MISO | BUF_I2C_SDA6 | GPC1_3（SPI_2_MISO） |

续表

| MCP2515 | FS4412 | Exynos 4412 |
|---|---|---|
| SI/MOSI | BUF_I2C_SCL6 | GPC1_4（SPI_2_SOSI） |
| SCK | BUF_GPC1_1 | GPC1_1（SPI_2_CLK） |
| INT | — | BUF_GPX0_0 |

INT 连接 BUF_GPX0_0；CS、SO/MISO、SI/MOSI、SCK 复用了 GPC1 的引脚。MCP2515 输出连接 SN65HVD230 CAN 总线收发器，SN65HVD230 是德州仪器公司生产的 3.3V CAN 收发器。为了节省功耗，缩小电路体积，MCP2515 CAN 总线控制器的逻辑电平采用 LVTTL 标准，SN65HVD230 就是与其配套的收发器。

## 13.3.2 寄存器

Exynos 4412 中的 SPI 寄存器组基地址为 0x139*n*_0000（*n*=2 ～ 4），本书只对最常用的寄存器进行讨论，详细寄存器配置参考用户手册。

1．CH_CFG*n*

CH_CFG*n* 是 SPI 配置寄存器，用于 SPI 软复位、设置 SPI 接口模式、相位、极性、收发通道使能等，说明如表 13-3 所示。

表 13-3　CH_CFG*n* 的说明

| 名称 | bit | 类型 | 描述 | 重置值 |
|---|---|---|---|---|
| RSVD | [31:7] | — | 保留 | 0 |
| HIGH_SPEED_EN | [6] | RW | 从设备发送时间控制位，该位仅当CPHA为0时有效：<br>0＝禁能；<br>1＝使能 | 0 |
| SW_RST | [5] | RW | 软复位 | 0 |
| SLAVE | [4] | RW | 主设备、从设备选择位：<br>0＝主设备模式；<br>1＝从设备模式 | 0 |
| CPOL | [3] | RW | 设置时钟极性 | 0 |
| CPHA | [2] | RW | 设置时钟相位 | 0 |
| RX_CH_ON | [1] | RW | SPI接收数据的通道使能位：<br>0＝关闭；<br>1＝打开 | 0 |
| TX_CH_ON | [0] | RW | SPI发送数据的通道使能位：<br>0＝关闭；<br>1＝打开 | 0 |

SW_RST 位用于软件复位，收 / 发 FIFO 数据、初始化寄存器 SPI_STATUS 时需复位，可通过 SW_RST 位进行手动复位，先将该位设置为 1，然后再设置为 0 即可。

2．MODE_CFG*n*

MODE_CFG*n* 是模式配置寄存器，用于设置总线数据宽度，一般设置为 1byte，说明如表 13-4 所示。

表 13-4　MODE_CFG*n* 的说明

| 名称 | bit | 类型 | 描述 | 重置值 |
|---|---|---|---|---|
| RSVD | [31] | — | 保留 | 0 |
| CH_WIDTH | [30:29] | RW | 通道宽度选择位：<br>00 = 字节；<br>01 = 半字；<br>10 = 字；<br>11 = 保留 | 0 |
| TRAILING_CNT | [28:19] | RW | 将最后一个数据写入Rx FIFO以更新FIFO中的byte数，记录写入的数据个数 | 0 |
| BUS_WIDTH | [18:17] | RW | 总线宽度：<br>00 = 字节；<br>01 = 半字；<br>10 = 字；<br>11 = 保留 | 0 |
| RX_RDY_LVL | [16:11] | RW | 中断接收模式下Rx FIFO触发水平：<br>SPI 0：触发byte数为4×*N*<br>SPI1、SPI2：触发byte数为*N*<br>（N = RX_RDY_LVL中的数值） | 0 |
| TX_RDY_LVL | [10:5] | RW | 中断发送模式下Tx FIFO触发水平：<br>SPI0：触发byte数为4×*N*<br>SPI1、SPI2：触发byte数为*N*<br>（*N*为RX_RDY_LVL中的数值） | 0 |
| RSVD | [4:3] | — | 保留 | — |
| RX_DMA_SW | [2] | RW | Rx DMA接收使能位：<br>0 = 禁用；<br>1 = 使能 | 0 |
| TX_DMA_SW | [1] | RW | Tx DMA发送使能位：<br>0 = 禁用；<br>1 = 使能 | 0 |
| DMA_TYPE | [0] | RW | DMA 发送类型：<br>0 = 1；<br>1 − 4。<br>DMA发送数据大小必须与SPI DMA一致 | 0 |

### 3．CS_REG*n*

CS_REG*n* 是片选寄存器，只有当 CS_REG*n* bit[0]=0，才会进行数据的传输，说明如表 13-5 所示。

表 13-5　CS_REG*n* 的说明

| 名称 | bit | 类型 | 描述 | 重置值 |
|---|---|---|---|---|
| 保留 | [31:10] | — | 保留 | 0 |
| NCS_TIME_COUNT | [9:4] | RW | 设置片选信号无效时间。<br>NSSOUT 无效时间 =<br>((nCS_time_count + 3)/2) × SPICLKout | 0 |
| RSVD | [3:2] | — | 保留 | — |

续表

| 名称 | bit | 类型 | 描述 | 重置值 |
|---|---|---|---|---|
| AUTO_N_MANUAL | [1] | RW | 用于设置片选是手动模式还是自动模式：<br>0 = 手动模式；<br>1 = 自动模式 | 0 |
| NSSOUT | [0] | RW | 从设备选择信号（仅限手动）：<br>0 = 生效；<br>1 = 无效 | 1 |

NCS_TIME_COUNT 表示两次数据传输中的无效时间。

4. SPI_STATUS*n*

SPI_STATUS*n* 是移位状态寄存器，开始发送数据后，根据 bit[25] 的值，判断数据是否发送出去，如果该值为 1 则表示 FIFO 和移位寄存器已空（其他位暂不讨论），说明如表 13-6 所示。

表 13-6　SPI_STATUS*n* 的说明

| 名称 | bit | 类型 | 描述 | 重置值 |
|---|---|---|---|---|
| TX_DONE | [25] | R | 表示为寄存器中数据是否发送完毕（仅限主设备模式）：<br>0 = 其他情况；<br>1 =传输开始后，Tx FIFO和移位寄存器已经为空 | 0 |

5. SPI_TX_DATA

SPI_TX_DATA 是发送缓冲寄存器，要发送的数据将被写入该寄存器，当设置寄存器 CH_CFG*n* 的 bit[0]=1，即使能发送通道后，则写入数据到该寄存器，SPI 控制器就会把该数据发送到 SPI 通道，发送完会设置寄存器 SPI_STATUS*n* 的 bit[25]=1，判断数据是否成功发送只需检测该位即可；数据发送成功后要令 CH_CFG*n* 的 bit[0]=0。

6. SPI_RX_DATA

SPI_RX_DATA 是接收缓冲寄存器，当设置寄存器 CH_CFG*n* 的 bit[1] = 1，即使能接收通道后，从 SPI 通道上接收的数据会自动填充该寄存器；数据被读取后要令 CH_CFG*n* 的 bit[1] = 0。

## 13.3.3　初始化流程

要使用 SPI 控制器收、发数据，必须先对 SPI 控制器进行初始化，步骤如下。

（1）设置 GPIO 引脚为 SPI 模式。

（2）设置时钟。

（3）SPI 软复位。

（4）设置 CPOL、CPHA 为 SPI（0，0）模式，并设置为主设备模式。

（5）设置数据位。

（6）设置片选。

下面我们根据这个步骤进行详细讲解。

1. 设置 GPIO 引脚为 SPI 模式

SPI2 的引脚 SI、SO、CS、SCK 复用了 GPC1 的引脚，各引脚状态由 GPC1CON 寄存

器控制，CPC1CON 的说明如表 13-7 所示。

表 13-7 GPC1CON 的说明

| 名称 | bit | 类型 | 描述 | 重置值 |
|---|---|---|---|---|
| GPC1CON[4] | [19:16] | RW | 0x0 = 输入<br>0x1 = 输出<br>0x2 = I2S_2_SDO<br>0x3 = PCM_2_SOUT<br>0x4 = I2C_6_SCL<br>0x5 = SPI_2_MOSI<br>0x6 ～ 0xE = 保留<br>0xF = EXT_INT5[4] | 0x00 |
| GPC1CON[3] | [15:12] | RW | 0x0 = 输入<br>0x1 = 输出<br>0x2 = I2S_2_SDI<br>0x3 = PCM_2_SIN<br>0x4 = I2C_6_SDA<br>0x5 = SPI_2_MISO<br>0x6 ～ 0xE = 保留<br>0xF = EXT_INT5[3] | 0x00 |
| GPC1CON[2] | [11:8] | RW | 0x0 = 输入<br>0x1 = 输出<br>0x2 = I2S_2_LRCK<br>0x3 = PCM_2_FSYNC<br>0x4 = Reserved<br>0x5 = SPI_2_nSS<br>0x6 ～ 0xE = 保留<br>0xF = EXT_INT5[2] | 0x00 |
| GPC1CON[1] | [7:4] | RW | 0x0 = 输入<br>0x1 = 输出<br>0x2 = I2S_2_CDCLK<br>0x3 = PCM_2_EXTCLK<br>0x4 = SPDIF_EXTCLK<br>0x5 = SPI_2_CLK<br>0x6 ～ 0xE = 保留<br>0xF = EXT_INT5[1] | 0x00 |

要将 GPC1 各引脚设置为 SPI 模式，参考程序如下。

```
GPC1.CON = (GPC1.CON & ～ 0xffff0) | 0x55550;
```

### 2. 设置时钟

SPI 的输入时钟框图如图 13-10 所示。

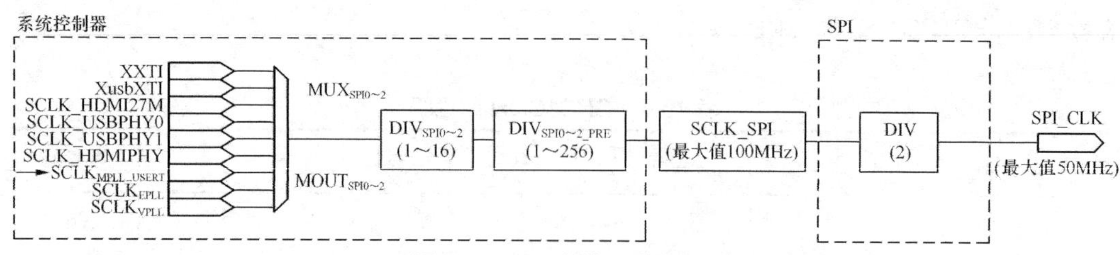


图 13-10　SPI 的输入时钟框图

SPI 的时钟源是 SCLK_SPI。通常时钟的设置需要依赖锁相环（PLL）时钟产生器，Exynos 4412 时钟配置需要参考用户手册，SPI 连接时钟域 LEFTBUS_BLK 的模块 PERI-L，如表 13-8 所示，时钟典型频率为 100MHz。

表 13-8　Exynos 4412 操作频率

| 功能模块 | 描述 | 时钟典型频率 |
| --- | --- | --- |
| PERI-L | 管理以下设备时钟：<br>UART、$I^2C$、SPI、I2S、PCM、SPDIF、PWM、$I^2$CHDMI、Slimbus | 100 MHz |

SPI0 ～ SPI2 的时钟由 $SCLK_{MPLL\_USER\_T}$（见图 13-10 中箭头）提供，时钟主要由以下寄存器来配置。

（1）CLK_SRC_PERIL1

CLK_SRC_PERIL1 用于配置 SPI 时钟源，说明如表 13-9 所示，SPI2 的时钟源为 MUX SPI2，它由寄存器 SPI2_SEL[27:24] 控制。

表 13-9　CLK_SRC_PERIL1 的说明

| 名称 | bit | 类型 | 描述 | 重置值 |
| --- | --- | --- | --- | --- |
| SPI2_SEL | [27:24] | RW | 控制 MUX SPI2：<br>0000 = XXTI；<br>0001 = XusbXTI；<br>0010 = SCLK_HDMI24M；<br>0011 = SCLK_USBPHY0；<br>0101 = SCLK_HDMIPHY；<br>0110 = SCLKMPLL_USER_T；<br>0111 = SCLKEPLL；<br>1000 = SCLKVPLL；<br>其他 = 保留 | 0x1 |

（2）CLK_SRC_MASK_PERIL1

CLK_SRC_MASK_PERIL1 的 SPI2_MASK[24] 用于决定 MUXSPI2 是否被屏蔽。该位默认值为 1，所以不用设置，说明如表 13-10 所示。

表 13-10　CLK_SRC_MASK_PERIL1 的说明

| 名称 | bit | 类型 | 描述 | 重置值 |
| --- | --- | --- | --- | --- |
| SPI2_MASK | [24] | RW | MUXSPI2的时钟输出屏蔽位：<br>0 = 屏蔽；<br>1 = 打开 | 0x1 |

（3）CLK_DIV_PERIL2

CLK_DIV_PERIL2 用于对 SPI2 分频，说明如表 13-11 所示。

表 13-11 CLK_DIV_PERIL2 的说明

| 名称 | bit | 类型 | 描述 | 重置值 |
| --- | --- | --- | --- | --- |
| SPI2_PRE_RATIO | [15:8] | RW | SPI2控制器时钟预分频因子<br>SCLK_SPI2 = DOUTSPI2/(SPI2_PRE_RATIO + 1) | 0x0 |
| SPI2_RATIO | [3:0] | RW | SPI2控制器时钟分频因子<br>DOUTSPI2 = MOUTSPI2/(SPI2_RATIO + 1) | 0x0 |

SPI2 时钟的寄存器配置参考程序如下。

```
CLK_SRC_PERIL1 = (CLK_SRC_PERIL1 & ~ (0xF<<24)) | 0x6<<24;
// 0x6: 0110 = SCLKMPLL_USER_T
CLK_DIV_PERIL2 = 19 <<8 | 3<<0;
```

### 3. SPI 软复位

要想正确初始化 SPI，必须先对其进行软复位，SPI 的软复位需要通过寄存器 CH_CFGn 的 bit[5] 来实现，先将该位置 1，然后等待短暂的时延（1ms）后再置 0。

参考程序如下。

```
void soft_reset(void)
{   SPI2.CH_CFG |= 0x1 << 5;
    delay(1);              // 时延
    SPI2.CH_CFG &= ~ (0x1 << 5);
}
```

### 4. 设置 CPOL、CPHA 为 SPI（0，0）模式，并调整为主设备模式

通过设置寄存器 CH_CFG*n* 的 bit[3:2]=0b00 将 SPI 极性和相位设置为 SPI（0，0）模式，再通过设置 bit[4]=0 将其调整为主设备模式。

参考程序如下。

```
SPI2.CH_CFG &= ~ ( (0x1 << 4) | (0x1 << 3) | (0x1 << 2) | 0x3); //CPOL = 0, CPHA = 0
```

### 5. 设置数据位

本例中通道和总线数据位宽均为 8，通过将寄存器 MODE_CFG*n* 的 bit[30:29] 和 bit[18:17] 均设置为 0b00 即可。

参考程序如下。

```
SPI2.MODE_CFG &= ~ ((0x3 << 17) | (0x3 << 29)); //BUS_WIDTH=8bit,CH_WIDTH=8bit
```

### 6. 片选

片选采用手动方式，通过设置寄存器 CS_REG*n* 的 bite[1]=0 实现。

```
SPI2.CS_REG &= ~ (0x1 << 1);
```

## 13.3.4 收发数据流程

SPI 控制器初始化成功后，下面我们介绍如何利用 SPI 控制器进行数据的收发。

收发数据步骤如下。

（1）SPI 软复位。

（2）片选从设备。

（3）收发数据。

（4）取消片选。

SPI 控制器每读 / 写 1byte 数据就要重复上述步骤。

### 1．SPI 软复位

SPI 软复位参考 13.3.3 节。

### 2．片选从设备

```
void slave_enable(void)
{
    SPI2.CS_REG &= ~ 0x1; // 使能从设备
    delay(3);
}
```

### 3．发送数据

```
void send_byte(unsigned char data)
{
    SPI2.CH_CFG |= 0x1; // 使能发送通道
    delay(1);
    SPI2.SPI_TX_DATA = data;
    while( !(SPI2.SPI_STATUS & (0x1 << 25)) ); // 等待数据发送完毕
    SPI2.CH_CFG &= ~ 0x1; // 禁用发送通道
}
```

### 4．接收数据

```
unsigned char recv_byte()
{
    unsigned char data;
    SPI2.CH_CFG |= 0x1 << 1; // 使能接收通道
    delay(1);
    data = SPI2.SPI_RX_DATA;
    delay(1);
    SPI2.CH_CFG &= ~ (0x1 << 1); // 禁用发送通道
    return  data;
}
```

### 5．取消片选

```
void slave_disable(void)
{
    SPI2.CS_REG |= 0x1; // 禁用从设备
    delay(1);
}
```

## 13.4 MCP2515

我们已掌握了如何通过 SPI 收发数据，本章介绍 SPI 的外接设备 MCP2515。

## 13.4.1 MCP2515 简介

MCP2515 是一种独立的 CAN 总线通信控制器，是 Microchip 公司首批独立 CAN 解决方案的升级器件，其传输速度较原有 CAN 控制器（MCP2510）高两倍，通信速率可达到 1Mbit/s。MCP2515 能够接收和发送标准数据帧、扩展数据帧及远程帧，通过 2 个接收屏蔽寄存器和 6 个接收过滤寄存器滤除无关报文，从而减轻 CPU 负担。

MCP2515 用户手册详见电子资源“work / 芯片手册 / MCP2515 用户手册”。

## 13.4.2 MCP2515 的特点

MCP2515 主要功能参数及电气特点如下。

- 支持 CAN 技术规范 2.0A/B，高传输速率达到 1Mbit/s。
- 支持标准数据帧、扩展数据帧和远程帧，每帧数据域长度可为 0 ～ 8byte。
- 内含 2 个接收缓冲器和 3 个发送缓冲器，并且可编程设定优先级。
- 内含 6 个 29bit 的接收过滤寄存器和 2 个 29bit 的接收屏蔽寄存器。
- 支持高速 SPI 接口，支持 SPI（0,0）模式和 SPI（1,1）模式。
- 单触发模式确保报文发送只尝试一次。
- 具有可编程时钟脉冲输出引脚，它可作为其他芯片的时钟信号源。
- 可监控 SoF（起始帧）信号。

## 13.4.3 结构框图

MCP2515 是一款独立 CAN 控制器，结构框图如图 13-11 所示，该器件主要由 3 个部分组成。

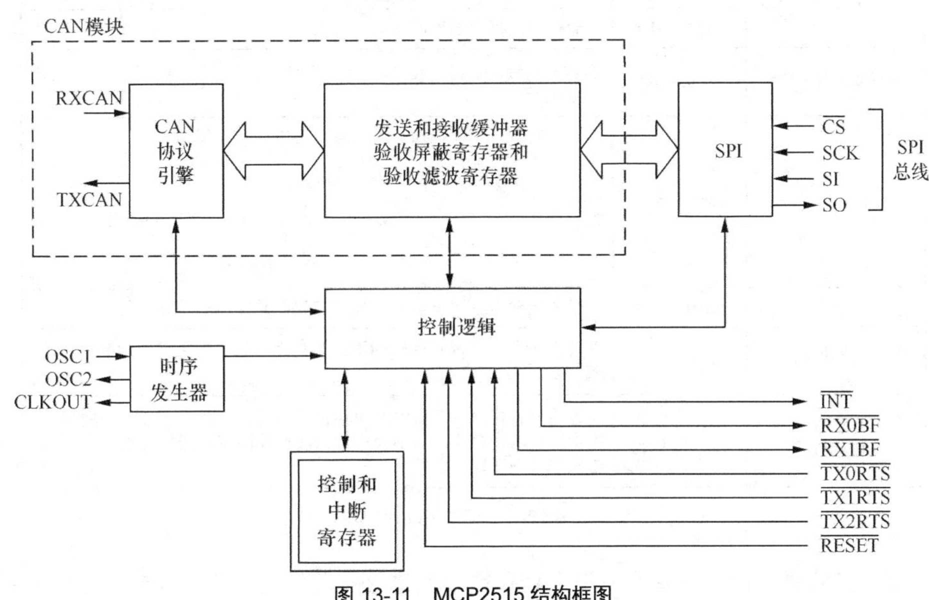


图 13-11 MCP2515 结构框图

（1）CAN 模块，包括 CAN 协议引擎、验收滤波寄存器、验收屏蔽寄存器、发送和接收缓冲器。

（2）用于配置该器件及其运行的控制逻辑，以及控制和中断寄存器。

（3）SPI 协议模块。

CAN 模块的功能是处理所有 CAN 总线上的报文接收和发送。报文发送时，首先将报文装载到正确的报文缓冲器和控制寄存器中，然后通过 SPI 设置控制寄存器中的相应位或使用发送使能引脚启动发送操作。通过读取相应的寄存器可以检查通信状态和错误，然后与用户定义的滤波器进行匹配，以确定是否将报文转移到两个接收缓冲器中的一个。

### 13.4.4　SPI 协议模块

MCU 通过 SPI 与 MCP2515 连接，它通过使用标准的 SPI 读 / 写指令及专门的 SPI 命令来读 / 写所有的寄存器。MCP2515 可与许多单片机的 SPI 直接相连，支持 SPI（0，0）和 SPI（1，1）模式。在进行任何操作时，CS 引脚都必须保持为低电平。

### 13.4.5　SPI 指令集

要想操作 MCP2515，只能通过 SPI 总线向 MCP2515 发送数据。根据规定，发送不同的数据就代表不同的操作，于是就有了对应的指令集，如图 13-12 所示。

| 指令名称 | 指令格式 | 说明 |
| --- | --- | --- |
| 复位 | 1100 0000 | 将内部寄存器复位为缺省状态，并将器件设定为配置模式 |
| 读 | 0000 0011 | 从指定地址起始的寄存器读取数据 |
| 读接收缓冲器 | 1001 0*nm*0 | 读接收缓冲器时，在“*n*，*m*”所指示的 4 个地址中的一个放置地址指针。注：在拉升 $\overline{CS}$ 引脚为高电平后，相关的 RX 标志位（CANINTF.RXnIF）将被清零 |
| 写 | 0000 0010 | 将数据写入指定地址起始的寄存器 |
| 装载发送缓冲器 | 0100 0*abc* | 装载发送缓冲器时，在“*a*，*b*，*c*”所指示的 6 个地址中的一个放置地址指针 |
| RTS（请求发送报文） | 1000 0*nnn* | 指示控制器开始发送任一发送缓冲器中的报文发送序列<br>1000 0 *n n n*<br>TXB2请求发送　TXB1请求发送　TXBO请求发送 |
| 读状态 | 1010 0000 | 快速查询命令，可读取有关发送和接收功能的一些状态位 |
| 接收状态 | 1011 0000 | 快速查询命令，确定匹配的滤波器和接收报文的类型（标准帧、扩展帧及远程帧） |
| 位修改 | 0000 0101 | 允许用户将特殊寄存器中的单独位置1或清 0 。注：该命令并非适用于所有的寄存器。对不允许位修改操作的寄存器执行该命令会将屏蔽字节强行设为FFh |

图 13-12　SPI 指令集

例如，我们要执行复位操作，那么我只需要通过 SPI 总线向 MCP2515 写入 11000000，即 0xC0 即可。

下面我们来详细分析如何向 MCP2515 发送复位命令，以及如何读写数据。

### 1. 复位

只需向 MCP2515 发送 0xC0 即可完成复位操作，并不需要其他操作，SPI 控制器的复位操作可以参考 13.3.3 节介绍的 SPI 软复位、发送数据、接收数据函数，程序如下。

```
void reset_2515()
{
    soft_reset();     //SPI 软复位
    slave_enable() ; // 片选从设备
    send_byte(0xc0);  // 发送复位命令
    slave_disable() ; // 取消片选
}
```

### 2. 读取数据

读取数据流程如图 13-13 所示。

（1）片选从设备（CS 电平拉低）。

（2）通过 SPI 发送指令 0x03（0 ～ 7 时钟周期，在 SI 线上传递数据，主设备发、从设备收）。

（3）发送地址（8 ～ 15 时钟周期，在 SI 线上传递数据，主设备发、从设备收）。

（4）读取数据（16 ～ 23 时钟周期，在 SO 线上传递数据，从设备发、主设备收）。

（5）取消片选（CS 电平拉高）。

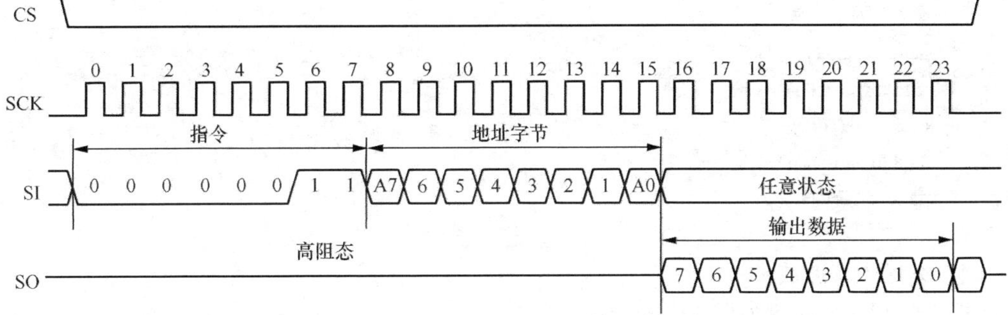


图 13-13 读取数据流程

程序如下。

```
unsigned char read_byte_2515(unsigned char Addr)
{
    unsigned char ret;
    slave_enable();
    send_byte(0x03);
    send_byte(Addr);
    ret = recv_byte();
    slave_disable();
    return(ret);
}
```

### 3. 发送数据

发送数据流程如图 13-14 所示。

（1）片选从设备（CS 电平拉低）。

（2）通过 SPI 发送指令 0x02（0 ～ 7 时钟周期，在 SI 线上传递数据，主设备发、从设备收）。

（3）发送地址（8 ～ 15 时钟周期，在 SI 线上传递数据，主设备发、从设备收）。

（4）发送数据（16 ～ 23 时钟周期，在 SI 线上传递数据，主设备发、从设备收）。

（5）取消片选（CS 电平拉高）。

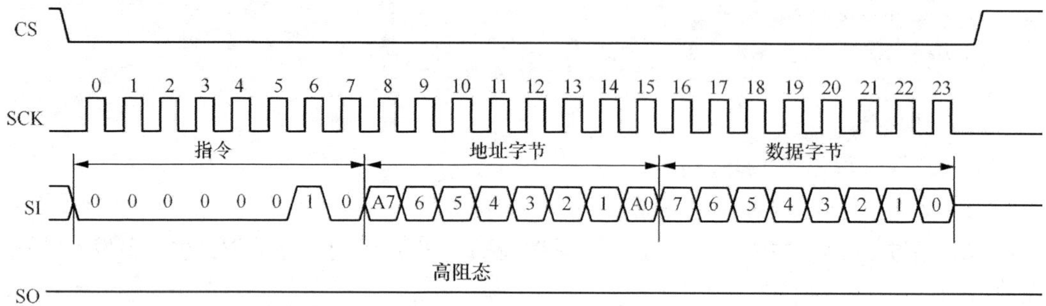


图 13-14　发送数据流程

程序如下。

```
void write_byte_2515(unsigned char addr,unsigned char data)
{
    slave_enable();
    send_byte(0x02);
    send_byte(addr);
    send_byte(data);
    slave_disable();
}
```

## 4．读接收缓冲器

读接收缓冲器流程如图 13-15 所示。

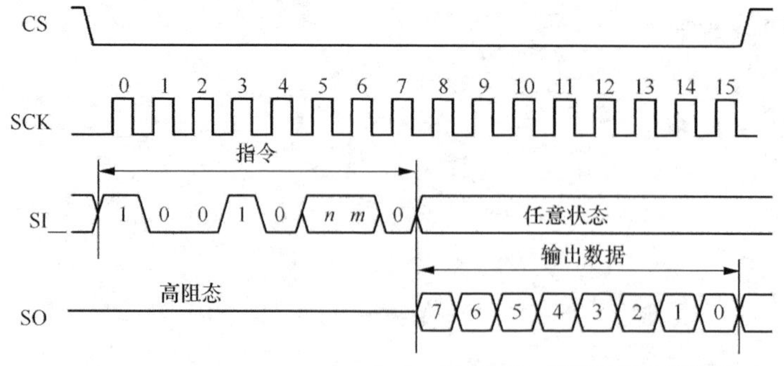


| n | m | 地址指针指向 | 地址 |
|---|---|---|---|
| 0 | 0 | 接收缓冲器0，开始于RXB0SIDH | 0x61 |
| 0 | 1 | 接收缓冲器0，开始于RXB0D0 | 0x66 |
| 1 | 0 | 接收缓冲器1，开始于RXB1SIDH | 0x71 |
| 1 | 1 | 接收缓冲器1，开始于RXB1D0 | 0x76 |

图 13-15　读接收缓冲器流程

其他操作对应的流程程序参考上述两个步骤中的程序，不再重复介绍。

## 5．装载发送缓冲器

装载发送缓冲器流程如图 13-16 所示。

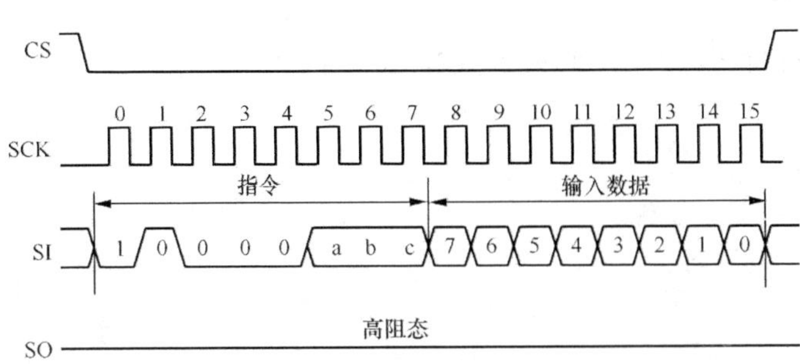


| a | b | c | 地址指针指向 | 地址 |
|---|---|---|---|---|
| 0 | 0 | 0 | 发送缓冲器0，开始于 TXB0SIDH | 0x31 |
| 0 | 0 | 1 | 发送缓冲器0，开始于 TXB0D0 | 0x36 |
| 0 | 1 | 0 | 发送缓冲器1，开始于 TXB1SIDH | 0x41 |
| 0 | 1 | 1 | 发送缓冲器1，开始于 TXB1D0 | 0x46 |
| 1 | 0 | 0 | 发送缓冲器2，开始于 TXB2SIDH | 0x51 |
| 1 | 0 | 1 | TX 冲器2，开始于 TXB2D0 | 0x56 |

图 13-16　装载发送缓冲器流程

### 6．请求发送

请求发送流程如图 13-17 所示。

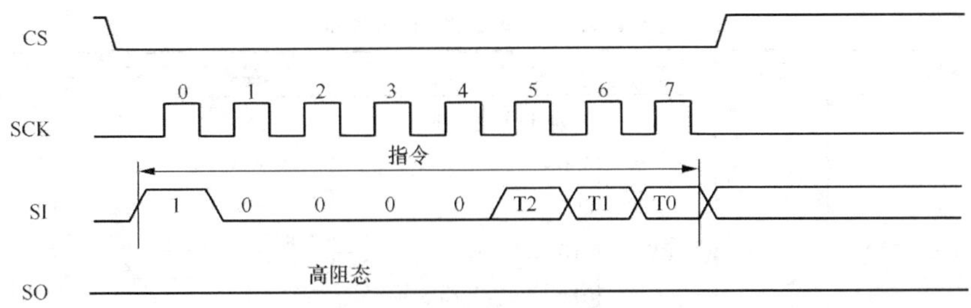


图 13-17　请求发送指令流程

其中，T0、T1、T2 分别对应请求发送缓冲器 TXB0、TXB1、TXB2。

### 7．位修改

如果要修改某寄存器的某些位，则必须先发送位修改指令，屏蔽该位，然后才可以修改屏蔽字节中对应位为 1 的值。位修改指令流程如图 13-18 所示。

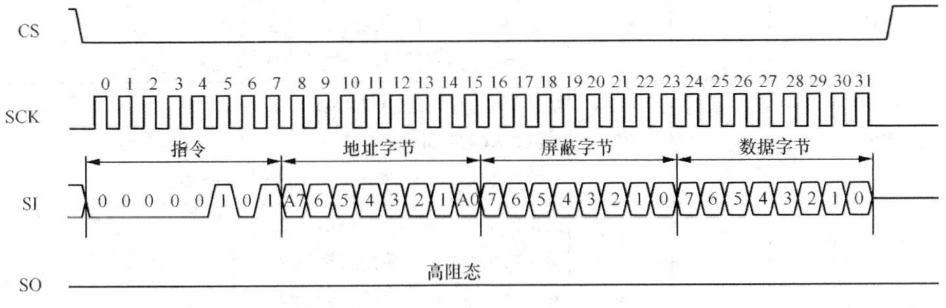


注：该指令并非适用于所有寄存器，请参考寄存器映射表以了解适用的寄存器。

图 13-18　位修改流程

## 13.4.6　MCP2515 初始化

MCP2515 的 CAN 模块可以通过 RXCAN、TXCAN 与其他支持 CAN 协议的设备通信，要想使用其 CAN 通信功能必须对 MCP2515 初始化。

初始化步骤如下。

（1）MCP2515 复位。

（2）设置 MCP2515 为配置模式。

（3）配置位定时。其由配置寄存器 CNF1、CNF2、CNF3 控制。

（4）中断使能。

（5）配置接收缓冲器。

（6）配置引脚控制寄存器和状态寄存器。

（7）设置环回模式。该步骤用于测试。

各步骤详细介绍如下。

### 1. MCP2515 复位

参考 13.4.5 节。

### 2. 设置 MCP2515 为配置模式

CANCTRL 是 CAN 控制寄存器（地址：XFh），用于设置 MCP2515 的工作模式，说明如表 13-12 所示。

表 13-12 CANCTRL 的说明

| 名称 | bit | 类型 | 描述 |
| --- | --- | --- | --- |
| REQOP | [7:5] | RW | 设定工作模式的位：<br>000 = 正常工作模式；<br>001 = 休眠模式；<br>010 = 环回模式；<br>011 = 仅监听模式；<br>100 = 配置模式；<br>该位不应设置为其他值，因为这些值都是无效的 |
| ABAT | [4] | RW | 中止所有当前报文发送的位：<br>1 = 请求中止所有当前报文发送的缓冲器；<br>0 = 终止对所有报文发送中止的请求 |
| OSM | [3] | RW | 单触发模式位：<br>1 = 使能。报文仅尝试发送一次；<br>0 = 禁止。如有需要，报文会重新发送 |
| CLKEN | [2] | RW | 设置CLKOUT 引脚使能位：<br>1 = CLKOUT 引脚使能；<br>0 = CLKOUT 引脚禁止 （引脚处于高阻态） |
| CLKPRE | [1:0] | RW | 设置CLKOUT 引脚预分频比位：<br>00 = FCLKOUT = 系统时钟频率 /1；<br>01 = FCLKOUT = 系统时钟频率 /2；<br>10 = FCLKOUT = 系统时钟频率 /4；<br>11 = FCLKOUT = 系统时钟频率 /8 |

我们要设定 MCP2515 为配置模式，只需要设置 REQOP bit[7:5] = 100 即可，参考程序如下。

```
write_byte_2515(0x0f, 0x80);
```

### 3. 配置位定时

配置位定时由寄存器 CNF1、CNF2、CNF3 控制，各寄存器的说明如表 13-13 所示。

CAN 总线上的所有节点都必须具有相同的标称比特率，标称比特率为一理想的发送器在没有被重新同步的情况下每秒发送的位数量。

由于不同节点的振荡器频率和传输时间不同，接收器应具有某种能与数据传输边沿同步的锁相环（PLL）来同步时钟并保持这种同步。

MCP2515 通过数字锁相环（DPLL）实现位定时。DPLL 被配置为与输入数据同步，并为发送数据提供标称定时。DPLL 将每一个位时间分割为由最小单位时间份额（TQ）所组成的多个时间段，如图 13-19 所示。

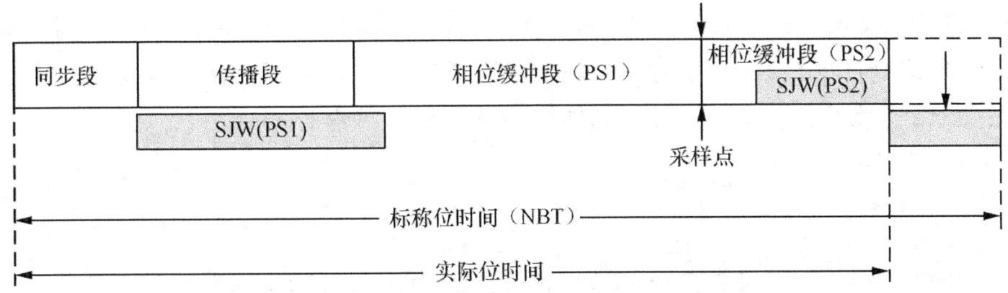


图 13-19　标称定时

表 13-13　CNF1、CNF2、CNF3 的说明

| 名称 | | bit | 类型 | 描述 |
|---|---|---|---|---|
| CNF1 | SJW | [7:6] | RW | 同步跳转宽度位：<br>11 = 4 × TQ（长度）；<br>10 = 3 × TQ（长度）；<br>01 = 2 × TQ（长度）；<br>00 = 1 × TQ（长度） |
| | BRP | [5:0] | RW | 波特率预分频比位：<br>TQ = 2 × (BRP + 1)/FOSC |
| CNF2 | BTLMODE | [7] | RW | 设置相位缓冲段2位时间长度位：<br>1 = PS2 时间长度由 CNF3 的 PHSEG2[2:0]位决定；<br>0 = PS2 时间长度为 PS1 和 IPT（ 2 TQ）两者的较大值 |
| | SAM | [6] | RW | 采样点配置位：<br>1 = 在采样点对总线进行3次采样；<br>0 = 在采样点对总线进行1次采样 |
| | PHSEG1 | [5:3] | RW | 相位缓冲段 PS1 时间长度位：<br>(PHSEG1 + 1) × TQ |
| | PRSEG | [2:0] | RW | 传播段长度位：<br>(PRSEG + 1) × TQ |
| CNF3 | SOF | [7] | RW | 起始帧信号位，如果 CANCTRL.CLKEN = 1：<br>1 = CLKOUT 引脚使能为 SoF信号；<br>0 = CLKOUT 引脚使能为时间输出功能；<br>如果 CANCTRL.CLKEN = 0，该位为任意状态 |
| | WAKFIL | [6] | RW | 唤醒滤波使能位：<br>1 = 唤醒滤波器使能；<br>0 = 唤醒滤波器禁止 |
| | — | [5:3] | R | 未用：读为 0 |
| | PHSEG2 | [2:0] | RW | 相位缓冲段 PS2 长度位：<br>(PHSEG2 + 1) × TQ<br>PS2 的最小有效值为 2 TQ |

注：FOSC为内部时钟频率。

寄存器 CNF1 的 BRP bit[5:0] 用于控制波特率预分频比。这些位根据输入频率 OSC1 设置 TQ 的时间长度。当 BRP bit[5:0] =b000000，TQ 最小值取 2 TOSC（内部时钟周期）。通过 SJW bit[1:0] 设置以 TQ 计的同步跳转宽度。

寄存器 CNF2 的 PRSEG bit[2:0] 设定的传播段时间长度（以 TQ 计）。PHSEG1 bit[2:0] 设定以 TQ 计的相位缓冲段 PS1 的时间长度。

如果寄存器 CNF2 的 BTLMODE bit[7]=1，则相位缓冲段 PS2 的时间长度将由寄存器 CNF3 的 PHSEG2 bit[2:0] 设定，以 TQ 计。如果 BTLMODE bit[7]=0，则 PHSEG2 bit[2:0] 不起作用。

MCP2515 波特率配置以 16MHz 晶体振荡器为例，参考程序如下。

```
#define CNF1_20K    0xd3
#define CNF2_20K    0xfb
#define CNF3_20K    0x46
// 可以设置的波特率（单位为 bit/s）值分别为 5k、10k、15k、20k、25k、40k、50k、80k、100k、125k、200k、400k、500k、667k、800k、1M
write_byte_2515(0x2A, CNF1_20K); //CNF1 位定时配置寄存器
write_byte_2515(0x29, CNF2_20K); //CNF2 位定时配置寄存器
write_byte_2515(0x28, CNF3_20K); //CNF3 位定时配置寄存器
```

计算方法如下。

（1）CNF1 的分频比 BRP 取 19，FOSC=16MHz，则 TQ=2×(BRP+1)/FOSC=2×(19+1)/16MHz=2.5μs。

（2）CNF2[7] = 1，所以 PS2 时间长度由 CNF3 的 PHSEG2[2:0] 决定。

CNF2[5:3] = 7，(PHSEG1)+1 为相位缓冲段 PS1 的 TQ 数，即 7+1=8。

CNF2[2:0] = 3，(PRSEG)+1 为传播段 PRSEG 的 TQ 数，即 3+1=4。

（3）CNF3[2:0] = 6，(PHSEG2)+1 为相位缓冲段 PS2 的 TQ 数，即 6+1=7。

最终波特率为 1/(TQ*( 同步段 TQ 数 +PRSEG TQ 数 +PS1 TQ 数 +PS2 TQ 数 ))=1/(2.5μs*(1+4+8+7))=20kbit/s

（4）源程序中的 MCP2512.h 文件中给出其他频率对应的配置信息，直接使用即可。

### 4. 中断使能

CANINTE 是中断使能寄存器（地址：2Bh），说明如表 13-14 所示。

表 13-14　CANINTE 的说明

| 名称 | bit | 类型 | 描述 |
|---|---|---|---|
| MERRE | [7] | RW | 报文错误中断使能位：<br>1 = 报文接收或发送期间发生错误时中断；<br>0 = 禁止 |
| WAKIE | [6] | RW | 唤醒中断使能位：<br>1 = CAN 总线上有活动时中断；<br>0 = 禁止 |
| ERRIE | [5] | RW | 错误中断使能位（EFLG 寄存器中有多个中断源）：<br>1 = EFLG 错误条件变化时中断；<br>0 = 禁止 |

续表

| 名称 | bit | 类型 | 描述 |
| --- | --- | --- | --- |
| TX2IE | [4] | RW | 发送缓冲器 2 空中断使能位：<br>1 = TXB2 为空时中断；<br>0 = 禁止 |
| TX1IE | [3] | RW | 发送缓冲器 1 空中断使能位：<br>1 = TXB1 为空时中断；<br>0 = 禁止 |
| TX0IE | [2] | RW | 发送缓冲器 0 空中断使能位：<br>1 = TXB0 为空时中断；<br>0 = 禁止 |
| RX1IE | [1] | RW | 接收缓冲器 1 满中断使能位：<br>1 = RXB1 装载报文时中断；<br>0 = 禁止 |
| RX0IE | [0] | RW | 接收缓冲器 0 满中断使能位：<br>1 = RXB0 装载报文时中断；<br>0 = 禁止 |

MCP2515 中有 8 个中断源。CANINTE 寄存器包含了使能各中断源的中断使能位。CANINTF 寄存器包含了各中断源的中断标志位。当发生中断时，INT 引脚将被 MCP2515 拉为低电平，并保持低电平状态直至 MCU 清除中断。中断只有在引起相应中断的条件消失后才会被清除。应该注意的是，CANINTF 中的中断标志位是可读写的，因此在相关 CANINTE 中断使能位置 1 的前提下，对上述任一位置 1 均可使 MCU 产生中断请求。

中断使能参考程序如下。

```
write_byte_2515(0x2B, 0x1f);
```

### 5．接收缓冲器配置

MCP2515 具有 2 个全接收缓冲器（RXB0 和 RXB1）。每个接收缓冲器配备有多个验收滤波器。除专用接收缓冲器外，MCP2515 还具有单独的报文集成缓冲器，可作为第 3 个接收缓冲器。RXB0CTRL（地址：60h）为接收缓冲器 RXB0 的控制寄存器，说明如表 13-15 所示。

表 13-15　RXB0CTRL 的说明

| 名称 | bit | 类型 | 描述 |
| --- | --- | --- | --- |
| — | [7] | R | 未用：读为 0 |
| RXM | [6:5] | RW | 接收缓冲器工作模式位：<br>11 = 关闭屏蔽 / 滤波功能，接收所有报文；<br>10 = 只接收符合滤波器条件的带有扩展标识符的有效报文；<br>01 = 只接收符合滤波器条件的带有标准标识符的有效报文；<br>00 = 接收符合滤波器条件的所有带扩展标识符或标准标识符的有效报文 |
| — | [4] | R | 未用：读为 0 |
| RXRTR | [3] | RW | 接收到远程传送请求位：<br>1 = 接收到远程传送请求；<br>0 = 没有接收到远程传送请求 |

续表

| 名称 | bit | 类型 | 描述 |
|---|---|---|---|
| BUKT | [2] | RW | 滚存使能位：<br>1 = 如果 RXB0 满，RXB0 接收到的报文将被滚存至 RXB1；<br>0 = 滚存禁止 |
| BUKT1 | [1] | RW | 只读位，用于备份（仅供 MCP2515 器件内部使用） |
| FILHIT0 | [0] | RW | 滤波器命中位，指明使能报文接收的验收滤波寄存器编号：<br>1 = 验收滤波寄存器 1（RXF1）；<br>0 = 验收滤波寄存器 0（RXF0） |

在此我们只需要令 RXM bit[6:5]=1。其他位设置为 0。参考程序如下。

```
write_byte_2515(0x60, 0x60);
```

### 6. 引脚控制寄存器和状态寄存器

BFPCTRL 为 RX*n*BF 引脚控制寄存器和状态寄存器（地址：0Ch），说明如表 13-16 所示。

表 13-16 BFPCTRL 的说明

| 名称 | bit | 类型 | 描述 |
|---|---|---|---|
| — | [7:6] | R | 未用：读为 0 |
| B1BFS | [5] | RW | RX1BF 引脚状态位（只限数字输出工作模式）：<br>当 RX1B 配置为中断引脚时，读为 0 |
| B0BFS | [4] | RW | RX0BF 引脚状态位（只限数字输出工作模式）：<br>当 RX0BF 配置为中断引脚时，读为 0 |
| B1BFE | [3] | RW | RX1BF 引脚功能使能位：<br>1 = 引脚功能使能，工作模式由 B1BFM 位决定；<br>0 = 引脚功能禁止，引脚为高阻态 |
| B0BFE | [2] | RW | RX0BF 引脚功能使能位：<br>1 = 引脚功能使能，工作模式由 B0BFM 位决定；<br>0 = 引脚功能禁止，引脚为高阻态 |
| B1BFM | [1] | RW | RX1BF 引脚工作模式位：<br>1 = 当有效报文载入 RXB1 时，该引脚用来产生中断；<br>0 = 数字输出模式 |
| B0BFM | [0] | RW | RX0BF 引脚工作模式位：<br>1 = 当有效报文载入 RXB0 时，该引脚用来产生中断；<br>0 = 数字输出模式 |

当引脚配置为数字输出引脚时，相应接收缓冲器中的 B*x*BFM 位应被清 0，而 B*n*BFE 位应被置 1。在这种工作模式下，引脚的状态由 B*n*BFS 位控制。B*n*BFS 位写入 1 时，将使相应的缓冲器满中断，引脚输出高电平；写入 0 时，该引脚输出低电平。

参考程序如下。

```
void bit_modify_2515(unsigned char addr, unsigned char mask, unsigned char data)
{
```

```
//  CS_SPI = 0；
   slave_enable()；
   send_byte(0x05)；
   send_byte(addr)；
   send_byte(mask)；
   send_byte(data)；
   slave_disable()；
//  CS_SPI = 1；
}
bit_modify_2515(0x0C, 0x0f, 0x0f); //BFPCTRL_RXnBF 引脚控制寄存器和状态寄存器
```

**7．环回模式**

如果器件没有基于 CAN 总线的外设，可以设置环回模式用于测试，参考程序如下。

```
write_byte_2515(0x0f, 0x40);
```

## 13.4.7　数据发送

MCP2515 的 CAN 缓冲区有 3 个发送缓冲器，它们用于发送数据。每个发送缓冲器占用 14byte 的 SRAM，并映射到器件存储器中。TXB*n*CTRL 是与发送缓冲器相关的控制寄存器，它占据第 1 个 byte。该寄存器中的信息决定了报文在何种条件下发送，并在报文发送时指示其状态。

CAN 缓冲区数据发送流程如下。

（1）设置发送为最高优先级。

（2）设置发送缓冲器标准标识符高位，设置发送缓冲器标准标识符低位。

（3）设置发送缓冲器数据长度码（8byte）。

（4）向缓冲区写入数据，从地址 0x36 起。

（5）发送请求命令以发送数据。

**1．设置发送为最高优先级**

TXB*n*CTRL 为发送缓冲控制寄存器（*n*=0 ～ 2，各寄存器对应地址分别为 30h、40h、50h）说明如表 13-17 所示。

表 13-17　TXB*n*CTRL 的说明

| 名称 | bit | 类型 | 描述 |
|---|---|---|---|
| — | [7] | R | 未用：读为 0 |
| ABTF | [6] | R | 报文发送中止标志位：<br>1 = 报文中止；<br>0 = 报文发送成功完成 |
| MLOA | [5] | R | 报文仲裁失败位：<br>1 = 报文发送期间仲裁失败；<br>0 = 报文发送期间仲裁未失败 |
| TXERR | [4] | R | 检测到发送错误位：<br>1 = 报文发送期间发生总线错误；<br>0 = 报文发送期间未发生总线错误 |

续表

| 名称 | bit | 类型 | 描述 |
| --- | --- | --- | --- |
| TXREQ | [3] | RW | 报文发送请求位：<br>1 = 缓冲器等待报文发送（MCU 将此位置 1 以请求报文发送，报文发送后该位自动清零）；<br>0 = 缓冲器无等待发送报文（MCU 将此位清0以请求中止报文发送） |
| — | [2] | R | 未用：读为 0 |
| TXP | [1:0] | RW | 发送缓冲器优先级位：<br>11 = 最高的报文发送优先级；<br>10 = 中偏高的报文发送优先级；<br>11 = 中偏低的报文发送优先级；<br>00 = 最低的报文发送优先级 |

这里我们设置为发送优先级最高，参考程序如下。

```
write_byte_2515(0x30, 0x03);
```

### 2. 设置发送缓冲器标准标识符高 / 低位

TXB*n*SIDH 用于设置发送缓冲器标准标识符高位寄存器（*n*=0 ～ 2，各寄存器对应地址分别为 31h、41h、51h），说明如表 13-18 所示。

表 13-18　TXB*n*SIDH 的说明

| R/W-x | R/W-x | R/W-x | R/W-x | R/W-x | R/W-x | R/W-x | R/W-x |
| --- | --- | --- | --- | --- | --- | --- | --- |
| SID10 | SID9 | SID8 | SID7 | SID6 | SID5 | SID4 | SID3 |
| bit7 | | | | | | | bit0 |

TXB*n*SIDL 用于设置发送缓冲器（*n*=0 ～ 2）标准标识符低位寄存器（*n*=0 ～ 2，各寄存器对应基地址分别为 32h、42h、52h），说明如表 13-19 所示。

表 13-19　TXB*n*SIDL 的说明

| R/W-x | R/W-x | R/W-x | R/W-x | R/W-x | R/W-x | R/W-x | R/W-x |
| --- | --- | --- | --- | --- | --- | --- | --- |
| SID2 | SID1 | SID0 | — | EXIDE | — | EID17 | EID16 |
| bit7 | | | | | | | bit0 |

其中，EXIDE 为扩展标识符使能位：1 = 报文将发送扩展标识符，0 = 报文将发送标准标识符。

设置报文发送标准标识符，参考程序如下。

```
write_byte_2515(0x31, 0xff);
write_byte_2515(0x32, 0x00);
```

### 3. 设置发送缓冲器数据长度码（8byte）

TXB*n*DLC 用于设置发送缓冲器数据长度码（*n*=0 ～ 2，各寄存器对应地址分别为 35h、45h、55h），说明如表 13-20 所示。

表 13-20　TXB*n*DLC 的说明

| 名称 | bit | 类型 | 描述 |
| --- | --- | --- | --- |
| — | [7] | R | 未用：读为 0 |
| RTR | [6] | RW | 远程发送请求位：<br>1 = 发送的报文为远程发送请求；<br>0 = 发送的报文为数据帧 |

续表

| 名称 | bit | 类型 | 描述 |
|---|---|---|---|
| — | [5:4] | R | 未用：读为 0 |
| DLC | [3:0] | RW | 数据长度码位：<br>设定要发送的数据长度 （0～8 byte） |

发送缓冲器 0 发送的报文为数据帧，数据长度码为 8byte，参考程序如下。

```
write_byte_2515(0x35, 0x08);
```

**4．向缓冲区写入数据**

TXB*n*D*m* 为发送缓冲器 *n*（*m* 为数据 byte 数，3 个缓冲器对应地址分别为 36h ～ 3Dh、46h ～ 4Dh、56h ～ 5Dh。

其中缓冲区 0 地址空间为 0x36 ～ 0x3D，要将数据 tx_buff[i] 写入缓冲区 0 的 i 位置参考程序如下。

```
write_byte_2515(0x36+i ,tx_buff[i]);
```

**5．发送请求命令，以发送数据**

参考程序如下。

```
void send_req_2515()
{
    soft_reset();   //SPI 软复位
    slave_enable() ; // 片选从设备
    send_byte(0x81); // 发送请求命令
    slave_disable() ; // 取消片选
}
```

## 13.4.8 数据接收

MCP2515 具有 2 个全接收缓冲器 RXB0 和 RXB1。每个接收缓冲器配备有多个验收滤波器。除专用接收缓冲器外，MCP2515 还具有单独的报文集成缓冲器（MAB），可作为第 3 个接收缓冲器。

从 CAN 缓冲区读取数据流程如下。

（1）读取中断标志寄存器 CANINTF 的值，判断 bit[0] 是否为 1。

（2）从接收缓冲区读取数据，从地址 0x66 开始。

（3）CAN 软复位。

（4）向中断标志寄存器 0x2c 写入位掩码。

（5）向中断标志寄存器 0x2c 写入数据 0，清除中断。

**1．读取中断标志寄存器 CANINTF 的值**

CANINTF 为中断标志寄存器（地址：2Ch），说明如表 13-21 所示。

表 13-21　CANINTF 的说明

| 名称 | bit | 类型 | 描述 |
|---|---|---|---|
| MERRF | [7] | RW | 报文错误中断标志位：<br>1 = 有等待处理的中断（必须由 MCU 清零才可使中断复位）；<br>0 = 无等待处理的中断 |

续表

| 名称 | bit | 类型 | 描述 |
|---|---|---|---|
| WAKIF | [6] | RW | 唤醒中断标志位：<br>1 = 有等待处理的中断（必须由 MCU 清零才可使中断复位）；<br>0 = 无等待处理的中断 |
| ERRIF | [5] | RW | 错误中断标志位（EFLG 寄存器中有多个中断源）：<br>1 = 有等待处理的中断（必须由 MCU 清零才可使中断复位）；<br>0 = 无等待处理的中断 |
| TX2IF | [4] | RW | 发送缓冲器 2 空中断标志位：<br>1 = 有等待处理的中断（必须由 MCU 清零才可使中断复位）；<br>0 = 无等待处理的中断 |
| TX1IF | [3] | RW | 发送缓冲器 1 空中断标志位：<br>1 = 有等待处理的中断（必须由 MCU 清零才可使中断复位）；<br>0 = 无等待处理的中断 |
| TX0IF | [2] | RW | 发送缓冲器 0 空中断标志位：<br>1 = 有等待处理的中断（必须由 MCU 清零才可使中断复位）；<br>0 = 无等待处理的中断 |
| RX1IF | [1] | RW | 接收缓冲器 1 满中断标志位：<br>1 = 有等待处理的中断（必须由 MCU 清零才可使中断复位）；<br>0 = 无等待处理的中断 |
| RX0IF | [0] | RW | 接收缓冲器 0 满中断标志位：<br>1 = 有等待处理的中断（必须由 MCU 清零才可使中断复位）；<br>0 = 无等待处理的中断 |

当报文传送至某一接收缓冲器时，与该接收缓冲器对应的 CANINTF.RX*n*IF 位将置 1 则 INT 引脚处会产生中断，显示接收的报文有效。一旦缓冲器中的报文处理完毕，MCU 就必须将该位清零以接收下一条报文。该控制位提供的锁定功能确保 MCU 尚未处理完上一条报文前，MCP2515 不会将新的报文载入接收缓冲器。

CANINTF 寄存器包含了各中断源的中断标志位。当发生中断时，INT 引脚电平将被 MCP2515 拉低，并保持低电平状态直至 MCU 清除中断。中断只有在引起相应中断的条件消失后，才会被清除。

在对 CANINTF 寄存器中的标志位进行复位操作时，建议采用位修改指令而不要使用一般的写操作。这是为了避免在写指令执行过程中标志位被修改，进而导致中断丢失。

应该注意的是，CANINTF 的中断标志位可读写，因此对任意 CANINTE 中断使能位置 1，即可使 MCU 产生中断请求。

**2．从接收缓冲区读取数据**

```
rx_buff[i]= read_byte_2515(0x66+i);
```

**3．CAN 软复位**

```
soft_reset();
```

**4．向中断标志寄存器 0x2c 写入位掩码**

```
bit_modify_2515(0x2c,0x01,0x00);
```

### 5．清除中断

```
write_byte_2515(0x2c, 0x00);
```

## 13.4.9　MCP2515 驱动程序实现

完整程序详见电子资源“work/code/spi_can”，其中核心程序如下。

```
#define CNF1_20K    0xd3      //4  20(1+4+8+7)
#define CNF2_20K    0xfb
#define CNF3_20K    0x46

void Init_can(void)
{
    reset_2515(); // 复位
    write_byte_2515(0x0f, 0x80); //CANCTRL 寄存器 —— 进入配置模式
    write_byte_2515(0x2A, CNF1_20K); //CNF1 位定时配置寄存器
    write_byte_2515(0x29, CNF2_20K); //CNF2 位定时配置寄存器
    write_byte_2515(0x28, CNF3_20K); //CNF3 位定时配置寄存器
    write_byte_2515(0x2B, 0x1f);    //CANINTE 中断使能寄存器
    write_byte_2515(0x60, 0x60);    //RXB0CTRL 接收缓冲器 0
    write_byte_2515(0x70, 0x20);   // 接收缓冲器 1 控制寄存器
    bit_modify_2515(0x0C, 0x0f, 0x0f); //BFPCTRL_RXnBF 引脚控制寄存器和状态寄存器
    write_byte_2515(0x0f, 0x40);  //CAN 控制寄存器 —— 环回模式
}
void send_byte(unsigned char data)
{
    SPI2.CH_CFG |= 0x1; // 使能发送通道
    delay(1);
    SPI2.SPI_TX_DATA = data;
    while( !(SPI2.SPI_STATUS & (0x1 << 25)) );
    SPI2.CH_CFG &= ~ 0x1; // 禁能发送通道
}
unsigned char recv_byte()
{
    unsigned char data;
    SPI2.CH_CFG |= 0x1 << 1; // 使能接收通道
    delay(1);
    data = SPI2.SPI_RX_DATA;
    delay(1);
    SPI2.CH_CFG &= ~ (0x1 << 1); // 禁能接收通道
    return  data;
}
void bit_modify_2515(unsigned char addr, unsigned char mask, unsigned char data)
{
//  CS_SPI = 0 ;
    slave_enable() ;
    send_byte(0x05) ;
```

```
        send_byte(addr) ;
        send_byte(mask) ;
        send_byte(data) ;
        slave_disable() ;
//    CS_SPI = 1 ;
}
void Can_send(unsigned char *tx_buff)
{
        unsigned char i;
        write_byte_2515(0x30, 0x03); // 设置发送优先级为最高
        write_byte_2515(0x31, 0xff); // 发送缓冲器 0 标准标识符高位
        write_byte_2515(0x32, 0x00); // 发送缓冲器 0 标准标识符低位
        write_byte_2515(0x35, 0x08); // 发送缓冲器 0 数据长度码（8byte）
        for(i = 0; i < 8; i++)
        {
                write_byte_2515(0x36+i ,tx_buff[i]); // 向发送缓冲器写入 8byte 数据
        }
        send_req_2515();
}
unsigned char Can_receive(unsigned char *rx_buff)
{
        unsigned char i,flag;
        flag = read_byte_2515(0x2c); //CANINTF——中断标志寄存器
        printf("flag=%x\n",flag);
        if (flag&0x1)           // 接收缓冲器 0 满中断标志位
        {
        for(i = 0; i < 16; i++)
        {
            rx_buff[i]= read_byte_2515(0x66+i);
//          printf("%x",rx_buff[i]);
//          printf("SPI2.SPI_STATUS =%x\n", SPI2.SPI_STATUS );
            soft_reset();
        }
        bit_modify_2515(0x2c,0x01,0x00);
        write_byte_2515(0x2c, 0x00);
            if (!(rx_buff[1]&0x08)) return(1);     // 接收标准数据帧
        }
        return(0);
}
int main(void)
{
        unsigned char ID[4],buff[8]; // 状态字
        unsigned char key;
        unsigned char ret;
        unsigned int rx_counter;
```

```
    volatile int i=0;
    uart_init();
    GPC1.CON = (GPC1.CON & ~ 0xffff0) | 0x55550; // 设置 I/O 引脚为 SPI 模式

/* 配置 SPI 时钟 */
    CLK_SRC_PERIL1 = (CLK_SRC_PERIL1 & ~ (0xF<<24)) | 6<<24;      CLK_DIV_PERIL2 = 19 <<8 | 3;

    soft_reset(); // SPI 控制器软复位

/* 主设备模式 , CPOL = 0, CPHA = 0*/
    SPI2.CH_CFG &= ~ ( (0x1 << 4) | (0x1 << 3) | (0x1 << 2) | 0x3);
/*BUS_WIDTH=8bit,CH_WIDTH=8bit*/
    SPI2.MODE_CFG &= ~ ((0x3 << 17) | (0x3 << 29));
    SPI2.CS_REG &= ~ (0x1 << 1); // 选择手动片选芯片
    mydelay_ms(10); // 设置时延
    Init_can(); // 初始化 MCP2515

    printf("\n************ SPI CAN test!! ************\n");
    while(1)
    {
        printf("\ninput 8 bytes\n");

        for(i=0; i<8; i++)
        {
            src[i] = getchar();
            putc(src[i]);
        }
        printf("\n");

        Can_send(src); // 发送标准帧
        mydelay_ms(100);
        ret = Can_receive(dst); // 接收 CAN 总线数据
        printf("ret=%x\n",ret);
        printf("src=");
        for(i=0; i<8; i++) printf("%x", src[i]); // 将 CAN 总线上收到的数据发送至 UART
        printf("\n");
        printf("dst=");
        for(i=0; i<8; i++) printf("%x",dst[6+i]); // 将 CAN 总线上收到的数据发送至 UART
        printf("\n");
        mydelay_ms(100);
    }
    return 0;
}
```

# 应用篇

# 第 14 章 U-Boot

我们已介绍如何使用汇编语言和 C 语言编写程序操控基于 ARM 架构的各个硬件，这是学习 ARM 必须要掌握的基础知识，而一款嵌入式产品的软件是非常复杂的，通常需要运行一个操作系统，如手机要运行 Android，而 Android 的内核是 Linux。往往嵌入式产品上电后，并不是直接运行 Linux 内核，绝大多数嵌入式操作系统从开机上电到启动操作系统需要一个引导程序，这个引导程序就叫作 Bootloader。通过执行这段程序，我们可以初始化硬件设备、建立内存空间的映射表，从而建立适当的系统软硬件环境，为最终调用操作系统内核做好准备。

对于嵌入式操作系统，Bootloader 是基于特定硬件平台来实现的。因此，几乎不可能为所有的嵌入式系统建立一个通用的 Bootloader，不同的处理器采用不同的 Bootloader。Bootloader 不仅依赖 CPU 的架构，而且依赖嵌入式操作系统板级设备的配置。对于两块不同的开发板，即使它们使用同一种处理器，要想让运行在一块开发板上的 Bootloader 程序也能运行在另一块开发板上，一般需要修改 Bootloader 的源程序。反之，大部分 Bootloader 仍然具有很多共性，某些 Bootloader 也能支持多种体系结构的嵌入式操作系统。

例如，U-Boot 就同时支持 PowerPC、ARM、MIPS 和 x86 等体系结构，支持的开发板有上百种。通常，它们能够自动在存储介质上启动，并引导操作系统启动，还可以支持串口和以太网接口。

## 14.1 U-Boot概述

嵌入式系统已经有各种各样的 Bootloader，其种类划分也有多种方式。除了按照处理器架构不同划分，Bootloader 还可按照功能复杂程度划分。目前，嵌入式系统中广泛应用的 Bootloader 有 U-Boot、vivi、blob、ARMBoot、RedBoot 等。U-Boot 是遵循 GPL 条款的开放源程序项目，是一套在 GNU 通用公共许可下发布的自由软件。

U-Boot 是一个主要用于嵌入式系统的引导加载程序，可以支持多种不同的计算机系统结构，包括 PPC、ARM、AVR32、MIPS、x86、68k、Nios 与 MicroBlaze 等常用的处理器。

在操作系统方面，U-Boot 不仅支持嵌入式 Linux 系统，目前支持的目标操作系统有 OpenBSD、NetBSD、FreeBSD、4.4BSD、Linux、SVR4、Esix、Solaris、Irix、SCO、Dell、NCR、VxWorks、LynxOS、pSOS、QNX、RTEMS、ARTOS、Android。

U-Boot 项目的开发目标是尽可能多支持嵌入式处理器和嵌入式操作系统，现在越来越多的嵌入式产品都采用 U-Boot。

### 14.1.1　U-Boot 的特性

U-Boot 的特性如下。

（1）源程序开放。

（2）支持多种嵌入式操作系统，如 Linux、NetBSD、VxWorks、QNX、RTEMS、ARTOS、LynxOS、Android。

（3）支持多种处理器，如 PowerPC、ARM、x86、MIPS。

（4）具有较高的可靠性和稳定性。

（5）具有高度灵活的功能设置，适合 U-Boot 调试、有不同引导要求的操作系统、产品发布等。

（6）具有丰富的设备驱动源程序，如串口、以太网、SDRAM、Flash、LCD、NVRAM、EEPROM、RTC、键盘等。

（7）具有较丰富的开发调试文档与强大的网络技术支持。

### 14.1.2　工作模式

U-Boot 的工作模式有启动加载模式和下载模式。

（1）启动加载模式

启动加载模式是 Bootloader 的正常工作模式，嵌入式产品发布时，Bootloader 必须工作在这种模式下，Bootloader 将嵌入式操作系统从 Flash 加载到 SDRAM 中运行，整个过程是自动的。

（2）下载模式

在下载模式下，Bootloader 通过某些通信手段将内核镜像或根文件系统镜像等从 PC 中下载到开发板的 Flash 中。用户可以利用 Bootloader 提供的一些命令接口来完成自己想要的操作。开发人员可以使用各种命令，通过串口连接或网络连接等通信手段从主设备下载文件（如内核镜像、文件系统镜像），将它们直接放在内存运行或烧写在 Flash 类的固态存储设备中，如图 14-1 所示。

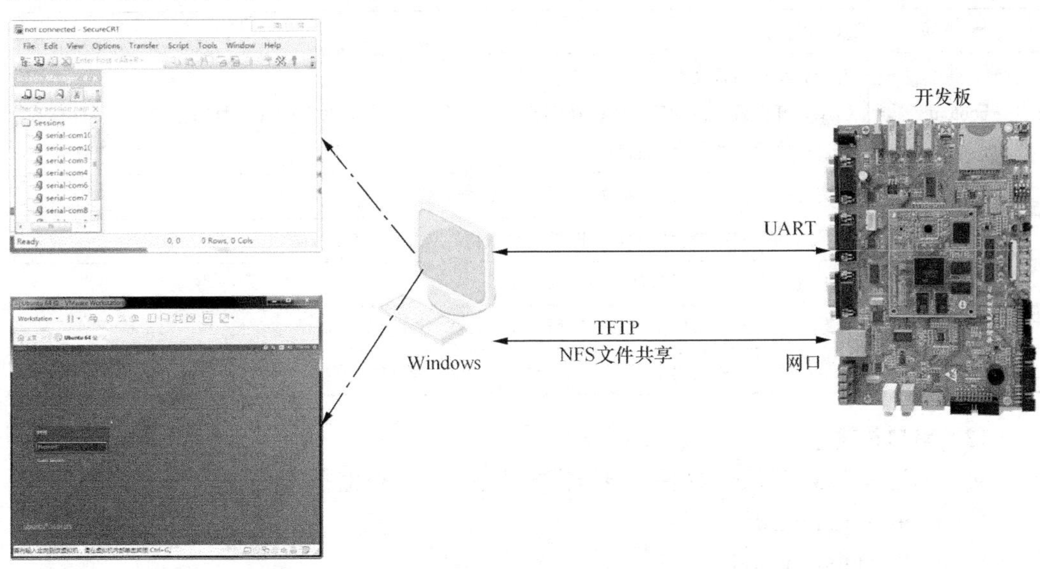


图 14-1　嵌入式交叉开发环境

开发板和主设备传输文件时，可以使用串口的 xmodem/ymodem/zmodem/keymit 协议，还可以使用网络通过 TFTP、NFS 协议传输文件，也可以通过 USB 下载文件等。

一般来说，嵌入式开发人员采用下载模式进行开发嵌入式操作系统，通过 TFTP 服务器下载内核，用 NFS 服务器挂载文件系统。

### 14.1.3 U-Boot 常用命令

（1）获取命令

命令：help 或 ?。

功能：查看当前 U-Boot 版本中支持的所有命令。

（2）环境变量命令

U-Boot 主要的环境变量命令如表 14-1 所示。

表 14-1 U-Boot 主要的环境变量命令

| 命令 | 含义 |
| --- | --- |
| bootdelay | 系统自动启动（bootcmd中的命令）时的等候时间 |
| baudrate | 串口控制台的波特率 |
| netmask | 以太网的网络掩码 |
| ethaddr | 以太网的MAC地址 |
| bootfile | 默认的下载文件名 |
| printenv | 打印U-Boot环境变量 |
| setenv | 设置U-Boot环境变量。<br>例如，setenv *envname value*用于设置环境变量的值，如果没有*value*，则表示删除*envname*环境变量 |
| saveenv | 将修改的环境变量保存在固态存储设备中 |
| ipaddr | 本地的IP地址 |
| serverip | TFTP服务器端的IP地址 |
| gateway | 以太网的网关 |
| bootcmd | 自动启动时执行命令。<br>U-Boot开机后会自动倒计时，在倒计时结束前如果没有通过外设按键打断自动计时，U-Boot将自动执行该变量保存的命令 |
| bootargs | 传递给Linux内核的启动参数 |
| bootm | 引导启动存储在内存中的程序映像。这些内存包括RAM和Flash |
| stdin | 标准输入设备，一般是从串口输入 |
| stdout | 标准输出，一般输出至串口，也可输出至LCD（VGA） |
| stderr | 标准出错，一般输出至串口，也可输出至LCD（VGA） |

（3）串口传输命令

可以通过串口线下载 bin 文件，根据模式的不同，命令也有所不同。

- loadb -kermit mode
- loadx -xmodem mode

- loady -ymodem mode

（4）网络命令

U-Boot 是支持网络的，在移植 U-Boot 时，绝大多数系统需要开通网络功能，因为在移植 Linux Kernel 时需要使用 U-Boot 的网络功能做调试。U-Boot 支持大量的网络相关命令，如表 14-2 所示。

表 14-2　U-Boot 支持的相关命令

| 命令 | 含义 |
|---|---|
| ping | 测试网络能否使用 |
| dhcp | 动态获取IP地址 |
| nfs | 网络文件系统。用于挂载网络文件系统 |
| tftp | 通过网络下载镜像文件到开发板内存中 |

（5）Nand Flash 操作命令

Nand Flash 操作命令用于编译 NAND 核心板对应的 U-Boot，如表 14-3 所示。

表 14-3　Nand Flash 操作命令

| 命令 | 含义 |
|---|---|
| nand info | 显示可使用的Nand Flash |
| nand device [dev] | 用于切换Nand Flash |
| nand read *addr off size* Flash | 读取命令，从Nand的偏移地址处（*off*）读取指定byte数（*size*）的数据到SDRAM的地址（*addr*） |
| nand write *addr off size* Flash | 烧写命令，将SDRAM的某地址处（*addr*）的指定byte数（*size*）的数据烧写到Nand的偏移地址（*off*） |

（6）内存、寄存器操作命令

内存、寄存器操作命令如表 14-4 所示。

表 14-4　内存、寄存器操作命令

| 命令 | 含义 |
|---|---|
| nm[.b,.w,.l]*address* | 修改指定地址（*address*）的内存值 |
| mm[.b,.w,.l]*address* | 修改指定地址（*address*）内存值（地址自动加1） |
| md[.b,.w,.l]*address*[# *of objects*] | 显示地址（*address*）开始的内存值，[# of objects]表示要查看的数据长度 |
| mw[.b,.w,.l]*address value*[*count*] | 在起始地址（*address*）用指定数据（*value*）填充内存，填充指定数目（*count*）数据块 |
| cp[.b,.w,.l]*source target count* | 数据复制命令，用于将 DRAM 中的数据从一段内存复制到另一段内存中，或者把 Nor Flash 中的数据复制到 DRAM 中 |

其中“:[.b, .w, .l]”分别对应 byte、word 和 long，分别以 1byte、2byte、4byte 来显示内存值。

（7）USB 操作命令

USB 操作命令如表 14-5 所示。

表 14-5　USB 操作命令

| 命令 | 含义 |
|---|---|
| usb reset | 初始化USB控制器 |
| usb stop [f] | 关闭USB控制器 |
| usb tree | 已连接的USB设备树 |
| usb info [dev] | 显示USB设备[dev]的信息 |
| usb storage | 显示已连接的USB存储设备 |
| usb dev [dev] | 显示和设置当前USB存储设备 |
| usb part [dev] | 显示USB存储设备[dev]的分区信息 |
| usb read addr blk# cnt | 读取USB存储设备数据 |

使用 USB 操作命令前必须确保 USB 设备已连接好，使用“usb reset”命令以初始化 USB 控制器，获取设备信息。

（8）SD/MMC 操作命令

SD/MMC 操作命令如表 14-6 所示。

表 14-6　SD/MMC 操作命令

| 命令 | 含义 |
|---|---|
| mmc init [dev] | 初始化MMC子系统 |
| mmc device [dev] | 查看和设置当前设备 |

使用 SD/MMC 操作命令前必须确保 SD/MMC 设备已连接好，执行“mmc init”命令以初始化 MMC 控制器，获取设备信息。

### 14.1.4　配置举例

本书不涉及 Linux 内核编译和下载，以下配置信息仅作参考。

使用命令 tftp 下载内核、网络挂载 NFS 文件系统为例。

（1）配置 ubuntu

ubuntu IP：192.168.6.186。

NFS 服务器配置文件位置：/etc/exports。

修改配置信息命令如下。

```
/rootfs  *(rw,sync,no_subtree_check,no_root_squash)
```

- /rootfs：NFS 服务器的根目录是 /rootfs。
- rw：读写访问。
- sync：所有数据在请求时写入共享文件。
- subtree_check：如果共享 /usr/bin 等子目录，强制 NFS 检查父目录的权限（默认）。
- no_root_squash：用户具有根目录的完全管理访问权限。

（2）开发板设置

开发板 IP：192.168.6.187

U-Boot 配置命令如下。

```
setenv ipaddr 192.168.6.187          ；开发板的 IP 地址
setenv serverip 192.168.6.186        ；虚拟机的 IP 地址
setenv gatewayip 192.168.1.1         ；网关
saveenv                              ；保存配置
```

（3）加载内核和设备树

加载内核和设备树命令如下。

```
setenv bootcmd tftp 41000000 uImage\; tftp 42000000 exynos4412-origen.dtb\; bootm 41000000 -42000000
```

- bootcmd：启动 U-Boot，倒计时结束后执行 bootcmd 中的命令。
- tftp：从虚拟机 IP192.168.6.186 的根目录中下载镜像文件 uImage 到地址 41000000。
- uImage：内核镜像。
- exynos4412-origen.dtb：设备树文件。
- bootm 41000000 -42000000：引导内核，并传入地址。

该命令用于从 TFTP 服务器下载镜像文件 uImage 到地址 41000000，下载设备树文件 exynos4412 -origen.dtb 到地址 42000000，并通过命令 bootm 加载启动内核。

（4）挂载 NFS 文件

挂载 NFS 文件，命令如下。

```
setenv bootargs root=/dev/nfs nfsroot=192.168.6.186:/rootfs rw console=ttySAC2,115200 init=/linuxrc
ip=192.168.6.187
```

参数含义如下。

- bootargs：引导内核启动后，内核会解析该启动参数。
- root = /dev/nfs：通知 Linux 内核，指定根文件，系统采用 NFS 网络服务。
- nfsroot=192.168.6.186:/rootfs：NFS 服务器地址为 192.168.6.186，目录为 /rootfs。
- rw：文件系统操作权限为可读写。
- console=ttySAC2，115200：串口名称和波特率。
- init=/linuxrc：内核启动后运行的进程为 linuxrc。
- ip=192.168.6.187：开发板网口地址。

# 14.2　U-Boot源程序

## 14.2.1　U-Boot 源程序简介

### 1．下载源程序

U-Boot 源程序文件见电子资源“work / 工具软件 /u-boot-2013.01.tar.bz2”。

### 2．解压 U-Boot 源程序

将 U-Boot 源程序复制到目录 ubuntu 下：/home/peng/uboot/，然后将源程序解压，结果如下。

```
root@ubuntu:/home/peng/ uboot # tar  jxvf  u-boot-2013.01.tar.bz2
root@ubuntu:/home/peng/ uboot # cd u-boot-2013.01
```

```
root@ubuntu:/home/peng/ uboot /u-boot-2013.01# ls
api   boards.cfg  COPYING  doc examples   include MAKEALL   nand_spl  README  spl arch   common
CREDITS  drivers  fs lib Makefile  net rules.mk  test board  config.mk disk dts helper.mk  MAINTAINERS
mkconfig  post  snapshot.commit  tools
```

### 3. 目录结构

各个版本 U-Boot 的目录结构都有差异，有的甚至差异非常大，用户在分析时要根据实际情况，灵活处理。U-Boot 源程序的主要目录说明如表 14-7 所示。

表 14-7　U-Boot-2013 源程序主要目录说明

| 目录 | 特性 | 说明 |
|---|---|---|
| arch | 平台依赖 | 与体系结构相关的程序 |
| board | 平台依赖 | 根据不同开发板定制的程序，例如：RPXlite(mpc8xx)、smdk2410(arm920t)、sc520_cdp(x86) 等目录 |
| cpu | 平台依赖 | 存放与CPU相关的目录文件，例如：mpc8xx、ppc4xx、arm720t、arm920t、 xscale、i386等目录 |
| lib | 通用 | 通用库文件 |
| nand_spl | 通用 | NAND存储器相关程序 |
| include | 通用 | 头文件和开发板配置文件，所有开发板的配置文件都在configs目录下 |
| common | 通用 | 通用的程序，涵盖各个方面，以命令行处理为主 |
| net | 通用 | 网络相关的程序，小型的协议栈 |
| fs | 通用 | 文件系统，支持嵌入式开发板常见的文件系统 |
| post | 通用 | 存放上电自检程序 |
| drivers | 通用 | 通用的设备驱动程序，如$I^2C$、SPI、网卡、USB、Video等，每种类型的设备驱动程序占用一个子目录 |
| disk | 通用 | 磁盘分区相关程序 |
| examples | 应用例程 | 一些独立运行的应用程序，如helloworld |
| tools | 工具 | 存放制作S-Record 或U-Boot格式的映像等工具，如mkimage |
| doc | 文档 | 开发使用文档和模块说明文档 |

### 4. 移植工作涉及的目录情况

从 U-Boot 根目录可以看出，U-Boot 功能强大。移植工作最主要的是，U-Boot 程序要匹配处理器和开发板，2010.06 版本后的处理器相关程序集中在 arch、board 目录（以前版本的程序主要集中在 cpu 和 board 目录），首先查看 arch 目录，介绍如下。

```
arch
├── arm
├── avr32
├── blackfin
├── i386
├── m68k
```

```
├── microblaze
├── mips
├── nios2
├── powerpc
├── sh
└── sparc
```

arch 目录下的每个子目录代表一个处理器类型，子目录名称就是处理器的类型名称。我们移植的是处理器，所以参考一下 arch/arm 目录，该目录如下。

```
arch/arm
├── cpu
├── dts
├── imx-common
├── include
└── lib
```

arch/arm 目录下有 5 个目录，其他的处理器目录类似这个结构，但是会有差别，主要关注以下 4 个目录。

- cpu：对应一种处理器的不同产品型号或系列。
- dts：设备树文件。
- include：处理器用到的头文件。
- lib：对应用到的处理器的公用程序。

然后介绍 cpu 目录下的内容，arch/arm/cpu 目录下的内容如下。

```
arch/arm/cpu
├── arm1136
├── arm1176
├── arm720t
├── arm920t
├── arm925t
├── arm926ejs
├── arm946es
├── arm_intcm
├── armv7
│   ├── am33xx
│   ├── exynos
│   ├── highbank
│   ├── mx5
│   ├── mx6
│   ├── omap3
│   ├── omap4
│   ├── omap5
│   ├── omap-common
│   ├── rmobile
│   ├── s5pc1xx
│   ├── s5p-common
```

```
|   ├── socfpga
|   ├── tegra20
|   ├── tegra-common
|   ├── u8500
|   └── zynq
├── ixp
├── pxa
├── s3c44b0
├── sa1100
├── tegra20-common
├── tegra-common
└── u-boot.lds
```

Exynos4412 基于 ARMv7 架构，对应的 CPU 类型是三星的 Exynos 系列；u-boot.lds 是 ld 链接器的脚本文件，这个文件描述了程序如何链接目标文件，根据文件指示，按照需求把不同的目标文件链接在一起，生成供烧写到开发板的程序。

我们已经介绍 U-Boot 的基础知识，但要想移植一个开源的 U-Boot 以支持 FS4412 开发板，还必须做一些配置及移植大量的驱动程序。本章介绍如何移植和编译 U-Boot，并通过增加串口、网络、eMMC 等功能，使其支持 FS4412 开发板。

### 14.2.2 U-Boot 源程序配置

U-Boot 源程序配置步骤如下。

#### 1. 指定交叉编译工具链

（1）进入 U-Boot 根目录：$ cd u-boot-2013.01。

（2）修改 Makefile 文件，添加命令后程序如下。

```
ifeq ($(HOSTARCH),$(ARCH))
  CROSS_COMPILE ?=
endif
ifeq  (arm,$(ARCH))
  CROSS_COMPILE ?= arm-none-linux-gnueabi-
endif
```

#### 2. 指定产品 CPU

我们的产品采用的 CPU 是 Exynos 4412，该 SoC 对应的驱动位于以下目录。

```
arch/arm/cpu/armv7/exynos/
```

#### 3. 指定产品 BOARD

三星公司已经发布了 Exynos 4412 的初始化程序，源文件如下。

```
root@ubuntu:/home/peng/uboot/u-boot-2013.01# tree board/samsung/origen/
board/samsung/origen/
├── lowlevel_init.S
├── Makefile
├── mem_setup.S
├── mmc_boot.c
├── origen.c
├── origen_setup.h
```

```
└─── tools
   └─── mkv310_image.c

1 directory, 7 files
```

### 4．CPU 硬件信息

对应的 CPU 硬件信息头文件位于以下位置。

```
include/configs/origen.h
```

该文件定义了 U-Boot 启动时关于 Exynos 4412 必要的资源信息。

### 5．boards.cfg 文件

在 U-Boot 根目录下的 boards.cfg 文件中查看其支持的开发板和相应的信息，在后续的编译过程中我们需要根据配置名检索相应的信息。

文件格式如下。

```
# Target       ARCH       CPU       Board name       Vendor       SoC       Options
###########################################################################################
origen         arm        armv7     origen           samsung      exynos
```

### 6．编译 U-Boot

不同版本 U-Boot 的配置命令可能是不同的，源程序包中的 README 文件通常会说明相应的配置命令。

```
For all supported boards there are ready-to-use default
configurations available; just type "make <board_name>_config".

Example: For a TQM823L module type:

        cd u-boot
        make TQM823L_config
```

配置和编译命令如下。

```
$ make  distclean
$ make  origen_config
```

该配置命令生成的文件如下。

```
include/config.h
```

编译完成。

```
$ make all
```

编译完成后生成的 U-Boot.bin 就是最终生成的镜像文件。

虽然编译完成了，但是并不会生成真正适配开发板的 U-Boot，只是适配参考板，因为实际项目开发板的外设并不一定和参考板一致，所以该文件还不能在开发板上运行，需要对 U-Boot 源程序进行相应修改。

开发板刚启动时，还没有初始化串口，还无法使用 printf() 函数，那如何知道 U-Boot 有没有启动或运行在某处呢？

通常的方法是通过“点灯”来确认程序有没有运行。因为 U-Boot 刚启动时，串口还没有及时初始化，可在 arch/arm/cpu/armv7/start.S 文件 134 行后添加“点灯”程序。

```
ldr r0, =0x11000c40 @GPX2_7 led2
```

```
ldr r1, [r0]
bic r1, r1, #0xf0000000
orr r1, r1, #0x10000000
str r1, [r0]
ldr r0, =0x11000c44
mov r1,#0xff
str r1, [r0]
```

### 14.2.3 U-Boot 源程序编译

Exynos4412 需要通过三星公司提供的初始引导程序对其加密后，U-Boot 才能被引导运行，此操作的目的就是根据三星公司的芯片启动要求对 U-Boot.bin 进行处理，包括在特定长度位置处添加校验信息或插入一些文件段，复制相应的文件到 U-Boot 根目录下，操作如下。

```
$cp sdfuse_q u-boot-2013.01 -rf
$ chmod 777 u-boot-2013.01/sdfuse_q -R
$cp CodeSign4SecureBoot u-boot-2013.01 -rf
```

**注意：**

CodeSign4SecureBoot 是三星公司提供的安全启动方式，对应的程序由三星公司提供。sdfuse_q 目录下的文件是针对 U-Boot.bin 文件格式要求进行加密编写的文件。

修改根目录 Makefile 文件，实现 sdfuse_q 的编译，在 Makefile 文件找到以下字段。

```
$(obj)u-boot.bin: $(obj)u-boot
$(OBJCOPY) ${OBJCFLAGS} -O binary $< $@
$(BOARD_SIZE_CHECK)
```

在上述字段后添加如下内容。

```
@#./mkU-Boot
@split -b 14336 u-boot.bin bl2
@make -C sdfuse_q/
@#cp u-boot.bin u-boot-4212.bin
@#./sdfuse_q/add_sign
@./sdfuse_q/chksum
@./sdfuse_q/add_padding
@rm bl2a*
@echo
```

**注意：**

如果执行了 make distclean 命令（用于清除编译文件），则需重新复制 CodeSign4SecureBoot 至 Makefile 文件（每一行开头需用 <Tab> 键缩进，否则 Makefile 文件将编译报错）。为方便起见，在根目录下创建编译脚本 build.sh，该脚本将自动添加加密方式。

在根目录下创建编译脚本 build.sh 如下。

```
#!/bin/sh

sec_path="CodeSign4SecureBoot/"
CPU_JOB_NUM=$(grep processor /proc/cpuinfo | awk '{field=$NF}; END{print field+1}')
ROOT_DIR=$(pwd)
CUR_DIR=${ROOT_DIR##*/}

case "$1" in
    clean)
        echo make clean
        make mrproper
        ;;
    *)

        if [ ! -d $sec_path ]
        then
            echo "**********************************************"
            echo "[ERR]please get the CodeSign4SecureBoot first"
            echo "**********************************************"
            return
        fi

        make origen_config

        make -j$CPU_JOB_NUM

        if [ ! -f checksum_bl2_14k.bin ]
        then
            echo "!!!!!!!!!!!!!!!!!!!!!!!!!!!!!!!!!!!!!!!!!!!!!!!!!!!!!!!!!!!!!!!!!!!!!!!!!!!!!!!"
            echo "There are some error(s) while building U-Boot, please use command make to check."
            echo "!!!!!!!!!!!!!!!!!!!!!!!!!!!!!!!!!!!!!!!!!!!!!!!!!!!!!!!!!!!!!!!!!!!!!!!!!!!!!!!"
            exit 0
        fi

        cp -rf checksum_bl2_14k.bin $sec_path
        cp -rf u-boot.bin $sec_path
        rm checksum_bl2_14k.bin

        cd $sec_path
        cat E4412_N.bl1.SCP2G.bin bl2.bin all00_padding.bin u-boot.bin tzsw_SMDK4412_SCP_2GB.bin > u-boot-origen.bin
        mv u-boot-origen.bin $ROOT_DIR

```

```
        rm checksum_bl2_14k.bin
        rm u-boot.bin
esac
```

编译后的脚本如下。

```
$ chmod  777  u-boot-2013.01/ build.sh
$ ./buildsh
```

**注意：**

build.sh 脚本可自动添加加密方式，编译生成所需的 u-boot_origen.bin 文件如下，但该文件还不支持串口和网络功能，所以还需要继续增加我们需要的硬件驱动，详见下节。

```
root@ubuntu:/home/peng/uboot/u-boot-2013.01# ls
api  config.mk examples  Makefile sdfuse_q  u-boot.bin  arch  COPYING  fs  mkconfig snapshot.commit
u-boot.map  board  CREDITS  helper.mk  nand_spl spl  u-boot-origen.bin  boards.cfg  disk  include  net  System.
map  u-boot.srec  build.sh  doc  lib  post  test  CodeSign4SecureBoot  drivers  MAINTAINERS  README  tools
common  dts    MAKEALL  rules.mk u-boot
```

# 14.3 移植硬件驱动

## 14.3.1 实现串口输出

为了方便调试，所有系统初始化都需要先移植串口驱动，实现 printf() 函数，同时还要初始化栈空间、关闭看门狗。主要修改 lowlevel_init.S 文件，路径如下。

```
$vim  board/samsung/origen/lowlevel_init.S
```

（1）添加临时栈，41 行程序如下。

```
41    lowlevel_init:
```

在 41 行程序后添加如下程序。

```
ldr  sp,=0x02060000 @use iRom stack in bl2
```

（2）添加关闭看门狗程序，67 行程序如下。

```
67    beq wakeup_reset
```

在 67 行程序后继续添加程序如下。

```
#if 1 /* 关闭看门狗 */
ldr r0, =0x1002330c
ldr r1, [r0]
orr r1, r1, #0x300
str r1, [r0]
ldr r0, =0x11000c08
ldr r1, =0x0
str r1, [r0]
ldr r0, =0x1002040c
```

```
ldr r1, =0x00
str r1, [r0]
#endif
```

（3）添加串口初始化程序。uart_asm_init 文件的 351 行程序如下。

```
351    str r1, [r0, #EXYNOS4_GPIO_A1_CON_OFFSET]
```

351 行程序后添加程序如下。

```
ldr r0, =0x10030000
ldr r1, =0x666666
ldr r2, =CLK_SRC_PERIL0_OFFSET
str r1, [r0, r2]
ldr r1, =0x777777
ldr r2, =CLK_DIV_PERIL0_OFFSET
str r1, [r0, r2]
```

（4）注释 trustzone（用于安全架构）程序。

注释程序如下。

```
#if 0
   bl tzpc_init
#endif
```

## 14.3.2 移植网卡驱动

因为各个厂商使用的网卡不尽相同，所以三星公司提供的驱动只预留了网卡初始化的函数入口，针对不同的开发板，我们还必须移植网卡的驱动。U-Boot 中已经包含 DM9000 系列的网卡驱动，只需要增加针对 FS4412 开发板的网卡初始化程序即可。步骤如下。

（1）添加网络初始化程序

文件路径如下。

```
$ vim  board/samsung/origen/origen.c
```

31 行程序如下。

```
31 struct exynos4_gpio_part2 *gpio2;
```

在 31 行程序后添加程序如下。

```
#ifdef CONFIG_DRIVER_DM9000
#define EXYNOS4412_SROMC_BASE 0X12570000


#define DM9000_Tacs    (0x1)
#define DM9000_Tcos    (0x1)
#define DM9000_Tacc    (0x5)
#define DM9000_Tcoh    (0x1)
#define DM9000_Tah     (0xC)
#define DM9000_Tacp    (0x9)
#define DM9000_PMC     (0x1)

struct exynos_sromc {
        unsigned int bw;
```

```
	unsigned int bc[6];
};
void exynos_config_sromc(u32 srom_bank, u32 srom_bw_conf, u32 srom_bc_conf)
{
	unsigned int tmp;
	struct exynos_sromc *srom = (struct exynos_sromc *)(EXYNOS4412_SROMC_BASE);

	/* 配置寄存器 SMC_BW */
	tmp = srom->bw;
	tmp &= ~ (0xF << (srom_bank * 4));
	tmp |= srom_bw_conf;
	srom->bw = tmp;

	/* 配置寄存器 SMC_BC */
	srom->bc[srom_bank] = srom_bc_conf;
}
static void DM9000AEep_pre_init(void)
{
	unsigned int tmp;
	unsigned char smc_bank_num = 1;
	unsigned int	smc_bw_conf=0;
	unsigned int	smc_bc_conf=0;

	/* 配置 GPIO */
	writel(0x00220020, 0x11000000 + 0x120);		//GPY0CON
	writel(0x00002222, 0x11000000 + 0x140);		//GPY1CON
	writel(0x22222222, 0x11000000 + 0x180);		//GPY3CON
	writel(0x0000FFFF, 0x11000000 + 0x188);		//GPY3PUD
	writel(0x22222222, 0x11000000 + 0x1C0);		//GPY5CON
	writel(0x0000FFFF, 0x11000000 + 0x1C8);		//GPY5PUD
	writel(0x22222222, 0x11000000 + 0x1E0);		//GPY6CON
	writel(0x0000FFFF, 0x11000000 + 0x1E8);		//GPY6PUD
	smc_bw_conf &= ~ (0xf<<4);
	smc_bw_conf |= (1<<7) | (1<<6) | (1<<5) | (1<<4);
	smc_bc_conf = ((DM9000_Tacs << 28)
			| (DM9000_Tcos << 24)
			| (DM9000_Tacc << 16)
			| (DM9000_Tcoh << 12)
			| (DM9000_Tah << 8)
			| (DM9000_Tacp << 4)
			| (DM9000_PMC));
	exynos_config_sromc(smc_bank_num,smc_bw_conf,smc_bc_conf);
}
#endif
```

（2）添加网卡初始化入口函数

查找如下程序。

```
gd->bd->bi_boot_params = (PHYS_SDRAM_1 + 0x100UL);
```

在以上程序后添加程序如下。

```
#ifdef CONFIG_DRIVER_DM9000
DM9000AEep_pre_init();
#endif
```

在文件末尾添加程序如下。

```
#ifdef CONFIG_CMD_NET
int board_eth_init(bd_t *bis)
{
	int rc = 0;
#ifdef CONFIG_DRIVER_DM9000
	rc = dm9000_initialize(bis);
#endif
	return rc;
}
#endif
```

（3）修改并增加网络相关配置信息

打开文件 include/configs/origen.h。修改“85 #undef CONFIG_CMD_PING”为“85 #define CONFIG_CMD_PING”；修改“90 #undef CONFIG_CMD_NET”为“90 #define CONFIG_CMD_NET”。

在文件末尾“#endif /* __CONFIG_H */”前添加程序如下。

```
#ifdef CONFIG_CMD_NET
#define CONFIG_NET_MULTI
#define CONFIG_DRIVER_DM9000 1
#define CONFIG_DM9000_BASE  0x05000000 // 内存基地址
#define DM9000_IO    CONFIG_DM9000_BASE
#define DM9000_DATA  (CONFIG_DM9000_BASE + 4)
#define CONFIG_DM9000_USE_16BIT
#define CONFIG_DM9000_NO_SROM 1
#define CONFIG_ETHADDR 11:22:33:44:55:66
#define CONFIG_IPADDR 192.168.6.187
#define CONFIG_SERVERIP     192.168.6.186
#define CONFIG_GATEWAYIP    192.168.1.1
#define CONFIG_NETMASK 255.255.255.0
#endif
```

### 14.3.3　移植 Flash

（1）移植 Flash 需要添加的源文件如下。

```
cmd_mmc.c
cmd_mmc_fdisk.c
```

```
cmd_movi.c
mmc.c
mmc.h
movi.c
movi.h
s5p_mshc.c
s5p_mshc.h
```

可以将这些文件复制到U-Boot源程序根目录中。

（2）添加相关驱动

```
cp movi.c  arch/arm/cpu/armv7/exynos/
```

修改arch/arm/cpu/armv7/exynos/Makefile文件。在“pinmux.o”后添加程序“movi.o”。

修改board/samsung/origen/origen.c板级文件，在“#include <asm/arch/mmc.h>”后添加程序如下。

```
#include <asm/arch/clk.h>
#include "origen_setup.h"
```

在“#ifdef CONFIG_GENERIC_MMC”后添加程序如下。

```
u32 sclk_mmc4;  // 设置eMMC控制器的时钟源
#define __REGMY(x) (*((volatile u32 *)(x)))
#define CLK_SRC_FSYS __REGMY(EXYNOS4_CLOCK_BASE + CLK_SRC_FSYS_OFFSET)
#define CLK_DIV_FSYS3 __REGMY(EXYNOS4_CLOCK_BASE + CLK_DIV_FSYS3_OFFSET)

int emmc_init()
{
    u32 tmp;
    u32 clock;
    u32 i;
    tmp = CLK_SRC_FSYS & ~(0x000f0000);
    CLK_SRC_FSYS = tmp | 0x00060000;
    tmp = CLK_DIV_FSYS3 & ~(0x0000ff0f);
    clock = get_pll_clk(MPLL)/1000000;

    for(i=0 ; i<=0xf; i++) {
      sclk_mmc4=(clock/(i+1));

    if(sclk_mmc4 <= 160) //200
        {
            CLK_DIV_FSYS3 = tmp | (i<<0);
            break;
        }
    }
    emmcdbg("[mjdbg] sclk_mmc4:%d MHZ; mmc_ratio: %d\n",sclk_mmc4,i);
    sclk_mmc4 *= 1000000;
/*
 * MMC4 eMMC GPIO CONFIG
```

```
 * GPK0[0] SD_4_CLK
 * GPK0[1] SD_4_CMD
 * GPK0[2] SD_4_CDn
 * GPK0[3:6] SD_4_DATA[0:3]
 */
    writel(readl(0x11000048)& ~ (0xf),0x11000048);
    writel(readl(0x11000040)& ~ (0xff),0x11000040);
    writel(readl(0x11000048)& ~ (3<<4),0x11000048);
    writel(readl(0x11000044)& ~ (1<<2),0x11000044);
    writel(readl(0x11000040)& ~ (0xf<<8)|(1<<8),0x11000040);
 udelay(100*1000);
    writel(readl(0x11000044)|(1<<2),0x11000044);
    writel(0x03333133, 0x11000040);
    writel(0x00003FF0, 0x11000048);
    writel(0x00002AAA, 0x1100004C);
#ifdef CONFIG_eMMC_8Bit
    writel(0x04444000, 0x11000060);
    writel(0x00003FC0, 0x11000068);
    writel(0x00002AAA, 0x1100006C);
#endif
#ifdef USE_MMC4
    smdk_s5p_mshc_init();
#endif
}
```

将 int board_mmc_init(bd_t *bis) 函数内容改写如下。

```
int board_mmc_init(bd_t *bis)
{
    int i, err;
#ifdef CONFIG_eMMC
    err = emmc_init();
#endif
    return err;
}
```

在该程序末尾继续添加程序，程序如下。

```
#ifdef CONFIG_BOARD_LATE_INIT
#include <movi.h>
int  chk_bootdev(void)//mj for boot device check
{
    char run_cmd[100];
    struct mmc *mmc;
    int boot_dev = 0;
    int cmp_off = 0x10;
    ulong  start_blk, blkcnt;

    mmc = find_mmc_device(0);
```

```
        if (mmc == NULL)
        {
            printf("There is no eMMC card, Booting device is SD card\n");
            boot_dev = 1;
            return boot_dev;
        }
        start_blk = (24*1024/MOVI_BLKSIZE);
        blkcnt = 0x10;
        sprintf(run_cmd,"emmc open 0");
        run_command(run_cmd, 0);

        sprintf(run_cmd,"mmc read 0 %lx %lx %lx",CFG_PHY_KERNEL_BASE,start_blk,blkcnt);
        run_command(run_cmd, 0);
        /* 将 MMC 切换为普通分区 */
        sprintf(run_cmd,"emmc close 0");
        run_command(run_cmd, 0);
        return 0;
    }

    int board_late_init (void)
    {
        int boot_dev =0 ;
        char boot_cmd[100];
        boot_dev = chk_bootdev();
        if(!boot_dev)
        {
            printf("\n\nChecking Boot Mode ... eMMC4.41\n");
        }
        return 0;
    }
    #endif
```

（3）添加相关命令

```
$ cp    cmd_movi.c  common/
$ cp    cmd_mmc.c  common/
$ cp cmd_mmc_fdisk.c  common/
```

修改 Makefile 文件。在“COBJS-$(CONFIG_CMD_MMC) += cmd_mmc.o”后添加程序如下。

```
COBJS-$(CONFIG_CMD_MMC) += cmd_mmc_fdisk.o
COBJS-$(CONFIG_CMD_MOVINAND) += cmd_movi.o
```

添加驱动如下。

```
$ cp   mmc.c  drivers/mmc/
$ cp   s5p_mshc.c  drivers/mmc/
```

```
$ cp   mmc.h  include/
$ cp   movi.h  include/
$ cp   s5p_mshc.h  include/
```

修改 Makefile 文件。在“$vim  drivers/mmc/Makefile”后添加程序如下。

```
COBJS-$(CONFIG_S5P_MSHC) += s5p_mshc.o
```

（4）添加 eMMC 相关配置

```
$vim   include/configs/origen.h
```

在文件尾部添加程序如下。

```
#define CONFIG_EVT1     1       /* EVT1 */
#ifdef CONFIG_EVT1
#define CONFIG_eMMC44_CH4 //eMMC44_CH4 (OMPIN[5:1] = 4)

#ifdef CONFIG_SDMMC_CH2
#define CONFIG_S3C_HSMMC
#undef DEBUG_S3C_HSMMC
#define USE_MMC2
#endif

#ifdef CONFIG_eMMC44_CH4
#define CONFIG_S5P_MSHC
#define CONFIG_eMMC            1
#define USE_MMC4
#define CONFIG_eMMC_EMERGENCY
/*#define emmcdbg(fmt,args...) printf(fmt ,##args) */  // eMMC debug 可以使用该宏定义
#define emmcdbg(fmt,args...)
#endif

#endif /*end CONFIG_EVT1*/
#define CONFIG_CMD_MOVINAND
#define CONFIG_CLK_1000_400_200
#define CFG_PHY_U-BOOT_BASE     CONFIG_SYS_SDRAM_BASE + 0x3e00000
#define CFG_PHY_KERNEL_BASE     CONFIG_SYS_SDRAM_BASE + 0x8000
#define BOOT_MMCSD    0x3
#define BOOT_eMMC43    0x6
#define BOOT_eMMC441   0x7
#define CONFIG_BOARD_LATE_INIT
```

（5）重新编译 U-Boot

修改顶层 Makefile 文件如下。

```
#$(obj)spl/u-boot-spl.bin:  $(SUBDIR_TOOLS) depend
#       $(MAKE) -C spl all
```

重新编译 U-Boot，程序如下。

```
$ ./build.sh
```

在根目录下会生成 bin 文件 u-boot-origen.bin，这就是我们需要的最终镜像文件。

## 14.4 制作SD卡

现在大部分 Cortex-A 系列 SoC 都支持 SD 卡，本节介绍 SD 卡的制作。

### 14.4.1 烧写脚本

制作 SD 卡的脚本位于 U-Boot 源程序根目录下的 sdfuse_q 文件夹中，三星公司已经给我们提供了制作 SD 卡启动盘脚本。

脚本 mkuboot.sh 如下。

```
#!/bin/bash
echo "Fuse FS4412 trustzone U-Boot file into SD card"

if [ -z $1 ] // 判断参数 1 的字符串是否为空，如果为空，则打印帮助信息
then
        ./sd_fusing_exynos4x12.sh /dev/sdb u-boot-origen.bin
else
        ./sd_fusing_exynos4x12.sh $1 u-boot-origen.bin
fi
```

最终调用脚本 sd_fusing_exynos4x12.sh，它也位于相同目录下。

```
#!/bin/sh
######################################
reader_type1="/dev/sd"
reader_type2="/dev/mmcblk0"

if [ -z $2 ]  // 判断参数 2 的字符串是否为空，如果为空，则打印帮助信息
then
        echo "usage: ./sd_fusing.sh <SD Reader’s device file> <filename>"
        exit 0
fi

param1=`echo "$1" | awk ' {print substr($1,1,7)} '`

if [ "$param1" = "$reader_type1" ]
then
        partition1=$1"1"
        partition2=$1"2"
        partition3=$1"3"
        partition4=$1"4"

elif [ "$1" = "$reader_type2" ]
then
```

```
        partition1=$1"p1"
        partition2=$1"p2"
        partition3=$1"p3"
        partition4=$1"p4"
else
        echo "Unsupported SD reader"
        exit 0
fi
if [ -b $1 ] # 判断参数 1 所指向的设备节点是否存在
then
        echo "$1 reader is identified."
else
        echo "$1 is NOT identified."
        exit 0
fi
####################################
# format
umount $partition1 2> /dev/null
umount $partition2 2> /dev/null
umount $partition3 2> /dev/null
umount $partition4 2> /dev/null
echo "$2 fusing..."
dd iflag=dsync oflag=dsync if=$2 of=$1 seek=1 && \
    echo "$2 image has been fused successfully."
####################################
# 打印信息
echo "Eject SD card"
```

### 14.4.2　制作 SD 卡的步骤

制作 SD 卡的步骤如下。

（1）创建文件 mkuboot.sh、sd_fusing_exynos4x12.sh。

（2）将 SD 卡插入计算机，SD 卡被 ubuntu 识别，单击“vmware”→“虚拟机 (M)”→“可移动设备 (D)”选项，然后选中对应的 SD 卡文件。

（3）复制编译好的 u-boot-origen.bin 文件到当前目录下。

```
root@ubuntu:/home/peng/uboot/sdfuse_q# ls
mkuboot.sh  sd_fusing_exynos4x12.sh  u-boot-origen.bin
```

（4）进入 sdfuse_q 文件并执行如下操作 。

打印信息如下。

```
root@ubuntu:/home/peng/uboot/sdfuse_q#./mkuboot.sh /dev/sdb
Fuse FS4412 trustzone U-Boot file into SD card
/dev/sdb reader is identified.
u-boot-origen.bin fusing...
记录了 1029+1 的读入
记录了 1029+1 的写出
527104byte(527 KB) 已复制 ,4.25794s,124KB/s
u-boot-origen.bin image has been fused successfully.
Eiect SD card
```

（5）在 SD 卡文件中创建目录 sdupdate，并把编译好的 U-Boot 镜像文件 u-boot-origen.bin 复制到该目录下。

### 14.4.3 通过 SD 卡启动烧写 U-Boot

SD 卡制作完毕，下面我们就可以使用 SD 卡启动开发板，并运行 U-Boot，此时我们需要使用串口工具，此处我们采用工具 PuTTY（见电子资源“work/ 工具软件 /PuTTY.exe”），具体步骤如下。

（1）连接串口和开发板，运行串口通信程序 PuTTY。在图 14-2 所示对话框选择右上方的“Serial”单选按钮，然后单击左侧下方的“Serial”选项，弹出图 14-3 所示配置对话框。

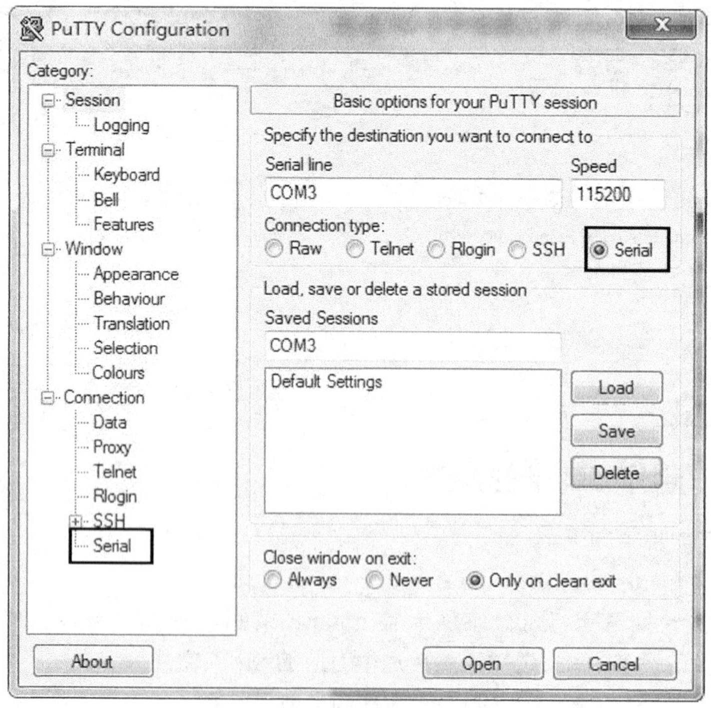


图 14-2　配置串口 1

（2）按照主机情况选择 COM 口，其他选项参数如图 14-3 所示。然后单击“open”，打开串口。

（3）关闭开发板电源，将拨码开关 SW1 调至 1000（SD 卡启动模式）后打开电源。

（4）将制作好的 SD 卡启动盘插入 SD 卡插槽。

（5）重新打开开发板，能够看到如图 14-4 所示界面。

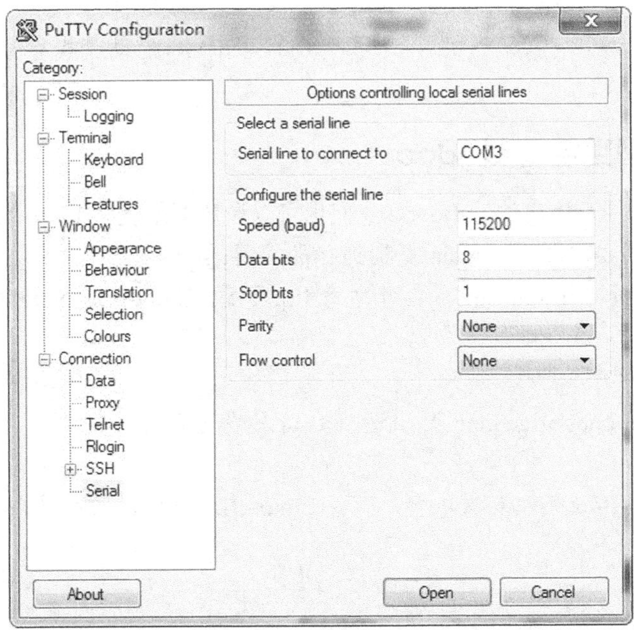


图 14-3　串口配置 2

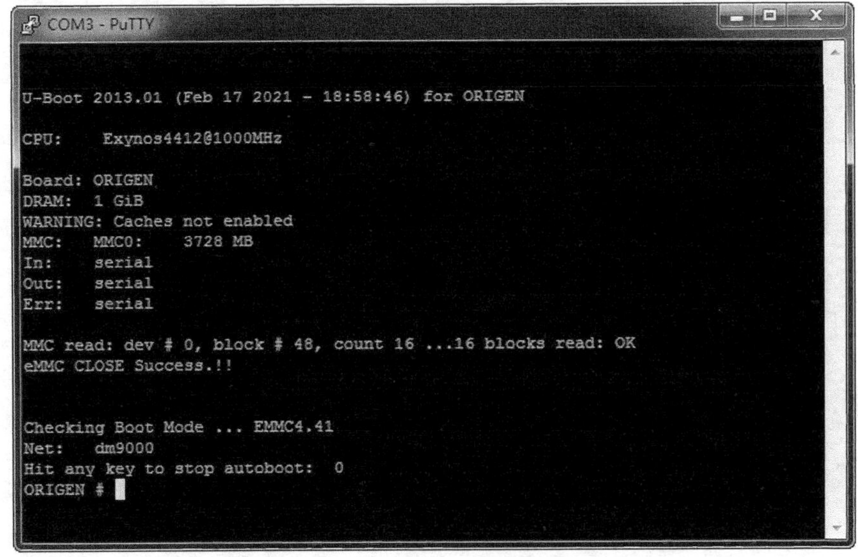


图 14-4　U-Boot 启动界面

在读秒时按任意键，如图 14-4 所示，此时 U-Boot 已经支持 eMMC 和 DM9000 网卡。

（6）烧写

在终端上执行如下命令。

```
sdfuse flashall
```

该命令将SD卡sdupdate目录下的u-boot-origen.bin烧写到eMMC起始位置，执行命令，终端无输出表示烧写结束。

（7）从eMMC中启动SD卡

关闭开发板电源，将拨码开关SW1调至0110（eMMC启动模式），打开电源即可以从eMMC中启动SD卡。

### 14.4.4 网络烧写U-Boot

如果开发板已经可以启动U-Boot，我们也可以通过网络烧写U-Boot，步骤如下。

① 把编译好的u-boot-origen.bin复制到tftpboot目录下。

② 启动开发板，在U-Boot下通过命令tftp下载u-boot-origen.bin到地址41000000，再运行如下程序。

```
movi write u-boot 41000000
```

若编译后的u-boot-origen.bin无法运行，可参考上一节，重新通过SD卡启动烧写U-Boot。

本书只讨论U-Boot启动相关内容，有关Linux内核部分，暂不讨论。

# 第 15 章 U-Boot 程序启动分析

本章我们将详细讲解 U-Boot 的启动顺序，通过分析 U-Boot 的启动程序，来学习 ARM 技术是如何在实际项目中应用的。

## 15.1 内核启动流程概述

### 15.1.1 U-Boot 启动 Linux 内核一般流程

U-Boot 的最终目的是引导 Linux 内核和文件系统，首先介绍 U-Boot 启动 Linux 内核的一般流程，如图 15-1 所示。

（1）设备上电之后，先执行 iROM 中的出厂程序，初始化硬件。

（2）通常把 kernel、设备树文件放至 Flash 中。

（3）程序往往先从 Flash 启动之后，再运行 U-Boot。

（4）U-Boot 启动主要工作如下。

第一步：硬件（SVC 模式栈、时钟、内存、串口）初始化。

第二步：自搬移，把 U-Boot 从 Flash 中复制到 RAM 中，继续执行剩下的 U-Boot 程序。

第三步：将内核复制到 RAM 中，执行内核程序。

（5）内核启动，初始化各种资源。

（6）内核启动完毕，挂载文件系统。

（7）执行应用程序 linuxrc。

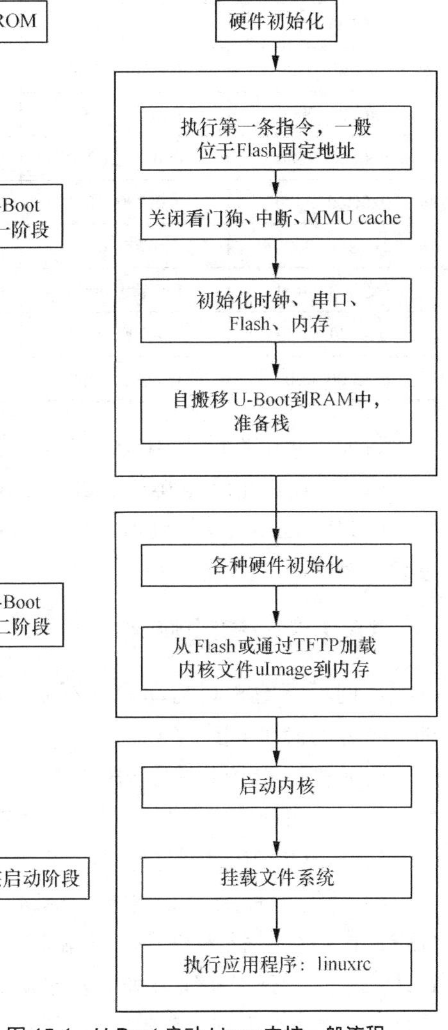


图 15-1　U-Boot 启动 Linux 内核一般流程

### 15.1.2 Exynos 4412 内存映射

要想了解 Exynos 4412 的启动顺序，首先需要了解 Exynos 4412 的内存映射表。通常一款 SoC 的内存映射由厂商设计，无法更改，Exynos 4412 内存映射如表 15-1 所示。

表 15-1 Exynos 4412 内存映射

| 基地址 | 终止地址 | 大小 | 描述 |
|---|---|---|---|
| 0x0000_0000 | 0x0001_0000 | 64 KB | iROM（SoC内部ROM） |
| 0x0200_0000 | 0x0201_0000 | 64 KB | iROM（映射0x0至0x10000） |
| 0x0202_0000 | 0x0206_0000 | 256 KB | iRAM |
| 0x0300_0000 | 0x0302_0000 | 128 KB | 三星的数据存储器或通用型可重构处理器SRP |
| 0x0302_0000 | 0x0303_0000 | 64 KB | I-cache通用型 SRP |
| 0x0303_0000 | 0x0303_9000 | 36 KB | SRP的配置内存（仅写） |
| 0x0381_0000 | 0x0383_0000 | — | AudioSS的SFR区 |
| 0x0400_0000 | 0x0500_0000 | 16 MB | 静态只读存储器控制器（SMC）的Bank0（仅16bit） |
| 0x0500_0000 | 0x0600_0000 | 16 MB | SMC的Bank1 |
| 0x0600_0000 | 0x0700_0000 | 16 MB | SMC的Bank2 |
| 0x0700_0000 | 0x0800_0000 | 16 MB | SMC的Bank3 |
| 0x0800_0000 | 0x0C00_0000 | 64 MB | 保留 |
| 0x0C00_0000 | 0x0CD0_0000 | — | 保留 |
| 0x0CE0_0000 | 0x0D00_0000 | — | NAND Flash 控制器的SFR区（NFCON） |
| 0x1000_0000 | 0x1400_0000 | — | SFR区 |
| 0x4000_0000 | 0xA000_0000 | 1.5 GB | 动态存储器控制器的内存 DMC-0 |
| 0xA000_0000 | 0x0000_0000 | 1.5 GB | 动态存储器控制器的内存 DMC-1 |

（1）iROM：地址为 0x00000000，位于 SoC 内部，它是出厂时厂商固化了的特定程序。

（2）iRAM：地址为 0x02020000，位于 SoC 内部，存取速度较快，但空间不大。

（3）DMC：RAM 控制器，位于 SoC 内部，用于驱动 RAM，大容量的 RAM 都需要连接该控制器。

### 15.1.3 启动顺序

不同厂商的 SoC 启动顺序不太一样，图 15-2 所示为三星的 Exynos 4412 用户手册中的引导启动操作框图。

（1）执行 iROM 中的一段程序，这段程序用于初始化系统的基本配置，如配置初步时钟、堆栈、启动模式（对应图中的标志①）。

（2）iROM 中的程序根据启动模式（OM_STAT 寄存器），从相应的存储介质中复制 BL1 镜像文件到 SoC 内部 SRAM 中。启动的外设（NAND、SD/MMC 卡、eMMC 或 USB）由操作按键来决定，根据不同按键的值，iROM 将会对 BL1 的镜像文件做校验。BL1 主要用于完善系统时钟的初始化工作，以及配置内存控制器的时序。做完以上工作，再将 OS 镜像复制到内存中（对应图中标志②③）。

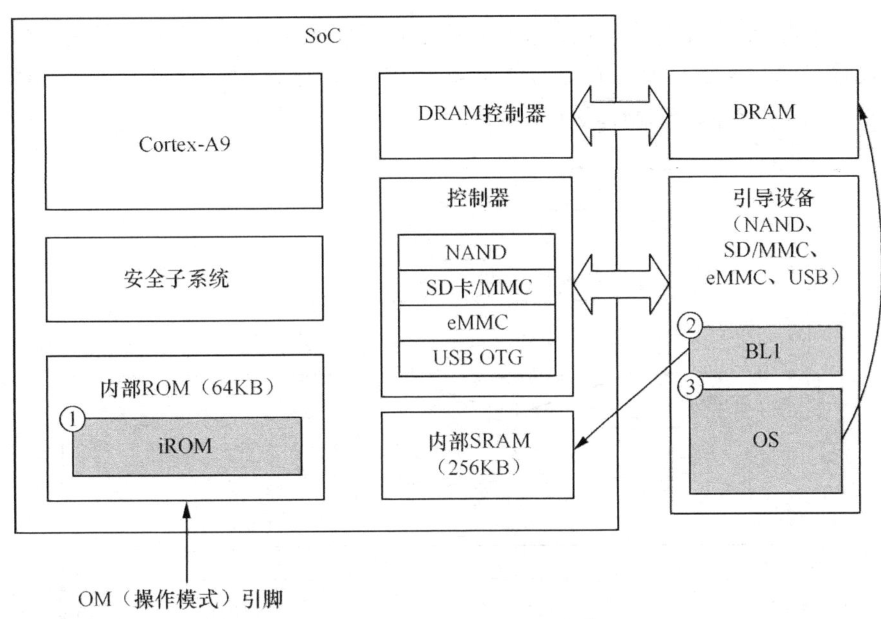


图 15-2　Exynos 4412 引导启动操作框图

（3）BL1 由三星公司提供。它将启动设备特定位置处的程序读入片内内存并执行。这个程序被称为 BL2（Bootloader2），可以是移植的镜像文件。

iROM、BL1 的详细启动流程如图 15-3 和图 15-4 所示。

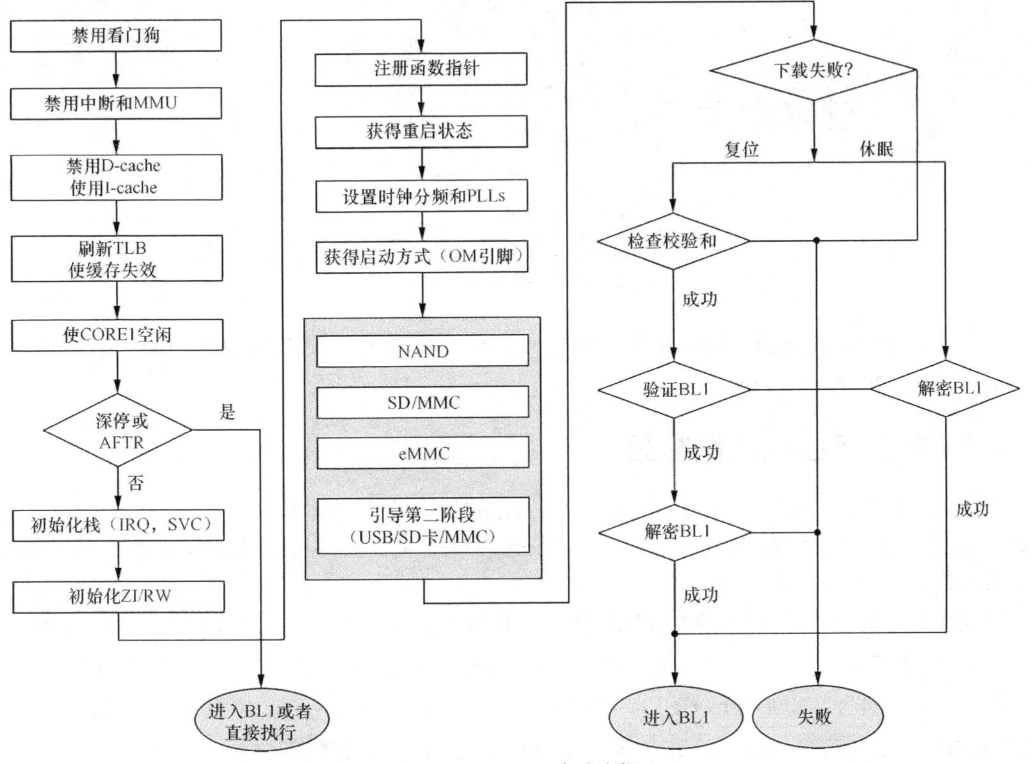


图 15-3　iROM 启动流程

iROM 中程序的主要功能就是先设置程序运行环境（如设置看门狗、关闭中断、关闭 MMU、设置栈、PLLs 等），然后根据 OM 引脚，确定启动设备（如 NAND Flash、SD 卡等），将指令 BL1 读出并存入 iRAM，最后启动 BL1。

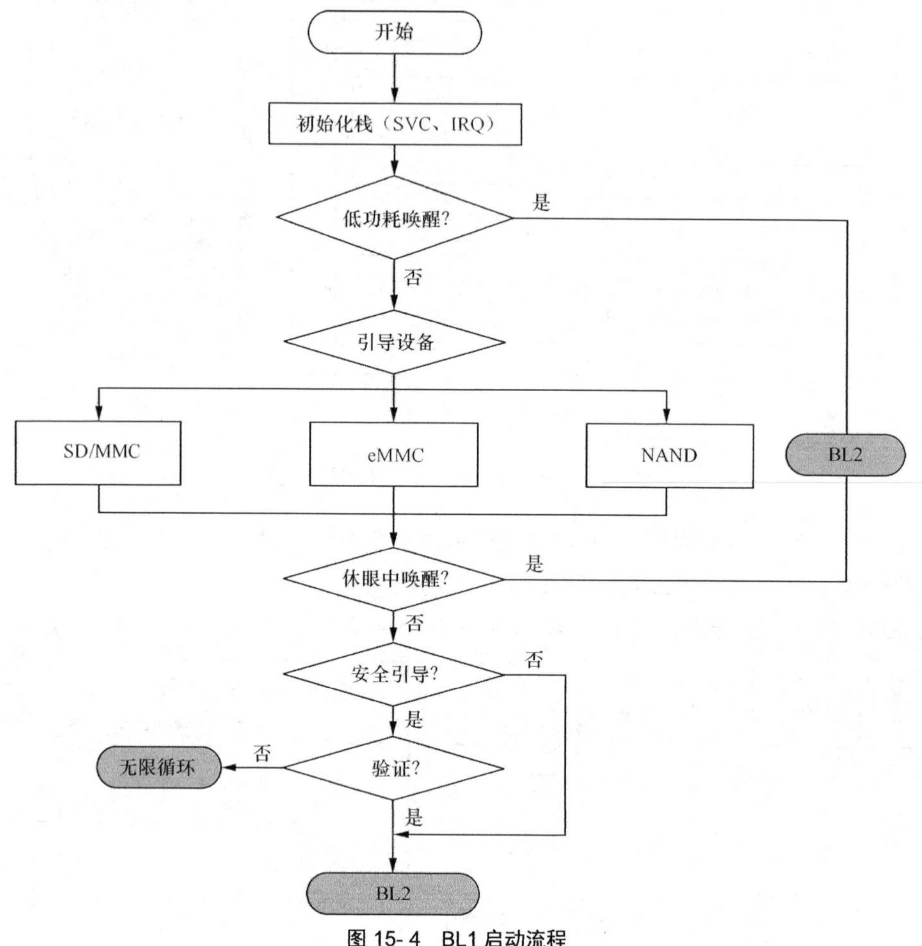


图 15-4　BL1 启动流程

BL1 的主要功能是设置程序运行环境（如初始化中断、设置栈等），然后启动设备，将 BL2 读入 iRAM 并启动。

## 15.1.4　SD 卡镜像布局

在第 14 章中，编译的 U-Boot 脚本 build.sh 的最重要一行脚本如下。

```
40 cat E4412_N.bl1.SCP2G.bin bl2.bin all00_padding.bin u-boot.bin tzsw_SMDK4412_SCP_2GB.bin >
u-boot-origen.bin
```

该行命令的功能是将二进制文件 E4412_N.bl1.SCP2G.bin、bl2.bin、all00_padding.bin、u-boot.bin、tzsw_SMDK4412_SCP_2GB.bin 拼接成文件 u-boot-origen.bin（烧写到 SD 卡的文件正是它的镜像）。其中 E4412_N.bl1.bin（BL1）、bl2.bin、all00_padding.bin、tzsw_SMDK4412_SCP_2GB.bin 是由三星公司提供；u-boot.bin 是编译 U-Boot 源程序生成的镜像文件。

各镜像文件说明如表 15-2 所示。

表 15-2 镜像文件大小及说明

| 文件名 | 说明 |
| --- | --- |
| E4412_N.bl1.bin | 三星公司提供 |
| bl2.bin | 三星公司提供 |
| all00_padding.bin | 全0，仅作填充用 |
| u-boot.bin | 编译好的U-Boot镜像 |
| tzsw_SMDK4412_SCP_2GB.bin | 三星公司提供 |

在上一章中，我们通过脚本文件 sd_fusing.sh 将程序一键烧写到 SD 卡中。分析该脚本程序，发现其核心命令（仅 1 条）如下。

```
dd iflag=dsync oflag=dsync if=$2 of=$1 seek=1 && \
```

该行命令用于将 u-boot-origen.bin 烧写到 SD 卡的第 1 个扇区（Block），扇区从 0 编号。参数 $1、$2 值如下。

```
$1 /dev/sdb
$2 u-boot-origen.bin
```

最终各个 bin 文件在 SD 卡中的存储位置如图 15-5 所示。

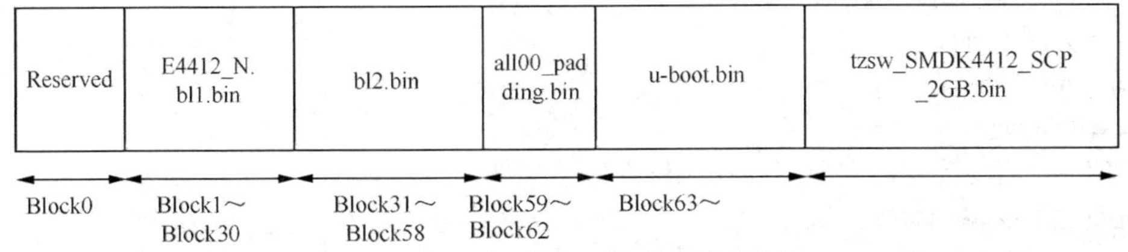


图 15-5 SD 卡中 bin 文件存储位置

开发板上电后，首先执行 iROM 中的程序，会依次尝试从 SD 卡 1、NAND Flash、SD 卡 2、SPI Nor Flash 上把程序读入内存中，一旦从某个设备上成功读出程序，该程序即被启动。

## 15.1.5 lds 文件

要想了解 U-Boot 整个项目的程序执行流程，必须首先了解链接脚本。链接脚本决定了 U-Boot 最终生成的镜像文件及各个段的布局。U-Boot 链接脚本如下。

```
u-boot-2013.01/arch/arm/cpu/u-boot.lds
```

核心内容注释如下。

```
OUTPUT_ARCH(arm)    ;  该镜像运行在基于 ARM 架构的硬件上
ENTRY(_start)       ;  程序的入口是 _start
SECTIONS
{
    . = 0x00000000;     ;  程序的链接地址，不是运行地址
……
        .text :
        {
            __image_copy_start = .;   ;  自搬移程序的开始位置
            CPUDIR/start.o (.text*)   ;  第一个目标文件 CPUDIR/start.o 中的 text 段
            *(.text*)                 ;  剩下的目标文件中的 text 段
        }
```

```
    __image_copy_end = .;    ;自搬移程序的结束位置
```

bss 段（包括全局未初始化及全局初始化为 0 的变量）如下。

```
    .bss __rel_dyn_start (OVERLAY) : {
        __bss_start = .;
        __bss_end__ = .;
    }
```

## 15.2 U-Boot启动流程程序详解

本节分析已经移植好的 U-Boot 程序，文件位于电子资源“work/U-Boot/u-boot-origen.rar”。

### 15.2.1 U-Boot 启动程序流程

U-Boot 启动流程主要涉及的文件如下。

```
arch/arm/cpu/armv7/start.S
board/samsung/myboard/lowlevel_init.S
arch/arm/lib/crt0.S
arch/arm/lib/board.c
arch/samsung/myboard/myboard.c
```

U-Boot 启动流程的主要启动程序位于如下文件。

```
arch/arm/cpu/armv7/start.S
```

U-Boot 启动函数调用关系如图 15-6 所示。

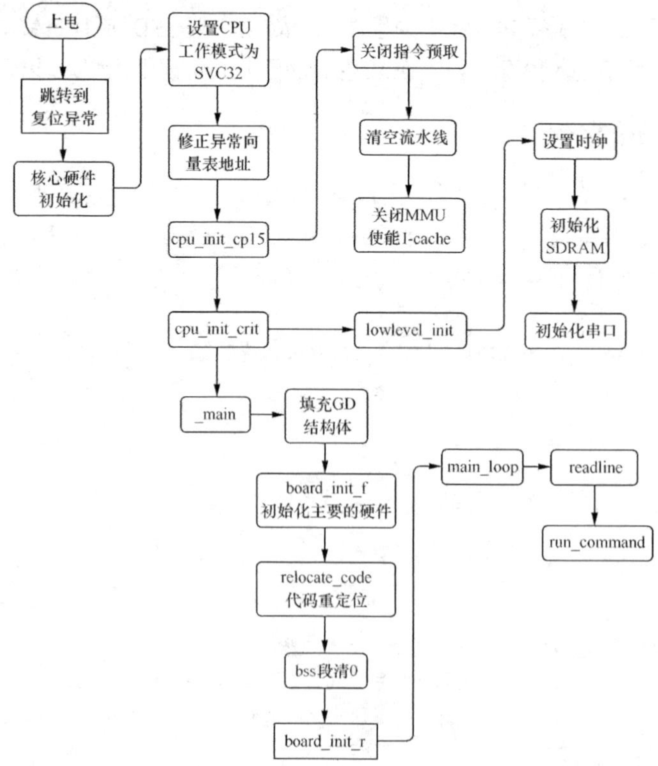


图 15-6　U-Boot 启动函数调用关系

第一阶段如下。

（1）设置 CPU 为 SVC 模式。

（2）修正异常向量表。

（3）程序跳转到 cpu_init_cp15，关闭指令预取、清空流水线、关闭 MMU、关闭 I-cache。

（4）程序跳转到 lowlevel_init（位于电子资源“board/samsung/origen/lowlevel_init.S”中），初始化时钟、内存、串口，关闭看门狗。

第二阶段如下。

（1）程序跳转到 _main（位于电子资源“arch/arm/lib/crt0.S”中）。

（2）设置栈，初始化 C 语言运行环境。

（3）填充 GD（Struct global_data）结构体。

（4）程序跳转到 board_init_f（位于电子资源“arch/arm/lib/board.c”中），对全局信息 GD 结构体进行填充。

（5）重定位程序，执行 DRAM 中剩余的 BL2 程序。

（6）程序跳转至 board_init_r（位于电子资源“arch/arm/lib/board.c”中）、跳转到命令行解析函数 main_loop。

### 15.2.2 U-Boot 启动详解

本节结合程序详细分析 U-Boot 启动流程。

#### 1. _start

程序的入口为 _start，该函数位于电子资源“arch/arm/cpu/armv7/start.S”中。

```
38 .globl _start
39 _start: b   reset
40       ldr pc, _undefined_instruction
41       ldr pc, _software_interrupt
42       ldr pc, _prefetch_abort
43       ldr pc, _data_abort
44       ldr pc, _not_used
45       ldr pc, _irq
46       ldr pc, _fiq
```

38 行——声明 _start 为全局符号，_start 是 U-Boot 开机上电后程序的入口。

39 行——复位异常，复位电平有效时，程序跳转到复位处理程序处执行。

40 行——未定义指令异常。

41 行——软件中断异常，执行 SWI 指令产生的异常。

42 行——预存指令异常。

43 行——数据操作异常。

44 行——未使用。

45 行——一般中断请求异常。

46 行——快速中断请求异常。

```
126 reset:
127       bl  save_boot_params
```

```
128        /*
129         * 设置 CPU 为 SVC 模式
130         */
131        mrs r0, cpsr
132        bic r0, r0, #0x1f
133        orr r0, r0, #0xd3
134        msr cpsr,r0
135
136 #if 1
137                ldr r0, =0x11000c40 @GPK2_7 led2
138                ldr r1, [r0]
139                bic r1, r1, #0xf0000000
140                orr r1, r1, #0x10000000
141                str r1, [r0]
142
143                ldr r0, =0x11000c44
144                mov r1,#0xff
145                str r1, [r0]
146 #endif
149    /* 设置异常向量表 */
153 #if !(defined(CONFIG_OMAP44XX) && defined(CONFIG_SPL_BUILD))
154        /* 设置协处理器 CP15 的寄存器 SCTRL V 位为 0，让 VBAR 指向异常向量表 */
155        mrc p15, 0, r0, c1, c0, 0   @ 读 CP15 SCTRL 寄存器
156        bic r0, #CR_V       @ V = 0
157        mcr p15, 0, r0, c1, c0, 0   @ 写 CP15 SCTRL 寄存器
158
159        /* 设置协处理器 CP15 寄存器 VBAR 的异常向量表地址 */
160        ldr r0, =_start
161        mcr p15, 0, r0, c12, c0, 0
162 #endif
163

165 #ifndef CONFIG_SKIP_LOWLEVEL_INIT
166        bl cpu_init_cp15
167        bl cpu_init_crit
168 #endif
169
170        bl _main

287 ENTRY(save_boot_params)
288    bx     lr       @ back to my caller
289 ENDPROC(save_boot_params)
290        .weak   save_boot_params
```

126 行——CPU 上电或重启后进入复位异常。

127 行——程序跳转到 save_boot_params，即 287 ～ 288 行，无实际操作直接返回原

地址，栈没有初始化。

131 ～ 134 行——修改 CPU 模式为 SVC 模式。

136 ～ 146 行——增加点灯程序，用来确认程序是否执行至该处。

155 ～ 157 行——关闭数据预取指令。

160 ～ 161 行——设置异常向量表地址为 _start。

166 行——程序跳转至函数 cpu_init_cp15。

### 2．cpu_init_cp15

该函数仍然位于电子资源“arch/arm/cpu/armv7/start.S”中。

```
299 ENTRY(cpu_init_cp15)
......
303         mov r0, #0
304         mcr p15, 0, r0, c8, c7, 0
305         mcr p15, 0, r0, c7, c5, 0
306         mcr p15, 0, r0, c7, c5, 6
307         mcr p15, 0, r0, c7, c10, 4
308         mcr p15, 0, r0, c7, c5, 4
309
310         /*
311          * 禁用 MMU，使能 I-cache
312          */
313         mrc p15, 0, r0, c1, c0, 0
314         bic r0, r0, #0x00002000
315         bic r0, r0, #0x00000007
316         orr r0, r0, #0x00000002
317         orr r0, r0, #0x00000800
318 #ifdef CONFIG_SYS_ICACHE_OFF
319         bic r0, r0, #0x00001000
320 #else
321         orr r0, r0, #0x00001000
322 #endif
323         mcr p15, 0, r0, c1, c0, 0
324         mov pc, lr
325 ENDPROC(cpu_init_cp15)
```

303 ～ 306 行——关闭数据预取功能（通过协处理器指令）。

307 ～ 308 行——多核 CPU 处理数据指令。

313 ～ 321 行——关闭 MMU，使能 I-cache。

324 行——返回该函数调用处，即 arch/arm/cpu/armv7/start.S 文件中的 167 行。

### 3．cpu_init_crit

该函数位于电子资源“arch/arm/cpu/armv7/start.s”中。

```
167 bl  cpu_init_crit
```

167 行——跳转至函数 cpu_init_crit，函数 cpu_init_crit 位于 arch/arm/cpu/armv7/start.S 文件中。

```
336 ENTRY(cpu_init_crit)
```

```
……
343         b      lowlevel_init
344 ENDPROC(cpu_init_crit)
```

343 行——跳转至函数 lowlevel_init，该函数位于文件 board/samsung/origen/lowlevel_init.S 中。

```
        .globl lowlevel_init
lowlevel_init:
        ldr     sp,=0x02060000 @use iRom stack in bl2
        push        {lr}

        /* 设置寄存器 R5 为 0 */
        mov r5, #0
        ldr r7, =EXYNOS4_GPIO_PART1_BASE
        ldr r6, =EXYNOS4_GPIO_PART2_BASE

        /* 检查重启状态 */
        ldr r0, =(EXYNOS4_POWER_BASE + INFORM1_OFFSET)
        ldr r1, [r0]

        /* AFTR 状态唤醒重启 */
        ldr r2, =S5P_CHECK_DIDLE
        cmp r1, r2
        beq exit_wakeup

        /* LPA 状态唤醒 */
        ldr r2, =S5P_CHECK_LPA
        cmp r1, r2
        beq exit_wakeup

        /* 休眠状态唤醒重启 */
        ldr r2, =S5P_CHECK_SLEEP
        cmp r1, r2
        beq wakeup_reset
        /* 关闭看门狗 */
#if 1

        ldr r0, =0x1002330c
        ldr r1, [r0]
        orr r1, r1, #0x300
        str r1, [r0]
        ldr r0, =0x11000c08
        ldr r1, =0x0
        str r1, [r0]
        ldr r0, =0x1002040c
        ldr r1, =0x00
```

```
81      str r1, [r0]
82 #endif
83      /*
84       * 如果 U-Boot 运行在 RAM 中，就不用重定位 U-Boot
85       * 内存控制器必须在重定位 U-Boot 之前被初始化
86       */
87
88      ldr r0, =0x0ffffff        /* 向寄存器 R0 写入掩码 0x0ffffff*/
89      bic r1, pc, r0          /* 当前执行指令地址为 PC */
90                              /* 取寄存器 PC 的高 8 位地址并将其存入寄存器 R1 */
91      ldr r2, _TEXT_BASE        /* 将 RAM 基地址写入寄存器 R2 */
92      bic r2, r2, r0          /* 取寄存器 R2 的高 8 位，即 RAM 基地址的高 8 位写入寄存器 R2*/
93      cmp r1, r2                /* 比较寄存器 R1、R2 */
94      beq 1f                  /* 如果寄存器 R0、R2 相同，则跳过 SDARM 初始化程序 */
95
96      /* 初始化系统时钟 */
97      bl system_clock_init
98
99      /* 初始化内存 */
100     bl mem_ctrl_asm_init
101
102 1:
103     /* 初始化 UART */
104     bl uart_asm_init
105 #if 0
106     bl tzpc_init
107 #endif
108     pop {pc}
109
110 wakeup_reset:
111     bl system_clock_init
112     bl mem_ctrl_asm_init
113     bl tzpc_init
114
115 exit_wakeup:
116     /* 下载返回地址并跳转至内核 */
117     ldr r0, =(EXYNOS4_POWER_BASE + INFORM0_OFFSET)
118
119     /* 取出函数 exynos 4210_CPU_resume 物理地址，并将其保存至寄存器 R1 中 */
120     ldr r1, [r0]
121
122     /* 跳转至内核 */
123     mov pc, r1
```

42 行——初始化栈，为进入 C 语言编程环境阶段做准备。

47～48 行——将 SoC 的 GPIO part 1（GPAOCON）、part 2（GPKOCON）基地址填充

至寄存器 R6、R7。

51～62 行——读取 PMU 的寄存器信息，从而判断 CPU 重启前的状态，如果状态为 CPU AFTR 状态唤醒或 CPU LPA 状态唤醒后复位则进入 exit_wakeup，执行 123 行程序，跳转到内核。

60～62 行——如果是状态为 CPU 休眠被唤醒后复位，则进入 wakeup_reset。

69～81 行——关闭看门狗。

88～94 行——通过将 PC 的值和 0x0ffffff 进行位清除操作，以保留当前 PC 寄存器 bit[31:24]，根据该值判断当前程序是否运行于 SDRAM 中，因为 SDRAM 的基地址分别为 0x4000_0000、0xA000_0000，如果程序运行于 SDRAM 中，则 PC 的高地址必不为 0，如果程序运行位于 SDRAM 中，则跳转到 102 行的局部标号 1，否则顺序执行 97、100 行程序。

97～100 行——初始化系统时钟和 UART。

108 行——将返回地址退栈给寄存器 PC，从而返回 arch/arm/cpu/armv7/start.S 文件的 171 行，执行 _main 函数。

#### 4．_main

_main 函数位于电子资源“arch/arm/lib/crt0.S”中。

```
96 _main:
97
98 /*
99  * 初始化程序运行环境并调用函数 board_init_f(0)
100 */
101
102 #if defined(CONFIG_NAND_SPL)
103         /* 不建议使用，建议使用宏 CONFIG_SPL_BUILD */
104         ldr sp, =(CONFIG_SYS_INIT_SP_ADDR)
105 #elif defined(CONFIG_SPL_BUILD) && defined(CONFIG_SPL_STACK)
106         ldr sp, =(CONFIG_SPL_STACK)
107 #else
108         ldr sp, =(CONFIG_SYS_INIT_SP_ADDR)// 加载栈指针到 SP 中
109 #endif
110         bic sp, sp, #7
111         sub sp, #GD_SIZE    /* 在 SP 上分配一个 GD 大小的内存空间 */
112         bic sp, sp, #7
113         mov r8, sp
114         mov r0, #0
115         bl  board_init_f
```

102～109 行——判断是否定义宏 CONFIG_NAND_SPL，如果已定义，则设置栈地址为 CONFIG_SYS_INIT_SP_ADDR，如果定义了 CONFIG_SPL_BUILD、CONFIG_SPL_STACK 则设置栈地址为 CONFIG_SPL_STACK，否则设置栈地址为 CONFIG_SYS_INIT_SP_ADDR，为执行 C 语言程序做准备。

110 行——栈地址 8byte 对齐。

111～113 行——在栈顶预留 GD 大小的内存空间，并把新的栈地址存入寄存器 R8；

R8 在电子资源“include\asm\global_data.h”中的重新定义如下。

```
#define DECLARE_GLOBAL_DATA_PTR        register volatile gd_t *gd asm ("r8")
```

寄存器 R8 对应全局指针变量 register volatile  gd_t *gd，后续程序会对其进行初始化操作。

114 行——将 R0 设置为 0，该寄存器值是传递给调用函数 board_init_f 的参数。

115 行——跳转到函数 board_init_f。

**5．board_init_f**

函数 board_init_f 定义位于电子资源“arch/arm/lib\board.c”中。该文件用于处理 U-Boot 启动中与生成目标无关的阶段，即准备 C 语言环境。该文件由 _start.S 进入。

```
void board_init_f(ulong bootflag)
{
……
    memset((void *)gd, 0, sizeof(gd_t));

    gd->mon_len = _bss_end_ofs;
#ifdef CONFIG_OF_EMBED
    /* 获得指向 FDT 的指针 */
    gd->fdt_blob = _binary_dt_dtb_start;
#elif defined CONFIG_OF_SEPARATE
    /* FDT 在镜像尾部 */
    gd->fdt_blob = (void *)(_end_ofs + _TEXT_BASE);
#endif
    /* 允许已配置的环境信息覆盖 FDT 地址 */
    gd->fdt_blob = (void *)getenv_ulong("fdtcontroladdr", 16,
                        (uintptr_t)gd->fdt_blob);

    for (init_fnc_ptr = init_sequence; *init_fnc_ptr; ++init_fnc_ptr) {
        if ((*init_fnc_ptr)() != 0) {
            hang ();
        }
    }
……
    gd->ram_size -= CONFIG_SYS_MEM_TOP_HIDE;
#endif

    addr = CONFIG_SYS_SDRAM_BASE + gd->ram_size;
……
#if !(defined(CONFIG_SYS_ICACHE_OFF) && defined(CONFIG_SYS_DCACHE_OFF))
    /* 预留 TLB 表空间 */
    gd->tlb_size = 4096 * 4;
    addr -= gd->tlb_size;

    /* 保持 64KB 对齐 */
    addr &= ~ (0x10000 -1);
```

```

    gd->tlb_addr = addr;
    debug("TLB table from %08lx to %08lx\n” , addr, addr + gd->tlb_size);
#endif

    /* 保存 4KB 对齐 */
    addr &= ~ (4096 -1);
    debug("Top of RAM usable for U-Boot at: %08lx\n", addr);

#ifdef CONFIG_LCD
#ifdef CONFIG_FB_ADDR
    gd->fb_base = CONFIG_FB_ADDR;
#else
    /* 预留 LCD 内存空间 */
    addr = lcd_setmem(addr);
    gd->fb_base = addr;
#endif /* CONFIG_FB_ADDR */
#endif /* CONFIG_LCD */

    /*
     * 预留 U-Boot text 段、data 段、bss 段的内存空间
     * 保持 4KB 对齐
     */
    addr -= gd->mon_len;
    addr &= ~ (4096 -1);

    debug("Reserving %ldk for U-Boot at: %08lx\n", gd->mon_len >> 10, addr);

#ifndef CONFIG_SPL_BUILD
    /*
     * 预留 malloc() 空间
     */
    addr_sp = addr -TOTAL_MALLOC_LEN;
    debug("Reserving %dk for malloc() at: %08lx\n",
                TOTAL_MALLOC_LEN >> 10, addr_sp);
    /*
     * 永久分配一个 Board Info 结构体
     * 永久复制 "global" 数据
     */
    addr_sp -= sizeof (bd_t);
    bd = (bd_t *) addr_sp;
    gd->bd = bd;
    debug("Reserving %zu Bytes for Board Info at: %08lx\n",
                sizeof (bd_t), addr_sp);

```

```
#ifdef CONFIG_MACH_TYPE
	gd->bd->bi_arch_number = CONFIG_MACH_TYPE; /* 将 board ID 传递给 Linux */
#endif

	addr_sp -= sizeof (gd_t);
	id = (gd_t *) addr_sp;
	debug("Reserving %zu Bytes for Global Data at: %08lx\n",
			sizeof (gd_t), addr_sp);

#if defined(CONFIG_OF_SEPARATE) && defined(CONFIG_OF_CONTROL)
	/*
	 * 如果设备树文件是设置在镜像文件内的，则必须对其重定位
	 * 如果其是直接嵌入数据段的，那么就和其他数据一起被重定位
	 */

	if (gd->fdt_blob) {
		fdt_size = ALIGN(fdt_totalsize(gd->fdt_blob) + 0x1000, 32);

		addr_sp -= fdt_size;
		new_fdt = (void *)addr_sp;
		debug("Reserving %zu Bytes for FDT at: %08lx\n",
				fdt_size, addr_sp);
	}
#endif

	/* 对异常设置栈指针 */
	gd->irq_sp = addr_sp;
#ifdef CONFIG_USE_IRQ
	addr_sp -= (CONFIG_STACKSIZE_IRQ+CONFIG_STACKSIZE_FIQ);
	debug("Reserving %zu Bytes for IRQ stack at: %08lx\n",
		CONFIG_STACKSIZE_IRQ+CONFIG_STACKSIZE_FIQ, addr_sp);
#endif
	/* 为 abore-stack 预留 3byte 空间  */
	addr_sp -= 12;

	/* 8byte 对齐 */
	addr_sp &= ~ 0x07;
#else
	addr_sp += 128; /* 为 abort-stack 预留 32byte 空间  */
	gd->irq_sp = addr_sp;
#endif

	debug("New Stack Pointer is: %08lx\n", addr_sp);

#ifdef CONFIG_POST
```

```
453     post_bootmode_init();
454     post_run(NULL, POST_ROM | post_bootmode_get(0));
455 #endif
456
457     gd->bd->bi_baudrate = gd->baudrate;
……
459     dram_init_banksize();
460     display_dram_config();
461
462     gd->relocaddr = addr;
463     gd->start_addr_sp = addr_sp;
464     gd->reloc_off = addr - _TEXT_BASE;
465     debug("relocation Offset is: %08lx\n", gd->reloc_off);
466     if (new_fdt) {
467             memcpy(new_fdt, gd->fdt_blob, fdt_size);
468             gd->fdt_blob = new_fdt;
469     }
470     memcpy(id, (void *)gd, sizeof(gd_t));
471 }
```

289 行——GD 结构体变量存储了 U-Boot 初始化所需要的各种内存地址，是 U-Boot 初始化最重要的一个结构体变量。

291 行——初始化 gd->mon_len，_bss_end_ofs 是 bss 段的结束位置，代表 U-Boot 程序的大小。

292 ～ 301 行——初始化设备树。

303 ～ 307 行——遍历调用数组 init_sequence 所有函数，该数组定义位于函数 board_init_f 上方，如下。

```
init_fnc_t *init_sequence[] = {
    arch_cpu_init,          /* 设置要依赖的最基础的 CPU 架构 */
    mark_bootstage,
……
    dram_init,          /* 配置可用的 RAM 分组 */
    NULL,
};
```

333 行——将一部分内存空间隐藏。

336 行——设置可用 SDRAM 的顶端内存空间。

356 ～ 365 行——预留 TLB 空间。

372 ～ 380 行——初始化 frambuffer（显示用）地址信息。

386 ～ 387 行——为自搬移 U-Boot 的程序留出空间。

395 ～ 396 行——为函数 malloc 操作预留内存空间。

402 ～ 404 行——全局信息 bd_t 结构体（存储 SoC 相关信息）空间的首地址存于 gd->bd。

434 行——初始化中断异常的栈指针。

457 行——设置波特率。

462 ～ 464 行——设置重定位内存空间地址。

### 6．_main

函数 board_init_f 结束，程序回到 _main 文件中继续执行。

```
125	ldr sp, [r8, #GD_START_ADDR_SP] /* 将 gd->stare_addr_sp 写入寄存器 SP */
126	bic sp, sp, #7  /* 8byte 对齐 */
127	ldr r8, [r8, #GD_BD]		/* 将 gd->bd 保存至寄存器 R8 */
128	sub r8, r8, #GD_SIZE
129
130	adr lr, here
131	ldr r0, [r8, #GD_RELOC_OFF]	/* 将 gd->start_aoblrsp 写入寄存器 SP */
132	add lr, lr, r0
133	ldr r0, [r8, #GD_START_ADDR_SP] /* 将 gd->start_addr_sp 写入寄存器 R0 */
134	mov r1, r8			/* r1 = gd */
135	ldr r2, [r8, #GD_RELOCADDR]	/* 将 r2 = gd->relocaddr 写入寄存器 R2 */
136	b	relocate_code
137 here:
```

125 行——寄存器 R8 存储的是结构体指针变量 gd_t *gd 的中的地址，通过寄存器 R8 中存储的地址加上 #GD_START_ADDR_SP（结构体成员 start_addr_sp 的偏移量）即可实现访问成员 gd->start_addr_sp。

130 行——设置程序返回地址为 137 行的“here”标签处，之后程序若跳转至“here”，则直接返回该位置继续执行。

131 行——读取重定位地址的偏移量到寄存器 R0

132 行——修正寄存器 LR 中的返回地址，因为之后程序可能会从 Flash 转移到 SRAM 中执行，所以必须修正返回地址。

133 行——将 gd->start_addr_sp 写入寄存器 R0。

134 行——将 gd 的值存储到寄存器 R1 中。

135 行——读取重定位地址 gd->relocaddr 到寄存器 R2 中。

136 行——跳转至函数 relocate_code。

### 7．relocate_code

函数 relocate_code 主要实现程序的自搬移，将 Flash 中的 U-Boot 程序复制到 SRAM 中，然后程序跳转到 SRAM 中继续执行 U-Boot。该函数位于电子资源“arch/arm/cpu/armv7/start.S”中。

```
ENTRY(relocate_code)
	mov r4, r0
	mov r5, r1
	mov r6, r2

	adr r0, _start
	cmp r0, r6
	moveq	r9, #0
	beq relocate_done
	mov r1, r6
```

```
192     ldr r3, _image_copy_end_ofs
193     add r2, r0, r3
194
195 copy_loop:
196     ldmia   r0!, {r9-r10}          /* 从源地址（地址保存在寄存器 R0 中）开始复制数据 */
197     stmia   r1!, {r9-r10}          /* 将寄存器内存复制到目的地址（目的地址保存在寄存器 R1 中） */
198     cmp r0, r2                     /* 复制结束地址（结束地址保存在寄存器 R2 中） */
199     blo copy_loop
……
240 relocate_done:
241
242      bx    lr
```

183 ～ 185 行——将寄存器 R0、R1、R2 地址（重定位地址 gd->relocaddr）分别备份到寄存器 R4、R5、R6 中。

187 行——将 U-Boot 的首地址 _start 赋值给寄存器 R0。

188 ～ 190 行——比较寄存器 R0 和 R6 的值，即比较 _start 地址和定位地址 gd->relocaddr 是否相同，如果相同则不需要重定位，程序直接跳转到 relocate_done。

191 行——将重定位地址 gd->relocaddr 再次赋值给寄存器 R1。

192 ～ 193 行——将地址 _image_copy_end_ofs 赋值给寄存器 R3，并将 R0+R3 的值赋值给 R2。

195 ～ 199 行——将 Flash 中寄存器 R0 和 R2 间的程序复制到 R1 指向的 SDRAM 内存空间中，实现了程序的自搬移。

242 行——返回函数 _main。

链接脚本文件 arch/arm/cpu/u-boot.lds 部分程序如下。

```
SECTIONS
{
        . = 0x00000000;

        . = ALIGN(4);
        .text :
        {
                __image_copy_start = .;
                CPUDIR/start.o (.text*)
                *(.text*)
        }
………………
        __image_copy_end = .;
```

可见 U-Boot 镜像的空间在地址 __image_copy_start 与地址 __image_copy_end 之间，_image_copy_end_ofs=__image_copy_end － __image_copy_start 。

程序运行到 195 行时，实现 U-Boot 程序自搬移，寄存器指向地址的关系如图 15-7 所示。

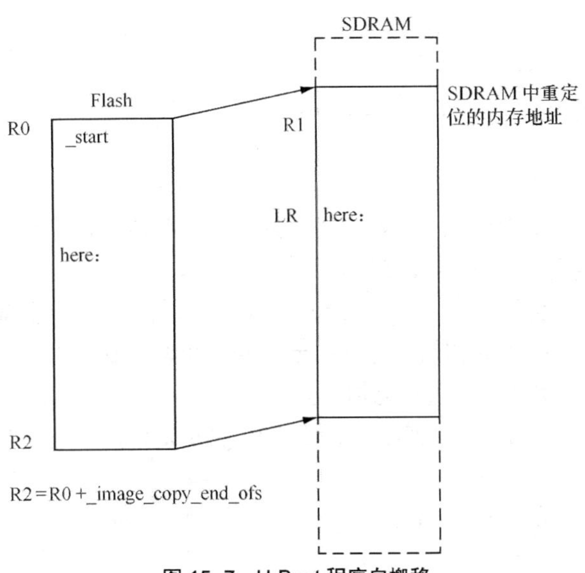


图 15-7　U-Boot 程序自搬移

U-Boot 程序自搬移成功后，程序返回 _main 中的“here”处继续执行，注意此时的该处对应的地址空间位于 SDRAM 中，而不再是 Flash。

_main 文件如下。

```
here:
/* 设置最终全部信息环境 */
        bl  c_runtime_cpu_setup
        ldr r0, =__bss_start
        ldr r1, =__bss_end__
        mov r2, #0x00000000        /* 寄存器 R2 置 0，为 bss 段清 0 准备 */
clbss_l:cmp r0, r1             /* 判断程序是否运行到 bss 段尾部 */
        strlo   r2, [r0]            /* 按字清 0*/
        addlo   r0, r0, #4          /* 读取下一个 4byte 的内存地址 */
        blo clbss_l
        bl coloured_LED_init
        bl red_led_on
......
        /* 调用 board_init_rgd_t *id, ulong dest_addr) */
        mov r0, r8
```

```
165         ldr r1, [r8, #GD_RELOCADDR
166         /* 调用 board_init_r*/
167         ldr pc, =board_init_r   /* this is auto-relocated! */
168
169 #endif
```

143～144 行——将 U-Boot 的 bss 段首尾地址分别赋值给寄存器 R0、R1。

146 行——将寄存器 R2 内容设置为 0。

148～151 行——循环将 __bss_start 与 __bss_end__ 间的内存全部清 0（bss 段通常是指用来存放程序中未初始化或初始化为 0 的全局变量和静态变量的内存区域）。

153～154 行——实现上电后点亮指示灯。

164～165 行——将 GD 值赋值给寄存器 R0，将重定位的地址作为函数参数赋值给寄存器 R1。

167 行——调用函数 board_init_r。

### 8. board_init_r

所有 C 语言运行环境已经初始化完毕，程序运行在 SDRAM 中，进入函数 board_init_r。该函数的主要功能是进行板级初始化，以及各种外设的初始化等。该函数位于电子资源“arch/arm/lib/board.c”中。

```
void board_init_r(gd_t *id, ulong dest_addr)
{
......
    /* 使能 cache */
    enable_caches();
......
    board_init();
......
    serial_initialize();
......
    malloc_start = dest_addr -TOTAL_MALLOC_LEN;
    mem_malloc_init (malloc_start, TOTAL_MALLOC_LEN);
......
    power_init_board();
......
#ifdef CONFIG_GENERIC_MMC
    puts("MMC:  ");
    mmc_initialize(gd->bd);
#endif
......
#ifdef CONFIG_HAS_DATAFLASH
    AT91F_DataflashInit();
    dataflash_print_info();
#endif
......
#if defined(CONFIG_CMD_NET)
```

```
666       puts("Net:   ");
667       eth_initialize(gd->bd);
668 #if defined(CONFIG_RESET_PHY_R)
669       debug("Reset Ethernet PHY\n");
670       reset_phy();
671 #endif
672 #endif
......
702       for (;  ; ) {
703             main_loop();
704       }
705
706 }
```

535 行——调用板级支持函数 board_init。

531 ～ 532 行——使能 I-cache。

545 行——初始化串口。

557 ～ 558 行——初始化堆预留的内存空间，将空间从起始地址清空至结束地址。

563 行——初始化电源。

603 行——初始化 MMC。

606 ～ 609 行——初始化 Flash。

665 ～ 672 行——初始化网卡。

702 ～ 704 行——进入死循环，执行函数 main_loop。

### 9. main_loop

函数 main_loop 的主要功能是在终端接受客户输入的指令信息并对其进行解析，执行对应的程序，如果开机后读秒结束，控制台没有输入，U-Boot 将启动内核。

```
void main_loop (void)
{
......
        if (bootdelay != -1 && s && !abortboot(bootdelay)) {
# ifdef CONFIG_AUTOBOOT_KEYED
                int prev = disable_ctrlc(1);
# endif

                run_command_list(s, -1, 0);

# ifdef CONFIG_AUTOBOOT_KEYED
                disable_ctrlc(prev);
# endif
        }
......
        for (;  ; ) {
......
                len = readline (CONFIG_SYS_PROMPT);
```

```
……
544
545                 if (len == -1)
546                     puts ("<INTERRUPT>\n");
547                 else
548                     rc = run_command(lastcommand, flag);
549
550                 if (rc <= 0) {
551                     /* 无效命令或不可重复 */
552                     lastcommand[0] = 0;
553                 }
554         }
555 #endif /*CONFIG_SYS_HUSH_PARSER*/
556 }
```

482 ~ 492 行——读秒检测，如果没有按下任意键，则执行 run_command_list(s,–1,0); 自动启动内核。

524 行——从终端读取命令参数。

548 行——执行输入的命令。

# 第 16 章 网卡 DM9000AE

## 16.1 网卡概述

网卡是一块用于计算机网络通信的硬件。

网卡中配置有处理器和存储器（包括 RAM 和 ROM）。每一个网卡都有一个被称为 MAC 地址的独一无二的 48bit 串行号，它被写在 ROM 中。

网卡和局域网之间的通信是通过电缆或双绞线以串行传输方式进行的，而网卡和计算机之间的通信则是通过计算机主板上的 I/O 总线以并行传输方式进行的。因此，网卡的一个重要功能就是进行串行 / 并行转换。

网卡主要功能如下。

（1）数据的封装与解封

网卡发送数据时，网络协议栈传递的数据被加上首部和尾部作为以太网的帧。接收数据时将以太网的帧再剥去首部和尾部，然后再传递给网络协议栈。

（2）链路管理

链路管理通过 CSMA/CD（带冲突检测的载波监听多路访问）协议来实现。

（3）数据编码与译码

网卡可用于数据编码与译码，经常被物理层用来编码一个同步位流的时钟和数据，常用在以太网通信、列车总线控制等领域。

网卡内部模块主要包括 MAC、PHY、MII、SRAM 和 EEPROM 接口，网卡内部模块框图如图 16-1 所示。

MAC（介质访问控制）协议位于 OSI 数据链路层，主要负责在网络的相邻节点间移动数据。在发送数据时，MAC 协议可以事先判断发送模块是否可以发送数据，如果可以发送，将给数据加上一些控制信息，最终将数据及控制信息以规定的格式发送到物理层；在接收数据时，MAC 协议首先判断信息传输是否发生错误，如果没有错误，则删掉控制信息将数据发送至逻辑链路控制层。

PHY 是物理接口收发器，它为物理层，包括 MII/GMII（介质独立接口）子层、PCS（物理编码）子层、PMA（物理媒介适配）子层、PMD（物理介质关联）子层、MDI（媒介相关接口）子层。

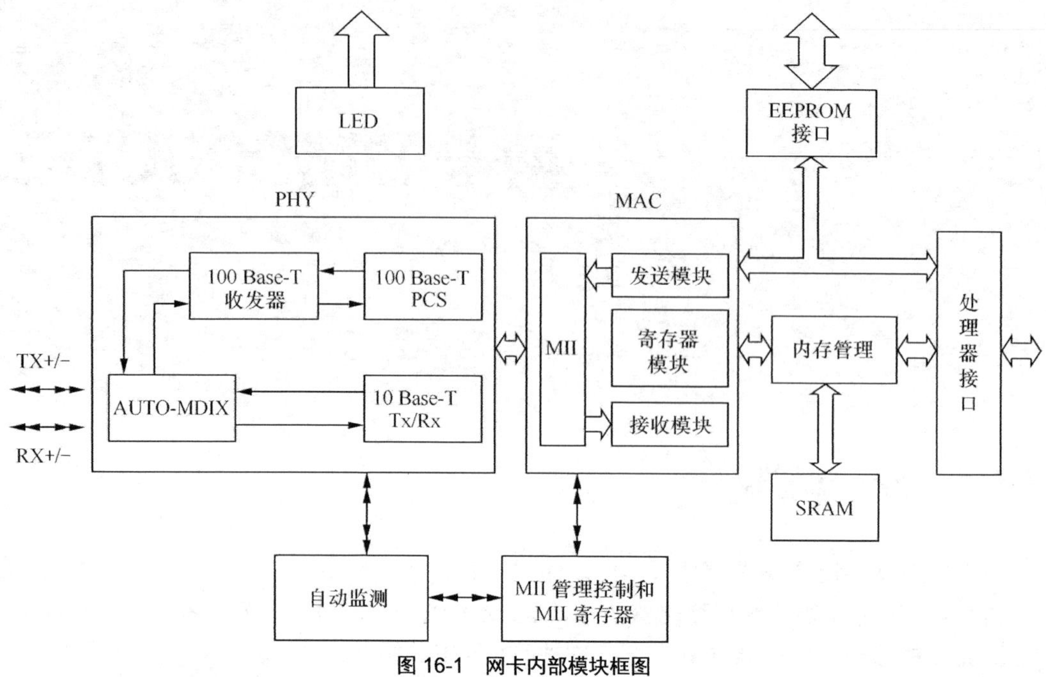


图 16-1 网卡内部模块框图

PHY 在发送数据时，若收到基于 MAC 协议发送过来的数据（对 PHY 来说，没有帧的概念），首先每 4bit 数据就对其增加 1bit 的校验码，然后把并行数据流转化为串行数据流，再按照物理层的编码规则将数据编码变为模拟信号，最终把数据发送出去。接收数据的流程反之。

MII（媒体独立接口）包括分别用于发送器和接收器的两条独立信道，每条信道都有自己的数据、时钟和控制信号。“媒体独立”表示在不对基于 MAC 协议的硬件重新设计或替换的情况下，任何类型的 PHY 设备都可以正常工作。

EEPROM 接口用于存放 MAC 地址，内部 SRAM 用于存放收发数据，MII 连接 MAC 模块与 PHY 模块，AUTO-MDIX 用于自适应 10/100M 网络。

# 16.2 DM9000AE

## 16.2.1 DM9000AE 概述

DM9000AE 芯片是一款完全集成的、性价比高、引脚数少、带有通用处理器接口的单芯片快速以太网控制器，如图 16-2 所示。它有一个一般处理接口和一个 10/100M PHY 和 4K 双字的 SRAM。

图 16-2 DM9000AE 芯片

DM9000AE 为适应各种处理器，提供了 8it、16bit 数据接口访问内部存储器。DM9000AE 物理协议层接口完全支持使用 10Mbit/s 下 3 类、4 类、5 类非屏蔽双绞线和 100Mbit/s 下 5 类非屏蔽双绞线，完全遵照 IEEE 802.3u 标准。它支持 IEEE 802.3x 全双工流量控制，其 I/O 端口支持 3.3V 与 5V 的容限值。

## 16.2.2 引脚说明

DM9000AE 芯片引脚说明如表 16-1 所示。

表 16-1　DM9000AE 芯片引脚说明

| 引脚号 | 名称 | 类型 | 描述 |
|---|---|---|---|
| 35 | IOR# | I，PD | 处理器读命令。<br>低电平有效，极性能够被EEPROM修改 |
| 36 | IOW# | I，PD | 处理器写命令。<br>低电平有效，极性能够被EEPROM修改 |
| 37 | CS# | I，PD | 片选。<br>低电平有效，用于片选DM9000AE。极性能够被EEPROM修改 |
| 32 | CMD | I，PD | 设置命令类型。<br>高电平时访问数据端口，低电平访问地址端口 |
| 34 | INT | O，PD | 中断请求信号。<br>高电平有效，极性能够被EEPROM或EECK修改 |
| 18、17、16、14、13、12、11、10 | SD0～7 | I，O，PD | 处理器数据总线0～7 |
| 31、29、28、27、26、25、24、22 | SD8～15 | I，O，PD | 处理器数据总线8～15<br>在16bit模式下，这些引脚被作为数据位8～15<br>当EECS引脚电平被上拉时，这些引脚另做它用 |

图 16-3 所示为开发板 FS4412 的网卡 DM9000AE 参考电路图，网卡 DM9000AE 连接了 SROM 控制器（# 表示低电平有效）。

下面我们分析各信号线与 Exynos 4412 的连接情况。

（1）SD0 ～ SD15

SD0 ～ SD15 是 16bit 数据线，连接引脚 BUF_B_Xm0DATA[15:0]，由 CMD 引脚决定访问类型。SD0 ～ SD15 与 SoC 连接关系如图 16-4 所示。

数据线 Xm0DATA[15:0] 和地址线 Xm0ADDR[7:0] 连接 SoC 的 XM0，该数据线和信号线分别对应 Exynos 4412 的 SROMC（SROM 控制器）的信号线 DATA[15:0] 和 ADDR[15:0]。SROMC I/O 信息如表 16-2 所示。

表 16-2　SROMC I/O 信息

| 信号 | I/O | 描述 | 引脚 |
|---|---|---|---|
| nGCS[0:3] | 输出 | Bank片选信号 | Xm0CS*n*_x |
| ADDR[15:0] | 输出 | SROM 地址总线 | Xm0ADDR_x |
| nOE | 输出 | SROM输出使能 | Xm0OEn |
| nWE | 输出 | SROM 写使能 | Xm0WEn |
| nWBE/nBE[1:0] | 输出 | SROM 字节写使能 | Xm0BEn_x |
| DATA[15:0] | 输入/输出 | SROM 数据总线 | Xm0DATA_x |
| nWAIT | 输入 | SROM等待输入 | Xm0WAITn |

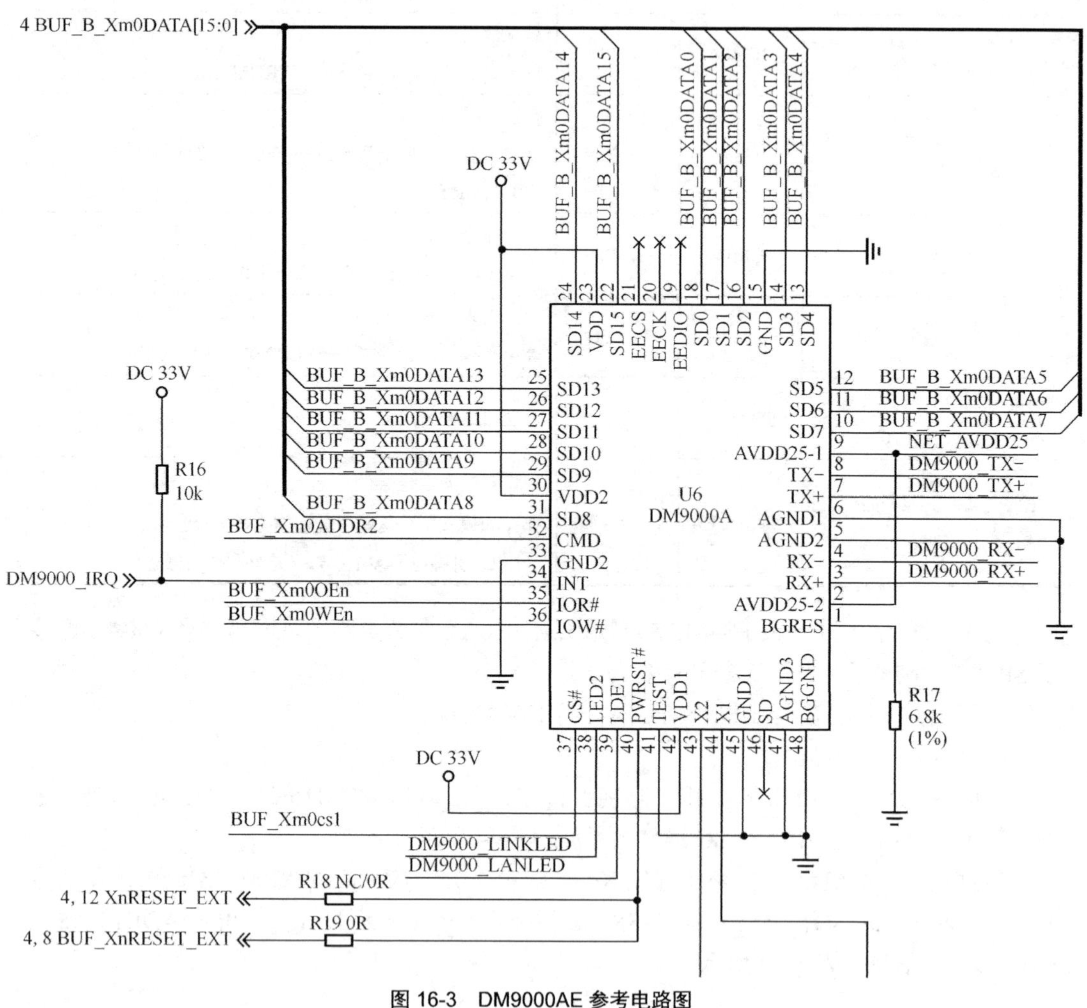


图 16-3 DM9000AE 参考电路图

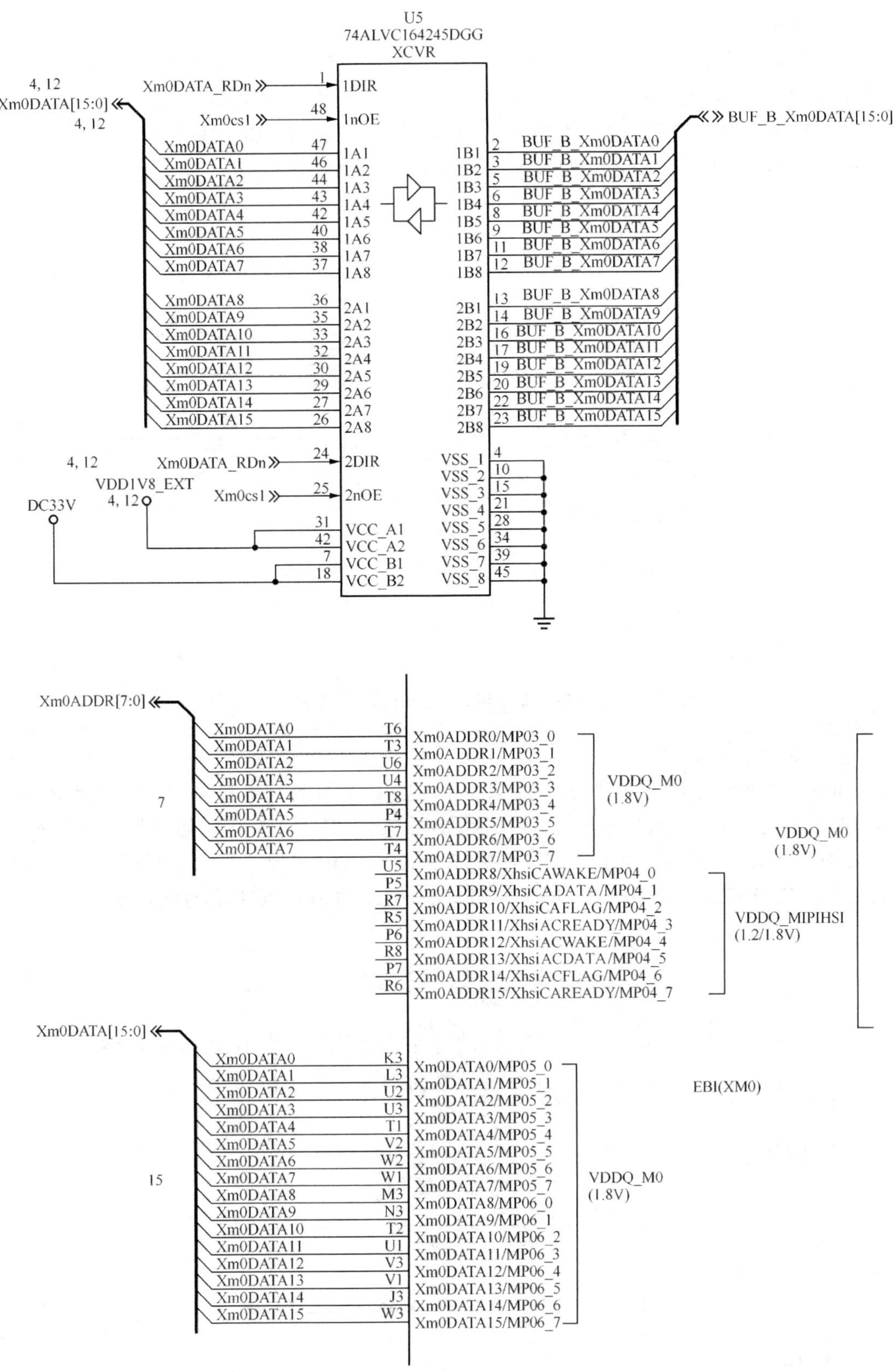


图 16-4 SD0 ～ SD15 与 Exynos 4412 连接关系

（2）CMD

CMD 是命令线，当 CMD 为高电平时，表示 SD 传输的是数据，CMD 为低电平时表示 SD 传输的是地址。CMD 连接开发板 FS4412 的 BUF_B_Xm0ADDR2（引脚 5），复用了地址线 Xm0ADDR2 引脚，经过转换芯片 U7 转换后，连接 Xm0ADDR2（引脚 44），该引脚对应 Exynos 4412 的 SROMC（SROM 控制器）的信号线 ADDR[2]，如图 16-5 所示。

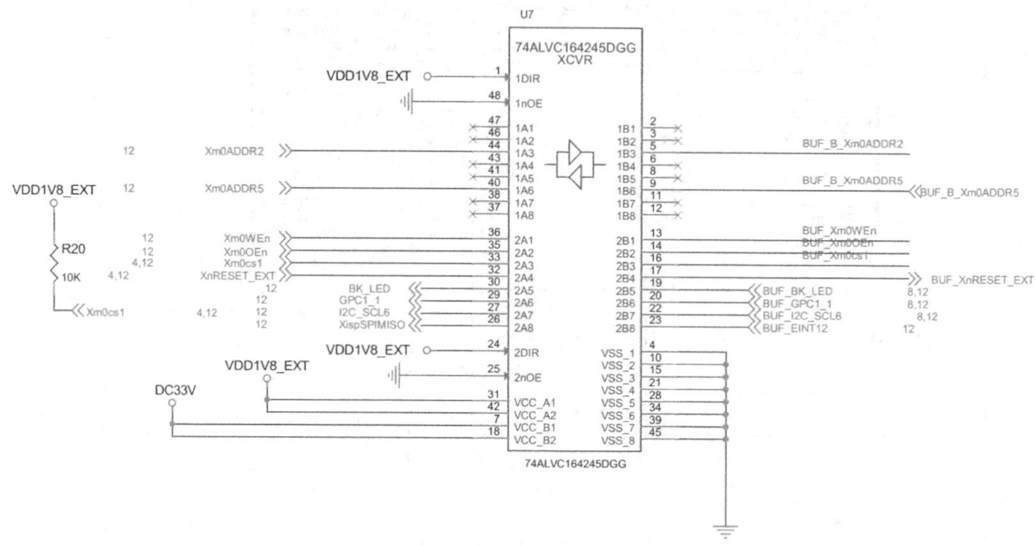


图 16-5　DM9000AE 引脚通过 U7 转换

（3）IOR#、IOW#

IOR#、IOW# 是读写使能线。由图 16-3、图 16-5 和图 16-6 可得：IOR# 连接 BUF_Xm0OEn（引脚 14），经过转换芯片 U7 转接后连接 Xm0OEn（引脚 35），该引脚对应 Exynos 4412 的 SROMC 的信号线 nOE；IOW# 连接 BUF_Xm0WEn（引脚 13），经过转换芯片 U7 转接后连接 Xm0WEn（引脚 36），该引脚对应 Exynos 4412 的 SROMC 的信号线 nWE。

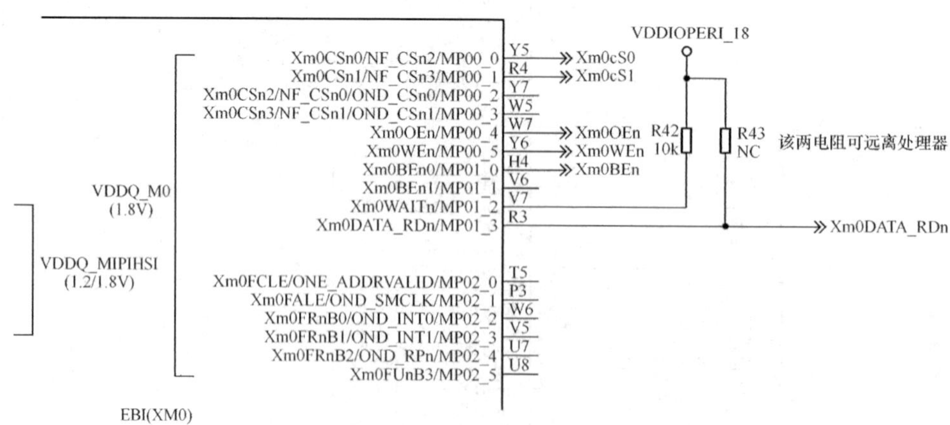


图 16-6　DM9000AE 引脚与 Exynos 4412 连接关系

（4）CS#

CS# 是片选引脚，用于决定网卡使用 SMC 的块（Bank）。由图 16-5 和图 16-6 可得，

IOR# 连接 BUF_Xm0cs1（引脚 16），经过转换芯片 U7 转接后连接 Xm0cs1（引脚 33），该引脚对应 Exynos 4412 的 SROMC 的信号线 nGCS[1]，其中数字 1 表明 Bank1。Exynos 4412 的 Bank1 对应的内存基地址是 0x05000000。

前面分析了 DM9000AE 的 CMD 引脚连接 Bank1 的 ADDR[2]，现在结合地址说明 CMD 的功能。

① 读写 DM9000AE 的地址时，CMD 为低电平，地址线 bit[2]=0，此时向 0x05000000 地址上读写的数据是 DM9000AE 的内部寄存器地址。

② 读写 DM9000AE 的数据时，CMD 为高电平，地址线 bit[2]=1，此时向 0x05000000+4 地址上读写的数据是 DM9000AE 的数据。

（5）INT#

INT# 是中断线，用于向 CPU 发送中断。中断线 DM9000_IRQ 通过转换芯片 U8 转接后连接 XEINT6，然后再连接 Exynos 4412 的 GPX0_6 引脚，如图 16-7 所示。

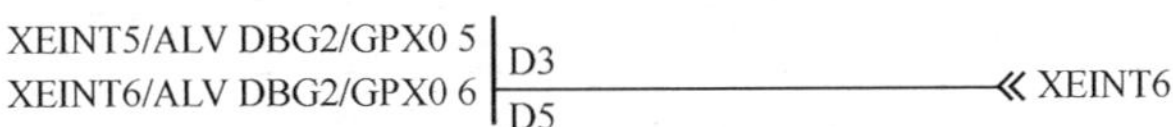


图 16-7　DM9000AE 中断线

## 16.2.3　DM9000AE 内部寄存器

DM9000AE 拥有一系列的控制寄存器和状态寄存器，这些寄存器可以被处理器访问，它们是按 byte 对齐的。所有的寄存器在软复位或硬件复位后都将被置为默认值，除非他们被另外标识，DM9000AE 内部寄存器复位说明如表 16-3 所示。

表 16-3　DM9000AE 内部寄存器复位说明

| 编号 | 寄存器 | 描述 | 偏移地址 | 复位后默认值 |
|---|---|---|---|---|
| 1 | NCR | 网络控制寄存器 | 00H | 00H |
| 2 | NSR | 网络状态寄存器 | 01H | 00H |
| 3 | TCR | 发送控制寄存器 | 02H | 00H |
| 4 | TSR I | 发送状态寄存器 1 | 03H | 00H |
| 5 | TSR II | 发送状态寄存器 2 | 04H | 00H |
| 6 | RCR | 接收控制寄存器 | 05H | 00H |
| 7 | RSR | 接收状态寄存器 | 06H | 00H |
| 8 | ROCR | 接收溢出计数寄存器 | 07H | 00H |
| 9 | BPTR | 背压阈值寄存器 | 08H | 37H |
| 10 | FCTR | 流控制阈值寄存器 | 09H | 38H |
| 11 | FCR | TX/RX 流控制寄存器 | 0AH | 00H |
| 12 | EPCR | EEPROM和PHY 控制寄存器 | 0BH | 00H |
| 13 | EPAR | EEPROM和PHY 地址寄存器 | 0CH | 40H |
| 14 | EPDRL | EEPROM和PHY 低字节数据寄存器 | 0DH | XXH |

续表

| 编号 | 寄存器 | 描述 | 偏移地址 | 复位后默认值 |
|---|---|---|---|---|
| 15 | EPDRH | EEPROM和PHY 高字节数据寄存器 | 0EH | XXH |
| 16 | WCR | 唤醒控制寄存器 | 0FH | 00H |
| 17 | PAR | 物理地址寄存器 | 10H～15H | 由 EEPROM决定 |
| 18 | MAR | 广播地址寄存器 | 16H～1DH | XXH |
| 19 | GPCR | 通用目的控制寄存器（8bit 模式） | 1EH | 01H |
| 20 | GPR | 通用目的寄存器 | 1FH | XXH |
| 21 | TRPAL | TX SRAM 读指针地址低字节 | 22H | 00H |
| 22 | TRPAH | TX SRAM 读指针地址高字节 | 23H | 00H |
| 23 | RWPAL | RX SRAM 写指针地址低字节 | 24H | 00H |
| 24 | RWPAH | RX SRAM 写指针地址高字节 | 25H | 0CH |
| 25 | VID | 厂商 ID | 28H～29H | 0A46H |
| 26 | PID | 产品 ID | 2AH～2BH | 9000H |
| 27 | CHIPR | 芯片版本 | 2CH | 18H |
| 28 | TCR2 | 发送控制寄存器 2 | 2DH | 00H |
| 29 | OCR | 操作控制寄存器 | 2EH | 00H |
| 30 | SMCR | 特殊模式控制寄存器 | 2FH | 00H |
| 31 | ETXCSR | 即将发送控制/状态寄存器 | 30H | 00H |
| 32 | TCSCR | 发送校验和控制寄存器 | 31H | 00H |
| 33 | RCSCSR | 接收校验和控制寄存器 | 32H | 00H |
| 34 | MRCMDX | 内存数据预取读命令寄存器（地址不加 1） | F0H | XXH |
| 35 | MRCMDX1 | 内存数据读命令寄存器（地址不加 1） | F1H | XXH |
| 36 | MRCMD | 内存数据读命令寄存器（地址加 1） | F2H | XXH |
| 37 | MRRL | 内存数据读地址寄存器低字节 | F4H | 00H |
| 38 | MRRH | 内存数据读地址寄存器高字节 | F5H | 00H |
| 39 | MWCMDX | 内存数据写命令寄存器（地址不加 1） | F6H | XXH |
| 40 | MWCMD | 内存数据写命令寄存器（地址加 1） | F8H | XXH |
| 41 | MWRL | 内存数据写地址寄存器低字节 | FAH | 00H |
| 42 | MWRH | 内存数据写地址寄存器高字节 | FBH | 00H |
| 43 | TXPLL | TX 数据包长度低字节寄存器 | FCH | XXH |
| 44 | TXPLH | TX 数据包长度高字节寄存器 | FDH | XXH |
| 45 | ISR | 中断状态寄存器 | FEH | 00H |
| 46 | IMR | 中断屏蔽寄存器 | FFH | 00H |

DM9000AE 的寄存器很多，对初学者来说，我们并不需要全部掌握，只需要掌握关键的寄存器即可，介绍如下。

（1）NCR（地址：00H）

NCR 为是网络控制寄存器，说明如表 16-4 所示。

表 16-4　NCR 的说明

| 名称 | bit | 默认值 | 描述 |
| --- | --- | --- | --- |
| RSVD | [7] | X,RO | 保留 |
| WAKEEN | [6] | P0,RW | 在 8 bit工作模式下，唤醒事件使能位。<br>当设置 1 时，使能唤醒事件功能；清除该位将会清除所有唤醒事件的状态。<br>该位不会受到软复位的影响 |
| RESERVED | [5] | 0,RO | 保留 |
| FCOL | [4] | PHS0,RW | 强制冲突模式，用于检测 |
| FDX | [3] | PHS0,RO | 内部 PHY 全双工模式 |
| LBK | [2:1] | PHS00,RW | 环回模式：<br>00=正常；<br>01=MAC 内部环回；<br>10=内部 PHY 100M 模式数字回环；<br>11=保留 |
| RST | 0 | PH0,RW | 置 1 软复位，10us 后自动清零。 |

（2）NSR（地址：01H）

NSR 为网络状态寄存器，说明如表 16-5 所示。

表 16-5　NSR 的说明

| 名称 | bit | 默认值 | 描述 |
| --- | --- | --- | --- |
| SPEED | [7] | X,RO | 传输速度：在内部PHY激活情况下，0表示数据传输速度为100Mbit/s，<br>1 表示数据传输速度为10Mbit/s。当 LINKST=0 时，此位无意义。 |
| LINKST | [6] | X,RO | 表示连接状态。0 为连接失败，1 为已连接。 |
| WAKEST | [5] | P0,<br>RW/C1 | 唤醒事件状态。读取或写 1 将清零该位（工作在8bit模式下）。<br>复位后该位不受影响。 |
| RSVD | [4] | 0,RO | 保留 |
| TX2END | [3] | PHS0,<br>RW/C1 | TX（发送）数据包 2 完成标志位。<br>读取或写 1 将清零该位，数据包 2 传输完成。 |
| TX1END | [2] | PHS0,<br>RW/C1 | TX（发送）数据包 1 完成标志位。<br>读取或写 1 将清零该位，数据包 1 传输完成。 |

续表

| 名称 | bit | 默认值 | 描述 |
|---|---|---|---|
| RXOV | [1] | PHS0,RO | RX（接收）FIFO溢出标志位 |
| RSVD | 0 | 0,RO | 保留 |

（3）VID（地址：28H~29H）

VID 是厂商 ID 寄存器，说明如表 16-6 所示。

表 16-6　VID 的说明

| 名称 | bit | 默认值 | 描述 |
|---|---|---|---|
| VIDH | [7:0] | PHE,0AH,RO | 生产厂商序列号高字节（29H） |
| VIDL | [7:0] | PHE,46H,RO | 生产厂商序列号低字节（28H） |

（4）PID（地址：2AH ～ 2BH）

PID 是产品 ID 寄存器，说明如表 16-7 所示。

表 16-7　PID 的说明

| 名称 | bit | 默认值 | 描述 |
|---|---|---|---|
| PIDH | [7:0] | PHE,90H,RO | 产品序列号高字节（2BH） |
| PIDL | [7:0] | PHE,00H.RO | 产品序列号低字节（2AH） |

（5）MWCMD（地址：F8H）

MWCMD 为内存数据写命令寄存器，说明如表 16-8 所示。

表 16-8　MWCMD 说明

| 名称 | bit | 默认值 | 描述 |
|---|---|---|---|
| MWCMD | [7:0] | X,WO | 向 SRAM 中写数据。<br>写该指令之后，指针地址根据操作模式（8bit或16bit）增加 1 或 2 |

（6）ISR（地址：FEH）

ISR 为中断状态寄存器，说明如表 16-9 所示。

表 16-9　ISR 的说明

| 名称 | bit | 默认值 | 描述 |
|---|---|---|---|
| IOMODE | [7] | T0,RO | 0 = 16bit模式<br>1 = 8bit模式 |
| RSVD | [6] | RO | 保留 |
| LNKCHG | [5] | PHS0,RW/C1 | 连接状态改变 |
| UDRUN | [4] | PHS0,RW/C1 | 发送“Underrun” |
| ROO | [3] | PHS0,RW/C1 | 接收溢出计数器溢出 |
| ROS | [2] | PHS0,RW/C1 | 接收溢出 |

续表

| 名称 | bit | 默认值 | 描述 |
|---|---|---|---|
| PT | [1] | PHS0,RW/C1 | 数据包发送 |
| PR | [0] | PHS0,RW/C1 | 数据包接收 |

（7）DSCSR（地址：17）

DSCSR 为指定配置和状态寄存器，说明如表 16-10 所示。

表 16-10　DSCSR 的说明

| 名称 | bit | 默认值 | 描述 |
|---|---|---|---|
| 100FDX | [15] | 1,RO | 100M 全双工模式。<br>自动协商完成后，结果将被写到该位。若该位为 1，意味着操作模式是 100M 全双工模式。<br>软件可以通过读 bit[15:12]来决定经过自动协商后选择的模式。当不是自动协商模式，该位非法 |
| 100HDX | [14] | 1,RO | 100M半双工模式。<br>自动协商完成后，结果将被写到该位。若该位为 1，意味着操作 1 模式是 100M 半双工模式。<br>可以通过读 bit[15:12]来决定经过自动协商后选择的模式。当不是自动协商模式，该位非法 |
| 10FDX | [13] | 1,RO | 10M全双工模式<br>自动协商完成后，结果将被写到该位。若该位为 1，意味着操作模式是 10M 全双工模式。<br>可以通过读 bit[15:12]来决定经过自动协商后选择的是哪一种模式。当不是自动协商模式，该位非法 |
| 10HDX | [12] | 1,RO | 10M半双工模式<br>自动协商完成后，结果将被写到该位。若该位为 1，意味着操作模式是10M半双工模式。<br>可以通过读bit[15:12]来看经过自动协商后选择的是哪一种模式。当不是自动协商模式，该位非法 |
| RSVD | [11:9] | 0,RO | 读 0，忽略写 |
| PHYADR | [8:4] | RW | 发送或接收的 PHY 地址位是地址的最高有效位（bit4） |
| ANMB | [3:0] | 0,RO | 自动协商监视位。<br>这些位只用于调试。自动协商状态将被写到这些位。<br>0000=空闲状态；<br>0001=能力匹配；<br>0010=认证匹配；<br>0011=认证匹配失败；<br>0100=协调匹配；<br>0101=协调匹配失败；<br>0110=并行检测信号链接准备好；<br>0111=并行检测信号链接准备失败 |

# 16.3 SROM 控制器

## 16.3.1 SROM 控制器概述

SROM 控制器用于连接外部的 SRAM/ROM，网卡则被当作支持 SROM 接口的芯片连接 SROM 控制器。

EXYNOS 4412 包含 SROM 控制器，其特性如下。

- 具有外部 8/16bit NOR Flash/PROM/ SRAM。
- 4 组内存，每块内存空间最多 16 MB。

首先我们要初始化 Exynos4412 的 SROM 控制器，设置总线宽度和相关时序。SROM 控制器的每一个块（Bank）只有 2 个寄存器：SROM_BW 和 SROM_BC。

## 16.3.2 寄存器 SROM_BW 和 SROM_BC

（1）SROM_BW（地址：0x1257_0000）

在 SROM_BW 寄存器中，我们只关心与内存块（Bank）1 相关的域，说明如表 16-11 所示。

表 16-11 SROM_BW 的说明

| 名称 | bit | 默认值 | | 描述 |
|---|---|---|---|---|
| 字节使能1 | [7] | RW | 控制内存块1的nWBE/nBE（用于UB/LB）<br>0 = 不使用 UB/LB<br>1 = 使用UB/LB | 0 |
| 等待使能1 | [6] | RW | 内存块1的等待启用控制：<br>0 = 禁用；<br>1 = 使能 | 0 |
| ADDR模式1 | [5] | RW | 为内存块1选择SROM ADDR 对齐方式：<br>0 = 半字；<br>1 = 字节。<br>当其为“0”时，SROM_ADDR为字节对齐 | 0 |
| 数据总线宽度1 | [4] | RW | 控制内存块1的数据总线宽度：<br>0 = 8 bit<br>1 = 16 bit | 0 |

DM9000AE 的 16 条数据线全部接在 Exynos 4412 上，bit[4]=1；DM9000AE 的地址是按字节存取的，即 bit[5]=1；通过查看原理图，DM9000AE 未使用 Xm0WAITn 和 Xm0BEn 引脚，则 bit[6] 和 bit[7] 均设置为 0。

（2）SROM_BC（地址：0x1257_0008）

SROM 控制器读时序和 DM9000AE 写时序通过 SROM_BC 控制寄存器设置，SROM 控制器读时序和 DM9000AE 写时序过程如图 16-8 和图 16-9 所示。

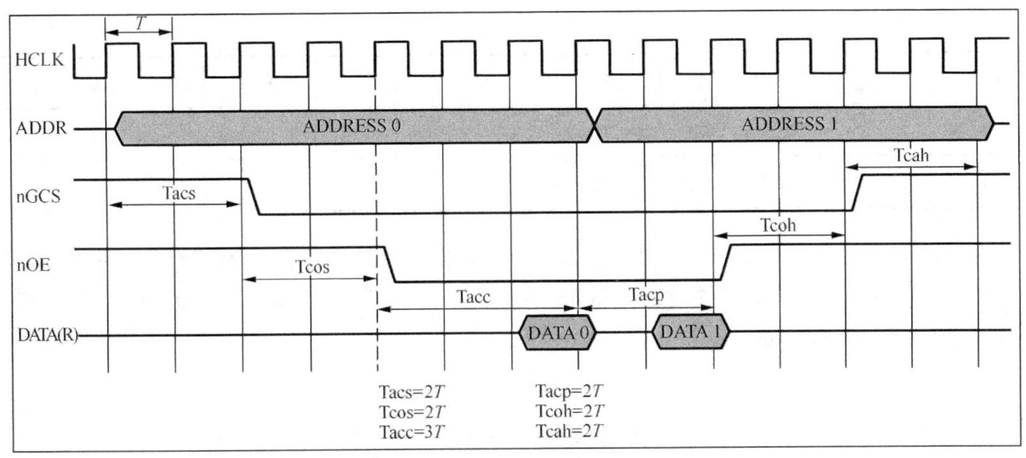


图 16-8　SROMC 控制器读时序过程

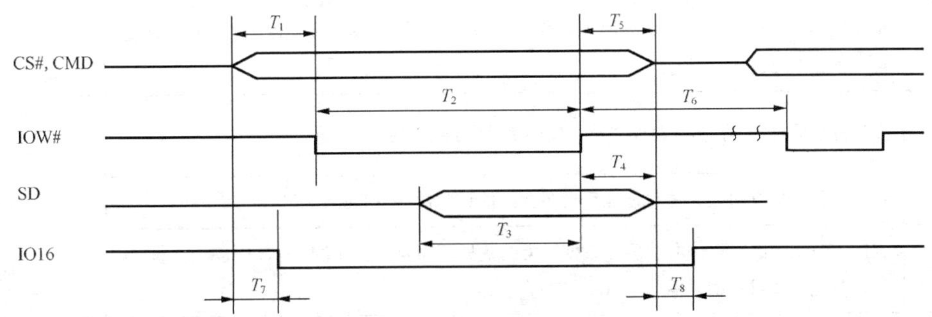


图 16-9　DM9000AE 写时序过程

图 10-8 中符号说明如表 16-12 所示。

表 16-12　符号说明

| 符号 | 参数 | 最小 | 最大 | 单位 |
| --- | --- | --- | --- | --- |
| $T_1$ | 从CS#、CMD有效到 IOW#有效 | 0 | — | ns |
| $T_2$ | IOW#宽度 | 10 | — | ns |
| $T_3$ | 系统数据（SD）建立时间 | 10 | — | ns |
| $T_4$ | SD保持时间 | 3 | — | ns |
| $T_5$ | 从IOW#无效到 CS#、CMD无效 | 0 | — | ns |
| $T_6$ | 从IOW#无效到IOW#、IOR#有效（写DM9000A INDEX端口时） | 1 | — | CLK* |
| $T_6$ | 从IOW#无效到IOW#、IOR#有效（写DM9000A DATA端口时） | 2 | — | CLK* |
| $T_2$+$T_6$ | 从IOW#无效到IOW#、IOR#有效（写DM9000A 内存时） | 1 | — | CLK* |

续表

| 符号 | 参数 | 最小 | 最大 | 单位 |
| --- | --- | --- | --- | --- |
| $T_7$ | 从CS#、CMD有效到IO16有效 | — | 3 | ns |
| $T_8$ | 从CS#、CMD无效到IO16 无效 | — | 3 | ns |

Exynos 4412 内存控制器使用 HCLK 作为时钟，在 HCLK 为 100MHz 时，1 个 CLK 大约为 10ns；$T_1$ ～ $T_8$ 的值由寄存器 SROM_BC*n* 的 Tacs、Tcos、Tacc、Tcoh、Tcah 位设置，设置规则如表 16-13 所示。

表 16-13　设置规则

| 信号 | 含义 | 最低时间（ns） |
| --- | --- | --- |
| Tacs | 地址发出后等待多长时间发出片选信号。DM9000AE的中CS#和CMD（地址）同时发出，所以Tacs最低时间为0ns | 0 |
| Tcos | 发出片选信号后等待多长时间发出读使能信号。Tacs对应$T_1$ | 0 |
| Tacc | 读使能信号持续时间。读写使能后，多久才能访问数据，Tacc对应$T_2$ | 10 |
| Tcoh | 当DM9000AE的写信号取消后，数据线上的数据还需要至少3ns才消失（nOE读写取消后，片选需要维持的时间），Tcoh对应$T_4$ | 3 |
| Tcah | 片选结束后地址保存的时间。DM9000AE中CS和CMD同时结束，最低时间为0ns | 0 |
| Tacp | 页模式，暂不设置 | 0 |
| PMC | 页模式，暂不设置 | 0 |

寄存器 SROM_BC*n* ($n = 0$ ～ 3) 说明如表 16-14 所示。

表 16-14　SROM_BC*n* 的说明

| 名称 | bit | 类型 | 描述 | 重置值 |
| --- | --- | --- | --- | --- |
| Tacs | [31:28] | RW | *n*GCS前的地址设置时间：<br>0000 = 0 CLK；<br>0001 = 1 CLK；<br>0010 = 2 CLK；<br>0011 = 3 CLK；<br>……<br>1100 = 12 CLK；<br>1101 = 13 CLK；<br>1110 = 14 CLK；<br>1111 = 15 CLK | 0 |

续表

| 名称 | bit | 类型 | 描述 | 重置值 |
| --- | --- | --- | --- | --- |
| Tcos | [27:24] | RW | *n*OE前的芯片选择设置：<br>0000 = 0 CLK；<br>0001 = 1 CLK；<br>0010 = 2 CLK；<br>0011 = 3 CLK；<br>……<br>1100 = 12 CLK；<br>1101 = 13 CLK；<br>1110 = 14 CLK；<br>1111 = 15 CLK | 0 |
| RSVD | [23:21] | RW | 保留 | 0 |
| Tacc | [20:16] | RW | 访问周期：<br>00000 = 1 CLK；<br>00001 = 2 CLK；<br>00001 = 3 CLK；<br>00010 = 4 CLK；<br>……<br>11100 = 29 CLK；<br>11101 = 30 CLK；<br>11110 = 31 CLK；<br>11111 = 32 CLK | 0 |
| Tcoh | [15:12] | RW | 读使能信号结束后，片选信号保持时间：<br>0000 = 0 CLK；<br>0001 = 1 CLK；<br>0010 = 2 CLK；<br>0011 = 3 CLK；<br>……<br>1100 = 12 CLK；<br>1101 = 13 CLK；<br>1110 = 14 CLK；<br>1111 = 15 CLK | 1111 |
| Tcah | [11:8] | RW | 片选结束后，地址保存时间：<br>0000 = 0 CLK；<br>0001 = 1 CLK；<br>0010 = 2 CLK；<br>0011 = 3 CLK；<br>……<br>1100 = 12 CLK；<br>1101 = 13 CLK；<br>1110 = 14 CLK；<br>1111 = 15 CLK | 0 |

续表

| 名称 | bit | 类型 | 描述 | 重置值 |
|---|---|---|---|---|
| Tacp | [7:4] | RW | 页面模式下的页面模式访问周期：<br>0000 = 0 CLK；<br>0001 = 1 CLK；<br>0010 = 2 CLK；<br>0011 = 3 CLK；<br>……<br>1100 = 12 CLK；<br>1101 = 13 CLK；<br>1110 = 14 CLK；<br>1111 = 15 CLK | 0 |
| RSVD | [3:2] | — | 保留 | — |
| PMC | [1:0] | RW | 页面模式配置：<br>00 = 默认(1数据)<br>01 = 4 数据<br>10 = 保留<br>11 = 保留 | 0 |

最终设置参考值如下。

```
#define DM9000_Tacs    (0x1)
#define DM9000_Tcos    (0x1)
#define DM9000_Tacc    (0x5)
#define DM9000_Tcoh    (0x1)
#define DM9000_Tah     (0xC)
#define DM9000_Tacp    (0x9)
#define DM9000_PMC     (0x1)
```

### 16.3.3 配置 SROM 功能

因为 XM0 引脚复用了 GPIO 引脚，所以需要将对应的 GPIO 引脚配置 SROM 功能。

（1）GPY0CON

GPY0CON 的说明如表 16-15 所示。

表 16-15 GPY0CON 的说明

| 名称 | bit | 类型 | 描述 | 重置值 |
|---|---|---|---|---|
| GPY0CON[5] | [23:20] | RW | 0x0 = 输入<br>0x1 = 输出<br>0x2 = EBI_WEn<br>0x4 ～ 0xF = 保留 | 0x00 |
| GPY0CON[4] | [19:16] | RW | 0x0 = 输入<br>0x1 = 输出<br>0x2 = EBI_OEn<br>0x4 ～ 0xF = 保留 | 0x00 |

续表

| 名称 | bit | 类型 | 描述 | 重置值 |
|---|---|---|---|---|
| GPY0CON[3] | [15:12] | RW | 0x0 = 输入<br>0x1 = 输出<br>0x2 = SROM_CSn[3]<br>0x3 = NF_CSn[1]<br>0x4= 保留<br>0x5 = OND_CSn[1]<br>0x4 ～ 0xF = 保留 | 0x00 |
| GPY0CON[2] | [11:8] | RW | 0x0 = 输入<br>0x1 = 输出<br>0x2 = SROM_CSn[2]<br>0x3 = NF_CSn[0]<br>0x4= 保留<br>0x5 = OND_CSn[0]<br>0x4 ～ 0xF = 保留 | 0x00 |
| GPY0CON[1] | [7:4] | RW | 0x0 = 输入<br>0x1 = 输出<br>0x2 = SROM_CSn[1]<br>0x3 = NF_CSn[3]<br>0x4 ～ 0xF = 保留 | 0x00 |
| GPY0CON[0] | [3:0] | RW | 0x0 = 输入<br>0x1 = 输出<br>0x2 = SROM_CSn[0]<br>0x3 = NF_CSn[2]<br>0x4 ～ 0xF = 保留 | 0x00 |

要配置 SROM 模式，需要将 GPY0CON 设置为 0x222222。

（2）GPY1CON

GPY1CON 的说明如表 16-16 所示。

表 16-16　GPY1CON 的说明

| 名称 | bit | 类型 | 描述 | 重置值 |
|---|---|---|---|---|
| GPY1CON[3] | [15:12] | RW | 0x0 = 输入<br>0x1 = 输出<br>0x2 = EBI_WEn<br>0x4 ～ 0xF = 保留 | 0x00 |
| GPY1CON[2] | [11:8] | RW | 0x0 = 输入<br>0x1 = 输出<br>0x2 = SROM_WAITn<br>0x4 ～ 0xF = 保留 | 0x00 |

续表

| 名称 | bit | 类型 | 描述 | 重置值 |
| --- | --- | --- | --- | --- |
| GPY1CON[1] | [7:4] | RW | 0x0 = 输入<br>0x1 = 输出<br>0x2 = EBI_BEn[1]<br>0x4 ～ 0xF = 保留 | 0x00 |
| GPY1CON[0] | [3:0] | RW | 0x0 = 输入<br>0x1 = 输出<br>0x2 = EBI_BEn[0]<br>0x4 ～ 0xF = 保留 | 0x00 |

要配置 SROM 模式，需要将 GPY1CON 设置为 0x2222。

（3）GPY3CON

GPY3CON 的说明如表 16-17 所示。

表 16-17　GPY3CON 的说明

| 名称 | bit | 类型 | 描述 | 重置值 |
| --- | --- | --- | --- | --- |
| GPY3CON[7] | [31:28] | RW | 0x0 = 输入<br>0x1 = 输出<br>0x2 = EBI_ADDR[7]<br>0x3 ～ 0xE = 保留<br>0xF = — | 0x00 |
| GPY3CON[6] | [27:24] | RW | 0x0 = 输入<br>0x1 = 输出<br>0x2 = EBI_ADDR[6]<br>0x3 ～ 0xE = 保留<br>0xF = — | 0x00 |
| GPY3CON[5] | [23:20] | RW | 0x0 = 输入<br>0x1 = 输出<br>0x2 = EBI_ADDR[5]<br>0x3 ～ 0xE = 保留<br>0xF = — | 0x00 |
| GPY3CON[4] | [19:16] | RW | 0x0 = 输入<br>0x1 = 输出<br>0x2 = EBI_ADDR[4]<br>0x3 ～ 0xE = 保留<br>0xF = — | 0x00 |
| GPY3CON[3] | [15:12] | RW | 0x0 = 输入<br>0x1 = 输出<br>0x2 = EBI_ADDR[3]<br>0x3 ～ 0xE = 保留<br>0xF = — | 0x00 |

续表

| 名称 | bit | 类型 | 描述 | 重置值 |
|---|---|---|---|---|
| GPY3CON[2] | [11:8] | RW | 0x0 = 输入<br>0x1 = 输出<br>0x2 = EBI_ADDR[2]<br>0x3 ～ 0xE = 保留<br>0xF = — | 0x00 |
| GPY3CON[1] | [7:4] | RW | 0x0 = 输入<br>0x1 = 输出<br>0x2 = EBI_ADDR[1]<br>0x3 ～ 0xE = 保留<br>0xF = — | 0x00 |
| GPY3CON[0] | [3:0] | RW | 0x0 = 输入<br>0x1 = 输出<br>0x2 = EBI_ADDR[0]<br>0x3 ～ 0xE = 保留<br>0xF = — | 0x00 |

要配置 SROM 模式，需要将 GPY3CON 设置为 0x22222222。

（4）GPY5CON

GPY5CON 的说明如表 16-18 所示。

**表 16-18　GPY3CON 的说明**

| 名称 | bit | 类型 | 描述 | 重置值 |
|---|---|---|---|---|
| GPY5CON[7] | [31:28] | RW | 0x0 = 输入<br>0x1 = 输出<br>0x2 = EBI_DATA[7]<br>0x3 ～ 0xE = 保留<br>0xF = — | 0x00 |
| GPY5CON[6] | [27:24] | RW | 0x0 = 输入<br>0x1 = 输出<br>0x2 = EBI_DATA[6]<br>0x3 ～ 0xE = 保留<br>0xF = — | 0x00 |
| GPY5CON[5] | [23:20] | RW | 0x0 = 输入<br>0x1 = 输出<br>0x2 = EBI_DATA[5]<br>0x3 ～ 0xE = 保留<br>0xF = — | 0x00 |
| GPY5CON[4] | [19:16] | RW | 0x0 = 输入<br>0x1 = 输出<br>0x2 = EBI_DATA[4]<br>0x3 ～ 0xE = 保留<br>0xF = — | 0x00 |

续表

| 名称 | bit | 类型 | 描述 | 重置值 |
|---|---|---|---|---|
| GPY5CON[3] | [15:12] | RW | 0x0 = 输入<br>0x1 = 输出<br>0x2 = EBI_DATA[3]<br>0x3 ～ 0xE = 保留<br>0xF = — | 0x00 |
| GPY5CON[2] | [11:8] | RW | 0x0 = 输入<br>0x1 = 输出<br>0x2 = EBI_DATA[2]<br>0x3 ～ 0xE = 保留<br>0xF = — | 0x00 |
| GPY5CON[1] | [7:4] | RW | 0x0 = 输入<br>0x1 = 输出<br>0x2 = EBI_DATA[1]<br>0x3 ～ 0xE = 保留<br>0xF = — | 0x00 |
| GPY5CON[0] | [3:0] | RW | 0x0 = 输入<br>0x1 = 输出<br>0x2 = EBI_DATA[0]<br>0x3 ～ 0xE = 保留<br>0xF = — | 0x00 |

要配置 SROM 模式，需要将 GPY5CON 设置为 0x22222222。

（5）GPY6CON

GPY6CON 的说明如表 16-19 所示。

表 16-19　GPY6CON 的说明

| 名称 | bit | 类型 | 描述 | 重置值 |
|---|---|---|---|---|
| GPY6CON[7] | [31:28] | RW | 0x0 = 输入<br>0x1 = 输出<br>0x2 = EBI_DATA[15]<br>0x3 ～ 0xE = 保留<br>0xF = — | 0x00 |
| GPY6CON[6] | [27:24] | RW | 0x0 = 输入<br>0x1 = 输出<br>0x2 = EBI_DATA[14]<br>0x3 ～ 0xE = 保留<br>0xF = — | 0x00 |
| GPY6CON[5] | [23:20] | RW | 0x0 = 输入<br>0x1 = 输出<br>0x2 = EBI_DATA[13]<br>0x3 ～ 0xE = 保留<br>0xF = — | 0x00 |

续表

| 名称 | bit | 类型 | 描述 | 重置值 |
|---|---|---|---|---|
| GPY6CON[4] | [19:16] | RW | 0x0 = 输入<br>0x1 = 输出<br>0x2 = EBI_DATA[12]<br>0x3 ～ 0xE = 保留<br>0xF = — | 0x00 |
| GPY6CON[3] | [15:12] | RW | 0x0 = 输入<br>0x1 = 输出<br>0x2 = EBI_DATA[11]<br>0x3 ～ 0xE = 保留<br>0xF = — | 0x00 |
| GPY6CON[2] | [11:8] | RW | 0x0 = 输入<br>0x1 = 输出<br>0x2 = EBI_DATA[2]<br>0x3 ～ 0xE = 保留<br>0xF = — | 0x00 |
| GPY6CON[1] | [7:4] | RW | 0x0 = 输入<br>0x1 = 输出<br>0x2 = EBI_DATA[9]<br>0x3 ～ 0xE = 保留<br>0xF = — | 0x00 |
| GPY6CON[0] | [3:0] | RW | 0x0 = 输入<br>0x1 = 输出<br>0x2 = EBI_DATA[8]<br>0x3 ～ 0xE = 保留<br>0xF = — | 0x00 |

若要配置 SROM 模式，则需要将 GPY6CON 设置为 0x22222222。

## 16.3.4 SROM 初始化

U-Boot 自带 DM9000 系列网卡的驱动，在 U-Boot 源程序的 driver/net/dm9000x.c 文件中有一段说明，节选如下。

```
06/03/2008      Remy Bohmer <linux@bohmer.net>
        -Fixed the driver to work with DM9000AE.
          (check on ISR receive status bit before reading the
          FIFO as described in DM9000 programming guide and
          application notes)
        -Added autodetect of databus width.
        -Made debug code compile again.
        -Adapt eth_send such that it matches the DM9000*
          application notes. Needed to make it work properly
          for DM9000AE.
```

```
        -Adapted reset procedure to match DM9000 application
          notes (i.e. double reset)
        -some minor code cleanups
          These changes are tested with DM9000{A,EP,E} together
          with a 200MHz Atmel AT91SAM9261 core
```

可见，在 2008 年 DM9000AE 添加了驱动，但是因为厂商在设计开发板时使用的引脚资源不尽相同，所以我们仍然需要针对具体的开发板做移植工作。上一章我们对 FS4412 开发板移植了 DM9000AE 的驱动，下面我们详细分析驱动程序。

分析驱动程序涉及以下文件。

```
arch/arm/lib/board.c
board/samsung/origen/origen.c
drivers/net/Dm9000x.c
drivers/net/Dm9000x.h
include/config_cmd_default.h
include/configs/origen.h
include/net.h
net/eth.c
```

在 include/configs/origen.h 文件中需要定义 DM9000AE 的基地址和编译的宏。其中最重要的几个宏定义如表 16-20 所示。

**表 16-20　宏定义**

| 名称 | 说明 | 地址值 |
|---|---|---|
| CONFIG_DM9000_BASE | DM9000AE的基地址 | 0x05000000 |
| DM9000_IO | DM9000A的INDEX 端口地址 | CONFIG_DM9000_BASE |
| DM9000_DATA | DM9000AE的DATA 端口地址 | CONFIG_DM9000_BASE + 4 |
| CONFIG_DRIVER_DM9000 | 在Makefile中，它用于控制DM9000是否编译驱动 | — |
| CONFIG_DM9000_USE_16BIT | DM9000AE数据宽度 | — |
| CONFIG_DM9000_NO_SROM | 表示没有使用SROM | — |

其中 DM9000_DATA 地址定义为基地址 +4，刚好将 Xm0ADDR2 电平拉高，即把 CMD 电平拉高。

通过 Makefile 文件将 DM9000AE 的驱动程序编译进 U-Boot 中，该文件位置为 drivers/net/Makefile，此处需要进行宏定义，程序如下。

```
COBJS-$(CONFIG_DRIVER_DM9000) += dm9000x.o
```

将宏定义添加至文件 include/configs/origen.h，程序节选如下。

```
#define CONFIG_DRIVER_DM9000  1
#define CONFIG_DM9000_BASE       0x05000000 // 内存基地址
#define DM9000_IO                     CONFIG_DM9000_BASE
#define DM9000_DATA                    (CONFIG_DM9000_BASE + 4)
#define CONFIG_DM9000_USE_16BIT
#define CONFIG_DM9000_NO_SROM  1
```

```
#define CONFIG_ETHADDR          11:22:33:44:55:66    // 网卡 MAC 地址
#define CONFIG_IPADDR           192.168.6.187        // 网卡 IP 地址
#define CONFIG_SERVERIP         192.168.6.186        //TFTP 服务器地址
#define CONFIG_GATEWAYIP        192.168.1.1          // 网关地址
#define CONFIG_NETMASK          255.255.255.0        //IP 地址掩码
```

除此之外，我们还需要添加一些 U-Boot 的命令，比如，ping 命令用来检查网络是否通畅，tftp 命令用来下载文件。U-Boot 通过宏控制是否编译这些命令，文件 include/configs/origen.h 中定义了一些宏，介绍如下。

```
/* 命令宏开关 */
#include <config_cmd_default.h>
#define CONFIG_CMD_PING
#define CONFIG_CMD_ELF
#define CONFIG_CMD_DHCP
#define CONFIG_CMD_MMC
#define CONFIG_CMD_FAT
#define CONFIG_CMD_NET
#undef CONFIG_CMD_NFS
```

在头文件 include/config_cmd_all.h 中也列出了一些可用的命令及对应的宏，部分宏定义如下。

```
#define CONFIG_CMD_LOADB
#define CONFIG_CMD_LOADS
#define CONFIG_CMD_MEMORY
#define CONFIG_CMD_MISC
#define CONFIG_CMD_NET
#define CONFIG_CMD_NFS
#define CONFIG_CMD_RUN
#define CONFIG_CMD_SAVEENV
```

U-Boot 启动时，开发板相关驱动的初始化操作位于函数 board_init_r 中，该函数定义位于文件 arch/arm/lib/board.c 中，介绍如下。

```
void board_init_r(gd_t *id, ulong dest_addr)
{
    ......
    board_init();
    ......
}
```

函数 board_init 定义在文件 board/samsung/origen/origen.c 中，在该函数中添加初始化程序如下。

```
int board_init(void)
{
    gpio1 = (struct exynos4_gpio_part1 *) EXYNOS4_GPIO_PART1_BASE;
    gpio2 = (struct exynos4_gpio_part2 *) EXYNOS4_GPIO_PART2_BASE;
```

```
    gd->bd->bi_boot_params = (PHYS_SDRAM_1 + 0x100UL);

#ifdef CONFIG_DRIVER_DM9000
    dm9000aep_pre_init();
#endif
    return 0;
}
```

函数 DM9000AEp_pre_init 用来设置 SROM 控制器，程序如下。

```
static void dm9000aep_pre_init(void)
{
    unsigned int tmp;
    unsigned char smc_bank_num = 1;
    unsigned int    smc_bw_conf=0;
    unsigned int    smc_bc_conf=0;

    /* GPIO 配置 */
    writel(0x00220020, 0x11000000 + 0x120); //GPY0CON
    writel(0x00002222, 0x11000000 + 0x140); //GPY1CON
    /* 16bit 总线宽度 */
    writel(0x22222222, 0x11000000 + 0x180); //GPY3CON
    writel(0x0000FFFF, 0x11000000 + 0x188); //GPY3PUD
    writel(0x22222222, 0x11000000 + 0x1C0); //GPY5CON
    writel(0x0000FFFF, 0x11000000 + 0x1C8); //GPY5PUD
    writel(0x22222222, 0x11000000 + 0x1E0); //GPY6CON
    writel(0x0000FFFF, 0x11000000 + 0x1E8); //GPY6PUD
    smc_bw_conf &= ～ (0xf<<4);
    smc_bw_conf |= (1<<7) | (1<<6) | (1<<5) | (1<<4);
    smc_bc_conf = ((DM9000_Tacs << 28)
            | (DM9000_Tcos << 24)
            | (DM9000_Tacc << 16)
            | (DM9000_Tcoh << 12)
            | (DM9000_Tah << 8)
            | (DM9000_Tacp << 4)
            | (DM9000_PMC));
    exynos_config_sromc(smc_bank_num,smc_bw_conf,smc_bc_conf);
}
```

其中 SROMC 初始化函数 exynos_config_sromc 定义如下。

```
void exynos_config_sromc(u32 srom_bank, u32 srom_bw_conf, u32 srom_bc_conf)
{
    unsigned int tmp;
    struct exynos_sromc *srom = (struct exynos_sromc *)(EXYNOS4412_SROMC_BASE);

    /* 配置 SMC_BW 寄存器 */
    tmp = srom->bw;
```

```
    tmp &= ~ (0xF << (srom_bank * 4));
    tmp |= srom_bw_conf;
    srom->bw = tmp;

    /* 配置寄存器 SMC_BC*/
    srom->bc[srom_bank] = srom_bc_conf;
}
```

# 16.4 DM9000AE驱动分析

DM9000AE 支持的功能非常多，Linux 内核中驱动的实现相对复杂，掌握裸机的网卡驱动知识再去学习 Linux 内核的 DM9000 系列驱动就相对容易。本节将详细讲解 DM9000AE 网卡初始化及收发数据的流程。

## 16.4.1 网卡注册

U-Boot 中的网卡设备注册架构如图 16-10 所示。

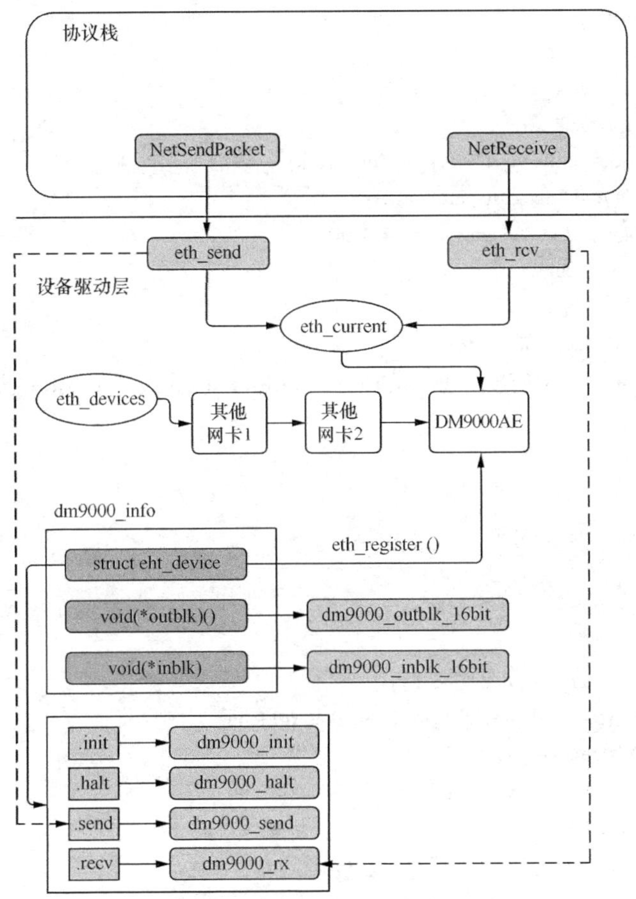


图 16-10　网卡设备注册架构

U-Boot 其实提供了网卡注册的架构，研发人员只需要按照架构要求，封装好网卡的基本操作函数 init、halt、send、recv，将它们填充到结构体变量 struct eth_device 中，然后调用统一的注册函数 int eth_register(struct eth_device *dev) 到网卡注册系统中，这样 U-Boot 的内核协议栈就会通过架构方便地收发数据包了。

## 16.4.2 相关结构体

struct board_info 是 DM9000AE 最重要的一个结构体，该结构体是用来维护 DM9000 系列网卡的结构体，所有和网卡相关的信息都保存到该结构体中。DM9000AE 对应的变量定义如下，位于文件 drivers/net/dm9000x.c 中。

```
typedef struct board_info {
	u32 runt_length_counter;
	u32 long_length_counter;
	u32 reset_counter;
	u32 reset_tx_timeout;
	u32 reset_rx_status;
	u16 tx_pkt_cnt;
	u16 queue_start_addr;
	u16 dbug_cnt;
	u8 phy_addr;
	u8 device_wait_reset;		/* 设备状态 */
	unsigned char srom[128];
	void (*outblk)(volatile void *data_ptr, int count);
	void (*inblk)(void *data_ptr, int count);
	void (*rx_status)(u16 *RxStatus, u16 *RxLen);
	struct eth_device netdev;
} board_info_t;
108 static board_info_t dm9000_info;
```

结构体 board_info_t 中有一个重要的成员 netdev，该成员是 U-Boot 提供的标准的统一的网卡设备接口。

```
struct eth_device {
	char name[16];
	unsigned char enetaddr[6];
	int iobase;
	int state;

	int  (*init) (struct eth_device *, bd_t *);
	int  (*send) (struct eth_device *, void *packet, int length);
	int  (*recv) (struct eth_device *);
	void (*halt) (struct eth_device *);
#ifdef CONFIG_MCAST_TFTP
	int (*mcast) (struct eth_device *, u32 ip, u8 set);
#endif
	int  (*write_hwaddr) (struct eth_device *);
```

```
        struct eth_device *next;
        int index;
        void *priv;
    };
```

该结构体维护了操作网卡的回调函数等信息，我们只需要把网口的收发数据操作封装到对应的回调函数中，然后再将其注册到系统即可。

网卡的注册程序位于函数 board_init_r 中，该函数定义位于文件 arch/arm/lib/board.c 中，程序如下。

```
665 #if defined(CONFIG_CMD_NET)
667         eth_initialize(gd->bd);
......
```

如果定义了 CONFIG_CMD_NET，就调用 eth_initialize(gd->bd) 进行网卡初始化。该宏在 include/config_cmd_default.h 中定义，该头文件又被开发板配置文件 include/configs/origen.h 包含。在 net/eth.c 中定义函数 eth_initialize，该函数部分程序如下。

```
312         if (board_eth_init != __def_eth_init) {
313                 if (board_eth_init(bis) < 0)
314                         printf("Board Net Initialization Failed\n");
315         } else if (cpu_eth_init != __def_eth_init) {
316                 if (cpu_eth_init(bis) < 0)
317                         printf("CPU Net Initialization Failed\n");
318         } else
319                 printf("Net Initialization Skipped\n");
```

以上程序功能：如果已定义了开发板相关的初始化函数就调用该段程序，否则调用 CPU 相关的初始化函数。其中，同样在 net/eth.c 中定义函数 __def_eth_init，程序如下。

131 行中的“weak”指弱符号，“alias”指定义一个别名，如果没有定义 cpu_eth_init（bd_t*bis），则函数 __def_eth_init（bd_t*bis）与该函数相同。

```
108 static int __def_eth_init(bd_t *bis)
109 {
110         return -1;
111 }
112 int cpu_eth_init(bd_t *bis) __attribute__((weak, alias("__def_eth_init")));
113 int board_eth_init(bd_t *bis) __attribute__((weak, alias("__def_eth_init")));
```

本例中的 cpu_eth_init（bd_t*bis）已经在 board/samsung/origen/origen.c 中被定义，程序如下。

```
264 #ifdef CONFIG_CMD_NET
265 int board_eth_init(bd_t *bis)
266 {
267 
268         int rc = 0;
269 #ifdef CONFIG_DRIVER_DM9000
270         rc = dm9000_initialize(bis);
271 #endif
```

```
    return rc;
}
#endif
```

通过定义宏决定调用网卡的初始化函数。DM9000AE 的驱动源文件 drivers/net/DM9000x.c 中的初始化函数如下。

```
626 int dm9000_initialize(bd_t *bis)
627 {
628     struct eth_device *dev = &(dm9000_info.netdev);
629
630     /* 从 EEPROM 中获取 MAC 地址 */
631     dm9000_get_enetaddr(dev);
632
633     dev->init = dm9000_init;
634     dev->halt = dm9000_halt;
635     dev->send = dm9000_send;
636     dev->recv = dm9000_rx;
637     sprintf(dev->name, "dm9000");
638
639     eth_register(dev);
640
641     return 0;
642 }
```

dm900_initialize 就是 DM9000AE 的初始化函数。631 行中，将 dm9000_get_enetaddr 从 EEPROM 加载到 MAC 地址。

```
537     static void dm9000_get_enetaddr(struct eth_device *dev)
538     {
539     #if !defined(CONFIG_DM9000_NO_SROM)
540      int i;
541      for (i = 0; i < 3; i++)
542        dm9000_read_srom_word(i, dev->enetaddr + (2 * i));
543     #endif
544     }
```

函数 dm900_get_enetaddr 根据宏 CONFIG_DM9000_NO_SROM 来决定是否从 EEPROM（带电可擦可编程只读存储器，掉电后数据不丢失，用来存放硬件的设置数据）加载 MAC 地址，DM9000AE 没有接 EEPROM，表示该函数中没有 EEPROM 的相关程序。我们在文件 origen.h 中定义了这个宏，表示不编译 540 行到 543 行程序。因此如果要从 EEPROM 加载 MAC 地址，需要自定义相关函数。

633 ~ 636 行——将网卡的初始化函数和收发数据函数填充到变量 dev 中，用于注册系统，这个结构体中的 init、halt、send、recv 函数就是网卡驱动对应的函数。

639 行——函数 eth_register 的参数是 dev，该变量地址是 dm9000_info.netdev 的地址。

函数 eth_register 位于文件 net/eth.c 中，该函数用于将新注册的网卡节点 dev 插入网卡设备链表 eth_devices 中，如果之前网卡设备链表为空，则直接将其复制给全局指针变量

eth_devices 和 eth_current，程序如下。

```
int eth_register(struct eth_device *dev)
{
        struct eth_device *d;
        static int index;

        assert(strlen(dev->name) < sizeof(dev->name));

        if (!eth_devices) {// 网卡设备链表为空
                eth_current = eth_devices = dev;
                eth_current_changed();
        } else {// 找到表尾
                for (d = eth_devices; d->next != eth_devices; d = d->next)
                        ;
                d->next = dev; // 插入表尾
        }

        dev->state = ETH_STATE_INIT;
        dev->next  = eth_devices; // 新的设备指向网卡设备表头
        dev->index = index++;

        return 0;
}
```

将当前正在使用的网卡设备保存在全局变量 eth_current 中。这两个全局变量定义位于 net/eth.c 中，程序如下。

```
static struct eth_device *eth_devices;
struct eth_device *eth_current; // 当前正在使用的
```

## 16.4.3 网卡的初始化

网卡的初始化函数入口为文件 net/eth.c 中的函数 eth_init，程序如下。

```
int eth_init(bd_t *bis)
{
        struct eth_device *old_current, *dev;
……
        old_current = eth_current;
        do {
                debug("Trying %s\n", eth_current->name);

                if (eth_current->init(eth_current, bis) >= 0) {
                        eth_current->state = ETH_STATE_ACTIVE;

                        return 0;
                }
                debug("FAIL\n");
```

```
     ……
440 }
```

429 行——调用注册的 DM9000AE 初始化函数，可以看出，整个架构把网卡的驱动独立放置，与硬件操作相关的程序由用户自己填充并注册到系统中。

函数 dm9000_init 位于 drivers/net/dm9000x.c，定义如下。

```
static int dm9000_init(struct eth_device *dev, bd_t *bd)
{
    int i, oft, lnk;
    u8 io_mode;
    struct board_info *db = &dm9000_info;

    DM9000_DBG("%s\n", __func__);

    /* 复位 DM9000 */
    dm9000_reset();

    if (dm9000_probe() < 0)
        return -1;

    /* 设置自动探测网卡当前采用的模式（8 bit/16 bit/32 bit）*/
    io_mode = DM9000_ior(DM9000_ISR) >> 6;

    switch (io_mode) {
    case 0x0:  /* 16bit 模式 */
        printf("DM9000: running in 16 bit mode\n");
        db->outblk    = dm9000_outblk_16bit;
        db->inblk     = dm9000_inblk_16bit;
        db->rx_status = dm9000_rx_status_16bit;
        break;
    case 0x01:  /* 32bit 模式 */
        printf("DM9000: running in 32 bit mode\n");
        db->outblk    = dm9000_outblk_32bit;
        db->inblk     = dm9000_inblk_32bit;
        db->rx_status = dm9000_rx_status_32bit;
        break;
    case 0x02: /* 8bit 模式 */
        printf("DM9000: running in 8 bit mode\n");
        db->outblk    = dm9000_outblk_8bit;
        db->inblk     = dm9000_inblk_8bit;
        db->rx_status = dm9000_rx_status_8bit;
        break;
    default:
        /* 默认情况下，网卡采用 8bit 模式，但有可能不正常工作 */
        printf("DM9000: Undefined IO-mode:0x%x\n", io_mode);
```

```
        db->outblk   = dm9000_outblk_8bit;
        db->inblk    = dm9000_inblk_8bit;
        db->rx_status = dm9000_rx_status_8bit;
        break;
    }
    /*MAC 配置 */
    /* 修改操作寄存器，仅限 DM9000 内部 PHY 寄存器 */
    DM9000_iow(DM9000_NCR, 0x0);
    /* TX 轮询位清除 */
    DM9000_iow(DM9000_TCR, 0);
    /* 配置背压阈值寄存器，背压阀值最高值为 3kbyte，拥挤状态时间为 600μs */
    DM9000_iow(DM9000_BPTR, BPTR_BPHW(3) | BPTR_JPT_600US);
    /* 配置流控阈值寄存器，RX FIFO 缓存高位溢出门限为 3k，Rx FIFO 缓存低位溢出门限为 8kbyte*/
    DM9000_iow(DM9000_FCTR, FCTR_HWOT(3) | FCTR_LWOT(8));
    /* 配置接收 / 发送流控寄存器 */
    DM9000_iow(DM9000_FCR, 0x0);
    /* 配置特殊模式控制寄存器 */
    DM9000_iow(DM9000_SMCR, 0);
    /* 清除发送状态 */
    DM9000_iow(DM9000_NSR, NSR_WAKEST | NSR_TX2END | NSR_TX1END);
    /* 清除中断状态 */
    DM9000_iow(DM9000_ISR, ISR_ROOS | ISR_ROS | ISR_PTS | ISR_PRS);

    printf("MAC: %pM\n", dev->enetaddr);

    /* 向设备地址寄存器写入 MAC 地址 */
    for (i = 0, oft = DM9000_PAR; i < 6; i++, oft++)
        DM9000_iow(oft, dev->enetaddr[i]);
    for (i = 0, oft = 0x16; i < 8; i++, oft++)
        DM9000_iow(oft, 0xff);

    /* 读回刚设置的 MAC 地址，确认写入正确 */
    for (i = 0, oft = 0x10; i < 6; i++, oft++)
        DM9000_DBG("%02x:", DM9000_ior(oft));
    DM9000_DBG("\n");

    /* 激活 DM9000 */
    /* RX enable */
    DM9000_iow(DM9000_RCR, RCR_DIS_LONG | RCR_DIS_CRC | RCR_RXEN);
    /* 使能发送 / 接收中断 */
    DM9000_iow(DM9000_IMR, IMR_PAR);

    i = 0;
    while (!(dm9000_phy_read(1) & 0x20)) {
```

```
373             udelay(1000)；
374             i++；
375             if (i == 10000) {
376                 printf("could not establish link\n")；
377                 return 0；
378             }
379         }
380 
381         /* 打印网口带宽 */
382         lnk = dm9000_phy_read(17) >> 12；
383     printf("operating at")；
384     switch (lnk) {
385         case 1:
386             printf("10M half duplex")；
387             break；
388         case 2:
389             printf("10M full duplex")；
390             break；
391         case 4:
392             printf("100M half duplex")；
393             break；
394         case 8:
395             printf("100M full duplex")；
396             break；
397         default:
398             printf(unknown: %d", lnk)；
399             break；
400         }
401         printf("mode\n")；
402     return 0；
403 }
```

299 行——函数 dm9000_reset 用于重置 DM9000AE。

301 行——函数 dm9000_probe 用于从寄存器 VID、PID 读取厂商 ID 及产品 ID。

305 行——读取 DM9000AE 的 ISR 寄存器，根据 bit[7:6] 的值决定最终从 DM9000AE 中读取数的位数，并设置 db->outblk 和 db->inblk 这两个函数指针相应的值，最终上层服务栈收发数据就通过这两个函数指针调用函数，对于 16bit 模式，将它们分别赋值为 dm9000_outblk_16bit、dm9000_inblk_16bit；db->rx_status 函数指针用于从 DM9000AE 中读取网卡的状态信息和数据包的长度，对于 16bit 模式，将其赋值为 dm9000_rx_status_16bit。

336 ~ 350 行——对 DM9000AE 进行初始化配置。

355 ~ 358 行——将 MAC 地址写入 DM9000AE 的 PAR 寄存器。

367 行——使能数据接收。

369 行——使能 SRAM 的读 / 写指针，当指针地址大小超过 SRAM 的大小时，则自动跳回起始位置。

382 行——读取 PHY 寄存器 DSCSR，打印当前网口的带宽，通过该寄存器的 bit[15:12] 查看经过自动协商处理后的操作模式。网卡自动协商完成后，结果将被写到该位。若该位为 1，意味着操作 1 模式，即 100M 全双工模式。

### 16.4.4　数据的发送

DM9000AE 数据包发送流程如下。

（1）清除中断，设置 ISR 寄存器 bit[1] 为 1。

（2）发送写操作，操作 MWCMD。

（3）通过 DM9000_DATA 写入数据。

（4）在寄存器 TXPLL、TXPLH 设置数据帧的长度。

（5）通过寄存器 TCR 请求发送数据。

（6）轮询检查寄存器 NSR 的数据包发送结束状态位，等待数据发送完毕。

（7）清除中断，设置 ISR 寄存器 bit[1]=1。

网卡数据的发送函数是 dm9000_send，程序如下。

```
static int dm9000_send(struct eth_device *netdev, void *packet, int length)
{
	int tmo;
	struct board_info *db = &dm9000_info;

	DM9000_DMP_PACKET(__func__ , packet, length);
	/* 清除寄存器 ISR 的 TX 位 */
	DM9000_iow(DM9000_ISR, IMR_PTM);

	/* 将数据写入 DM9000 的 TXRAM */
	DM9000_outb(DM9000_MWCMD, DM9000_IO); /* 准备发送数据 */

	/* 将数据送入 TX FIFO */
	(db->outblk)(packet, length);

	/* 设置要发送给 DM9000 的数据长度 */
	DM9000_iow(DM9000_TXPLL, length & 0xff);
	DM9000_iow(DM9000_TXPLH, (length >> 8) & 0xff);

	/* 请求发送数据 */
	DM9000_iow(DM9000_TCR, TCR_TXREQ); /* 发送完成后自动将该位清 0 */

	/* 等待数据传输结束 */
	tmo = get_timer(0) + 5 * CONFIG_SYS_HZ;
	while ( !(DM9000_ior(DM9000_NSR) & (NSR_TX1END | NSR_TX2END)) ||
		!(DM9000_ior(DM9000_ISR) & IMR_PTM) ) {
		if (get_timer(0) >= tmo) {
			printf("transmission timeout\n");
```

```
437                 break;
438             }
439         }
440         DM9000_iow(DM9000_ISR, IMR_PTM); /* 清除寄存器 ISR 的 TX 位 */
441
442         DM9000_DBG("transmit done\n\n");
443         return 0;
444 }
```

该函数的参数介绍如下。

struct eth_device *netdev：网卡设备结构体指针。

void *packet：发送数据包存放的内存首地址。

int length：发送的数据包长度。

414 行——如果打开 debug 开关，该行会打印发送的数据包。

416 行——将寄存器 ISR 的 bit[1] 设置为 1，使能数据包发送。

419 行——将要访问的 TXRAM 地址写入寄存器 MWCMD，执行写指令后，写指针会根据操作模式（8bit 或 16bit）将地址自动增加 1byte 或 2byte。

422 行——调用上一节 db->outblk 注册的函数，将数据包复制到 TXRAM 中。

425 ～ 426 行——将发送数据包的长度写入寄存器 TXPLL/TXPLH 中，这两个寄存器分别对应低字节和高字节。

429 行——向寄存器 TCR 的 bit[0] 写入 1，用于请求发送数据，数据发送完毕该位自动清 0。

432 ～ 439 行——等待数据传输结束，结束条件为寄存器 NSR bit[3:2]（TX1END、TX2END 位分别表示数据包 1、2 是否被发送完毕）以及寄存器 ISR bit[1] 同时被置位。

440 行——通过向寄存器 ISR 的 bit[1] 写入 1 来清除发送标记位。

其中发送函数 dm9000_outblk_16bit 定义如下。

```
159 static void dm9000_outblk_16bit(volatile void *data_ptr, int count)
160 {
161   int i;
162   u32 tmplen = (count + 1) / 2;
163
164   for (i = 0; i < tmplen; i++)
165         DM9000_outw(((u16 *) data_ptr)[i], DM9000_DATA);
166 }
```

164 ～ 165 行——将数据 data_ptr[i] 写入地址 DM9000_DATA，最终将所有数据复制到 TXRAM 中。

读取数据每次都是从相同的地址，为什么地址不需要偏移呢？

答：设置寄存器 MWCMD 后，写指针根据操作模式（8bit 或 16bit）自动将地址增加 1byte 或 2byte。

### 16.4.5 数据的接收

DM9000AE 的数据接收函数为 dm9000_rx，定义如下。

```
static int dm9000_rx(struct eth_device *netdev)
```

```
{
    u8 rxbyte, *rdptr = (u8 *) NetRxPackets[0];
    u16 RxStatus, RxLen = 0;
    struct board_info *db = &dm9000_info;

    /* 确认数据包是否接收完毕，必须先检查 DM9000AE 的寄存器 ISR 状态 */
    if (!(DM9000_ior(DM9000_ISR) & 0x01)) /* ISR 的 Rx 位必须为 1 */
        return 0;

    DM9000_iow(DM9000_ISR, 0x01); /* 清除锁定在 ISR[0] 的 PR 状态 */

    /* FIFO 中至少有 1 个数据包，将它们全部读取 */
    for (; ; ) {
        DM9000_ior(DM9000_MRCMDX);

        /* 获取最新数据，仅查看第一个数据的 bit[1:0]
           可参考用户手册 DM9000 */
        rxbyte = DM9000_inb(DM9000_DATA) & 0x03;

        /* 状态检查，第 1byte 只能是 0 或 1 */
        if (rxbyte > DM9000_PKT_RDY) {
            DM9000_iow(DM9000_RCR, 0x00);       /* 停止设备 */
            DM9000_iow(DM9000_ISR, 0x80);       /* 停止中断请求 */
            printf("DM9000 error: status check fail: 0x%x\n",
                rxbyte);
            return 0;
        }

        if (rxbyte != DM9000_PKT_RDY)
            return 0; /* 未收到数据包，忽略 */

        DM9000_DBG("receiving packet\n");

        /* 一个数据包准备就绪，获取数据包状态和长度 */
        (db->rx_status)(&RxStatus, &RxLen);

        DM9000_DBG("rx status: 0x%04x rx len: %d\n", RxStatus, RxLen);

        /* 从 DM9000 中提取数据 */
        /* 从 DM9000 的 RX SRAM 中读取数据包 */
        (db->inblk)(rdptr, RxLen);

        if ((RxStatus & 0xbf00) || (RxLen < 0x40)
            || (RxLen > DM9000_PKT_MAX)) {
            if (RxStatus & 0x100) {
```

```
511                 printf("rx fifo error\n");
512             }
513             if (RxStatus & 0x200) {
514                 printf("rx crc error\n");
515             }
516             if (RxStatus & 0x8000) {
517                 printf("rx length error\n");
518             }
519             if (RxLen > DM9000_PKT_MAX) {
520                 printf("rx length too big\n");
521                 dm9000_reset();
522             }
523         } else {
524             DM9000_DMP_PACKET(__func__ , rdptr, RxLen);
525
526             DM9000_DBG("passing packet to upper layer\n");
527             NetReceive(NetRxPackets[0], RxLen);
528         }
529     }
530     return 0;
531 }
```

472～475 行——DM9000AE 的寄存器 ISR 的 bit[0] 必须设置为 1，否则无法接收数据。

475 行——将 ISR 的 bit[0] 设置为 1。

479 行——读取寄存器 MRCMDX，执行读取指令之后，指向内部 SRAM 的读指针不变。DM9000AE 开始预取 SRAM 中的数据到内部数据缓冲器中。

483～494 行——从地址 DM9000_DATA 处读取数据，从 SRAM 中读取的第一个数据的 bit[0] 必须是 1，否则出错。

500 行——通过函数指针 db->rx_status 调用函数 dm9000_rx，读取网卡的状态和接收的数据包长度。

506 行——通过函数指针 db->inblk 调用函数 dm9000_inblk_16bit，从网卡中读取数据。

527 行——通过函数 NetReceive 将接收的数据提交给上层协议栈。

其中函数指针 db->inblk 赋值为 dm9000_inblk_16bit；，定义如下。

```
static void dm9000_inblk_16bit(void *data_ptr, int count)
{
    int i;
    u32 tmplen = (count + 1) / 2;

    for (i = 0; i < tmplen; i++)
        ((u16 *) data_ptr)[i] = DM9000_inw(DM9000_DATA);
}
```

由此可见，DM9000AE 驱动层的数据收发流程的核心函数就是我们先前注册的函数，如下。

```
dev->send = dm9000_send;
```

```
dev->recv = dm9000_rx;
db->outblk = dm9000_outblk_16bit;
db->inblk = dm9000_inblk_16bit;
```

### 16.4.6　网卡注销

网卡注销函数为 eth_unregister，该函数会将网卡节点 dev 从链表 eth_devices 中删除，并重新设置为变量 eth_current，程序如下。

```
int eth_unregister(struct eth_device *dev)
{
    struct eth_device *cur;

    / 当前没有任何网卡设备 */
    if (!eth_devices)
            return -1;

    for (cur = eth_devices; cur->next != eth_devices && cur->next != dev;
        cur = cur->next)
            ;

    /* 未找到要注销的设备 */
    if (cur->next != dev)
            return -1;

    cur->next = dev->next;

    if (eth_devices == dev)
            eth_devices = dev->next == eth_devices ? NULL : dev->next;

    if (eth_current == dev) {
            eth_current = eth_devices;
            eth_current_changed();
    }

    return 0;
}
```

## 16.5　U-Boot中的网络协议栈

网卡的驱动已经为协议栈封装好了发送和接收数据包的接口，上层协议栈只需要调用对应的网卡驱动函数就可以进行网络数据的收发。

U-Boot 中的协议栈相对来说比较简单，特点如下。

（1）传输层只支持 UDP，如果要支持 TCP，可以移植 LWIP 协议栈。

（2）目前只支持 ICMP、TFTP、NFS、DNS、DHCP、CDP、SNTP 等几种常用协议。

（3）网卡采用轮询方式接收数据包，而不是中断方式。

（4）数据包的发送和接收操作采用串行传输方式，不支持并行传输方式。

U-Boot 网络协议栈的函数调用流程如图 16-11 所示。

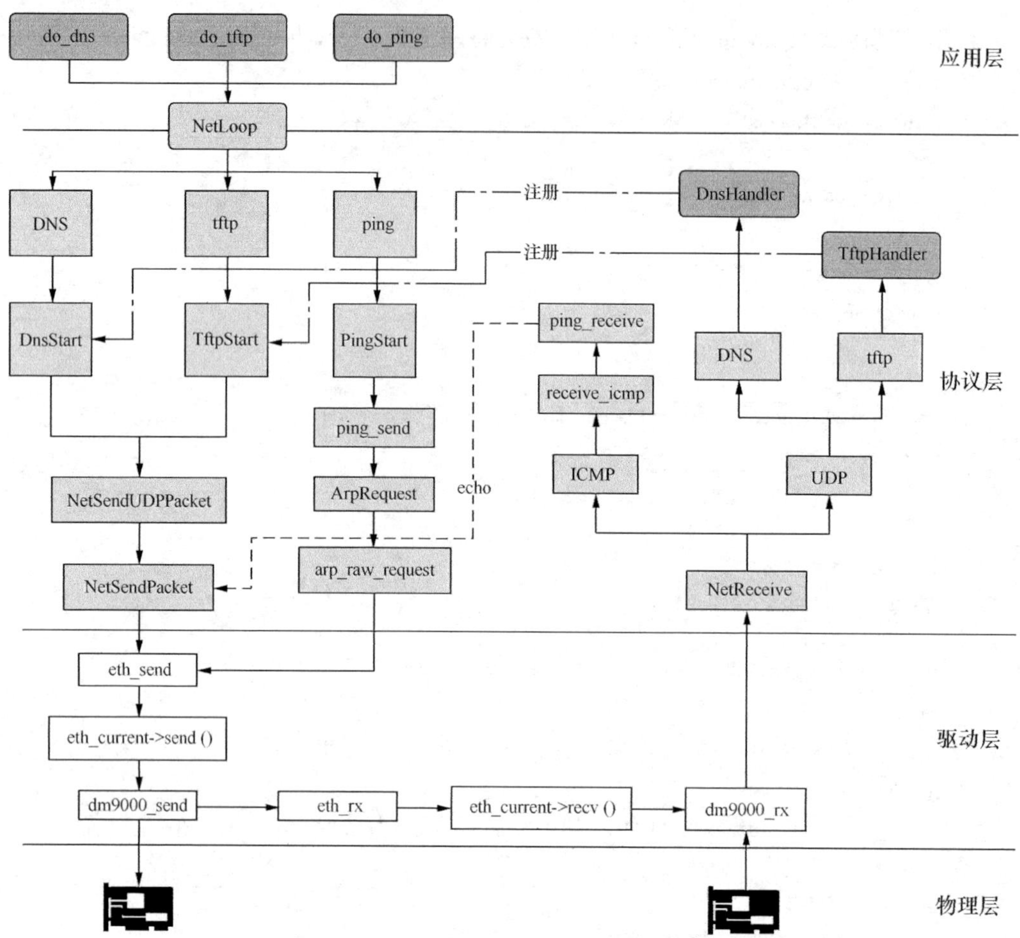


图 16-11　U-Boot 网络协议栈的函数调用流程

本节我们介绍 dns 命令并详细讲解数据包的收发流程。U-Boot 中，所有的命令都用宏 U_BOOT_CMD 来声明，网络相关命令文件为 common/cmd_net.c，dns 命令的定义如下。

```
U_BOOT_CMD(
	dns,	3,	1,	do_dns,
	"lookup the IP of a hostname",
	"hostname [envvar]"
);
```

当我们在 U-Boot 的命令终端输入命令 dns 后，命令解析函数就会调用函数 do_dns，程序如下。

```
int do_dns(cmd_tbl_t *cmdtp, int flag, int argc, char * const argv[])
{
……
```

```
406     if (strlen(argv[1]) >= 255) {
407             printf("dns error: hostname too long\n");
408             return 1;
409     }
410
411     NetDNSResolve = argv[1];
412
413     if (argc == 3)
414             NetDNSenvvar = argv[2];
415     else
416             NetDNSenvvar = NULL;
417
418     if (NetLoop(DNS) < 0) {
419             printf("dns lookup of %s failed, check setup\n", argv[1]);
420             return 1;
421     }
422
423     return 0;
424 }
```

406 行——判断参数字符串长度，字符串长度大于 255 则非法。

411 行——参数 1（argv[1]）必须是要解析的主机信息字符串，全局指针变量 NetDNSResolve 指向该字符串。

413 ～ 416 行——argv[2] 为 dns 命令的环境参数，全局指针变量 NetDNSenvvar 指向该字符串，可以不输入该参数。

418 行——进入网络协议处理函数入口 NetLoop，并将对应的 DNS 协议传递给该函数。

核心程序如下。

```
321 int NetLoop(enum proto_t protocol)
322 {
323     bd_t *bd = gd->bd;
324     int ret = -1;
……
352     NetInitLoop();
……
367             switch (protocol) {
……
426 #if defined(CONFIG_CMD_DNS)
427             case DNS:
428                     DnsStart();
429                     break;
……
```

321 行——函数参数为宏 DNS。

352 行——函数 NetInitLoop 用于初始化网络信息，读取 ipaddr、gatewayip、netmask、

serverip、dnsip 等环境变量的值并复制到对应的全局变量中。

367 行——解析传入的参数，采用不同的协议进入不同的处理流程，此处采用 DNS 协议，进入 427 行。

428 行——执行函数 DnsStart，函数位于文件 net/dns.c 中。

函数 DnsStart 定义如下。

```
197 void
198 DnsStart(void)
199 {
200     debug("%s\n", __func__);
201 
202     NetSetTimeout(DNS_TIMEOUT, DnsTimeout);
203     net_set_udp_handler(DnsHandler);
204 
205     DnsSend();
206 }
```

203 行——指向函数 net_set_udp_handler，函数位于文件 net/net.c 中，如下。

```
642 void net_set_udp_handler(rxhand_f *f)
643 {
644     debug_cond(DEBUG_INT_STATE, "---NetLoop UDP handler set (%p)\n", f);
645     if (f == NULL)
646         udp_packet_handler = dummy_handler;
647     else
648         udp_packet_handler = f;
649 }
```

645 ~ 648 行——将 DNS 协议的回调函数 DnsHandler 注册到 UDP 协议的回调指针 udp_packet_handler 处，返回文件 net/dns.c 的 205 行。

205 行——函数 DnsStart 会调用函数 DnsSend 发送 DNS 协议数据包，该函数根据 DNS 协议填充 udp 数据包，该函数同样位于 net/dns.c 文件。

```
37 static void
38 DnsSend(void)
39 {
40     struct header *header;
41     int n, name_len;
42     uchar *p, *pkt;
43     const char *s;
44     const char *name;
45     enum dns_query_type qtype = DNS_A_RECORD;
46 
47     name = NetDNSResolve;
48     pkt = p = (uchar *)(NetTxPacket + NetEthHdrSize() + IP_UDP_HDR_SIZE);
49 
50     /* 准备 DNS 数据包头文件 */
51     header              = (struct header *) pkt;
```

```
    header->tid          = 1;
    header->flags        = htons(0x100);        /* 标准查询 */
    header->nqueries = htons(1);
    header->nanswers = 0;
    header->nauth        = 0;
    header->nother      = 0;

    /* 解析 DNS 域名 */
    name_len = strlen(name);
    p = (uchar *) &header->data;        /* 填充主机名到数据包 */

    do {
        s = strchr(name, '.' );
        if (!s)
            s = name + name_len;

        n = s -name;                    /* 计算块长度 */
        *p++ = n;                      /* 复制块长度 */
        memcpy(p, name, n);            /* 复制块 */
        p += n;

        if (*s == '.' )
            n++;

        name += n;
        name_len -= n;
    } while (*s != '\0' );

    *p++ = 0;                      /* 主机名后有一个位置为空字符 */
    *p++ = 0;                      /* 有些服务器有两个空字符 */
    *p++ = (unsigned char) qtype;      /* 填充 DNS 查询的资源记录类型 */

    *p++ = 0;
    *p++ = 1;

    n = p -pkt;                        /* 计算数据包总长度 */
    debug( "Packet size %d\n" , n);

    DnsOurPort = random_port();

    **NetSendUDPPacket(NetServerEther, NetOurDNSIP, DNS_SERVICE_PORT,
        DnsOurPort, n);**
    debug( "DNS packet sent\n" );
}
```

51～57行——根据DNS协议填充DNS协议头，数据帧首地址为NetTxPacket，此处通过指针pkt和p来填充DNS数据帧。

60～85行——根据协议格式要求填充要解析的主机名到数据包。

87行——计算数据包长度。

90行——产生一个随机的端口号。

92～93行——调用UDP的发送函数NetSendUDPPacket，参数依次为以太头信息、DNS服务器IP地址、DNS服务器端口号、本地DNS服务端口号、数据包长度。

```
int NetSendUDPPacket(uchar *ether, IPaddr_t dest, int dport, int sport,
        int payload_len)
{
    uchar *pkt;
    int eth_hdr_size;
    int pkt_hdr_size;

    /* 保证 NeTxPacket 已经初始化，函数 NetInit 被调用过 */
    assert(NetTxPacket != NULL);
    if (NetTxPacket == NULL)
        return -1;

    /* 如果目的 IP 为 0，则操作模式转换为广播模式 */
    if (dest == 0)
        dest = 0xFFFFFFFF;

    /* 如果进行广播操作，则设置以太网地址并不再执行 ARP 请求 */
    if (dest == 0xFFFFFFFF)
        ether = NetBcastAddr;

    pkt = (uchar *)NetTxPacket;

    eth_hdr_size = NetSetEther(pkt, ether, PROT_IP);
    pkt += eth_hdr_size;
    net_set_udp_header(pkt, dest, dport, sport, payload_len);
    pkt_hdr_size = eth_hdr_size + IP_UDP_HDR_SIZE;

    /* 如果尚未发现 MAC 地址，则执行 ARP 请求 */
    if (memcmp(ether, NetEtherNullAddr, 6) == 0) {
        debug_cond(DEBUG_DEV_PKT, "sending ARP for %pI4\n" , Rdest);

        /* 保存 IP 和 MAC 地址，以便执行 ARP 请求后发送数据包 */
        NetArpWaitPacketIP = dest;
        NetArpWaitPacketMAC = ether;

        /* 待发送数据包大小 */
        NetArpWaitTxPacketSize = pkt_hdr_size + payload_len;
```

```
725
726             /* 执行 ARP 请求 */
727             NetArpWaitTry = 1;
728             NetArpWaitTimerStart = get_timer(0);
729             ArpRequest();
730             return 1;     /* 等待发送 */
731         } else {
732             debug_cond(DEBUG_DEV_PKT, "sending UDP to %pI4/%pM\n",
733                 &dest, ether);
734             NetSendPacket(NetTxPacket, pkt_hdr_size + payload_len);
735             return 0;     /* 发送完毕 */
736         }
737 }
```

696 ～ 706 行——参数检查。

710 行——通过函数 NetSetEther 填充以太头。

713 行——设置 UDP 协议头长度。

734 行——调用函数 NetSendPacket 发送数据包，参数包含要发送数据包的首地址及数据包长度。

函数 NetSendPacket 位于 indude/net.h 文件，程序如下。

```
529 /* 发送数据包 */
530 static inline void NetSendPacket(uchar *pkt, int len)
531 {
532         (void) eth_send(pkt, len);
533 }
```

532 行——调用我们注册的函数 dm9000_send。

根据流程图，程序回到函数 NetLoop，该函数位于文件 net/net.c 中。

```
461         for(; ;){
462             WATCHDOG_RESET();
463 #ifdef CONFIG_SHOW_ACTIVITY
464         show_activity(1);
465 #endif
466          /*
467           *  检查以太网是否收到一个新的数据包
468           *  以太网接收函数会处理该数据包
469          /*
470         eth_rx();
```

461 ～ 465 行——循环接收数据包。

470 行——调用网卡驱动接收函数 eth_rx，该函数位于 net/eth.c 文件中，程序如下。

```
int eth_rx(void)
{
        if (!eth_current)
                return -1;

```

```
        return eth_current->recv(eth_current);
    }
```

函数 eth_current->recv(eth_current) 就是我们注册的网卡接收函数 dm9000_rx，最终通过调用函数 NetReceive 将数据帧上传协议栈。

```
void
NetReceive(uchar *inpkt, int len)
{
    struct ethernet_hdr *et;
    struct ip_udp_hdr *ip;
    IPaddr_t dst_ip;
    IPaddr_t src_ip;
    int eth_proto;
......

    NetRxPacket = inpkt;
    NetRxPacketLen = len;
    et = (struct ethernet_hdr *)inpkt;

    /* 检查数据包大小，不能过小 */
    if (len < ETHER_HDR_SIZE)
        return;

......

    eth_proto = ntohs(et->et_protlen);

    if (eth_proto < 1514) {
......
    } else if (eth_proto != PROT_VLAN) {
        ip = (struct ip_udp_hdr *)(inpkt + ETHER_HDR_SIZE); /* 解析 IP 协议头 */
        len -= ETHER_HDR_SIZE;

    } else {
......
    }
......
    switch (eth_proto) {
......
    case PROT_IP:
        debug_cond(DEBUG_NET_PKT, "Got IP\n");
        /* 检查数据包头前，确认数据包长度是否合法 */
        if (len < IP_UDP_HDR_SIZE) {
            debug("len bad %d < %lu\n", len,
                (ulong)IP_UDP_HDR_SIZE);
```

```
1062                return;
1063            }
1064            /* 检查数据包长度 */
1065            if (len < ntohs(ip->ip_len)) {
1066                debug("len bad %d < %d\n", len, ntohs(ip->ip_len));
1067                return;
1068            }
1069            len = ntohs(ip->ip_len);
1070            debug_cond(DEBUG_NET_PKT, "len=%d, v=%02x\n",
1071                len, ip->ip_hl_v & 0xff);
1072
1073            /* 除了 IPv4，不支持其他协议 */
1074            if ((ip->ip_hl_v & 0xf0) != 0x40)
1075                return;
1076            /* 只处理 IP 头长度为 20byte 的数据包 */
1077            if ((ip->ip_hl_v & 0x0f) > 0x05)
1078                return;
1079            /* 检查 IP 头校验码 */
1080            if (!NetCksumOk((uchar *)ip, IP_HDR_SIZE / 2)) {
1081                debug("checksum bad\n");
1082                return;
1083            }
1084            /* 检查数据包目的地址，若不匹配则丢掉 */
1085            dst_ip = NetReadIP(&ip->ip_dst);
......
1092            /* 读取数据包源 IP 地址，留待后续使用 */
1093            src_ip = NetReadIP(&ip->ip_src);
......
1184            /*
1185             * IP 头检查无误，将数据包传递给回调函数
1186             */
1187            (*udp_packet_handler)((uchar *)ip + IP_UDP_HDR_SIZE,
1188                        ntohs(ip->udp_dst),
1189                        src_ip,
1190                        ntohs(ip->udp_src),
1191                        ntohs(ip->udp_len) -UDP_HDR_SIZE);
1192            break;
1193        }
1194 }
```

其中所用的参数介绍如下。

inpkt 用于指向接收的数据包，len 为接收的数据包的长度。

958 ～ 960 行——变量 NetRxPacket 指向接收的以太数据包头，以太数据包头为以太协议头，用以太头指针变量 et 指向以太协议域。

985 行——从以太协议头提取协议字段，该字段表示采用何种协议，IP 值为 0x0800。

999 行——解析 IP 头。

1045 行——检查以太头协议类型，进入不同分支操作。

1059 ～ 1083 行——判断协议头，暂时只支持 IPv4，数据包头长度为 20byte。

1085 ～ 1091 行——通过函数 NetRead IP 读取目的 IP 地址，如果其与本地 IP 不相同并且也不是广播地址，则丢弃。

1093——读取源 IP 地址，留待后续使用。

1187 行——IP 头解析成功，调用 UDP 回调函数 udp_packet_handler，函数 DnsStart 中已经注册了 DnsHandler，程序如下。

```
104 static void
105 DnsHandler(uchar *pkt, unsigned dest, IPaddr_t sip, unsigned src, unsigned len)
106 {
……
194     net_set_state(NETLOOP_SUCCESS);
195 }
```

194 行——协议头解析成功后，会设置当前执行状态为 NETLOOP_SUCCESS，程序回到函数 NetLoop 处，如下。

```
    /*
     * 如果按下 <Ctrl+C> 组合键，处理将被忽略
     */
    if (ctrlc()) {
        /* 取消所有可能没有结束的 ARP 请求 */
        NetArpWaitPacketIP = 0;

        net_cleanup_loop();
        eth_halt();
        /* 使最后一个协议无效 */
        eth_set_last_protocol(BOOTP);

        puts("\nAbort\n");

        /* 如果调试消息被定向到 stderr，还应包含调试打印 */
        debug_cond(DEBUG_INT_STATE, "--- NetLoop Abort!\n");
        goto done;
    }
……
    switch (net_state) {

    case NETLOOP_RESTART:
        NetRestarted = 1;
        goto restart;

    case NETLOOP_SUCCESS:
        net_cleanup_loop();
```

```
530         if (NetBootFileXferSize > 0) {
531             char buf[20];
532             printf("Bytes transferred = %ld (%lx hex)\n",
533                 NetBootFileXferSize,
534                 NetBootFileXferSize);
535             sprintf(buf, "%lX", NetBootFileXferSize);
536             setenv("filesize", buf);
537
538             sprintf(buf, "%lX", (unsigned long)load_addr);
539             setenv("fileaddr", buf);
540         }
541         if (protocol != NETCONS)
542             eth_halt();
543         else
544             eth_halt_state_only();
545
546         eth_set_last_protocol(protocol);
547
548         ret = NetBootFileXferSize;
549         debug_cond(DEBUG_INT_STATE, "--- NetLoop Success!\n");
550         goto done;
551
552     case NETLOOP_FAIL:
553         net_cleanup_loop();
554         /* 使最后一个协议无效 */
555         eth_set_last_protocol(BOOTP);
556         debug_cond(DEBUG_INT_STATE, "--- NetLoop Fail!\n");
557         goto done;
558
559     case NETLOOP_CONTINUE:
560         continue;
561     }
562   }
563
564 done:
565 #ifdef CONFIG_CMD_TFTPPUT
566   /* 清除回调函数 */
567   net_set_udp_handler(NULL);
568   net_set_icmp_handler(NULL);
569 #endif
570   return ret;
571 }
```

475 行——判断 <Ctrl+C> 组合键是否被按下，并作出对应操作。

522 ～ 562 行——对执行结果进行处理，并将其计入统计信息。

564 行——如果 net_state 为 NETLOOP_SUCCESS、NETLOOP_FAIL，则最终程序会

跳转此处完成操作，从而置空 udp 回调函数，如果 net_state 为 NETLOOP_CONTINUE，则表明数据包还需要被接收，则程序回到 461 行，继续接收下一个数据包。

至此 DNS 协议的处理流程分析完毕，读者可以根据流程图自行分析其他几个协议的处理流程。

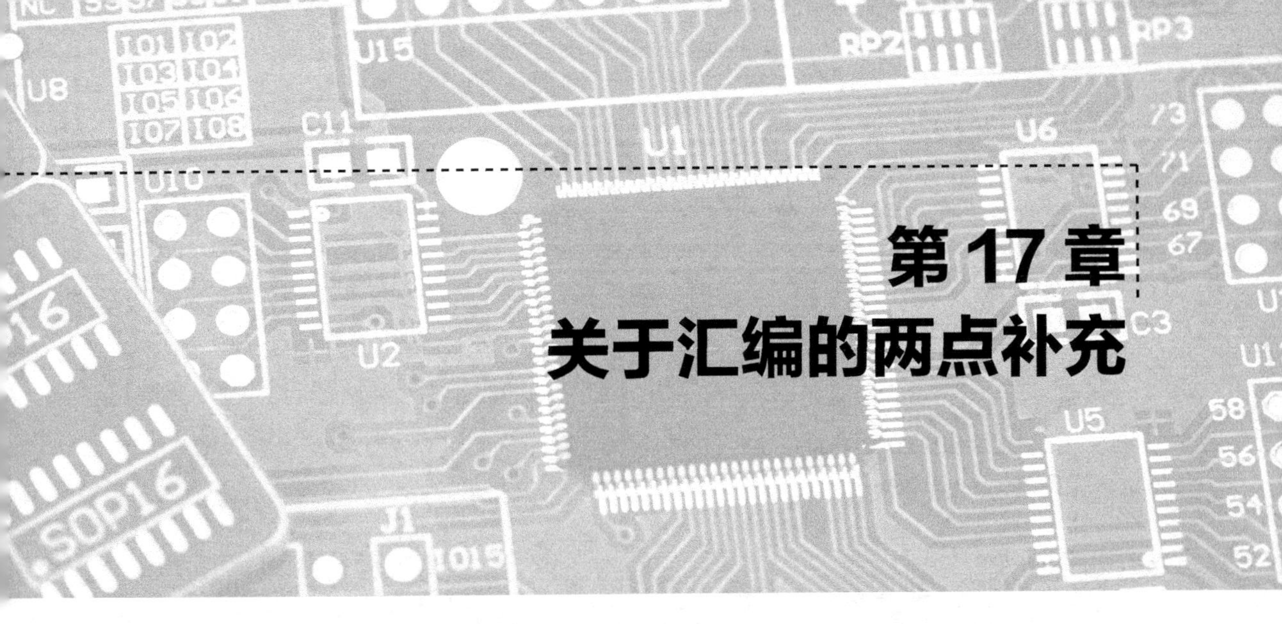

# 第 17 章 关于汇编的两点补充

## 17.1 为什么使用结构体效率会高

很多刚接触编程的软件工程师在编写程序时会有一个共同的习惯，他们特别喜欢定义很多独立的全局变量，而不是把这些变量封装到一个结构体中，但这样做会降低整体程序的性能。其实，Cortex 架构是偏好面向对象的（哪怕你只使用了结构体），其中所有的寻址模式都采用间接寻址，换句话说，操作一定依赖一个寄存器，并将寄存器地址作为基地址。

例如，同样是访问外设寄存器，在过去 8 bit 和 16 bit 机时代，人们喜欢给每一个寄存器都单独绑定地址，将其当作全局变量来访问，而现在 Cortex 架构的底层驱动以寄存器页（也就是结构体）为单位来定义寄存器，即同一个外设的寄存器可借助拥有同一个基地址的结构体对其进行访问，GPIO、PWM、UART、RTC、$I^2C$、SPI 等都是通过这种方式来访问寄存器的。

下面我们通过对比实例，来讲解为什么使用结构体，程序执行效率会更高一些。

### 17.1.1 定义多个全局变量

#### 1．源文件

gcd.s 文件如下。

```
.text
.global _start
_start:
        ldr     sp,=0x70000000      /* 设置栈顶 */
        b       main
```

main.c 文件如下。

```
int xx=0;
int yy=0;
int zz=0;

int main(void)
{
  xx=0x11;
  yy=0x22;
```

```
zz=0x33;

while(1);
    return 0;
}
```

链接脚本 map.lds 文件如下。

```
OUTPUT_FORMAT("elf32-littlearm", "elf32-littlearm", "elf32-littlearm")
OUTPUT_ARCH(arm)
ENTRY(_start)
SECTIONS
{
        . = 0x40008000;
        . = ALIGN(4);
        .text    :
        {
                gcd.o(.text)
                *(.text)
        }
        . = ALIGN(4);
        .rodata :
        { *(.rodata) }
        . = ALIGN(4);
        .data :
        { *(.data) }
        . = ALIGN(4);
        .bss :
        { *(.bss) }
}
```

Makefile 文件如下。

```
TARGET=gcd
TARGETC=main
all:
      arm-none-linux-gnueabi-gcc -O1 -g -c -o $(TARGETC).o  $(TARGETC).c
      arm-none-linux-gnueabi-gcc -O1 -g -c -o $(TARGET).o $(TARGET).s
      arm-none-linux-gnueabi-gcc -O1 -g -S -o $(TARGETC).s  $(TARGETC).c
      arm-none-linux-gnueabi-ld     $(TARGETC).o      $(TARGET).o -Tmap.lds  -o  $(TARGET).elf
      arm-none-linux-gnueabi-objcopy -O binary -S $(TARGET).elf $(TARGET).bin
      arm-none-linux-gnueabi-objdump -D $(TARGET).elf > $(TARGET).dis
clean:
      rm -rf *.o *.elf *.dis *.bin2.
```

**2．反汇编结果**

图 17-1 所示为反汇编结果。

每个 int 型全局变量涉及两条指令，因此 1 个整型变量需要 8byte 空间，分别为实际存储数据空间和文字池空间（占用 4byte）。

例如，1 个变量 xx，其实际存储地址为 0x40008044（30 行），位于 bss 段。同时也需要一个空间 40008038 用于存储该全局变量的地址。所以每访问 1 次全局变量 xx，总共需要 3 条指令，如图 17-1 所示。

（1）14 行，通过当前 PC 值（0x40008018）偏移 32byte，找到变量 xx 的链接地址（0x40008038），然后取出其地址（0x40008044）存放在寄存器 R3 中，该值就是变量 xx 在 bss 段的地址。

（2）15 行，将立即数 0x11，即 #17 赋值给寄存器 R2。

（3）16 行，将寄存器 R2 的内容写入寄存器 R3 指向的内存，即 xx 标号（30 行）对应的内存地址（0x40008044）中。

因此，访问一遍全局变量 xx、yy、zz 总共需要用到 12 条指令。

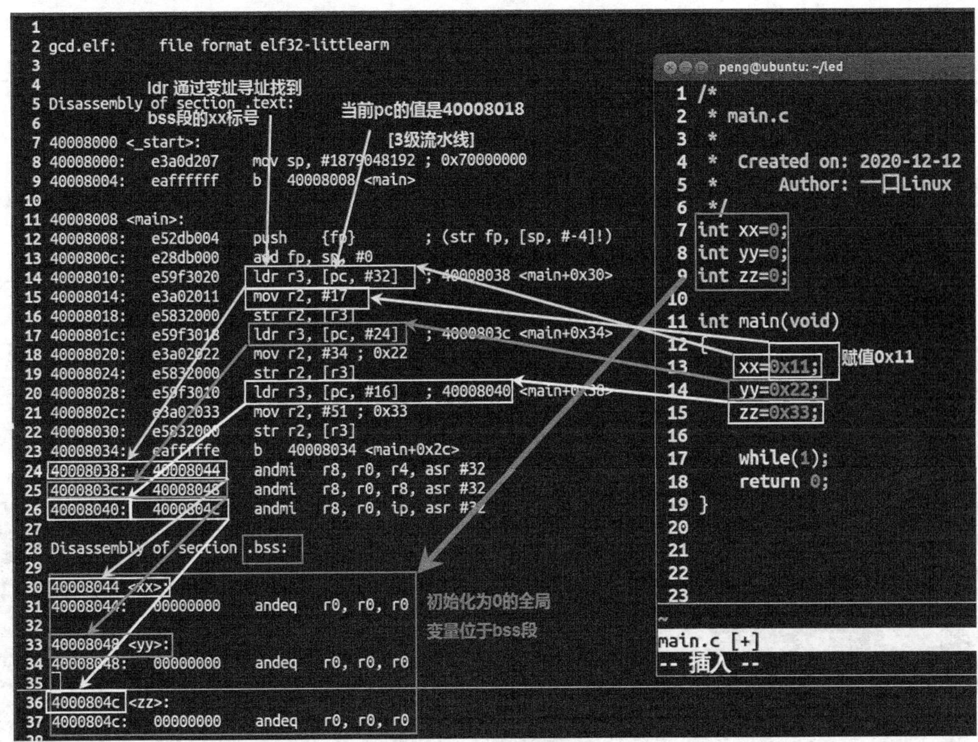


图 17-1　反汇编结果 1

## 17.1.2　使用结构体

将 xx、yy、zz 封装到一个结构体，步骤如下。

1．main.c 文件

```
struct
{
    int xx;
    int yy;
```

```
    int zz;
}peng;
int main(void)
{
    peng.xx=0x11;
    peng.yy=0x22;
    peng.zz=0x33;

    while(1);
    return 0;
}
```

### 2. 反汇编结果

反汇编结果如图 17-2 所示。

（1）结构体变量 peng 位于 bss 段，地址为 0x4000802c。

（2）访问结构体成员需要偏移 PC 值找到结构体变量 peng 对应的文字池中的地址 0x40008028，间接找到结构体变量 peng 的地址 0x4000802c。

与定义 3 个全局变量相比，定义结构体优点如下。

（1）结构体中的所有成员在文字池中共用同一个地址，而每一个全局变量在文字池中都有一个地址，节省了 8byte。

（2）访问结构体其他成员时，不需要再次装载基地址，只需要使用 2 条指令即可实现赋值。访问 3 个成员，总共需要 7 条指令，比定义为全局变量节省了 5 条指令。

对于需要大量访问结构体成员的功能函数，所有访问结构体成员的操作只需要加载一次基地址即可。实际项目中，结构体变量成员往往大于 3 个，所以使用结构体可以节省指令周期，对提高 CPU 的运行效率，意义是非常重大的。

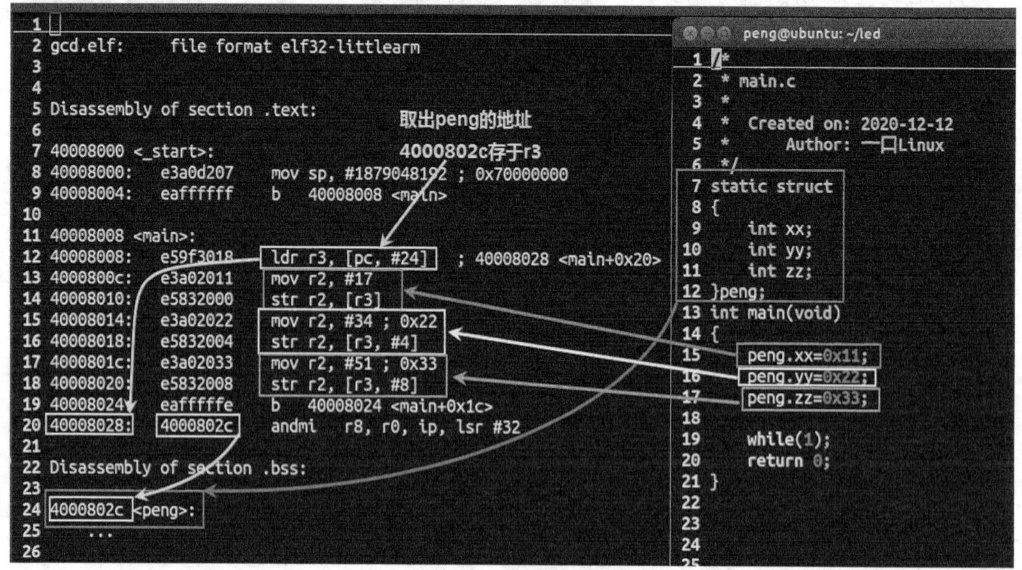


图 17-2　反汇编结果 2

## 17.1.3　文字池

文字池的本质就是一块用来存放常量数据而非可执行程序的内存块。

使用文字池的原因如下。

当想要在一条指令中使用一个 4byte 长度的常量数据（这个数据可以是内存地址，也可以是数字常量）时，由于 ARM 指令集是定长的（ARM 指令为 4byte，Thumb 指令为 2byte），所以就无法把这个 4byte 的常量数据编码在一条编译指令中。此时，ARM 编译器（编译 C 语言程序）/ 汇编器（编译汇编程序）就会为其分配一块内存，并把这 4byte 的数据常量保存于此，之后，再使用一条指令把这 4byte 的数字常量加载到寄存器中参与运算。

在 C 语言源程序中，文字池的分配是由编译器在编译时自行安排的，在进行汇编程序设计时，开发者可以自己进行文字池的分配，如果开发者没有进行文字池的安排，那么汇编器就会代劳。

## 17.1.4　继续优化

上述优化，减少了指令，那么指令还能不能更少呢？

答案是可以的。修改的 Makefile 文件如下。

```
TARGET=gcd
TARGETC=main
all:
	arm-none-linux-gnueabi-gcc -Os  -lto -g -c -o $(TARGETC).o  $(TARGETC).c
	arm-none-linux-gnueabi-gcc -Os  -lto -g -c -o $(TARGET).o $(TARGET).s
	arm-none-linux-gnueabi-gcc -Os  -lto -g -S -o $(TARGETC).s  $(TARGETC).c
	arm-none-linux-gnueabi-ld  $(TARGETC).o   $(TARGET).o -Tmap.lds  -o  $(TARGET).elf
	arm-none-linux-gnueabi-objcopy -O binary -S $(TARGET).elf $(TARGET).bin
	arm-none-linux-gnueabi-objdump -D $(TARGET).elf > $(TARGET).dis
clean:
	rm -rf *.o *.elf *.dis *.bin
```

仍然使用 17.1.3 节的 main.c 文件，反汇编程序如下。

```

gcd.elf:     file format elf32-littlearm


Disassembly of section .text:

40008000 <_start>:
40008000:    e3a0d207     mov sp, #1879048192 ; 0x70000000
40008004:    eaffffff     b     40008008 <main>

Disassembly of section .text.startup:

40008008 <main>:
```

```
14 40008008:    e59f3010     ldr r3, [pc, #16]   ; 40008020 <main+0x18>
15 4000800c:    e3a00011     mov r0, #17
16 40008010:    e3a01022     mov r1, #34 ; 0x22
17 40008014:    e3a02033     mov r2, #51 ; 0x33
18 40008018:    e8830007     stm r3, {r0, r1, r2}
19 4000801c:    eafffffe     b    4000801c <main+0x14>
20 40008020:    40008024     andmi  r8, r0, r4, lsr #32
21
22 Disassembly of section .bss:
23
24 40008024 <peng>:
25   ...
```

可以看到程序已经被优化到 5 条。

14 行——把 peng 的地址（40008024）装载到寄存器 R3 中。

15 行——寄存器 R0 写入立即数 0x11。

16 行——寄存器 R1 写入立即数 0x22。

17 行——寄存器 R0 写入立即数 0x33。

18 行——通过 stm 指令将寄存器 R0、寄存器 R1、寄存器 R2 的值顺序写入内存（40008024）中。

## 17.2 位置无关码

### 17.2.1 为什么需要位置无关码

所谓位置无关码是指当程序不在链接指定的运行地址空间也可以被执行的一段特殊程序，它加载到任意地址空间都能被执行。

我们再来回顾一下 Exynos 4412 上电后的启动流程。系统上电后首先执行 IROM 中的一段程序，然后复制 U-Boot 镜像到内部的 SRAM 中，而内部的 SRAM 只有 256KB，但 U-Boot 镜像文件一般超过这个大小，也就是说 U-Boot 镜像不能被完整复制到 SRAM 中，复制的仅仅是 U-Boot 的一部分，这一部分除了能设置基本的硬件运行环境，还能把其自身（U-Boot 镜像）完整地复制到内存中，然后执行 U-Boot 在内存中剩余的程序，完成 OS 镜像的复制和引导。

一般情况下，程序在 DRAM 中的地址重定位过程必须由用户来完成。U-Boot 搬移到 DRAM 中，程序跳转到 DRAM 中继续运行 U-Boot，那么在搬移之前的这段程序必须与位置无关，而且不能使用绝对寻址指令，否则寻址就会出错。

### 17.2.2 如何编写位置无关码

编译地址和运行地址介绍如下。

**1．编译地址**

32 位处理器中，每一条指令为 4 个 byte，CPU 执行指令时，程序只要不发生跳转，就会顺序执行，编译器会对每一条指令分配一个编译地址，在编译过程中这个分配的地址称为编译地址。

**2．运行地址**

运行地址是指程序指令真正运行的地址，是由用户指定的，烧写程序的地址就是程序运行地址。例如，我们将外设程序编译到地址 0x40008000，则实际运行的地址也是 0x40008000，所以程序直接复制到该地址运行不会有任何问题，但是如果我们将程序烧写到地址 0x60000000 上，则指令的运行地址就是 0x60000000，那么结果会是什么样呢？

当编译器编译该指令时，程序不会跳转地址。

## 17.2.3　举例

实现位置无关码主要考虑以下两个方面。

（1）位置无关的函数跳转。

（2）位置无关的常量访问。

下面我们通过两个例子详细讲解，程序如下。

编译程序使用的链接文件 map.lds 如下。

```
OUTPUT_FORMAT("elf32-littlearm", "elf32-littlearm", "elf32-littlearm")
OUTPUT_ARCH(arm)
ENTRY(_start)
SECTIONS
{
. = 0x40008000;
. = ALIGN(4);
.text    :
{
gcd.o(.text)
*(.text)
}
. = ALIGN(4);
  .rodata :
{ *(.rodata) }
  . = ALIGN(4);
  .data :
{ *(.data) }
  . = ALIGN(4);
  .bss :
    { *(.bss) }
}
```

如文件 map.lds 所示，0x40008000 就是链接地址。

gcd.s 文件如下。

```
.text
.global _start
_start:
ldr sp,=0x70000000
bl func
ldr pc,=func
b main
func:
mv pc,lr
```

main.c 文件如下。

```
int aaaa=0;
int main(void)
{
  aaaa = 0x11;
  while(1);
  return 0;
}
```

Makefile 文件如下。

```
TARGET=gcd
TARGETC=main
all:
	arm-none-linux-gnueabi-gcc -O1 -g -c -o $(TARGETC).o  $(TARGETC).c
	arm-none-linux-gnueabi-gcc -O1 -g -c -o $(TARGET).o $(TARGET).s
	arm-none-linux-gnueabi-gcc -O1 -g -S -o $(TARGETC).s  $(TARGETC).c
	arm-none-linux-gnueabi-ld $(TARGETC).o $(TARGET).o -Tmap.lds  -o  $(TARGET).elf
	arm-none-linux-gnueabi-objcopy -O binary -S $(TARGET).elf $(TARGET).bin
	arm-none-linux-gnueabi-objdump -D $(TARGET).elf > $(TARGET).dis
clean:
	rm -rf *.o *.elf *.dis *.bin
```

编译生成的反汇编结果如图 17-3 所示。

（1）函数 _start 对应的链接地址是 0x40008000。

（2）9 行为 bl func 对应的链接地址和机器码。

（3）10 行为“ldr pc, =pc”对应的指令。

（4）函数 func 的链接地址是 0x40008010。

（5）全局变量 aaaa 对应的内存位于 bss 段，地址为 0x4000802c。

（6）19 行为“aaaa = 0x11”对应的赋值语句。

如果我们将生成的 bin 文件复制到内存地址 0x40008000 处，程序运行，那么链接地址和运行地址是一样的，所以运行必然没问题。

如果我们将该程序复制到其他地址，它是否能正常运行呢？

假定将程序复制到 0 地址，那么程序的执行地址也从 0 开始，即 _start 对应地址 0，main 对应地址 0x18，如表 17-1 所示。

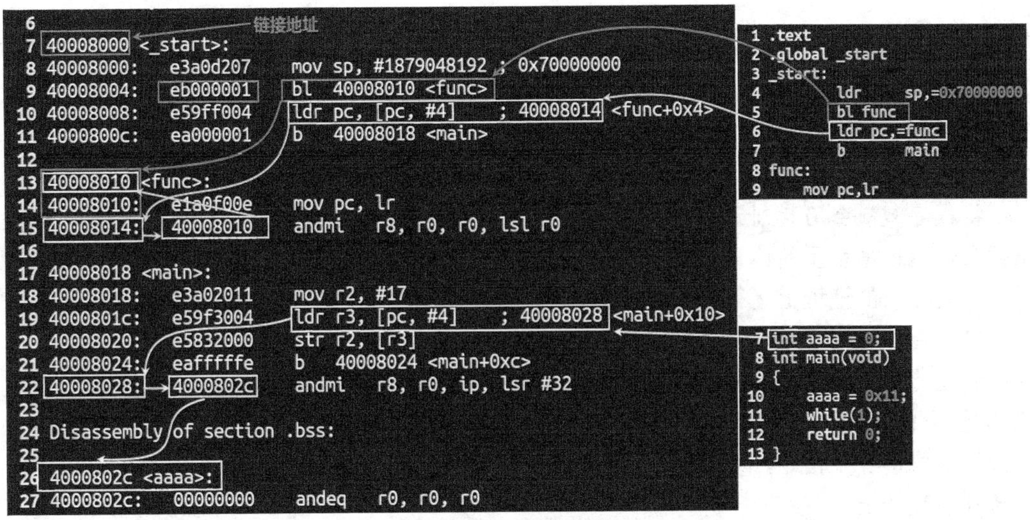

```
6                                   链接地址
7 40008000 <_start>:
8 40008000:   e3a0d207     mov sp, #1879048192  ; 0x70000000
9 40008004:   eb000001     bl  40008010 <func>
10 40008008:  e59ff004     ldr pc, [pc, #4]     ; 40008014 <func+0x4>
11 4000800c:  ea000001     b   40008018 <main>
12
13 40008010 <func>:
14 40008010:  e1a0f00e     mov pc, lr
15 40008014:  40008010     andmi   r8, r0, r0, lsl r0
16
17 40008018 <main>:
18 40008018:  e3a02011     mov r2, #17
19 4000801c:  e59f3004     ldr r3, [pc, #4]     ; 40008028 <main+0x10>
20 40008020:  e5832000     str r2, [r3]
21 40008024:  eafffffe     b   40008024 <main+0xc>
22 40008028:  4000802c     andmi   r8, r0, ip, lsr #32
23
24 Disassembly of section .bss:
25
26 4000802c <aaaa>:
27 4000802c:  00000000     andeq   r0, r0, r0
```

```
1 .text
2 .global _start
3 _start:
4         ldr     sp,=0x70000000
5         bl func
6         ldr pc,=func
7         b       main
8 func:
9     mov pc,lr
```

```
7 int aaaa = 0;
8 int main(void)
9 {
10      aaaa = 0x11;
11      while(1);
12      return 0;
13 }
```

图 17-3　反汇编结果 3

表 17-1　复制镜像到 0 地址

| 行号 | 链接地址 | 执行地址 | 机器码 | 汇编指令中的地址发生变化 |
|---|---|---|---|---|
| 6 | | | | |
| 7 | 40008000 <_start>: | | | |
| 8 | 40008000: | 00000000 | e3a0d207 | mov sp, 0x70000000 |
| 9 | 40008004: | 00000004 | eb000001 | bl **00000010** <func> |
| 10 | 40008008: | 00000008 | e59ff004 | ldr pc, [pc, #4]　; **00000014** <func+0x4> |
| 11 | 4000800c: | 0000000c | ea000001 | b **00000018** <main> |
| 12 | | | | |
| 13 | 40008010 <func>: | | | |
| 14 | 40008010: | 00000010 | e1a0f00e | mov pc, lr |
| 15 | 40008014: | 00000014 | 40008010 | andmi r8, r0, r0, lsl r0 |
| 16 | | | | |
| 17 | 40008018 <main>: | | | |
| 18 | 40008018: | 00000018 | e3a02011 | mov r2, #17 |
| 19 | 4000801c: | 0000001c | e59f3004 | ldr r3, [pc, #4]　; **00000028** <main+0x10> |
| 20 | 40008020: | 00000020 | e5832000 | str r2, [r3] |
| 21 | 40008024: | 00000024 | eafffffe | b **00000024** <main+0xc> |
| 22 | 40008028: | 00000028 | 4000802c | andmi r8, r0, ip, lsr #32 |
| 23 | | | | |
| 24 | Disassembly of section .bss: | | | |
| 25 | | | | |

续表

| 行号 | 链接地址 | 执行地址 | 机器码 | 汇编指令中的地址发生变化 |
|---|---|---|---|---|
| 26 | 4000802c <aaaa>: | | | |
| 27 | 4000802c: | 0000002c | 00000000 | andeq r0, r0, r0 |

将程序复制到0地址运行，内存中指令（机器码）的内容还和之前一样，但PC值会根据实际运行地址重新修正。

那么在新的地址上运行程序，还能正常实现程序的跳转和全局变量的访问吗？

（1）首先看指令bl func，其对应的汇编程序是第9行。

该指令的机器码是0xeb000001，跳转的偏移量为1（0xeb000001&0xffffff）即指令从PC的位置向前偏移1条指令，因为ARM处理器采用三级流水线，所以指令跳转的位置应该往下偏移3条指令，即14行，该位置正好是函数func的入口，所以bl仍然可以正确跳转到函数func。

（2）ldr pc,=func对应的汇编程序是第10行。

该指令是从PC+4位置处取出其对应的内存值，PC+4=14，该位置对应的汇编指令15行，即将内存0x00000014中存储的数据0x40008010写入PC，在系统刚上电的时候，内存0x40008010中的数据是什么，我们并不知道，所以指令ldr pc,=func无法跳转到函数func。

（3）C程序访问全局变量aaaa，对应的汇编程序是第19行。

从PC+4位置处取出其对应的内存的值，PC+4=28，该位置对应在22行，即将0x4000802c写入R3，然后20行的指令会将R2中的值写入地址0x4000802c，而此时该地址对应的并不是全局变量aaaa，所以此指令是无法找到bss段中aaaa变量的。